DAS GROSSE TIERLEXIKON

Koordination: Prof. Philip Whitfield

arsEdition

Ein Marshall Editions Buch

Autoren: Jinny Johnson, Steve Setford, Roger Few, Prof. Philip Whitfield
Wissenschaftliche Beratung: Dr. Sara Churchfield, Dr. Malcolm Ogilvie, Prof. Barry Cox, Prof. Philip Whitfield, Dr. Bryan Turner
Redaktion der Originalausgabe: Cynthia O'Brien, Kate Phelps, Claire Berridge, Annabel Reid, Lindsay McTeague
Bildrecherche: Zilda Tandy
Layout: Simon Webb, Ralph Pitchford, Caroline Sangster, Nelupa Hussain
Herstellung und DTP der Originalausgabe: Janice Storr, James Bann

Bibliografische Information Der Deutschen Bibliothek

Die Deutsche Bibliothek verzeichnet diese Publikation in der Deutschen Nationalbibliografie; detaillierte bibliografische Daten sind im Internet über http://dnb.ddb.de abrufbar.

5 4 3 2 1 09 08 07 06

First published in the UK in 1999 by Marshall Publishing Ltd

Titel der Originalausgabe: Animal Encyclopedia

Aus dem Englischen von Dr. Anja Störiko
Redaktion der deutschen Ausgabe: Feryal Kanbay
Wissenschaftliche Beratung für die deutsche Ausgabe: Dr. Sibet Riexinger, Prof. Dr. Clas Naumann

ISBN-13: 978-3-7607-2490-4
ISBN-10: 3-7607-2490-6

www.arsedition.de

Inhalt

Säugetiere

Vögel

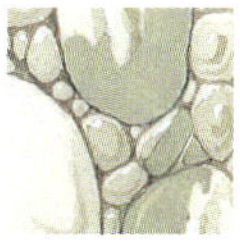

Reptilien 116-137

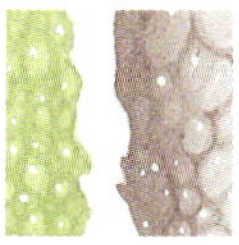

Amphibien 138-153

Fische 156-197

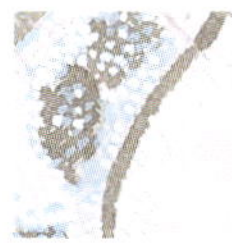

Wirbellose Tiere 200-255

Einleitung

Eine erstaunliche Vielfalt des Lebens erfüllt Land, Luft und Wasser unserer Erde. Über eineinhalb Millionen Tierarten sind bis heute benannt worden. Diese Tiere werden in zwei große Gruppen unterteilt: Wirbeltiere (Vertebraten) und Wirbellose (Invertebraten). Fische, Amphibien, Reptilien, Vögel und Säugetiere sind allesamt Wirbeltiere, das heißt, sie besitzen ein knöchernes Rückgrat, die Wirbelsäule. Wirbellose wie Insekten, Spinnen und Schnecken haben keine Wirbelsäule. Die Wissenschaftler gehen davon aus, dass die meisten Wirbeltiere, etwa Säugetiere und Vögel, bereits bekannt sind. Aber Millionen Insektenarten und andere kleine wirbellose Tiere sind möglicherweise noch unentdeckt. Das vorliegende Lexikon mit zahlreichen Abbildungen stellt alle wichtigen Tierarten von den Walen bis zu den Flöhen vor.

Wo ein Tier lebt – sein Lebensraum –, hängt vom Klima eines Gebietes ab sowie von den Pflanzen, die dort wachsen. Die wichtigsten Lebensräume der Erde sind auf dieser Karte dargestellt. Die Farben entsprechen den Symbolen dieser Lebensräume auf Seite 5.

Erläuterungen zur Karte

- **Gemäßigtes Grasland**
- **Hochland**
- **Korallenriffe**
- **Tropisches Grasland**
- **Wüste**
- **Immergrüner Tropenwald**
- **Nördlicher Nadelwald**
- **Laubwald**
- **Küste**
- **Tundra und Poleis**

Karte der wichtigsten Lebensräume

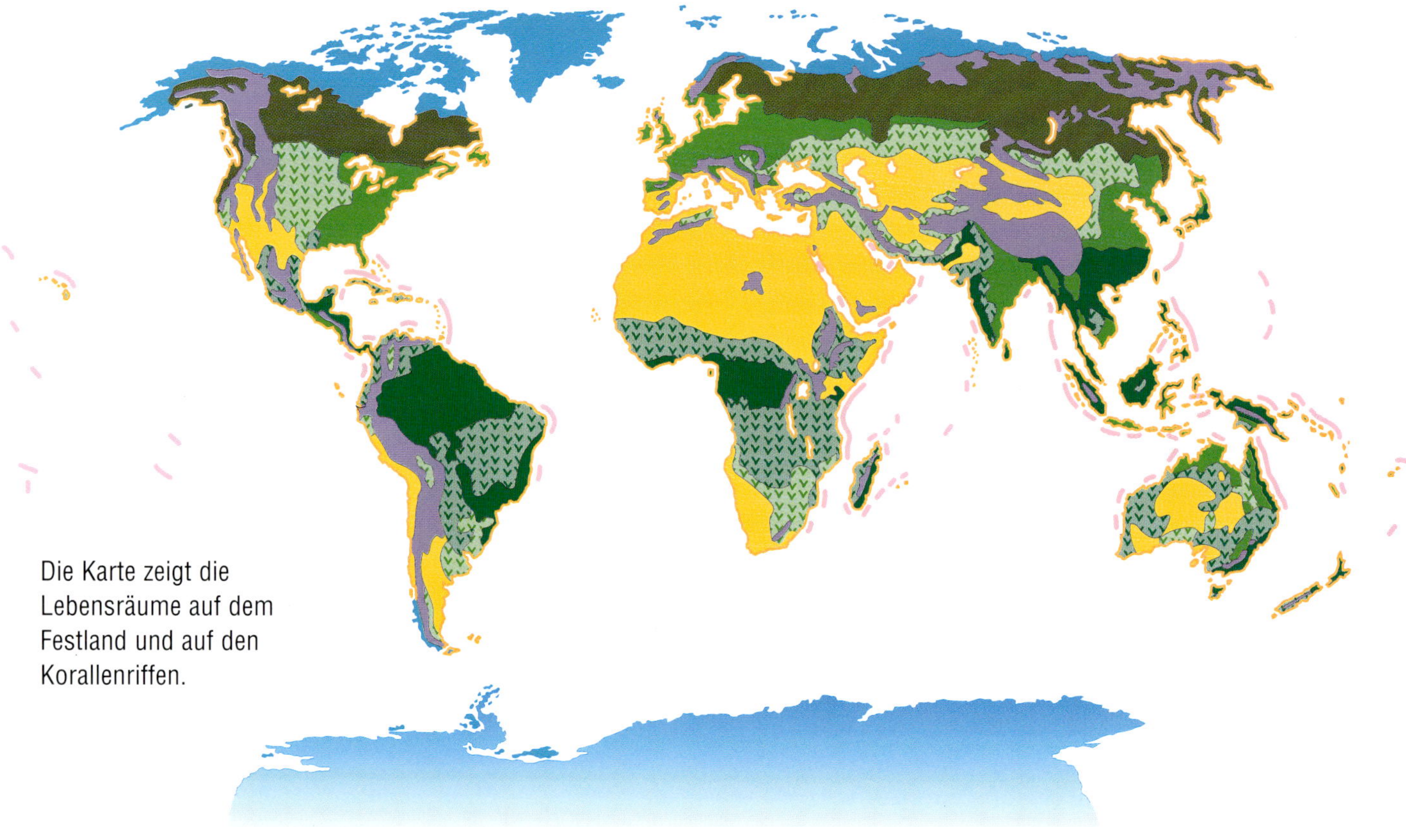

Die Karte zeigt die Lebensräume auf dem Festland und auf den Korallenriffen.

Hinweise zur Benutzung

Dieses Tierlexikon ist in sechs Kapitel unterteilt: Säugetiere, Vögel, Reptilien, Amphibien, Fische und wirbellose Tiere. Jedes Kapitel beginnt mit einer Einleitung über diese Tierklasse (wie zum Beispiel Säugetiere). Die folgenden Seiten enthalten Bilder und Informationen über die verschiedenen Tierarten. Die Thema-Seiten beschreiben bestimmte Tiere und ihre Lebensweisen ausführlicher. Fünf zusätzliche Doppelseiten erläutern, wie sich Tiere an die Umwelt anpassen und verhalten.

Größe
Hier ist die ungefähre Größe des jeweiligen Tieres angegeben. Bei Säugetieren sind Körper- und Schwanzlänge getrennt aufgeführt.

Lebensraum
Die farbigen Symbole zeigen den Lebensraum, in dem die beschriebene Art lebt. Sie sind unten näher erläutert.

Wissenschaftlicher Name
Die Tierarten haben einen deutschen Namen, häufig sogar mehrere, die sich je nach Dialekt und Gegend unterscheiden. Alle Arten tragen auch einen wissenschaftlichen (lateinischen) Namen, der sich aus der Gattungs- und Artenbezeichnung zusammensetzt. Der lateinische Name wird immer kursiv angegeben.

Verbreitung
In diesen Gebieten der Welt lebt die beschriebene Tierart.

Weltweit
Nur bei Insekten und Spinnen angegeben.

Gemäßigte Klimazonen
Nur bei Insekten und Spinnen angegeben.

Tropisch
Nur bei Insekten und Spinnen angegeben.

Bewohnte Gebiete und landwirtschaftliche Flächen
Dazu zählen Gärten, Obstplantagen, Parkanlagen, Äcker, Felder, Pflanzungen, Weideland, Städte, Hecken und Straßenränder.

Süßwasser
Dazu zählen Flüsse, Seen, Teiche, Lagunen, Bäche, Feuchtgebiete, Sümpfe, Moore, Überflutungsgebiete und Auwälder, Quellen, Gräben, Stauseen, Flussufer und Untergrundgewässer in Höhlen.

Nördliche Wälder
Dazu zählen Taiga und Nadelwälder der Nordhalbkugel.

Die Lebensräume

Ozeane
Dazu zählen das offene Meer und die Ozeane, obere und mittlere Wasserschichten.

Korallenriffe

Laubwald
Dazu zählen jahreszeitenabhängige Wälder der gemäßigten und tropischen Gebiete.

Gemäßigtes Grasland
Dazu zählen Steppe, Prärie, Pampa, Gebüsch, offenes Gelände, Moor, Heidelandschaft, Ebene und das Flachland.

Tropisches Grasland
Auch Savanne genannt.

Tiefsee

Küstengewässer
Dazu zählen Flussmündungen und der Meeresboden.

Wüste
Dazu zählen felsige oder sandige Gegenden, Halbwüsten, Gestrüpp, Unterholz, trockene und halbtrockene Gebiete.

Küste
Dazu zählen Wattenmeer, Küsten, Klippen, Inseln und gezeitenabhängige Gebiete.

Hochland
Dazu zählen Hügel, Gebirgsausläufer, Hochebenen, Vulkane und Berge.

Immergrüner Tropenwald
Dazu zählen tropischer und subtropischer Regenwald, Bambushaine und Mangroven.

Tundra und Polgebiete
Dazu zählen arktische und antarktische Gebiete, Packeis und Treibeis.

Säugetiere

Menschen sind nur eine von über 4000 Säugetierarten. Säugetiere sind von sehr unterschiedlicher Gestalt und Größe und sie leben in fast allen Landschaften der Erde. Es gibt viele verschiedene Säugetierarten und jede von ihnen hat ihre eigene Lebensweise. Tiger beispielsweise jagen ihre Beute in den Tiefen der Wälder, während Delphine im Meer schwimmen, Maulwürfe die Erde umgraben, Fledermäuse in der Luft fliegen, Pferde über den Boden galoppieren und Affen sich durch die Bäume hangeln.

Versteinerungen zeigen, dass die ersten Säugetiere vor mehr als 65 Millionen Jahren entstanden sind, als noch Dinosaurier die Erde bevölkerten. Ihre Vorfahren waren eine Gruppe säugetierähnlicher Reptilien. Die ersten Säugetiere waren spitzmausähnliche Tiere, die von Insekten und von den Eiern der Dinosaurier lebten. Als die Dinosaurier vor etwa 65 Millionen Jahren ausstarben, übernahmen die Säugetiere ihren Platz als beherrschende Lebewesen. Dank ihrer Fähigkeit, sich an die unterschiedlichsten Lebensräume anzupassen, verbreiteten sich die Säugetiere über den gesamten Erdball.

Ein **Eisbär-Weibchen** und ihr Junges dösen im Sonnenschein auf dem arktischen Eis. Ein Grund für den Erfolg der Säugetiere ist, dass sie sich mehr als andere Tiere um ihren Nachwuchs kümmern. Sie beschützen ihn, bis er alt genug ist, um für sich selber zu sorgen.

Großer Tümmler

Was ist ein Säugetier?

Säugetiere bilden eine sehr vielfältige Tiergruppe, aber sie haben bestimmte Eigenschaften gemeinsam: Sie sind warmblütig, sie besitzen Lungen zum Atmen sowie ein Knochengerüst, das Skelett, das ihren Körper stützt und die inneren Organe schützt. Die meisten haben ein vergleichsweise stark entwickeltes Gehirn, gut ausgebildete Sinne und ein Haarkleid.

Indischer Elefant

Säugetiere sind Warmblüter, das heißt, sie können ihren Körper gleichmäßig warm halten, unabhängig von den Außentemperaturen. Wenn ihnen heiß ist, schwitzen viele Säugetiere und kühlen sich so ab. **Elefanten** können nicht schwitzen, daher bleiben sie bevorzugt im Schatten, baden im Wasser und leiten die Hitze über ihre riesigen Ohren ab.

Die Sinne

Säugetiere haben meistens gut ausgeprägte Sinne: Gesichtssinn, Gehörsinn, Geruchssinn, Geschmackssinn und Tastsinn. Diese Sinne helfen ihnen Nahrung aufzuspüren, Feinden auszuweichen, Partner zu finden und vieles mehr. Die Sinnesorgane sitzen meist am Kopf, in der Nähe des Gehirns.

Säugetierformen

Die meisten Säugetiere gebären lebende Junge. In der Regel wachsen die Säuglinge im Bauch der Muttertiere heran – diese höheren Säuger werden als Plazentatiere bezeichnet. Die Plazenta (auch Mutterkuchen genannt), ein besonderes Organ, versorgt sie mit Nahrung und Sauerstoff. Bei der Geburt sind die Säuglinge schon relativ weit entwickelt. Nur die Jungen der Beuteltiere sind noch nicht ausgereift, wenn sie zur Welt kommen. Sie krabbeln in einen Beutel am Körper des Muttertieres, wo sie geschützt weiter wachsen können. Die Kloakentiere sind ungewöhnliche Säugetiere, weil sie Eier legen.

Kloakentiere
Kurzschnabeligel

Känguruhbaby im Beutel

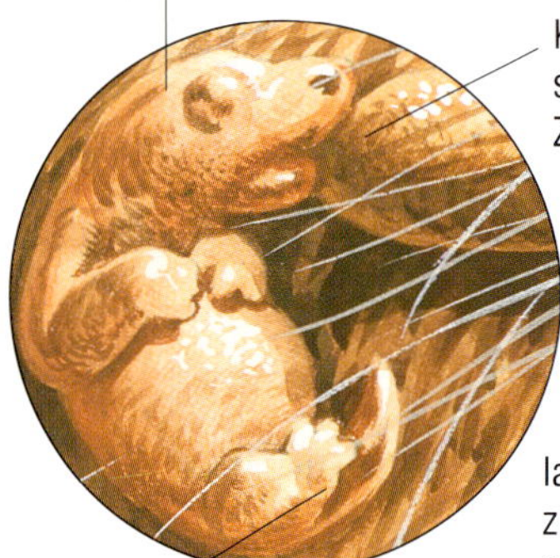

Beuteltiere
Ringelschwanz-Felsenkänguru

Das Säugen

Anstatt für ihren Nachwuchs Nahrung sammeln zu müssen wie andere Tiere, kann das weibliche Säugetier seine eigene Babynahrung bereitstellen. Es hat besondere Brustdrüsen, die Milch produzieren. Die Babies saugen sie aus den Zitzen oder Brustwarzen. Dies bezeichnet man als Säugen – und daher stammt der Begriff Säugetier. Die Milch enthält Zucker, Fett, Eiweiße und Vitamine in der Zusammensetzung, wie sie die Säuglinge zum Wachsen und Gesundbleiben benötigen.

Frischlinge beim Trinken

Höhere Säugetiere

Kappengibbon

Das Säugetierskelett

Säugetiere gehören zu den Wirbeltieren, das heißt, ihr Skelett besitzt ein Rückgrat aus einzelnen Knochen, den Wirbeln. Der Brustkorb umgibt Herz und Lungen, und der Schädel schützt das Gehirn. Das Skelett einiger Säugetiere hat sich im Laufe der Zeit teilweise an bestimmte Lebensbedingungen angepaßt. Meeressäuger beispielsweise haben Flossen anstelle von Armen und Beinen.

Skelett eines Gorillas

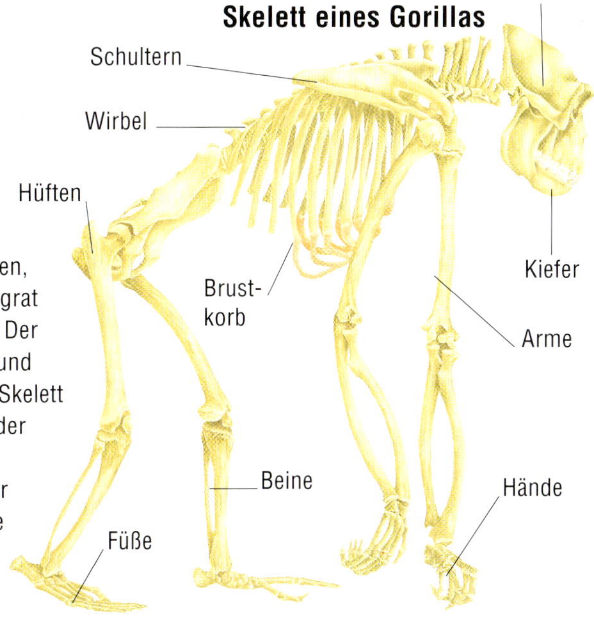

Skelett eines Blauwals

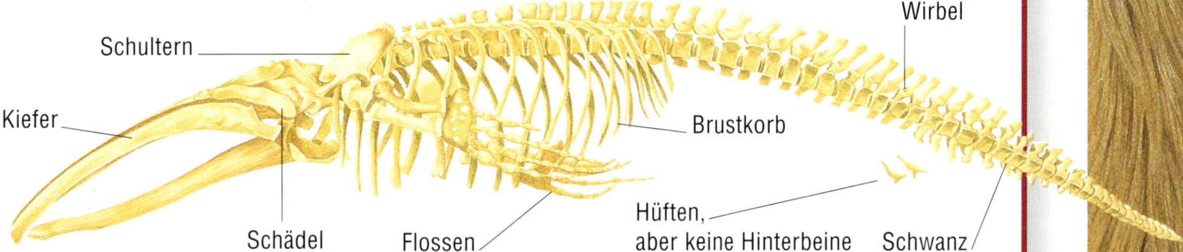

Kloakentiere und Beuteltiere

Langschnabeligel

Zaglossus bruijni
Größe: KRL 45-77 cm, Schwanz verkümmert
Verbreitung: Neuguinea

Bei den meisten Säugetierarten entwickeln sich die Jungen lange Zeit im Körper der Mutter, bevor sie auf die Welt kommen. Bei Kloaken- und Beuteltieren ist das anders. Wie ihre Reptilien-Vorfahren legen die Kloakentiere Eier. Wenn die Jungen geschlüpft sind, ernähren sie sich jedoch genau wie alle anderen Säuglinge von Muttermilch. Die Milch sickert aus vergrößerten Hautporen, denn die Weibchen besitzen keine Zitzen. Kängurus gebären noch nicht fertig entwickelte Säuglinge: Einige sind kaum größer als ein Reiskorn; ihnen fehlen Haare und sie sind blind. Nach der Geburt entwickeln sich die jungen Kängurus in einem mit Fell ausgekleideten Brutbeutel am Unterleib der Mutter weiter.

Kloakentiere

Bei diesen Säugern münden Darm, Harnröhre und Geschlechtsorgane in einem gemeinsamen Ausgang, der so genannten Kloake – wie auch bei Amphibien, Reptilien, Haien und Vögeln. Zu den Kloakentieren zählen die Ameisenigel und die Schnabeltiere. Ein weiblicher Ameisenigel legt ein weichschaliges Ei, das sich in einer Bauchfalte in seinem Körper weiterentwickelt. Als eines der wenigen giftigen Säugetiere haben die männlichen Schnabeltiere einen Giftsporn an jedem Hinterbein als Waffe. Das Weibchen legt zwei bis drei Eier, aus denen nach zwei Wochen Junge schlüpfen.

Langschnabeligel

Diese Ameisenigel haben lange, nach unten gebogene Schnauzen. Sie besitzen keine Zähne und die Kaumuskulatur ist schwach ausgebildet. Daher schlecken sie mit ihrer klebrigen Zunge Ameisen, Termiten und andere Kleintiere auf und zerdrücken sie am Gaumen.

Schnabeltier

Schnabeltiere verbringen einen Großteil des Tages in einem Bau am Flussufer. Zur Morgen- und Abenddämmerung kommen sie heraus, um am Flussbett zu fressen. Mit ihrem empfindlichen Schnabel wühlen sie im Schlamm nach Insekten, Würmern, Larven, Krebsen und Fröschen. Der Schnabel besteht aus einem mit Haut überzogenen Knorpelgerüst.

Schnabeltier

Ornithorhynchus anatinus
Größe: KRL 40-54 cm, SL 15 cm
Verbreitung: Australien, Tansania

Kurzschnabeligel

Der stachlige Mantel schützt diesen Ameisenigel vor Angreifern. Wenn er bedroht wird, rollt er sich entweder wie ein Ball zusammen oder vergräbt sich bei einem weichen Untergrund direkt in die Erde, sodass nur noch seine Stacheln herausschauen. So schützt er sein weiches, stachelloses Gesicht und den Unterleib.

Tachyglossus aculeatus
Größe: KRL 35-50 cm, Schwanz verkümmert
Verbreitung: Australien, Tasmanien, Neuguinea

Kurzschnabeligel

Beuteltiere

Das winzige Beuteltierbaby muss sich seinen Weg durch den dichten Pelz der Mutter zu ihrem Brutbeutel suchen. Dabei hilft ihm die Mutter mit einer Speichelspur sowie mit Lippen und Pfoten. Im Beutel saugt es sich an den Zitzen fest und trinkt die Muttermilch. Daraufhin schwillt die Zitze im Säuglingsmund an, sodass es sie nicht mehr verlieren kann. Im Beutel kann das Baby sicher wachsen und gedeihen, bis es reif ist für die Außenwelt. Aber auch dann kehrt es immer wieder in den Beutel zurück. Es gibt etwa 230 Beuteltierarten, die bis auf einige amerikanische Arten in Australien und auf den benachbarten Inseln leben.

Doppelkamm-beutelmaus

Dasyuroides byrnei
Größe: KRL 15,8-16,5 cm, SL 11,5-12 cm
Verbreitung: Mittelaustralien

Schwimmbeutler

Der Schwimmbeutler oder Yapok ist das einzige im Wasser lebende Beuteltier. Er kommt aus seinem Bau am Flussufer, um im Wasser nach Fischen, Muscheln oder anderen kleinen Wassertieren zu suchen. Er bringt sie ans Ufer, um sie dort zu fressen. Diese Beuteltiere schwimmen mithilfe ihrer Schwimmhäute an den Hinterfüßen und steuern mit dem langen Schwanz. Das eingefettete Fell hält Wasser ab und so bleibt das Tier trocken.

Schwimm-beutler

Chironectes minimus
Größe: KRL 27-33 cm, SL 36-40 cm
Verbreitung: Mexiko, Mittel- und Südamerika

Doppelkamm-beutelmaus

Dieses Beuteltier wird auch Kowari genannt und ist in Steppen und Wüsten zu Hause. Es lebt allein oder in kleinen Gruppen in einem unterirdischen Bau. Nachts jagt es zwischen Grasbüscheln nach Insekten, Eidechsen und Vögeln. Kowaris paaren sich im Winter und werfen fünf oder sechs Junge.

Virginia-Opossum

Es wühlt oft auf Müllkippen und in Abfalleimern nach Nahrung. Um seinen Feinden zu entgehen, stellt sich das Opossum tot: Es legt sich auf die Seite, lässt die Zunge heraushängen und schließt die Augen oder starrt ins Leere. Der Verfolger glaubt, es sei tatsächlich tot und verliert das Interesse; dadurch gewinnt das Opossum wertvolle Sekunden, die ihm die Flucht erlauben. Das Weibchen hat 13 Zitzen, wirft aber häufig mehr Junge, sodass nur die kräftigsten überleben.

Virginia-Opossum

Didelphis virginiana
Größe: KRL 32,5-50 cm, SL 25,5-53,5 cm
Verbreitung: Nord- und Mittelamerika

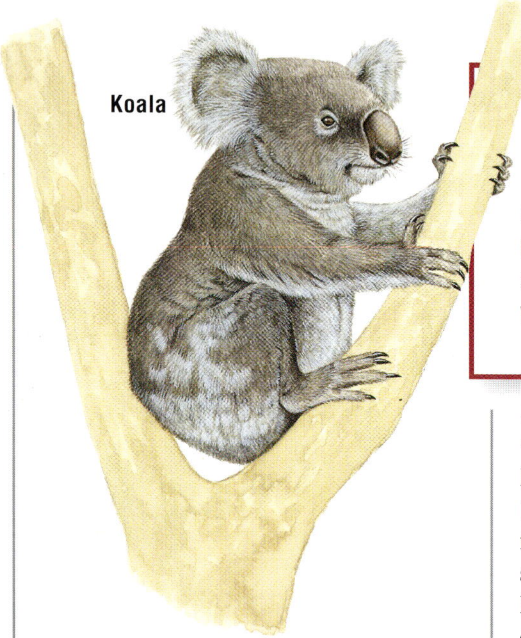

Koala

Phascolarctos cinereus
Größe: KRL 72-78 cm, Schwanz rückgebildet
Verbreitung: Ostaustralien

Koala

Der Koala oder Beutelbär schläft bis zu 18 Stunden täglich. Die restliche Zeit frisst er Blätter der Eukalyptusbäume. In seinem langen Darm kann er die harten Blätter verdauen und die im Eukalyptus enthaltenen giftigen Substanzen unschädlich machen. In besonderen Backentaschen kann der Koala die Blätter sammeln, bis er sie anschließend frisst.

Vombatus ursinus
Größe: KRL 70-150 cm, SL etwa 2,5 cm
Verbreitung: Ostaustralien, Tasmanien

Nacktnasen-Wombat

Nacktnasen-Wombat

Der Wombat ernährt sich vom Gras, das er in Wäldern und Buschland findet. Er kann monatelang ohne Wasser leben. Im Hochsommer verbringt dieses kräftige Säugetier die heißen Tage im kühlen Schutz seines langen, dunklen Baus. Das Weibchen wirft ein einziges Junges, das sechs Monate in seinem Beutel bleibt. Auch nach dem Verlassen des Beutels sucht das Junge noch mehrere Monate bei der Mutter Nahrung, bis es sein selbstständiges Leben beginnt.

Beutelteufel

Der Beutelteufel, auch Tasmanischer Teufel genannt, ist etwa so groß wie ein kleiner Hund. Er hat einen kräftigen Kiefer, mit dem er die Knochen der Beutetiere zermalmen kann. Das stämmige Tier bewegt sich langsam, ist aber geschickt. Mithilfe seines guten Geruchssinnes kann er im Dunkeln Beute orten und überraschend zuschlagen. Er frisst Reptilien, Vögel, Fische und kleine Säugetiere.

Beutelteufel

Sarcophilus harrisii
Größe: KRL 52-80 cm, SL 23-30 cm
Verbreitung: Tasmanien

Gewöhnlicher Fuchskusu

Trichosurus vulpecula
Größe: KRL 35-55 cm, SL 24-40 cm
Verbreitung: Australien, Tasmanien; in Neuseeland eingeführt

Gewöhnlicher Fuchskusu

In seinem natürlichen Lebensraum, dem Wald, frisst der Fuchskusu Blumen, Blätter, Früchte, Insekten und Jungvögel. In bewohnten Gebieten lebt er von Abfällen und haust in Gebäuden. Die Weibchen bekommen ein- oder zweimal im Jahr jeweils ein Junges.

Kleiner Kurznasenbeutler

Dieser Kurznasenbeutler folgt bei seiner Jagd dem Geruch des Beutetieres. Er lebt in dicht bewachsenen Gebieten, wo er sich gut vor größeren Feinden, etwa Adlern und Füchsen, verstecken kann. Er ernährt sich von Würmern, Insektenlarven und Pilzen. Er frisst sogar Skorpione, deren giftigen Schwanz er vorher abbeißt.

Isoodon obesulus
Größe: KRL etwa 20 cm, SL 7,5-18 cm
Verbreitung: Süd- und Ostaustralien, Queensland,Tasmanien

Kleiner Kurznasenbeutler

Riesengleitbeutler

Rotes Riesenkänguru

Dieses Känguru ist das größte Beuteltier. Es hüpft mit riesigen Sätzen nur auf seinen Hinterbeinen. Dabei erreicht das Riesenkänguru Geschwindigkeiten von bis zu 60 Stundenkilometern. Es lebt in Australiens heißen Wüsten und Buschlandschaften. Das Weibchen wirft ein einziges Junges, das nach zwei Monaten erstmals aus dem Beutel der Mutter klettert. Aber sobald Gefahr droht, kriecht das Junge schnell wieder in ihren sicheren Beutel zurück.

Macropus rufus
Größe: KRL 74,5-140 cm, SL 65-100 cm
Verbreitung: West- und Zentralaustralien

Rotes Riesenkänguru

Moschusratten-Känguru

Dieses winzige Känguru bringt ungewöhnlicherweise zwei bis drei Jungen zur Welt. Im Gegensatz zu anderen Kängurus läuft es bevorzugt auf allen Vieren wie ein Kaninchen. Beide Geschlechter dieser Art verströmen einen starken Moschusduft – der Grund dafür ist bislang unbekannt.

Moschusratten-Känguru

Hypsiprimnodon moschatus
Größe: KRL 15-27 cm, Schwanz 12-16 cm
Verbreitung: Nordostaustralien

Zügelstreif-Nagelkänguru

Den letzten Teil seines Namens trägt dieses Känguru, weil sich im dichten Fell der Schwanzspitze ein kleines, spornartiges Horngebilde verbirgt. Das Tier hüpft sehr merkwürdig, indem es seine Arme dabei in Kreisen schwingt. Weidende Schafe und Kühe haben einen Großteil des Buschlandes vernichtet, in dem diese Kängurarart früher fraß und lebte. Daher gehört es nun zu den gefährdeten Tierarten.

Onychogalea fraenata
Größe: KRL 49-70 cm, Schwanz 15-73 cm
Verbreitung: Ostaustralien

Zügelstreif-Nagelkänguru

Petauroides volans
Größe: KRL 35-45 cm, SL 45-60 cm
Verbreitung: Ostaustralien

Riesengleitbeutler

Dieser Gleitbeutler besitzt Hautlappen zwischen seinen Armgelenken und Fingerknöcheln. Um in den Eukalyptuswäldern, in denen er lebt, von Baum zu Baum zu gelangen, springt er in die Luft und spreizt dabei Arme und Beine ab. Die Hautlappen wirken wie ein Fallschirm, an dem er zu seinem Ziel gleiten kann.

Lumholtz-Baumkänguru

Dieses Baumkänguru verbringt die meiste Zeit hoch oben in den Bäumen der Wälder und frisst dort Blätter und Früchte. Es kann sogar dort oben auf einem dicken Ast zusammengekauert schlafen. Die Art ist inzwischen stark gefährdet, weil ihr Lebensraum im Regenwald durch Abholzung vernichtet wird.

Lumholtz-Baumkänguru

Dendrolagus lumholtzi
Größe: KRL 52-59 cm, SL 60-74 cm
Verbreitung: Nordostaustralien

Insektenfresser, Faultiere und Gleiter

Zwar sind diese Tiere nicht miteinander verwandt, aber viele von ihnen ernähren sich ausschließlich von Insekten. Außerdem gehören sie zu den eigenartigsten Tieren überhaupt. Gürteltiere, Ameisenbären, Schuppentiere, Erdferkel, Maulwürfe, Borstenigel, Spitzhörnchen und Igel sind Insektenfresser. Faultiere und Gleitflieger gehören zu den Pflanzenfressern und verbringen die meiste Zeit auf Bäumen.

Dreifinger-Faultier

Bradypus tridactylus
Größe: KRL 44-55 cm, SL 3-7,5 cm
Verbreitung: Norden Südamerikas

Ameisenbären, Gürteltiere, Schuppentiere, Erdferkel und Faultiere

Ameisenbären und Gürteltiere gehören zur Ordnung der Zahnarmen (Edentata). Während Ameisenbären gar keine Zähne haben, besitzen einige Gürteltiere bis zu 100 Zähne, die klein und zapfenartig sind. Diese Säugetiere benötigen keine großen Beißzähne, weil sie Ameisen und Termiten fressen, die sie mit ihrer Zunge auflecken. Faultiere gehören auch zu den Zahnarmen, aber sie ernähren sich von Blättern und kauen diese sehr gründlich. Sie fressen, schlafen, paaren sich kopfüber in den Bäumen hängend und bringen ihre Jungen so zur Welt. Schuppentiere und Erdferkel leben ähnlich wie die Gürteltiere und Ameisenbären, sind aber nicht eng mit ihnen verwandt, obwohl sie früher zur gleichen Ordnung zugerechnet wurden.

Dreifinger-Faultier

Das Dreifinger-Faultier oder Ai ist das langsamste lebende Säugetier – es schafft am Boden höchstens zwei Meter pro Minute, also kaum mehr als 100 m in der Stunde. Die Haare seines Fells haben Furchen, in denen winzige grüne Algen leben. Sie überziehen das Fell mit einem grünlichen Schimmer, sodass die Faultiere in den Tropenwäldern vor Feinden wie Adler und Jaguar gut getarnt sind.

Großer Ameisenbär

Das merkwürdige Tier spürt Ameisenbauten und Termitenhügel auf. Mit seinen Klauen reißt er die zementharten Hügel auf und steckt seine klebrige Zunge hinein. Ameisen und Termiten kleben auf der Zunge fest, die mit winzigen Stacheln besetzt ist. Der Ameisenbär zerstört ein Nest niemals vollständig und frisst nie alle Ameisen oder Termiten, damit er noch öfter dorthin zum Naschen zurückkehren kann.

Großer Ameisenbär

Myrmecophaga tridactyla
Größe: KRL 100-130 cm, SL 65-90 cm
Verbreitung: Mittel- und Südamerika bis Nordargentinien

Riesengürteltier

Riesengürteltier

Wie bei anderen Gürteltieren ist der Körper des Riesengürteltieres von Hornplatten bedeckt. Es wiegt bis zu 60 kg und ist sehr stark, sodass es leicht mithilfe seiner Vorderbeine in Ameisennester eindringen oder Termitenburgen aufbrechen kann. Es kann sich bei Gefahr nicht wie das Neunbindengürteltier ganz zu einer Kugel zusammenrollen, sondern flüchtet eher.

Priodontes maximus
Größe: KRL 75-100 cm,
SL 50 cm
Verbreitung: Südamerika (von Venezuela bis Nordargentinien)

Neunbinden-Gürteltier

Wenn es angegriffen wird, rollt sich dieses Gürteltier zu einer Kugel, damit sein weicher Unterleib geschützt ist. Nur die gepanzerte Rückseite zeigt nach außen. Das Gürteltier verschläft einen Großteil des Tages im sicheren Bau, den es mit seinen kräftigen Vorderklauen gräbt. Dabei tritt es die lockere Erde mit den Hinterbeinen weg.

Neunbinden-Gürteltier

Dasypus novemcinctus
Größe: KRL 35-55 cm,
SL 25-45 cm
Verbreitung: Süden Nordamerikas, Mittel- und Südamerika

Erdferkel

Das Erdferkel sieht aus, als wäre es aus Teilen verschiedener Tiere zusammengesetzt: den Schwanz vom Känguru, den Körper vom Schwein und die Ohren vom Kaninchen. Das Erdferkel frisst nachts Termiten. Tagsüber schläft es in seinem Bau, den es mit seinen kräftigen Krallen gräbt. Der Bau kann sehr lang und groß sein sowie unzählige Eingänge besitzen.

Erdferkel

Orycteropus afer
Größe: KRL 110 cm,
SL 60-70 cm
Verbreitung: Afrika, südlich der Sahara

Riesenschuppentier

Dies ist das einzige mit Schuppen bedeckte Säugetier. Wenn es Ameisennester plündert, schützen dicke Augenlider seine Augen vor Bissen. Besondere Muskeln verschließen seine Nasenlöcher, damit keine Ameisen hineinkriechen. Das Schuppentier kann sich bei Gefahr zusammenrollen oder mit seinem Schwanz um sich schlagen, der mit scharfen Schuppen besetzt ist.

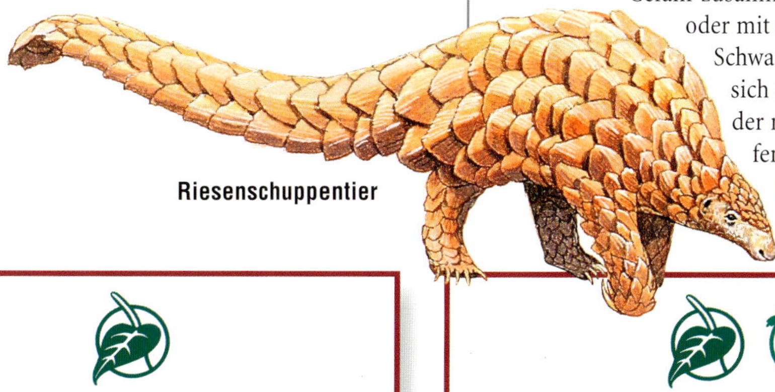

Riesenschuppentier

Manis gigantea
Größe: KRL 75-80 cm,
SL 50-65 cm
Verbreitung: Ost- und Zentralafrika

Nördlicher Tamandua

Der nachtaktive Tamandua ist ein in Bäumen lebender Ameisenfresser. Am Boden bewegt er sich langsam und tapsig, aber in den Waldbäumen ist er ein gewandter Kletterer. Seinen Schwanz benutzt er als »fünftes Bein«, um sich festzuhalten. Wenn er angegriffen wird, schlägt er mit seinen kräftigen, scharfen Klauen zu. Das Weibchen wirft ein einziges Junges, das von seiner Mutter auf dem Rücken durch den Regenwald getragen wird.

Nördlicher Tamandua

Tamandua mexicana
Größe: KRL 52-67,5 cm,
SL 40-67,5 cm
Verbreitung: Südmexiko bis nördliches und mittleres Südamerika

Insektenfresser, Schlitzrüssler und Riesengleiter

Maulwürfe, Goldmulle, Tanreks, Spitzmäuse, Rüsselspringer, Spitzhörnchen und Igel ernähren sich fast ausnahmslos von Insekten und Kleintieren wie Würmern, Tausenfüßern, Schnecken und Spinnen. Viele dieser Säugetiere haben lange, schmale Schnauzen, um in die engen Ritzen zu gelangen, in denen sich Insekten verstecken. Sie besitzen auch scharfe Zähne und Klauen. Sie können zwar nicht besonders gut sehen, haben aber einen ausgezeichneten Geruchssinn. Riesengleiter sind mit Schlitzrüsslern nicht verwandt, aber beide sind ungewöhnliche Säuger. Riesengleiter können mithilfe besonderer Hautlappen zwischen den Bäumen »segeln«. Der Biss eines Schlitzrüsslers ist giftig – eine seltene Eigenschaft bei Säugetieren.

Europäischer Igel

Erinaceus europaeus
Größe: KRL 25-30 cm,
SL 2-3 cm
Verbreitung: Westeuropa;
in Neuseeland eingeführt

Europäischer Igel

Jeder kennt den kurzbeinigen Igel. Er wühlt unter Hecken und in Gestrüpp nach kleinen Insekten. Während er läuft, grunzt er wie ein Schwein. Wird der Igel angegriffen, rollt er sich zu einer Kugel zusammen, denn der stachelige Mantel schreckt Feinde ab. In unseren kalten Breitengraden hält er Winterschlaf.

Riesengoldmull

Riesengoldmull

Der Goldmull sucht am Boden nach Käfern, kleinen Eidechsen, Schnecken und Würmern. Wenn er gestört wird, läuft er schnell zu seinem sicheren Bau – obwohl er blind ist, weiß er immer genau, wo der Eingang ist. Bisher ist unbekannt, wie er das macht. Die Goldmulle graben nicht mit den Händen, sondern mithilfe der kräftigen Krallen. Sie sind tag- und nachtaktiv.

Chrysospalax trevelyani
Größe: KRL 20-24 cm,
kein Schwanz
Verbreitung: Südafrika

Streifentanrek

Der Streifentanrek oder Halbborstenigel ist von schützenden Stacheln bedeckt. Das Weibchen wirft zwei bis elf Junge. Wenn ein Streifentanrek sich bedroht fühlt, stellt er einige Stacheln auf seinem Rücken auf und lässt sie schnell erzittern. Dadurch entsteht ein klapperndes Geräusch, das die Jungen vor nahender Gefahr warnt.

Streifentanrek

Hemicentetes semispinosus
Größe: KRL 16-19 cm,
Schwanz verkümmert
Verbreitung: Madagaskar

Europäischer Maulwurf

Der Maulwurf verbringt fast sein ganzes Leben unter der Erde. Er gräbt Tunnel mithilfe seiner schaufelartigen Vorderbeine. Mit seinen winzigen Augen sieht er kaum, kann aber gut hören. Er tastet sich voran und findet Würmer und Insekten, da er die kleinen Erschütterungen, die durch deren Bewegung entstehen, wahrnimmt.

Talpa europaea
Größe: KL 11-17 cm,
SL 2-3,5 cm
Verbreitung: Europa, Ostasien

Europäischer Maulwurf

Cynocephalus volans
Größe: KRL 33-38 cm,
SL 22-27 cm
Verbreitung: Philippinen

Philippinen-Gleitflieger

Philippinen-Gleitflieger

Dieser im Wald lebende Gleitflieger hat behaarte Flughäute, die sich vom Hals bis zur Schwanzspitze ziehen. Er springt in die Luft, breitet Arme und Beine und damit die Flughaut aus (Spannweite 70 cm) und kann so bis 135 m weit durch die Bäume segeln. Der Gleitflieger ist auch ein guter Kletterer; nur am Boden ist er fast hilflos.

Spitzhörnchen

Das Spitzhörnchen oder Tupaja ähnelt dem Eichhörnchen und ist ein gewandter Kletterer. Das Tier lebt normalerweise allein oder mit einem Partner. Es frisst Ameisen, Spinnen, Samen, Knospen und gelegentlich kleine Vögel und Mäuse. Es nistet in Baumlöchern oder zwischen Baumwurzeln. Dort wirft das Weibchen ein bis drei Junge.

Spitzhörnchen

Tupaia glis
Größe: KRL 12,5-18,5 cm,
SL 14,5-17,5 cm
Verbreitung: Südasien

Kurzohr-Rüsselspringer

Macroscelides proboscideus
Größe: KRL 10,5-11,5 cm,
SL 11,5-13 cm
Verbreitung: Südafrika

Kurzohr-Rüsselspringer

Rüsselspringer verdanken ihren Namen ihren außerordentlich langen Nasen. Sie laufen auf allen Vieren, aber wenn sie sich beeilen müssen, hüpfen sie auf ihren Hinterbeinen wie kleine Kängurus. Sie leben in trockenen Graslandschaften. Rüsselspringer fressen tagsüber Termiten, Samen, Früchte und Beeren, nur mittags suchen sie in ihrem Bau Schutz vor der hoch stehenden Sonne.

Schildspitzmaus

Die Schildspitzmaus hat ein unglaublich kräftiges Rückgrat: Angeblich kann das kaum handgroße Tier das Gewicht eines ausgewachsenen Mannes tragen, ohne zu zerbrechen. Der Bau der Wirbelsäule mit verdoppelter Rückenwirbelzahl ist einzigartig unter den Säugetieren. Sie lebt in Wäldern, wo sie Insekten und andere Kleintiere frisst.

Solenodon cubanus
Größe: KRL 28-32 cm,
SL 17-25 cm
Verbreitung: Kuba

Kubanischer Schlitzrüssler

Der Schlitzrüssler oder Almiqui stochert nachts im Waldboden nach Insekten, Pilzen und Wurzeln. Er kann auch auf Bäume klettern, um gelegentlich Früchte, Beeren und Knospen zu fressen. Schlitzrüssler töten Eidechsen, Frösche und kleine Vögel mit einem giftigen Biss. Das Gift wird in Drüsen im Oberkiefer gebildet.

Scutisorex somereni
Größe: KRL 12-15 cm,
SL 7-9,5 cm
Verbreitung: Zentralafrika

Kubanischer Schlitzrüssler

Schildspitzmaus

Fledertiere

Die Ordnung der Fledertiere umfasst die Unterordnungen Flughunde und Fledermäuse. Sie sind die einzigen fliegenden Säugetiere und haben weiche Flügel. Die meisten Fledertiere schlafen am Tag kopfüber hängend. Nachts fliegen sie los, um Beute zu fangen. Sie jagen und orientieren sich im Dunkeln mithilfe des Echos: Fledertiere stoßen sehr hohe Laute im Ultraschallbereich aus, die für Menschen unhörbar sind. Diese Schallwellen werden von der Umgebung wie ein Echo zurückgeworfen. Mit ihrem feinen Gehör können die Fledermäuse sie wahrnehmen. Durch Echopeilungen können die Fledertiere ihre Beute orten und Hindernisse umgehen.

Lanzennase

Lanzennase

Diese Fledermausart frisst auch Insekten und Früchte, aber bevorzugt das Fleisch von Mäusen, Vögeln und kleineren Fledermäusen. Die Lanzennase wiederum wird von den Großblattnasen gejagt. Sie trägt einen breiten, lanzenförmigen Nasenaufsatz. Die Bedeutung solcher Nasenblätter, die viele Fledermäuse tragen, ist nur teilweise bekannt. Sie dienen meist der Echoortung. Riesige Schwärme dieser großen Fledermäuse hausen in Gebäuden und Höhlen. Sie kommen in der Morgendämmerung heraus, um zu ihren Futterplätzen zu fliegen. Das Weibchen wirft ein- oder zweimal im Jahr jeweils ein einziges Junges.

Phyllostomus hastatus
Größe: KRL 10-13 cm, SL 2,5 cm, SPW 45 cm
Verbreitung: Mittel- und nördliches Südamerika

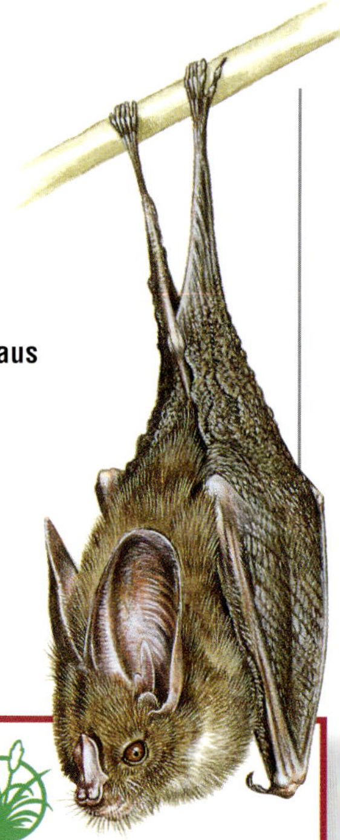

Lyrafledermaus

Megaderma lyra
Größe: KRL 6,5-8,5 cm, kein Schwanz, SPW 23-30 cm
Verbreitung: Indien bis Myanmar, Südchina, Malaysia

Lyrafledermaus

Diese Großblattnasenart ist eine der größten Fledermäuse. Sie ernährt sich vor allem von Insekten und Spinnen, aber auch Nagetieren, Fröschen, Fischen und sogar anderen Fledermäusen. Gruppen von drei bis 50 Tieren leben in Höhlen. Andere Fledermausarten halten sich von der Höhle fern, vermutlich um nicht gefressen zu werden. Im Gegensatz zu Echten Vampiren trinken die Großblattnasen kein Blut.

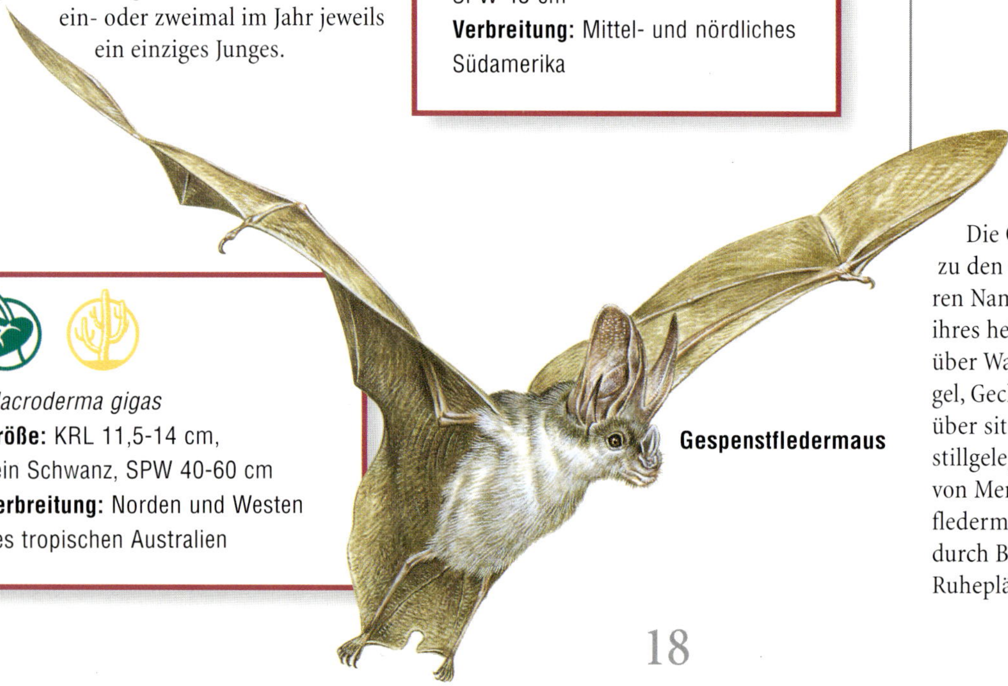

Gespenstfledermaus

Macroderma gigas
Größe: KRL 11,5-14 cm, kein Schwanz, SPW 40-60 cm
Verbreitung: Norden und Westen des tropischen Australien

Gespenstfledermaus

Die Gespenstfledermaus, die ebenfalls zu den Großblattnasen zählt, verdankt ihren Namen der nachts unheimlichen Farbe ihres hellen Pelzes. Der Fleischfresser fliegt über Wald und Wüste und jagt Mäuse, Vögel, Geckos und andere Fledermäuse. Tagsüber sitzt sie in Höhlen, Felsspalten oder stillgelegten Minenschächten, wird aber von Menschen leicht gestört. Die Gespenstfledermaus ist heute selten geworden, da durch Bergbau einige ihrer wichtigsten Ruheplätze zerstört wurden.

Indischer Flughund

Die größten Flügel aller Fledertiere besitzt der Indische Flughund. Tagsüber sitzen die Flughunde zu Tausenden in den Bäumen. Bei Dunkelheit fliegen sie auf, um saftige Früchte zu fressen oder süßen Blütennektar zu schlecken. Flughunde helfen bei der Befruchtung und Vermehrung bestimmter Obstbäume, da sie deren Pollen, die am Fell haften, von Blüte zu Blüte tragen. Die Fruchtkerne, die sie ausspucken oder mit ihrem Kot ausscheiden, bilden Wurzeln und wachsen so zu neuen Obstbäumen heran.

Pteropus giganteus
Größe: KRL 35-40 cm, kein Schwanz, SPW 120 cm
Verbreitung: Süd- und Südostasien

Indischer Flughund

Großer Röhrennasen-Flughund

Die merkwürdig geschnörkelten Nasenaufsätze dieser Art stehen von beiden Seiten ihre Kopfes ab wie ein Paar Schnorchel. Sie helfen dem Tier vermutlich bei der Suche nach reifen Früchten. Mithilfe ihrer scharfen Zähne zerkaut es die Frucht, um an den Saft zu gelangen. Den Fruchtfleischbrei lässt sie zu Boden fallen.

Großer Röhrennasen-Flughund

Nyctimene major
Größe: KRL 7-12 cm, SL 1,5-2,5 cm, SPW 20-28 cm
Verbreitung: Südostasien, Neuguinea, Nordaustralien

Große Hufeisennase

Diese Fledermaus ernährt sich von Käfern. Dazu stößt sie herab und schnappt sie mit größter Zielgenauigkeit vom Boden. Sie haust in Höhlen, Bäumen und in Dachböden alter Gebäude. Immer häufiger werden jedoch Höhlen erforscht, Bäume gefällt und Dächer isoliert und abgedichtet, sodass die Tiere nur schwer eine Unterkunft finden. Die Große Hufeisennase ist mittlerweile in Europa fast ausgerottet und steht wie viele Fledermäuse unter Naturschütz.

Rhinolophus ferrumequinum
Größe: KRL 5,5-7,5 cm, SL 3-4,5 cm, SPW 33-35 cm
Verbreitung: Europa, Asien, Nordafrika

Große Hufeisennase

Braunes Langohr

Die Ohren dieser Fledermaus sind fast so lang wie ihr Kopf und Körper zusammen. Die Art nutzt die empfindlichen Ohren, um Rufe und Bewegungen von Insekten einzufangen und sich mithilfe des Echos zu orientieren. Das Braune Langohr überwintert in Höhlen. Im Sommer bewohnen Kolonien von 50 bis 100 Tieren Gebäude und Bäume. Sie fressen nachts Insekten, überwiegend Motten. Die Weibchen bringen ein bis zwei Jungen zur Welt.

Plecotus auritus
Größe: KRL 6-7 cm, SL 3-4,5 cm, SPW 23-28 cm
Verbreitung: Europa, Asien

Braunes Langohr

Blut trinkende Vampire

Die einzigen Säugetiere, die ausschließlich von Wirbeltierblut leben, sind die Echten Vampire, von denen es drei Arten gibt. Sie leben nur in den tropischen Gebieten Amerikas. Der Gemeine Vampir (*Desmodus rotundus*) fällt schlafende Tiere an – meist Kühe und Pferde. Die Opfer der anderen zwei Arten, Weißflügelvampir (*Diaemus youngi*) und Kammzahnvampir (*Diphylla ecuadata*), sind große Vögel wie Hühner. Der Gemeine Vampir beißt dem Tier zuerst ein Hautstückchen ab und lässt dann das Blut in seinen Mund rinnen. Der Biss ist schmerzlos, aber dadurch können gefährliche Krankheiten übertragen werden. Der Gemeine Vampir nimmt jede Nacht mehr Blut auf, als sein eigenes Körpergewicht beträgt.

Ruhende Fledermäuse

Der Gemeine Vampir lebt in Höhlen. Die Tiere hängen an der Decke und schlafen in absoluter Dunkelheit. Die Kolonien bestehen aus bis zu 1000 Fledermäusen, meistens sind es etwa 100 Tiere. Sie sind recht scheu und kommen nur in sehr dunklen, mondlosen Nächten aus ihrem Versteck.

Der Körper des **Gemeinen Vampirs** ist 9 cm lang; die Spannweite seiner Flügel ist doppelt so groß. Er besitzt keinen Schwanz, hat eine Stupsnase und kurze, spitze Ohren. Vampire haben weniger Zähne als die meisten Fledertiere, weil sie die Nahrung nicht zerkleinern müssen.

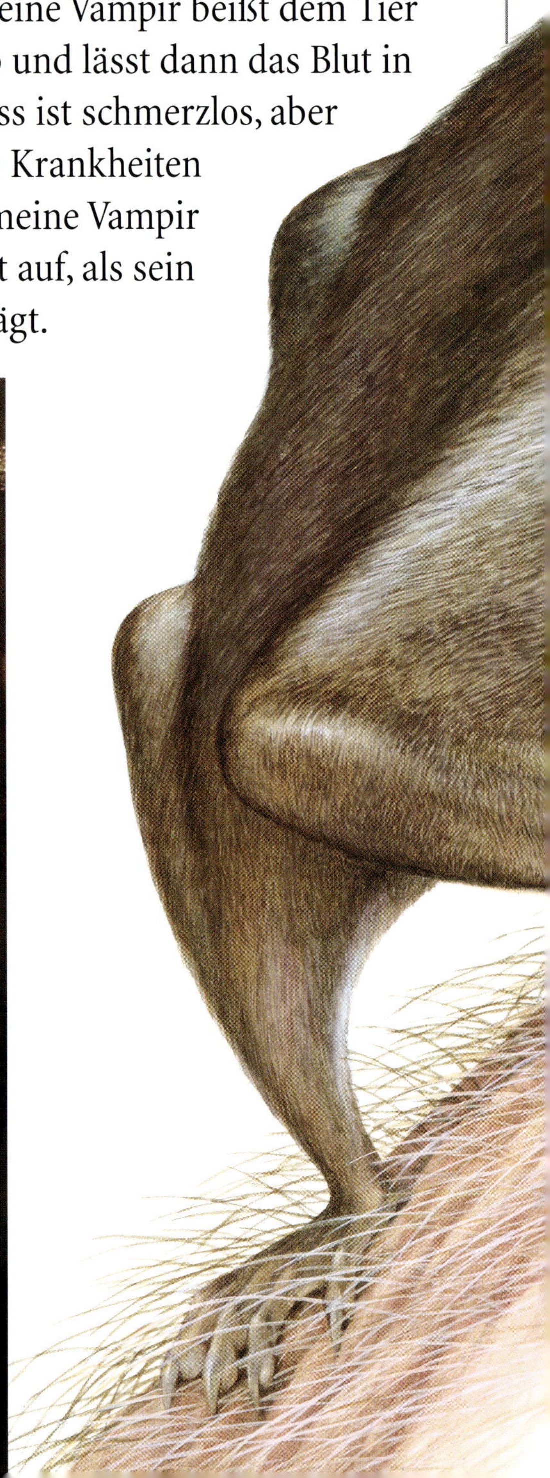

Junge Fledermäuse

Bei der Geburt ist das Vampirjunge hilflos, aber mit seinen starken Krallen und den gebogenen Milchzähnen klammert es sich fest an seine Mutter – selbst wenn diese fliegt. Anfangs trinkt das Junge ausschließlich Muttermilch. Nach etwa drei Monaten gewöhnt es die Mutter langsam an die Blutmahlzeit, indem sie ihm ein paar Tropfen davon abgibt.

Blutmahlzeit

Der Gemeine Vampir landet am Boden in der Nähe seines Opfers und nähert sich ihm dann auf allen Vieren. Seine wärmeempfindliche Nasenspitze hilft ihm, eine Hautpartie zu finden, in der das Blut nahe der Oberfläche fließt. Der Vampir beißt sein Opfer mit den messerscharfen Zähnen. Über ihre vorgestreckte Zunge lässt er das Blut aus der Wunde in den Mund fließen. Der Speichel verhindert, dass das Blut verklumpt beziehungsweise die Wunde verkrustet.

Australische Großblattnase

Großblattnasen

Einige dieser Fledermäuse sind darauf spezialisiert, kleinere Fledermäuse zu fressen. Sie stürzen sich lautlos auf ihr Opfer hinab und fressen mit ihrem raubtierähnlichen Gebiss dessen Fleisch. Früher glaubten Menschen, die dies beobachteten, sie trinken Blut, und hielten sie für eine Vampirart. Heute ist bekannt, dass dies nicht stimmt und dass es sich um besondere Nahrungsspezialisten handelt.

Primaten

Menschen, Affen und Halbaffen gehören zur sehr vielgestaltigen Ordnung der Primaten oder Herrentiere mit etwa 500 Arten und Unterarten. Sie besitzen ein relativ großes Gehirn, lernen vergleichsweise schnell und haben ein hoch entwickeltes Sozialverhalten. Viele Primaten haben erste Finger und/oder erste Zehen, die mehr oder weniger gegenüber stellbar sind und zum Greifen von Gegenständen befähigen. Die meisten sind tagaktiv und ursprünglich völlig an das Leben in Bäumen angepasst. Mehrere Arten sind jedoch zu Bodenbewohnern geworden. Sie haben nach vorne gerichtete Augen, deshalb können sie räumlich sehen und Entfernungen schätzen.

Zwergseidenaffe

Cebuella pygmaea
Größe: KRL 11,5-16 cm,
SL 17-23 cm
Verbreitung: Südamerika (Gebiete am Oberlauf des Amazonas)

Zwergseidenaffe

Der Zwergseidenaffe gehört zu den kleinsten Primaten und ist als Krallenaffenart kein Halbaffe. Er wird oft von großen Vögeln angegriffen, daher versucht er außerhalb ihrer Sichtweite zu bleiben. Er stürzt sich entweder schnell davon oder kriecht ganz langsam. Manchmal bleibt der Zwergseidenaffe still sitzen, um nicht entdeckt zu werden. Er ernährt sich hauptsächlich von Baumsäften.

Halbaffen und Krallenaffen

Die in Teilen Afrikas und Südasiens lebenden Lemuren mit den Fingertieren und den Katzenmakis, die Loriverwandten mit den Galagos und Loris sowie die Koboldmakis zählen zur Unterordnung der Halbaffen. Sie haben kleinere Gehirne als die Affen. Ihr Skelett ähnelt dem von kleinen, in Bäumen lebenden Spitzhörnchen, die vermutlich die ersten Primaten in der Entwicklungsgeschichte waren, heute jedoch eine eigene Ordnung darstellen. Die Krallenaffen sind keine Halbaffen. Sie gehören zur Teilordnung Neuwelt- oder Breitnasenaffen und bewohnen die Regenwälder Südamerikas. Krallenaffen haben häufig ein farbenfrohes Fell und ungewöhnliche »Frisuren«.

Schlanklori

Die gegenständigen Daumen und großen Zehen dieses Tieres erlauben ihm, sich an Zweigen festzuhalten. So bewegt es sich langsam und vorsichtig auf seinen langen dünnen Beinen durch die Bäume. Der Schlanklori frisst Insekten, Eidechsen, Vögel und Eier, indem er sich an seine Beute heranschleicht und sie dann mit beiden Händen schnappt.

Loris tardigradus
Größe: KRL 23-26 cm,
kein Schwanz
Verbreitung: Südindien, Sri Lanka

Schlanklori

Lemur catta
Größe: KRL 45 cm,
SL 55 cm
Verbreitung: Madagaskar

Katta

Der Katta klettert bis in die Spitzen der Bäume, um sich nach einer kalten Nacht in der Morgensonne zu wärmen. Er trägt eine weiße Gesichtsmaske und einen schwarzweiß geringelten Schwanz. Das Männchen markiert sein Revier mit Ausdünstungen bestimmter Drüsen am Unter- und Oberarm. Zur Paarungszeit reiben die Rivalen ihre Schwänze mit diesem Duft ein und führen »Geruchskämpfe«, indem sie ihre stinkenden Schwänze in der Luft schwenken.

Katta

Löwenaffe

Dieses wunderschöne Tier verdankt seinen Namen der seidigen, goldgelben »Löwenmähne«, die Kopf und Schultern bedeckt. Der Löwenaffe lebt in Familiengruppen. Nachts sucht er Schutz in Löchern alter Bäume. Er ist sehr geschickt und schwingt sich bei der Nahrungssuche nach Insekten, Eidechsen und Vögeln von Ast zu Ast. Er frisst auch Blüten, Blätter und Früchte.

Löwenaffe

Leontopithecus rosalia
Größe: KRL 20-33 cm,
SL 31,5-40 cm
Verbreitung: Südost-Brasilien

Kaiserschnurrbarttamarin

Dieser Affe ist leicht an seinem langen, hängenden Schnurrbart zu erkennen, der dem von Kaiser Wilhelm II. ähnelt. Kleine Gruppen dieser Äffchen turnen durch die Bäume auf der Suche nach Insekten, Früchten und Blüten. Sie lecken auch den heraustropfenden Saft verletzter Bäume auf oder stehlen Vogeleier. In Brasilien und Peru gehören sie zu den bedrohten Tieren.

Kaiserschnurrbarttamarin

Saguinus imperator
Größe: KRL 23-26 cm,
SL 35-41 cm
Verbreitung: Westbrasilien, Peru, Bolivien

Riesengalago

Der Riesengalago heißt im Englischen »bush baby«, weil sein Ruf wie das Weinen eines Kindes klingt. Er frisst Pflanzen, fängt aber auch mit Vorliebe Insekten, indem er sich auf sein Opfer stürzt und es mit einem Biss tötet. Die Galagos jagen nachts und dank ihrer scharfen Augen entdecken sie ihre Beute auch bei Mond- oder Sternenlicht.

Riesengalago

Galago crassicaudatus
Größe: KRL 31-35 cm,
SL 40-46 cm
Verbreitung: Südafrika

Sundakoboldmaki

Seine riesigen Augen erlauben dem Koboldmaki, nachts auf die Jagd zu gehen. Aber die Augäpfel sind so groß, dass sie sich in den Augenhöhlen nicht bewegen können. Um dies auszugleichen, kann der Koboldmaki seinen Kopf fast ganz herumdrehen. Er hat große fledermausähnliche Ohren, die er voneinander unabhängig bewegen kann.

Sundakoboldmaki

Tarsius bancanus
Größe: KRL 13 cm, SL 22 cm
Verbreitung: Südostasien (Sumatra und Borneo)

Daubentonia madagascariensis
Größe: KRL 36-44 cm,
SL 50-60 cm
Verbreitung: Madagaskar

Fingertier

Fingertier

Das Fingertier oder Aye-Aye tippt mit seinem langen Mittelfinger, der eine lange Kralle trägt, an Bäume und lauscht dann auf Geräusche von Insekten, die sich unter der Rinde bewegen. Mit demselben Finger zieht es die Beute heraus und löffelt damit auch Pflanzenmark und Vogeleier aus. In seiner Heimat gilt es als Unglücksbringer und wird daher oft getötet.

Altweltaffen

Die Unterordnung Affen wird in zwei Gruppen eingeteilt: Altweltaffen oder Schmalnasen und Neuweltaffen oder Breitnasen. Die Altweltaffen leben in Afrika und Asien. Eine Art wird in Europa auf Gibraltar in künstlichen Kolonien gehalten. Sie haben eng beieinander stehende, nach unten gerichtete Nasenlöcher. Ihr Hinterteil ist mit einer Hornhaut gut gepolstert; diese kann ihr Körpergewicht bequem tragen, wenn sie im Sitzen schlafen. Sie sind meist größer als die Neuweltaffen. Sie haben auch nicht wie diese Greif- oder Wickelschwänze. Die Altweltaffen sind tagaktiv und schlafen nachts. Sie besitzen gute Augen sowie einen ausgeprägten Gehör- und Geruchssinn.

Cercopithecus diana
Größe: KRL 40-55 cm, SL 50-75 cm
Verbreitung: Westafrika

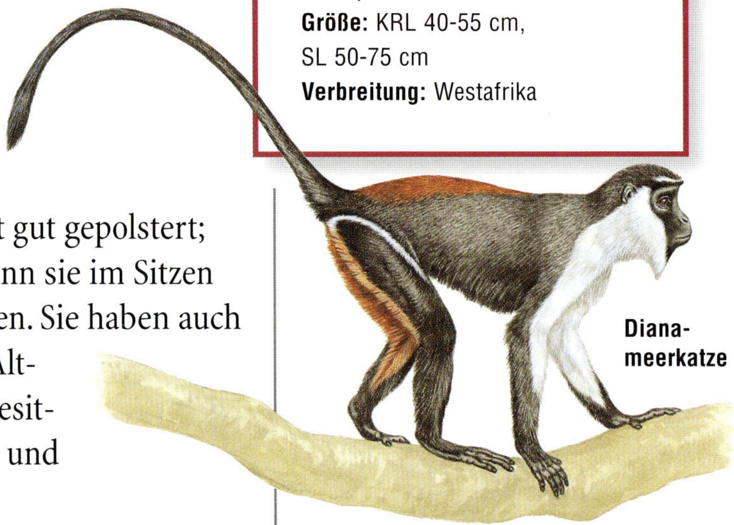

Diana-meerkatze

Dianameerkatze

Dieser elegante und auffallend bunt gefärbte Affe ist ein meisterhafter Kletterer. Er verbringt die meiste Zeit hoch oben in den Bäumen des Regenwaldes. Verbände von bis zu 30 Meerkatzen leben zusammen und werden von einem alten Männchen geführt. Sie ernähren sich überwiegend von Pflanzen, aber auch von Insekten sowie Vogeleiern und Jungvögeln.

Mandrillus sphinx
Größe: KRL 55-95 cm, SL 7-10 cm
Verbreitung: im Westen Zentralafrikas

Mandrill

Der im Wald lebende Mandrill ist unverwechselbar: Er hat eine feuerrote Nase und bläuliche Wangen. Das Weibchen bringt ein Junges zur Welt, das es mit sich herumträgt – entweder auf dem Rücken oder an den Bauch geklammert. Die ausgewachsenen Mandrille sind oft misstrauisch und angriffslustig und sollen auch schon Menschen angegriffen haben.

Mandrill

Rotgesichtmakak

Die Bergwälder der japanischen Inseln sind die Heimat dieser Makaken. In kalten Wintern wärmen sie sich an vulkanischen Quellen, an denen das im tiefen Untergrund aufgeheizte Wasser an die Oberfläche sprudelt und dampfende Becken bildet. Sie fressen Früchte, Blätter, Gräser, Kräuter, Insekten und andere kleine Tiere.

Rotgesichtmakak

Macaca fuscata
Größe: KRL 79-95 cm, SL 10 cm
Verbreitung: Japan

Nasenaffe

Der männliche Nasenaffe hat eine lange, gurkenförmige Nase, die sich aufrichtet, wenn er laut hupend ruft. Die Nase dient vermutlich als »Lautsprecher« und verstärkt seinen Ruf, wenn er andere Affen vor Gefahren warnt. Sie wird auch rot und schwillt an, wenn der Nasenaffe ärgerlich oder aufgeregt ist. Das Weibchen hat eine deutlich kleinere Nase und einen ruhigeren Ruf. Die Nasenaffen leben in den Mangroven-Sumpfwäldern. Sie klettern gewandt durch die Bäume mithilfe ihrer langen Finger und Zehen, die die Äste umgreifen.

Nasenaffe

Nasalis larvatus
Größe: KRL 54-73 cm, SL 57-74,5 cm
Verbreitung: Südostasien (Borneo)

Grüner Pavian

Geordnete Rudel von bis zu 150 Grünen Pavianen durchstreifen die afrikanische Savanne auf der Suche nach Blättern, Schösslingen, Samen, Wurzeln, Rinde, Früchten, Insekten, Eiern und Eidechsen. Diese großen, kräftig gebauten Paviane jagen auch kleine Säugetiere, etwa junge Antilopen. Sie haben stark ausgeprägtes Sozialverhalten und verbringen viel Zeit damit, einander das Fell zu lausen. Dabei entfernen sie Schmutz, Schädlinge und abgestorbene Haut, um es sauber zu halten. Sie leben überwiegend am Boden, schlafen aber nachts in Bäumen oder auf Felsen.

Papio anubis
Größe: KRL bis 100 cm, SL 45-60 cm
Verbreitung: West-, Zentral- und Ostafrika

Grüner Pavian

Roter Stummelaffe

Procolobus badius
Größe: KRL 46-75 cm, SL 42-95 cm
Verbreitung: Mittel- und Westafrika

Dieser Affe lebt in Gruppen von 50 bis 100 Tieren. Jede Horde besteht aus mehreren Familiengruppen mit je einem Männchen und mehreren Weibchen einschließlich ihrer Jungen. Der Rote Stummelaffe, der ein Baumbewohner ist, schwingt sich in großen Sätzen von Ast zu Ast auf der Suche nach Früchten, Blättern und Blüten. Manchmal verbünden sich Schimpansen zu einer Jagdgesellschaft, um den Roten Stummelaffen zu jagen.

Roter Stummelaffe

Sumpfmeerkatze

Dieser wenig bekannte Affe lebt in der Nähe von Flüssen und Sümpfen. Zwar frisst er überwiegend Blätter und Früchte, geht aber auch ins Wasser, um Krabben und sogar Fische zu fangen. Die Sumpfmeerkatze wird ihrerseits von den Einwohnern gejagt, und zwar wegen des Fleisches, aber auch weil sie manchmal die Felder der Bauern plündert. Sie zählt mittlerweile zu den gefährdeten Tierarten.

Allenopithecus nigroviridis
Größe: KRL 40-50 cm, SL 35-52 cm
Verbreitung: Kongo und Zaire

Sumpfmeerkatze

Neuweltaffen

Die Affen der üppigen Regenwälder Mittel- und Südamerikas werden Neuweltaffen oder Breitnasen genannt. Mithilfe ihrer langen Schwänze können sie hoch oberhalb des Bodens das Gleichgewicht halten. Viele Arten – etwa Kapuziner, Brüll- und Spinnenaffen – haben Greifschwänze, die sie um Äste wickeln können und wie ein zusätzliches Bein benutzen. Sie besitzen lange Finger, kräftige Greiffüße und sind meisterhafte Läufer und Springer. Anders als ihre Verwandten, die Altweltaffen, haben sie breite, seitlich geöffnete Nasenlöcher und kein Sitzpolster am Hinterteil.

Muriki

Der Muriki oder Spinnenaffe schwingt sich mit seinen langen Armen und seinem Greifschwanz im Regenwald von Ast zu Ast. Die Zahl der Tiere nimmt ab, weil ihre Heimat, der Regenwald, zerstört wird. So findet dieser Affe nur noch wenig Schutz vor Jägern, die ihn wegen seines Fleisches töten.

Muriki

Brachyteles arachnoides
Größe: KRL 46-63 cm,
SL 65-84 cm
Verbreitung: Südostbrasilien

Roter Brüllaffe

Roter Brüllaffe

Die Roten Brüllaffen leben im Regenwald in Gruppen von bis zu 30 Tieren. Manchmal fallen alle Männchen der Gruppe im Morgengrauen in ein gemeinsames Geheul ein, das noch kilometerweit zu hören ist. Dieses Geheul warnt andere Affen, damit sie ihrem Territorium fern bleiben. Der männliche Brüllaffe hat eine große Kehle mit einem besonderen Hohlraum, der seinen Ruf verstärkt.

Alouatta seniculus
Größe: KRL 46-72 cm,
SL 49-75 cm
Verbreitung: Südamerika

Weißstirnkapuziner

Dieser intelligente Affe sammelt ständig Sachen auf, in der Hoffnung, sie seien essbar. Der Weißstirnkapuziner ernährt sich von Schösslingen, Früchten, Insekten, Jungvögeln und Vogeleiern. Er badet seine Hände und Füße in Urin und markiert mit diesem Duft sein Revier, während er geschickt durch die Bäume turnt.

Weißstirnkapuziner

Cebus albifrons
Größe: KRL 33-53 cm,
SL 40-50 cm
Verbreitung: Südamerika (Gebiete am Oberlauf des Amazonas)

Rotbärtiger Mönchsaffe

Diese Affen haben langes, lederfarbenes bis rötliches Haar an Gesicht und Hals sowie einen dichten, buschigen Schwanz. Die scheuen, wachsamen Tiere leben hoch oben in den Bäumen und wagen sich niemals auf den Boden. Sie bewegen sich auf allen Vieren; nur auf großen Ästen gehen sie gelegentlich aufrecht. Sie können große Sätze von Ast zu Ast machen. Diese Mönchsaffen leben paarweise oder in Kleinfamilien.

Rotbärtiger Mönchsaffe

Pithecia monachus
Größe: KRL 33-44 cm,
SL 38-47 cm
Verbreitung: Südamerika (Gebiete am Oberlauf des Amazonas)

Menschenaffen

Gorillas, Schimpansen und Orang-Utans bilden die Familie der Großen Menschenaffen. Sie sind mit dem Menschen eng verwandt und nach ihm die intelligentesten Primaten. Gibbons sind die baumbewohnenden Affen Südasiens und bilden als einzige Gattung die Familie der Kleinen Menschenaffen. Alle Menschenaffen leben in Familienverbänden. Sie bewegen sich normalerweise vierbeinig. Dabei benutzen sie die Fingerknöchel, nicht die Handflächen. Aber Menschenaffen können auch auf ihren Hinterbeinen aufrecht gehen.

Orang-Utan

Pongo pygmaeus
Größe: KRL 78-97 cm, kein Schwanz
Verbreitung: Südostasien (Borneo und Sumatra)

Schimpanse

Pan troglodytes
Größe: KRL 70-170 cm, kein Schwanz
Verbreitung: West-, Zentral- und Ostafrika

Orang-Utan

Der Orang-Utan ist nach dem Gorilla der zweitgrößte Menschenaffe. Er baut aus Ästen ein Nest in den Bäumen, in dem er schläft – manchmal jede Nacht woanders. Das Weibchen bekommt in der Regel ein Junges, das sich an sein Fell klammert, wenn die Mutter in den Baumwipfeln umherklettert. Die Jungtiere sind leuchtend orangefarbig.

Weißhandgibbon

Der Weißhandgibbon oder Lar lebt in den Bäumen und kommt so gut wie nie auf den Boden. Wenn er sich durch die Bäume schwingt und aufrecht Äste entlangläuft, muss er auf schwache oder tote Zweige achten: Ein Fall aus großer Höhe könnte lebensgefährlich sein. Gibbons leben in kleinen Familienverbänden und ernähren sich hauptsächlich von Früchten.

Weißhandgibbon

Hylobates lar
Größe: KRL 44-64 cm, kein Schwanz
Verbreitung: Südostasien

Schimpanse

Schimpansen ernähren sich überwiegend von Pflanzen, fressen aber gelegentlich auch Insekten und kleinere Affen sowie Schweine. Sie machen viele Geräusche, Gesten und Grimassen. Sie haben gelernt, alltägliche Gegenstände als einfache Werkzeuge zu benutzen. Mit Steinen öffnen sie beispielsweise Nüsse, mit zusammengeknäuelten Blättern saugen sie Trinkwasser auf, mit Stöckchen holen sie Larven aus faulendem Holz und Ameisen und Termiten aus ihren Bauten. Schimpansen sind Baum- und Bodenbewohner.

Gorilla

Gorillas halten sich überwiegend am Boden auf. Sie ernähren sich rein pflanzlich und fressen Blätter samt Stängeln, Knospen, Beeren, Rinde sowie Farne. Sie leben in Familiengruppen mit bis zu 30 Tieren: ein männliches erwachsenes Leittier, einige junge Männchen und mehrere Weibchen mit ihren Jungen. Die jungen Gorillas werden auf dem Rücken ihrer Mutter getragen, bis sie zwei oder drei Jahre alt sind.

Gorilla gorilla
Größe: KRL 140-180 cm, kein Schwanz
Verbreitung: westliches Zentralafrika

Gorilla

Landraubtiere

Zu dieser Gruppe Fleisch fressender Säugetiere zählen Hunde, Bären, Waschbären, Raubmarder, Mangusten, Palmenroller, Hyänen und Katzen. Die meisten Raubtiere haben ausgeprägten Gesichts-, Gehör- und Geruchssinn und können daher ihre Beute finden, bevor sie selbst entdeckt werden. Dank ihrer beweglichen Körper fangen sie ihre Opfer mit vergleichsweise wenig Energieaufwand. Der Hauptunterschied zwischen Raubtieren und anderen Säugern besteht in ihrem besonderen Gebiss: dolchartige spitze Fangzähne und mächtige Reißzähne, die das Fleisch des Opfers von den Knochen trennen. Einige Raubtiere ergänzen ihre Ernährung durch Pflanzen.

Hunde

Alle Haushunde stammen vom Wolf ab. Wölfe und andere wild lebende Hunde haben lange Beine, um Beute zu jagen, und scharfe Zähne, um sie zu töten. Das am besten entwickelte Sinnesorgan eines Hundes ist der Geruchssinn. Mit der Nase erschnüffelt er den Geruch der Beute, findet seinen Partner, erkennt andere Tiere und sogar, ob sie ängstlich oder entspannt sind. Wildhunde jagen Tiere von Maus- bis Elchgröße. Einige Hundearten wie Füchse sind Einzelgänger. Andere, wie Wölfe und Hyänenhunde, leben, ziehen und jagen in Familiengruppen, den Rudeln. Mitglieder eines Rudels teilen die Nahrung und verteidigen einander.

Mähnenwolf

Chrysocyon brachyurus
Größe: KRL 110 cm,
SL 40-45 cm
Verbreitung: Südamerika

Mähnenwolf

Der Mähnenwolf ähnelt äußerlich dem Wolf, hat aber längere Beine und eine längere Schnauze. Dieses umsichtige Tier lebt in einsamen Gegenden und jagt hauptsächlich nachts. Der Mähnenwolf erbeutet große Nagetiere, Vögel, Reptilien und Frösche. Das Weibchen bringt zwei bis fünf Junge zur Welt.

Hyänenhund

Hyänenhunde oder Afrikanische Wildhunde jagen gemeinsam. Das Rudel verfolgt eine Gruppe von Tieren, beispielsweise Gnus, trennt dann ein Tier von der fliehenden Herde und tötet es gemeinsam. Früher waren sie in der gesamten afrikanischen Savanne verbreitet. Aber viele Hyänenhunde wurden von Farmern erschossen, denn sie glaubten, die Hunde würden ihre Rinder angreifen. Heute leben Afrikanische Wildhunde nur noch an wenigen Orten.

Lycaon pictus
Größe: KRL 75-100 cm,
SL 30-40 cm
Verbreitung: Afrika (südlich der Sahara bis Südafrika)

Hyänenhund

Waldhund

Mit seinen stämmigen Beinen, dem kurzen Schwanz, dem gedrungenen Körper und dem breiten Kopf ähnelt der seltene Waldhund eher einem kleinen Bären als einem Hund. Er bewohnt das Grasland und lichte Wälder. Nachts jagt er in Rudeln Nagetiere. Der Waldhund verbringt einen Großteil des Tages in unterirdischen Bauten, aus denen er vorher andere Tiere verjagt.

Speothos venaticus
Größe: KRL 60-75 cm,
SL 12,5-15 cm
Verbreitung: Mittel- und Südamerika

Waldhund

Polarfuchs

Polarfuchs

Der Polarfuchs oder Eisfuchs kann Temperaturen bis zu –50 °C in der eisigen windumtosten Tundra aushalten. Er frisst bodenlebende Vögel, Lemminge und andere kleine Nagetiere sowie die Überreste der Mahlzeiten des Polarbären. Im Winter ist er durch seinen weißen Pelz in Schnee und Eis gut getarnt und kann sich daher ungesehen an seine Beute heranschleichen. Wenn der Schnee schmilzt, wird sein Fell braun oder grau und passt sich den Felsen und Pflanzen der Umgebung an.

Alopex lagopus
Größe: KRL 50-70 cm,
SL 28-40 cm
Verbreitung: Polargebiete Europas, Asiens, Nordamerikas

Fennek

Der Fennek oder Wüstenfuchs ist die kleinste Fuchsart. Er hat besonders große Ohren (bis zu 15 cm lang), die die Hitze von seinem Körper ableiten. So kann sich der Fuchs in der heißen Wüste, wo er lebt, etwas abkühlen. Er jagt nachts kleine Nagetiere, Vögel, Insekten und Eidechsen. Tagsüber sucht er Schutz in seinem Bau im Sand.

Fennek

Vulpes zerda
Größe: KRL 30-40 cm,
SL 18-30 cm
Verbreitung: Nordafrika, Vorderasien

Rotfuchs

Vulpes vulpes
Größe: KRL 50-90 cm,
SL 30-50 cm
Verbreitung: Nordamerika, Europa, Nordafrika, Nordasien

Rotfuchs

Der Rotfuchs hat sich an viele verschiedene Lebensräume angepasst: an Wälder, Grasland, Berge und sogar Städte. Rotfüchse leben und jagen einzeln. Nur zur Paarung und Aufzucht ihrer Jungen kommen sie zusammen. Meist jagen sie Nagetiere, aber sie fressen auch Früchte, Gemüse, Würmer und Fische. Sie sind vorwiegend dämmerungs- und nachtaktiv. Die vier bis sieben Jungen kommen im Frühjahr blind in einem tiefen Bau zur Welt.

Wolf

Dieser größte aller wilden Hunde jagt Huftiere, beispielsweise Bisons, Elche und Moschusochsen. Die Rudel können zwischen 5 und 20 Wölfe groß sein und werden vom stärksten Männchen angeführt. Jedes Rudel hat sein eigenes Jagdrevier, das bis zu 10 000 km² groß sein kann. Wölfe heulen laut, um andere Rudel von ihrem Revier fern zu halten. In Mitteleuropa ist der Wolf ausgerottet. Restpopulationen gibt es in Nord- und Osteuropa.

Wolf

Canis lupus
Größe: KRL 100-160 cm,
Schwanz 30-50 cm
Verbreitung: Nordamerika, Osteuropa, Asien

Sibirischer Tiger

Kaspischer Tiger

Bengalischer Tiger

Sundatiger

Tiger

Tiger sind die größten und stärksten aller Wildkatzen. Zu Beginn des 20. Jahrhunderts lebten Hunderttausende von Tigern in den Wäldern Asiens. Die Jagd und die Zerstörung der Wälder haben ihre Anzahl so stark verringert, dass heute nur noch 6000 bis 9000 wilde Tiger leben. Einige Arten wie der Balitiger sind inzwischen vollständig ausgerottet. Tiger bewohnen Teile Indiens, Chinas, Indonesiens und Sibiriens.

Tiger sind Einzelgänger. Sie brüllen laut, um andere Artgenossen von ihrem Revier fern zu halten. Sie markieren ihr Gebiet mit ihrem Duft, Kot und Kratzern an Baumstümpfen. Sie jagen meist nachts große Säugetiere. Manchmal wandern sie bei der Nahrungssuche bis zu 20 km weit. Durchschnittlich ist nur einer von zehn Beutezügen von Erfolg gekrönt. Wenn die Tiger etwas gerissen haben, stopfen sie sich daher mit so viel Fleisch voll, wie sie nur aufnehmen können. Zwar gibt es Erzählungen von »Menschen fressenden« Tigern, aber sie greifen Menschen eigentlich nicht an.

Tiger-Unterarten

Die Färbung und Größe der Tiger hängt davon ab, wo sie leben. Tiger der nördlichen Gebiete, etwa Sibiriens, sind größer und blasser gefärbt als solche aus tropischen Gebieten, etwa Sumatra. Der größte Tiger ist der Sibirische Tiger. Viele Unterarten des Tigers sind heute selten anzutreffen, darunter der Sibirische, der Bengalische und der Sundatiger. Einige wie der Kaspische Tiger sind seit vielen Jahren nicht mehr gesichtet worden.

Die Jagd

In der Dämmerung zieht der Tiger los, um Büffel, Rotwild, Wildschweine und andere Waldtiere zu jagen. Er kann nur kurze Strecken sehr schnell laufen, daher verlässt er sich auf sein Geschick und seine Schläue, um Beute zu fangen. Das gestreifte Fell tarnt ihn vor dem Hintergrund von Bäumen und hohem Gras. So kann er sich an sein Opfer heranschleichen, ohne von ihm gesehen zu werden. Wenn er nah genug ist, schießt er hervor und greift sich das ahnungslose Tier. In Notzeiten jagt der Tiger alle Kleintiere, frisst sogar Frösche und Heuschrecken.

Tigerjunge

Tigernachwuchs kann jederzeit im Jahr zur Welt kommen. Die Weibchen bekommen zwei bis vier Jungen. Sie sind die ersten zehn Tage blind. Die Mutter stillt die Jungen etwa acht Wochen lang. Erst mit eineinhalb Jahren beginnen sie selbst zu jagen. Aber sie bleiben noch zwei bis drei Jahre bei ihrer Mutter. Der Vater beteiligt sich nicht an der Aufzucht. Manchmal werden die Tigerjungen getötet, wenn ein anderes Männchen das Revier ihres Vaters übernimmt. Das Weibchen paart sich dann erneut.

Anders als die wasserscheuen Hauskatzen sind **Tiger** gerne am Wasser und nehmen schon mal ein kurzes Bad, um sich an einem heißen Tag abzukühlen. Sie können gut schwimmen und überqueren bei ihrer Beutesuche Flüsse oder schwimmen zu Inseln. Tiger klettern manchmal auch auf Bäume.

Kleinbären, Großbären und Pandas

Sowohl Großbären als auch Kleinbären, zu denen der Waschbär zählt, entwickelten sich vor Millionen von Jahren aus hundeähnlichen Vorfahren. Bärenartige sind die größten Fleisch fressenden Landsäugetiere, aber sie fressen fast alles, auch Pflanzen und Insekten. Waschbären – und ihre Verwandten, die Schlank- und Nasenbären – sind langschwänzige Fleischfresser, die viel Zeit in den Bäumen verbringen. Bei den Pandas unterscheidet man zwei Gruppen: Der Große Panda zählt zu den Bambusbären und der Kleine Panda zu den Katzenbären. Einige Zoologen sind der Meinung, dass Pandas in einer eigenen Familie zusammengefasst werden sollten.

Kleiner Panda

Ailurus fulgens
Größe: KRL 51-63,5 cm; SL 28-48 cm
Verbreitung: Himalaja, Nepal bis Myanmar, Südwestchina

Kleiner Panda

Der Kleine Panda oder Katzenbär ähnelt eher einem Waschbär als dem Großen Panda. Er schläft tagsüber auf einem Ast zusammengerollt, den Schwanz über die Augen gelegt oder den Kopf in der Brust vergraben. Er frisst nachts, vor allem Bambussprossen, aber auch Gras, Wurzeln, Früchte, Eicheln, Mäuse, Vögel und Vogeleier. Das Weibchen bringt ein bis vier Junge zur Welt.

Waschbär

Der Kleinbär läuft und klettert gut und kann notfalls auch schwimmen. Er ist vor allem nachts aktiv. Er fängt Beutetiere wie Frösche, Fische, Mäuse und Vögel, aber er plündert auch Mülltonnen und sucht darin essbare Dinge, die er mit seinen langen, empfindsamen Fingern herausfischt. Er hat die eigenartige Angewohnheit, seine Nahrung vor dem Fressen zu waschen. Sein dickes Fell hält ihn im Winter warm.

Waschbär

Procyon lotor
Größe: KRL 41-60 cm, SL 20-40 cm
Verbreitung: Nord- und Mittelamerika

Schlankbär

Bassaricyon gabbii
Größe: KRL 35-48 cm, SL 40-48 cm
Verbreitung: Mittelamerika und Nordwesten Südamerikas

Schlankbär

Der Schlankbär lebt vor allem auf Bäumen. Mithilfe seines langen Schwanzes hält er das Gleichgewicht, wenn er auf den Zweigen entlangläuft und von Baum zu Baum springt. Er lebt allein oder paarweise, rottet sich aber zur Nahrungssuche mit anderen Schlankbären zusammen. Er frisst überwiegend Früchte, aber auch Insekten, kleine Säugetiere und Vögel.

Südamerikanischer Nasenbär

Mit seiner langen Nase stochert der Nasenbär oder Coati in Löchern und Spalten im Boden auf der Suche nach Insekten, Spinnen und kleinen Tieren. Gruppen von bis zu 40 Tieren jagen am Tag. Nur in der heißesten Mittagszeit ruhen sie sich aus. Nach der Paarung bringt das Weibchen zwei bis sieben Junge in einer Höhle oder einem Baumnest zur Welt und zieht sie allein auf.

Nasua nasua
Größe: KRL 43-66 cm, SL 42-68
Verbreitung: Südost-USA, Mittel- und Südamerika

Südamerikanischer Nasenbär

Eisbär

Ursus maritimus
Größe: KRL: 180-250 cm, SL 7-12 cm
Verbreitung: Nördliches Eismeer

Eisbär

Eine dicke Fettschicht unter seiner Haut hält den Eisbären warm, sodass er sogar bei klirrendem Frost gemütlich über das arktische Eis streifen kann. Die Jungen werden in einer Höhle geboren, die die Mutter vorher in den Schnee gegraben hat. Sie bleiben gut zwei Jahre bei ihr und lernen in der Zeit Robben zu jagen sowie zu kämpfen.

Braunbär

Es gibt etwa 30 verschiedene Unterarten, darunter der kleine, selten gewordene Alpenbraunbär und der mächtige amerikanische Grislibär. Braunbären fressen überwiegend Beeren, Früchte, Nüsse, aber auch Insekten, Nagetiere, Fische und manchmal große Säugetiere wie Elche und Moschusochsen.

Braunbär

Ursus arctos
Größe: KRL 200-300 cm, SL 10-12 cm
Verbreitung: Europa, Asien, Nordamerika

Malaienbär

Der Malaienbär verbringt den Tag schlafend oder in der Sonne badend. Er sucht nachts nach Nahrung. Dabei benutzt er seine lange Zunge, um den Honig aus Bienennestern zu schlecken und Termiten aus ihren Bauten zu holen. Mit seinen gebogenen Krallen angelt er Früchte von den Zweigen und zieht die Rinden von Bäumen ab, um leckere Insektenlarven freizulegen.

Helarctos malayanus
Größe: KRL 110-140 cm, SL 3-7 cm
Verbreitung: Südostasien

Malaienbär

Großer Panda

Ailuropoda melanoleuca
Größe: KRL 150-180 cm, SL 10-15 cm
Verbreitung: einsame Bergregionen Mittelchinas

Großer Panda

Der Große Panda oder Bambusbär muss 15 Stunden täglich fressen, um zu überleben. Während dieser Zeit nimmt er bis zu 20 kg Bambus zu sich. Der Panda hat einen daumenartigen Knochen an seiner Hand, mit dessen Hilfe er seine Nahrung greifen kann. Leider leben nur noch etwa 1000 wilde Riesenpandas.

Brillenbär

Dieser Bergbewohner hat helle Ringe um die Augen und die Schnauze, sodass er wie ein Brillenträger aussieht. Er baut in den Bäumen ein flaches Nest aus Zweigen. Nachts streift er auf der Suche nach Futter umher, während er die Tage in seinem Nest verbringt.

Brillenbär

Tremarctos ornatus
Größe: KRL 130-210 cm, SL 7 cm
Verbreitung: Anden und im westlichen Südamerika

Marderartige und Schleichkatzen

Diese Säuger sind kleine bis mittelgroße Raubtiere. Die meisten Marderartigen, darunter die Hermeline, Dachse, Otter, Skunks und Vielfraße, haben einen lang gestreckten, geschmeidigen Körper, kurze Beine und einen langen Schwanz. Über die ganze Welt verteilt (außer Australien und Madagaskar) gehören 63 Arten zu dieser Familie. Zur Familie der Schleichkatzen zählen etwa 70 Arten. Die meist einzelgängerischen Tiere leben auf dem Boden, auf Bäumen oder am und im Wasser. Sie kommen in Südeuropa, Afrika und Asien vor.

Fischotter

Lutra lutra
Größe: KRL 55-95 cm,
SL 30-50 cm
Verbreitung: Europa, Nordafrika, Asien

Fischotter

Der schlanke Fischotter bewegt sich sowohl im Wasser als auch an Land schnell und geschickt. Er schiebt sich im Wasser mit seinem kräftigen Schwanz voran. Sein kurzhaariges, dickes Fell hält ihn warm und trocken. Die Nasenlöcher und Ohren kann er schließen, wenn er im Wasser ist. Der Fischotter lebt in einem Bau am Flussufer. Tagsüber ist er fast nie zu sehen, aber nachts kommt er heraus, um Fische, Frösche, Wühlmäuse und andere Wassertiere zu suchen.

Hermelin

Mustela erminea
Größe: KRL 17-33 cm,
SL 5-13 cm
Verbreitung: Europa, Asien und Nordamerika

Hermelin

Das flinke Hermelin oder Großwiesel ist ein meisterhafter Jäger. Er tötet seine Beute mit einem kräftigen Biss in den Nacken. Nagetiere bilden seine Hauptnahrung, aber er jagt auch andere Säugetiere sowie Vögel, Fische und Insekten. In seinen nördlichen Verbreitungsgebieten verliert der Hermelin zu Winterbeginn sein dunkles Fell und bekommt einen reinweißes Fell. Nur die Schwanzspitze bleibt schwarz. Das Weibchen bekommt vier bis neun Junge.

Dachs

Ganze Dachsfamilien leben in riesigen Bauten, in den so genannten »Dachsburgen«. Diese Bauten haben mehrere Eingänge und ein Netzwerk aus Untergrundtunneln und Kammern. Dachse oder Grävinge sind nachtaktiv und kommen mit der Dämmerung aus ihrem Bau. Sie fressen große Mengen an Würmern und anderen Kleintieren sowie in geringen Mengen Pflanzen, Früchte und Nüsse.

Vielfraß

Vielfraß

Dieser kräftige Räuber ist im Verhältnis zu seiner Größe enorm stark. Der Vielfraß kann Beutetiere töten, die größer sind als er selbst. Er verbringt die meiste Zeit seines Lebens am Boden, klettert aber auch auf Bäume, um Vogeleier und Beeren zu finden. Die zwei bis drei Jungen kommen im Frühjahr zur Welt. Sie werden etwa zwei Monate gesäugt und bleiben bei ihrer Mutter, bis sie ungefähr zwei Jahre alt sind. Dann verjagt die Mutter ihre Jungen, damit sie sich ein eigenes Revier suchen.

Gulo gulo
Größe: KRL 70-105 cm,
SL 17-24 cm
Verbreitung: Sibirien, Skandinavien, Nordamerika

Meles meles
Größe: KRL 60-90 cm,
SL 11-24 cm
Verbreitung: Europa, Asien

Dachs

Seeotter

Dieser Otter frisst gerne Muscheln. Er benutzt Steine als Werkzeuge, um die harten Muschelschalen zu öffnen. Der Seeotter schwimmt dazu auf dem Rücken im Wasser und legt einen Stein auf seinen Bauch. Er schlägt seinen Fang so lange gegen den Stein, bis die Schale zerbricht und das weiche Muschelfleisch zum Vorschein kommt.

Seeotter

Enhydra lutris
Größe: KRL 120-145 cm, SL 30-33 cm
Verbreitung: Beringstraße, kalifornische Küste Nordamerikas

Pardelroller

Der Pardelroller hat kurze Beine und einen dicken, langen Schwanz, den er beim Schlafen um sich rollt – daher der Name. Sein Aussehen ähnelt dem einer Ginsterkatze. Die geschickten Kletterer und Springer verbringen viel Zeit in den Bäumen, wo sie tagsüber ruhen. Nachts jagen sie Insekten und Kleintiere wie Eidechsen und Vögel. Sie fressen auch viele Obst- und Blattsorten. Das Weibchen bringt zu einem beliebigen Zeitpunkt im Jahr zwei oder drei Junge zur Welt.

Pardelroller

Nandinia binotata
Größe: KRL etwa 50 cm, SL 48-62 cm
Verbreitung: Zentralafrika

Goldstaubmanguste

Diese Mangusten fressen fast alles, was ihnen in die Krallen kommt: Schnecken, Skorpione und Insekten. Sie sind bei den Einwohnern beliebt, weil sie Ratten und Mäuse jagen. Aus diesem Grund wurden die Tiere auch in Gebieten außerhalb ihrer ursprünglichen Heimat ausgesetzt.

Herpestes javanicus auropunctatus
Größe: KRL 35 cm, SL 25 cm
Verbreitung: Vorderasien, Asien; eingeführt in der Karibik, Hawaii, Fidschiinseln

Goldstaubmanguste

Erdmännchen

Erdmännchen oder Scharrtiere gehören zu den Mangusten. Es sind gesellige Tiere und meist leben mehrere Familien zusammen. Tagsüber sucht der Großteil der Gruppe nach Insekten, Eidechsen und Vögeln. Einige Erdmännchen halten nach feindlichen Greifvögeln Ausschau. Sie stoßen schrille Schreie aus, um die restliche Gruppe vor jeder Art von Gefahr zu warnen.

Erdmännchen

Suricata suricatta
Größe: KRL 25-30 cm, SL 19-24 cm
Verbreitung: Südafrika

Streifenskunk

Skunks oder Stinktiere sind bekannt für die unangenehm riechende Flüssigkeit, die sie versprühen, wenn sie sich bedroht fühlen. Sie kommt aus Drüsen in der Nähe des Schwanzes. Der Gestank macht Feinden das Atmen schwer und reizt ihre Augen. Der Streifenskunk sucht nachts nach Nagetieren, Vögeln, Insekten und Früchten.

Mephitis mephitis
Größe: KRL 58-80 cm, SL 18-40 cm
Verbreitung: Nordamerika

Streifenskunk

Katzen und Hyänen

Mithilfe ihrer kräftigen Beine können Katzen ihre Beute in einer kurzen, schnellen Jagd oder mit einem blitzschnellen Satz fangen. Sie haben eine biegsame Wirbelsäule, sodass sie sich während der Jagd schnell wenden und drehen können. Beim Angriff fahren sie ihre Krallen aus und hauen sie in das Fleisch ihres Opfers. Beim Gehen oder Laufen ziehen sich die Krallen zurück, damit sie nicht abschleifen. Es gibt etwa 37 Wildkatzenarten, darunter Großkatzen wie Löwen und Tiger und kleinere wie die Luchse. Die Hyänen sind mit den Schleichkatzen eng verwandt und bilden mit diesen und den Katzen zusammen eine Überfamilie.

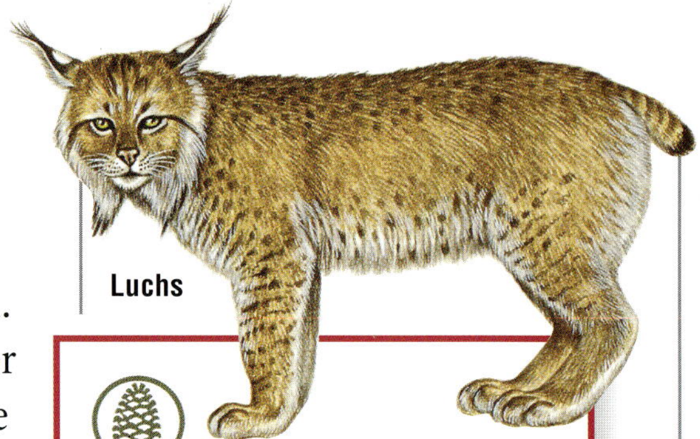

Luchs

Lynx lynx
Größe: KRL 80-110 cm, Schwanz 15-25 cm
Verbreitung: Osteuropa, Asien

Eurasischer Luchs

Der Luchs lebt allein in Wäldern und jagt Hasen- und Nagetiere, kleines Rotwild und Vögel, wie Schneehühner. Die Haarpinsel an seinen Ohren helfen ihm im dichten Wald, wo Laute nicht weit tragen, besser zu hören. Der Luchs hat sehr gute Augen – er kann eine Maus noch aus einer Entfernung von 75 m entdecken.

Streifenhyäne

Hyaena hyaena
Größe: KRL 112-184 cm, SL 25-47 cm
Verbreitung: Nord- und Ostafrika, Vorderasien bis Indien

Puma

Rotwild ist die Hauptbeute dieses Raubtiers. Wenn er sich an sein Opfer herangepirscht hat, stürzt der Puma sich darauf und tötet es mit einem schnellen Biss in den Hals. Dann zieht er den Kadaver zu einem geschützten Ort, wo er in Ruhe fressen kann. Er jagt auch Bodenvögel. Der Puma oder Berglöwe lebt in flachen Sumpfgebieten, Wäldern und auch im Gebirge bis auf 4500 m Höhe.

Streifenhyäne

Hyänen haben zwar einen hundeähnlichen Körperbau, aber sie sind mit den Hunden nicht verwandt. Sie sind auf die Ernährung von Aas (toten Tieren) spezialisiert. Sie fressen vor allem die Reste von Fängen großer Katzen, beispielsweise der Löwen. Streifenhyänen jagen auch junge Schafe und Ziegen, kleine Säugetiere, Vögel, Eidechsen, Schlangen und Insekten.

Wildkatze

Die Wildkatze sieht einer Hauskatze ähnlich, ist jedoch größer und hat einen kürzeren, dickeren Schwanz. Sie ist ein guter Baumkletterer, schleicht sich aber meistens am Boden an ihre Beute heran. Sie fängt kleine Nagetiere und am Boden lebende Vögel. Während der Paarungszeit heulen und schreien die Männchen, um ein Weibchen anzulocken.

Puma

Profelis concolor
Größe: KRL 105-180 cm, SL 60-85 cm
Verbreitung: Westen Nordamerikas, Mexiko, Mittel- und Südamerika

Wildkatze

Felis silvestris
Größe: KRL 50-80 cm, SL 25-38 cm
Verbreitung: Europa, Afrika, Vorderasien, Indien

Leopard

Leopard

Der Leopard schleppt die Kadaver großer Beutetiere die Bäume hinauf und somit außer Reichweite der Aas fressenden Hyänen und Schakale. Sein wuchtiger Körper ist mit Flecken übersät, um ihn zwischen den Blättern der Bäume und dem hohen Gras darunter zu tarnen. Der Leopard springt manchmal direkt von einem Baum auf vorbeilaufende Beute.

Panthera pardus
Größe: KRL 95-167 cm, SL 60-97 cm
Verbreitung: Afrika (südlich der Sahara), Vorderasien, Südasien

Schneeleopard

Dieser Einzelgänger frisst vor allem wilde Schafe und Ziegen. Seine breiten, pelzigen Füße verhindern, dass er im Schnee auf den hohen Berghängen versinkt. Der Schneeleopard oder Irbis macht riesige Sätze zwischen großen Felsbrocken und stabilisiert dabei sein Gleichgewicht mit dem Schwanz.

Uncia uncia
Größe: KRL 75-130 cm, SL 70-100 cm
Verbreitung: Himalaja-Gebirge in Zentralasien

Schneeleopard

Löwe

Löwen leben in Savannen und Steppen in Familiengruppen, den Rudeln. Ein Rudel setzt sich meist aus bis zu 3 Männchen, 15 Weibchen und ihren Jungen zusammen. Den Weibchen obliegt ein Großteil der Jagd. Sie reißen oft zu zweit oder in größeren Gruppen Antilopen und Zebras. Die Rolle der Männchen ist die Verteidigung des Reviers.

Panthera leo
Größe: KRL 140-190 cm, SL 67-100 cm
Verbreitung: Afrika (südlich der Sahara), Nordwest-Indien

Löwe

Jaguar

Jaguar

Diese größte südamerikanische Katze kann nicht sehr lange schnell laufen. Daher ist sie darauf angewiesen, möglichst nahe an ihre Beute zu kommen, um sie erfolgreich zu erbeuten. Der Jaguar kann gut schwimmen und frisst außer Rotwild und anderen Landtieren auch Fische und Schildkröten. Das Weibchen bringt ein bis vier Junge pro Wurf zur Welt und verteidigt sie vor jedem Eindringling – einschließlich des Vaters.

Panthera onca
Größe: KRL 100-180 cm, SL 40-70 cm
Verbreitung: Süden Nordamerikas, Mittel- und Südamerika

Gepard

Der Gepard ist das schnellste Landsäugetier: Er kann von 0 auf 100 km/h in nur drei Sekunden beschleunigen. Er hat wenig Durchhaltevermögen, daher versucht er so nahe wie möglich an seine Beute heranzukommen, um sie dann mit hoher Geschwindigkeit zu fangen. Wenn er damit scheitert, gibt er die Jagd meist auf.

Gepard

Acinonyx jubatus
Größe: KRL 120-150 cm, SL 65-80 cm
Verbreitung: Afrika (südlich der Sahara), Vorderasien bis Ostasien

Robben, Wale und Delphine

Vor Millionen von Jahren verließen die Vorfahren der Robben, Wale und Delphine das Land, um im Meer zu leben. Ihre Körper passten sich dem Leben im Wasser an und wurden glatt und stromlinienförmig. Ihre Beine entwickelten sich zu paddelartigen Flossen. Unter ihrer Haut haben diese Meerestiere eine bis zu 35 cm dicke Fettschicht, die sie warm hält. Sie verbringen viel Zeit unter Wasser und tauchen bei der Nahrungssuche sehr tief. Da Meersäuger Lungen besitzen und keine Kiemen wie die Fische, müssen sie regelmäßig zum Luftholen an die Wasseroberfläche kommen.

Robben

Dank ihrer stromlinienförmigen Körper sind Seehunde, Seelöwen und Walrosse, die zur Unterordnung der Robben gehören, meisterhafte Schwimmer und Taucher. Während des Tauchens verringern sie ihren Herzschlag, um lange Zeit unter Wasser bleiben zu können. Seehunde, Seelöwen und Walrosse bekommen ihre Jungen an Land – anders als die Wale und Delphine, die ihren Nachwuchs unter Wasser zur Welt bringen. Seehunde und Walrosse schwimmen mithilfe ihrer schwanzartigen Hinterflossen; Seelöwen benutzen ihre langen Vorderflossen zum Schwimmen.

Kalifornischer Seelöwe

Er ist der beste Schwimmer unter den Robben und kann bis zu 40 Kilometer pro Stunde erreichen. Dieser Seelöwe kommt auch an Land schnell voran, indem er seine Rückflossen vorwärts unter den Körper schiebt. Zur Paarungszeit sammeln sich riesige Kolonien an den Felsküsten im Südwesten der USA.

Kalifornischer Seelöwe

Zalophus californianus
Größe: KRL 1,7-2,2 m
Verbreitung: Pazifikküste (Kanada bis Mexiko)

Arctocephalus australis
Größe: KRL 1,4-1,9 m
Verbreitung: Südpazifik und Atlantik

Südamerikanischer Seebär

Südamerikanischer Seebär

Diese Robbe frisst Fische, Tintenfische und andere kleine Meerestiere. Das Weibchen bekommt ein einziges Junges. Die Mutter bleibt zwölf Tage bei ihm, geht dann ins Meer zum Fressen und kehrt regelmäßig zurück, um ihr Junges zu säugen.

Odobenus rosmarus
Größe: KRL 2,6-4 m
Verbreitung: Arktischer Ozean, gelegentlich auch Nordatlantik

Walross

Walrosse leben in der Arktis und ernähren sich hauptsächlich von Muscheln. Sie haben scharfe Stoßzähne, mit deren Hilfe sie sich aus dem Wasser ziehen können und mit denen sie auch kämpfen. Dank ihrer vier flachen Flossen sind sie ausgezeichnete Schwimmer. An Land bewegen sich die Walrosse sehr schwerfällig. Die geselligen Tiere verbringen viel Zeit mit Schlafen, indem sie große Eisschollen gerne als Rastplatz benutzen.

Walross

Seeleopard

Hydrurga leptonyx
Größe: KRL etwa 2,9 m
Verbreitung: Südsee

Seeleopard

Der Seeleopard ist der hartnäckigste Jäger unter den Seehunden. Er hat einen langen, mit Zähnen bewaffneten Kiefer, um seine Beute zu packen und zu zerfleischen. Der Seeleopard fängt Pinguine unter Wasser, wenn sie sich gerade auf das Eis ziehen wollen. Er jagt auch andere kleinere Seehunde sowie Fische, Tintenfische und Muscheln, frisst aber auch Aas. Der Seeleopard lebt meist allein.

Sattelrobbe

Die männliche Sattelrobbe hat einen grauen Körper mit einem schwarzen Kopf und Streifen auf dem Rücken. Zur Paarungszeit kämpfen die rivalisierenden Männchen mit ihren Zähnen und Flossen um die Weibchen. Nach der Paarung bilden die Weibchen Gruppen auf dem Eis und gebären ihren Nachwuchs. Dank der nahrhaften, fetthaltigen Muttermilch wachsen die Jungen sehr schnell.

Pagophilus groenlandicus
Größe: KRL 1,6-1,9 m
Verbreitung: Nordatlantik und Arktischer Ozean

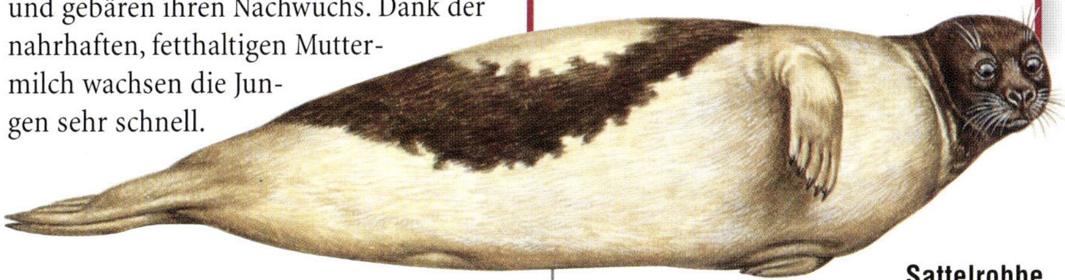

Sattelrobbe

Eumetopias jubatus
Größe: KRL 2-3 m
Verbreitung: Nordpazifik

Stellerscher Seelöwe

Stellerscher Seelöwe

Der größte aller Seelöwen ernährt sich vor allem von Fischen und Tintenfischen. Es wird auch beobachtet, dass diese Riesen andere kleinere Robben erbeuten. Die Bullen werden wesentlich größer als die Weibchen. Die Ufer der Inseln, wo diese Seelöwen ihre Kolonien gründen, sind manchmal so dicht bevölkert, dass Jungtiere von den Bullen erdrückt werden, wenn diese zur Begattung der Weibchen eilen. Die Muttertiere suchen oft im Meer Nahrung für sich und ihre Jungen. Wenn sie wieder zurückkommen, geben sie gesangsartige Laute von sich, um die Jungtiere anzulocken. Diese werden dann beschnüffelt, bis jede Mutter ihr eigenes Junges gefunden hat.

Seehund

Wie alle Robben verbringt auch der Seehund einen Großteil seines Lebens im Wasser. Nur zur Paarung und zur Geburt kommt er an Land. Seehundjunge sind schon bei der Geburt weit entwickelt. Sie können sofort schwimmen und bereits nach zwei bis drei Tagen bis zu zwei Minuten lang tauchen. Seehunde leben in Gruppen. Sie ernähren sich von Fischen und Tintenfischen.

Phoca vitulina
Größe: KRL 1,2-1,9 m
Verbreitung: Nordatlantik und Nordpazifik

Seehund

Antarktisrobben

Der kälteste und ungemütlichste Kontinent der Welt ist die Antarktis. Große Gebiete sind ständig mit Eis bedeckt. Mit Windgeschwindigkeiten von bis zu 320 Kilometern pro Stunde und Temperaturen, die bis minus 89 °C absacken, ist sie so ungastlich, dass dort nur wenige Tiere überleben können. Selbst das umgebende Meer gefriert an der Oberfläche. Aber es ist reich an Nahrung und kann viele Tiere ernähren, darunter die Robben. Es gibt sechs antarktische Robbenarten: Südlicher See-Elefant, Ross-Robbe, Seeleopard, Krabbenesser, Weddell-Robbe und Kerguelen-Seebär. Der Südliche See-Elefant ist die größte Robbe der Welt – die Männchen wiegen bis zu 4000 kg. Robben bekommen normalerweise im Spätwinter ihre Jungen. Im späten Frühjahr sind die Robbenkinder kräftig genug, um ihre Nahrung im antarktischen Meer selbst zu finden. Hunderte von Jahren wurden Robben wegen ihres Fells und ihres Öls gefangen, daher sind einige Arten inzwischen ausgerottet.

Krabbenesser

Krabbenesser fressen keine großen Krabben, sondern kleine Krebschen, den Krill. Sie filtern die Nahrung durch ihre Zähne aus dem Wasser. Die Beutetiere in ihrer Nähe finden sie mithilfe ihrer langen, nach unten gebogenen Barthaare. Schwertwale greifen oft Krabbenesser an, und viele von ihnen tragen Narben auf ihrer Haut – Zeichen eines glücklichen Entkommens. Krabbenesser können sich an Land mit Geschwindigkeiten von bis zu 25 Stundenkilometer vorwärts bewegen.

See-Elefant

Zur Paarungszeit bewacht ein männlicher Südlicher See-Elefant eine Gruppe von 40 bis 50 Weibchen – einen so genannten Harem – mit denen er sich paart. Wenn ihn ein männlicher Rivale herausfordert, nimmt er eine drohende Haltung an und brüllt laut. Wenn der Herausforderer sich nicht zurückzieht, beginnt ein blutiger Kampf. Ein See-Elefant-Weibchen bringt ein einziges Junges zur Welt, das es etwa einen Monat lang säugt. Während dieser Zeit frisst das Weibchen selbst nichts, sondern lebt von den Energiereserven, die es in seiner Fettschicht gespeichert hat.

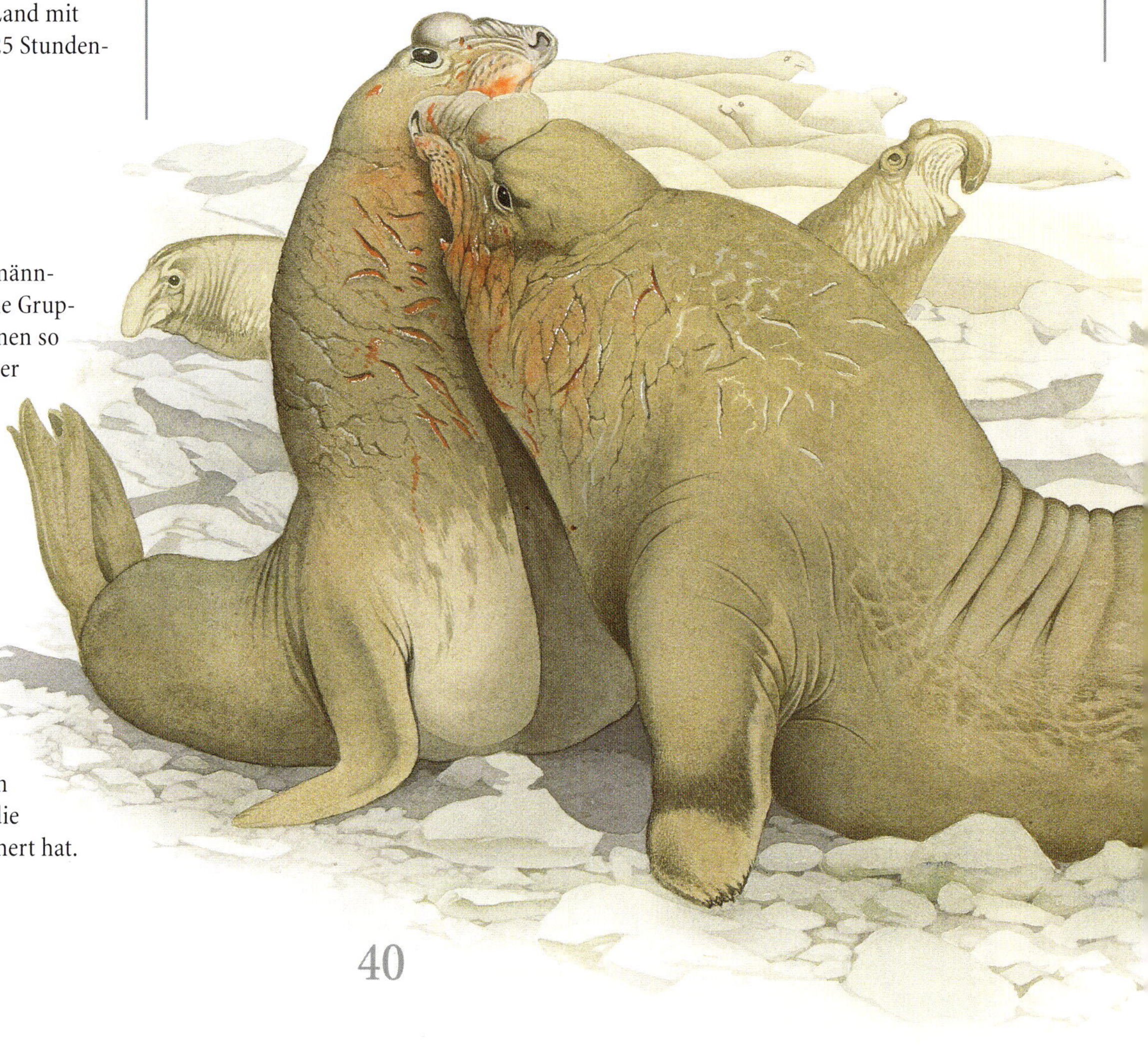

Junge Weddell-Robben werden während des antarktischen Frühlings auf dem Eis geboren. Bei der Geburt wiegen sie etwa 25 kg, aber dank der nahrhaften Muttermilch wachsen sie rasch. Innerhalb der ersten zehn Tage verdoppelt sich ihr Gewicht. Wenn sie etwa sechs Wochen alt sind, lernen sie allmählich, ihre eigene Nahrung zu suchen.

Die Ross-Robbe

Die Ross-Robbe ist die seltenste antarktische Robbe – weltweit leben nur noch etwas mehr als 50 000 Exemplare. Diese kleinste aller antarktischen Robben ist am Rücken und an den Seiten durchgehend grau gefärbt und ist an der Unterseite silbergrau bis weiß. Sie hat einen kleinen Kopf, nadelartige Schneidezähne und lange Flossen. Sie ernährt sich hauptsächlich von Tintenfischen, Fischen und Krill.

Weddell-Robbe

Die Weddell-Robbe taucht länger und tiefer als alle anderen Robben. Sie erreicht Tiefen von 300 bis 400 m, um antarktische Dorsche zu fangen. Bei einer Weddell-Robbe wurde beobachtet, dass sie über eine Stunde lang in 600 m Tiefe tauchte. Im Sommer liegen diese großen, sanften Tiere viele Stunden schlafend auf dem Eis. Im Winter bleiben sie lieber im Wasser, um dem ungemütlichen Wetter zu entgehen. Sie atmen dann durch Löcher im Eis, die sie mit ihren Zähnen offen halten.

Waltiere

Die Ordnung der Waltiere wird in zwei Unterordnungen eingeteilt: die Zahnwale und die Bartenwale. Delphine und Tümmler sind kleine Zahnwale, die zahlreiche gleichförmige Zähne besitzen. Bartenwale haben mit Borsten besetzte Hornplatten, die Barten, anstelle von Zähnen in ihrem Mund. Beim Fressen nehmen sie einen großen Schluck Wasser. Die Barten wirken wie Filter, sodass das Wasser abfließt, aber Krill und Plankton (Kleinstlebewesen) im Maul des Wals bleiben. Zahnwale finden andere Meerestiere mit einer Art Echolot: Sie senden hohe, klickernde Laute (im für Menschen unhörbaren Ultraschallbereich) aus und fangen das Echo wieder auf, das von verschiedenen Gegenständen zurückgeworfen wird. Wale schwimmen mithilfe ihres auf- und abschlagenden Schwanzes und nutzen die Flossen zum Steuern.

Dalls Tümmler

Diese Tümmler sind größer und schwerer als die meisten ihrer Art. Sie leben in tieferem Wasser in Gruppen von bis zu 15 Tieren. Schwärme von 100 oder mehr Tümmlern sammeln sich, um im Sommer in den Norden, im Winter nach Süden zu wandern.

Dalls Tümmler

Phocoenides dalli
Größe: KRL 1,8-2,3 m
Verbreitung: Warmwasserbereiche im Nordpazifik

Schwertwal

Dieser größte Zahnwal ist ein Räuber und wird ungerechterweise auch »Killerwal« genannt. Er frisst Fische, Tintenfische, Seelöwen, Delphine und sogar andere Wale. Schwertwale leben und jagen in umherziehenden Familiengruppen mit bis zu 40 Tieren. Ihren Namen verdanken sie ihrer dreieckigen Rückenflosse, die beim Schwimmen zur Stabilisierung dient.

Orcinus orca
Größe: KRL 5-8 m
Verbreitung: weltweit, vor allem kühlere Meere

Schwertwal

Kleintümmler

Kleintümmler

Diese Tümmler, auch Schweinswale genannt, fressen Fische wie Heringe und Makrelen. Sie tauchen bei der Beutejagd bis zu sechs Minuten lang. Sie finden ihre Beute mithilfe des Echos ihrer klickernden Rufe. Vor der Paarung vollziehen sie langwierige Balzrituale und liebkosen sich gegenseitig beim Schwimmen Seite an Seite. Die Jungen – auch Kälber genannt – kommen zehn bis elf Wochen nach der Paarung zur Welt. Wenn das Muttertier ihr Kalb säugt, liegt es auf der Seite an der Wasseroberfläche, damit das Junge leichter atmen kann.

Phocoena phocoena
Größe: KRL 1,4-1,8 m
Verbreitung: Nordatlantik und -pazifik, Schwarzes Meer und Mittelmeer

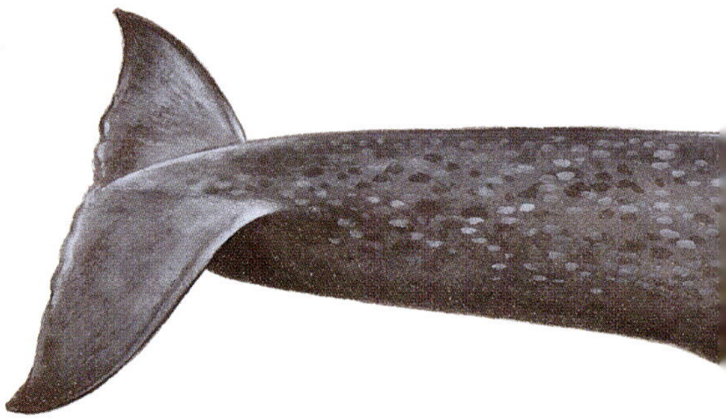

Gewöhnlicher Delphin

Dieser schöne Delphin hat spitze Flossen, eine gebogene Rückenfinne und eine lange Schnauze. Er lebt in Gruppen mit 20 bis 100 Tieren. Mehrere Delphine tun sich zusammen, wenn sie einem verletzten oder kranken Artgenossen helfen wollen. Die neugierigen, verspielten Meeressäuger sieht man häufig neben Schiffen herschwimmen, aus dem Wasser springen und sich rollen. Sie fressen Fische, Tintenfische und Garnelen.

Gewöhnlicher Delphin

Delphinus delphis
Größe: KRL 2,1-2,6 m
Verbreitung: warme und tropische Ozeane weltweit

Gangesdelphin

Platanista gangetica
Größe: KRL 1,5-1,8 m
Verbreitung: Indien (Flussarme von Ganges und Brahmaputra)

Gangesdelphin

Der Gangesdelphin oder Susu ist einer von fünf Süßwasserdelphinen. Er lebt in schlammigen Flüssen und Überschwemmungsgebieten in Indien. Er ist blind, denn seine Augen haben keine Linsen. Seine Beute – Fische und Krebse – findet er mithilfe hoch entwickelter Schallortung.

Großer Tümmler

Durch die aufwärts gebogene Mundform sieht dieser Tümmler aus, als ob er ständig lächelt. Er frisst vor allem am Boden lebende Fische. Der Tümmler ist ein Meister der Echolotung und macht über 1000 klickende Laute pro Sekunde. In manchen Freizeitparks werden Großen Tümmlern Kunststücke beigebracht.

Tursiops truncatus
Größe: KRL 3-4 m
Verbreitung: warme und tropische Ozeane weltweit

Großer Tümmler

Blauwal

Das größte heute lebende Tier der Erde, der Blauwal, kann 135 Tonnen wiegen (etwa so viel wie 30 Elefanten oder 1600 Menschen) und 32 m lang werden. Dieser Riese frisst ungeheure Mengen von Kleinkrebsen, auch Krill genannt – im Sommer bis zu vier Tonnen täglich. Das Überleben des Blauwals ist allerdings gefährdet, da er fast ausgerottet wurde. Der heutige Bestand wird wieder auf etwa 10 000 Tiere geschätzt.

Blauwal

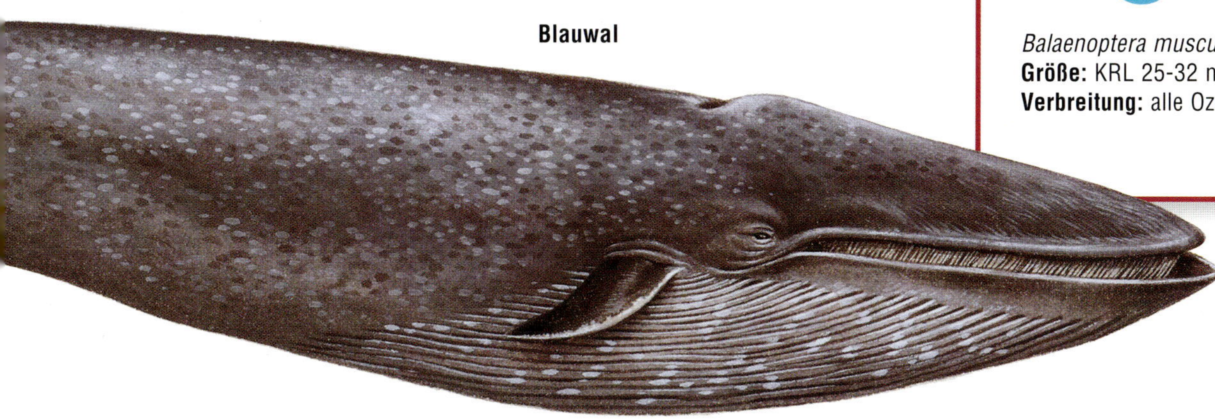

Balaenoptera musculus
Größe: KRL 25-32 m
Verbreitung: alle Ozeane

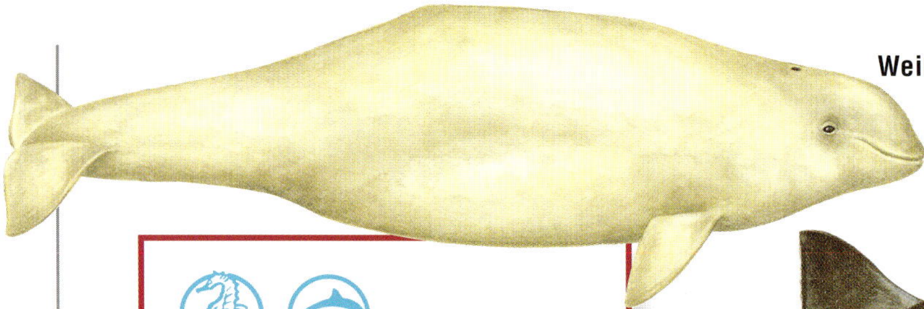

Weißwal

Delphinapterus leucas
Größe: KRL 4-6,5 m
Verbreitung: Arktischer Ozean

Weißwal

Weißwale, nach dem russischen Wort für »weiß« auch Belugas genannt, leben oft in kleinen Gruppen zusammen. Sie verständigen sich mit einer Reihe von Lauten: Pfeifen, Klickern, Klappern und Zwitschern. Manchmal fangen Eisbären Weißwale, die im arktischen Eis festsitzen. Im Winter wandern große Weißwalgruppen in den Süden. Ihre Nahrung – Fische und Krebstiere – suchen sie in Bodennähe.

Cuvier-Schnabelwal

Schnabelwale bilden die urtümlichste Familie der Zahnwale. Ihr Kiefer ist zu einem Schnabel geformt. Diese Art hat einen schlank zulaufenden Körper, der oft von Narben gezeichnet ist, weil Neunaugen sich dort festsaugen und Löcher hineinfressen. Der Schnabelwal taucht bis zu einer halben Stunde, um Tintenfische und Tiefseefische zu fangen.

Cuvier-Schnabelwal

Ziphius cavirostris
Größe: KRL 6,4-7 m
Verbreitung: alle Ozeane, gemäßigtes und tropisches Wasser

Narwal

Der Narwal ist mit dem Weißwal verwandt, hat aber nur zwei Zähne. Einer dieser Zähne wächst beim Männchen zu einem fast drei Meter langen spiralig gedrehten Stoßzahn. Die genaue Funktion dieses Zahnes ist nicht bekannt, aber vermutlich spielt er beim Paarungsverhalten eine Rolle. Durch Souvenirhandel wegen des »Einhorns« ist der Narwal stark gefährdet.

Monodon monoceros
Größe: KRL 4,5-6,5 m
Verbreitung: Arktischer Ozean

Narwal

Pottwal

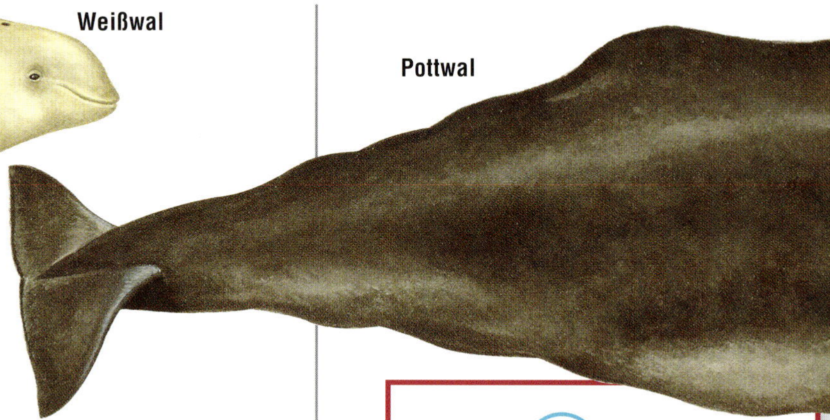

Physeter catodon
Größe: KRL 11-20 m
Verbreitung: alle Ozeane

Grauwal

Dieser Wal wühlt mit seiner Schnauze am Meeresgrund und benutzt seine kurzen Barten, um winzige Lebewesen herauszusieben. Er wandert jährlich 20 000 km zwischen seinem Sommerquartier und den wärmeren, seichteren Gewässern vor der mexikanischen Küste, wo er sich im Laufe des Winters paart. Außer während der Wanderung ist der Grauwal nicht gesellig.

Eschrichtius robustus
Größe: KRL 12-15 m
Verbreitung: nordöstlicher und nordwestlicher Pazifik

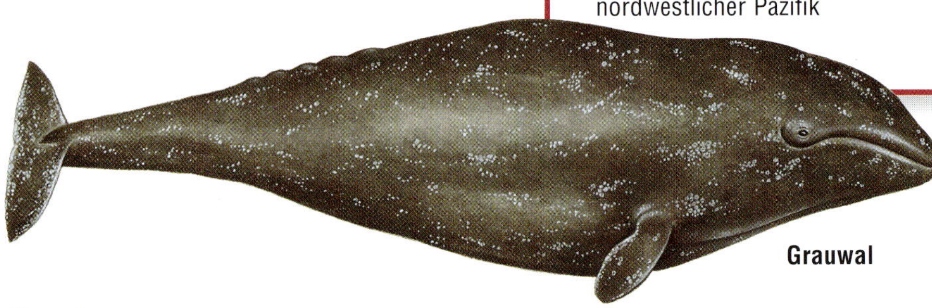

Grauwal

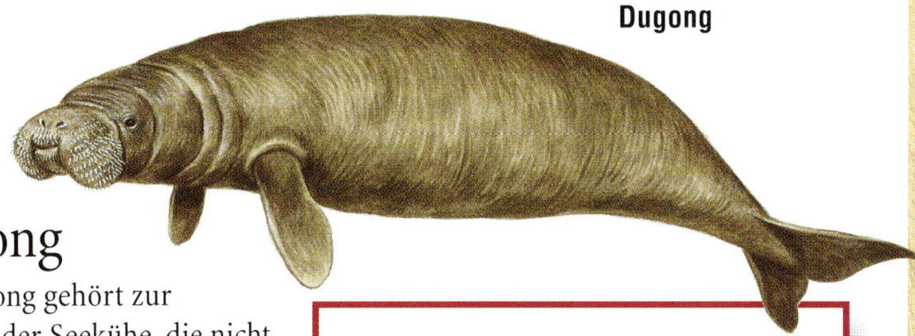

Dugong

Dugong

Der Dugong gehört zur Ordnung der Seekühe, die nicht mit den Waltieren, sondern mit den Elefanten verwandt sind. Er hat einen fleischigen Körper. Der scheue Einzelgänger verbringt viel Zeit am Meeresboden, wo er Seegras und Algen frisst. Das Weibchen bringt ein Junges im Wasser zur Welt und zeigt ihm den Weg an die Oberfläche.

Dugong dugong
Größe: KRL 1-4 m
Verbreitung: ostafrikanische Küstengewässer, Indischer Ozean

Pottwal

Der Pottwal hat einen riesigen Kopf, gefüllt mit flüssigem Fett, das an der Luft zu einer wachsartigen Masse, dem Walrat, erstarrt. Dadurch kann der Wal seine Dichte verändern – und damit seinen Auftrieb. Es ist sehr wertvoll und wird für Salben und Kosmetika verwendet. So kann er bei der Nahrungssuche Tiefen von über 1000 m erreichen.

Balaenoptera acutorostrata
Größe: KRL 8-10 m
Verbreitung: alle Ozeane, gemäßigte und polare Gebiete

Nagelmanati

Nagelmanati

Diese Seekühe leben in Buchten, an Flussmündungen und im flachen Küstenwasser. Sie sind gute Schwimmer und können Geschwindigkeiten von bis zu 25 Stundenkilometern erreichen. Nagelmanatis benutzen ihren abgeflachten Schwanz als Paddel. Manchmal »laufen« sie auf ihren Flossen am Meeresgrund. Wie alle 18 Arten der Seekühe ist der Manati ein Pflanzenfresser.

Trichechus manatus
Größe: KRL 2,5-4,5 m
Verbreitung: Karibik

Zwergwal

Zwergwal

Der Zwergwal ist ein kleiner Verwandter des Blauwals. Er gehört ebenfalls zur Familie der Furchenwale und hat deutliche Furchen entlang seiner Kehle. In Polargebieten frisst der Zwergwal vor allem Plankton (Kleinstlebewesen), aber in warmem Wasser lebt er auch von Fischen und Tintenfischen.

Buckelwal

Ebenfalls ein Mitglied der Furchenwale ist der Buckelwal, der für seinen faszinierenden und abwechslungsreichen »Gesang« berühmt ist. Er singt oft stundenlang und nur mit kurzen Pausen zum Luftholen, um mit anderen Walen Kontakt zu halten und Partnertiere anzulocken. Sein Gesang trägt über große Entfernungen durch das Wasser.

Megaptera novaeangliae
Größe: KRL 14-19 m
Verbreitung: alle Ozeane

Buckelwal

Huftiere

Huftiere besitzen eine hornige Umkleidung der Zehen – den Huf. Im engeren Sinne zählen zu ihnen die Paarhufer, deren dritte und vierte Zehe am stärksten entwickelt, die übrigen zwei rückgebildet sind (Afterklauen), sowie die Unpaarhufer mit ein oder drei Zehen. Ursprünglich hatten alle Huftiere fünf Zehen, haben aber während der Entwicklungsgeschichte die Verwendung für einige Zehen verloren. Im weiteren Sinne gehören auch Seekühe und Elefanten zu den Huftieren, da sie alle einen gemeinsamen Bauplan des Fußes bzw. der »Hand« aufweisen. Alle Huftiere sind Pflanzenfresser.

Schweine, Pekaris und Flusspferde

Schweine erkennt man leicht an ihrer langen, beweglichen Schnauze mit unbehaarter Rüsselscheibe. Das schweineähnliche Pekari lebt nur in Amerika, während das Flusspferd, der größere Verwandte von Schweinen und Pekaris, in Afrika vorkommt. Sie gehören alle zur Ordnung der Paarhufer. Sie haben vier Zehen an jedem Fuß (Pekaris haben nur drei an ihren Hinterfüßen). Ihre Mägen sind einfacher gebaut, d. h., sie sind Nichtwiederkäuer.

Wildschwein

Wildschwein

Das Wildschwein ist der Vorfahre des Hausschweins. Mit seiner langen Schnauze wühlt es im Waldboden nach Pflanzen, Insekten, Regenwürmern und Schlangen. Es gräbt auch nach Zwiebeln und Knollen. Junge Wildschweine, die Frischlinge, haben ein gestreiftes Fell, das sie inmitten der Bäume tarnt und so vor Feinden schützt.

Sus scrofa
Größe: KRL 90-200 cm, SL 15-40 cm
Verbreitung: Süd- und Mitteleuropa, Nordafrika, Asien

Phacochoerus aethiopicus
Größe: KRL 105-152 cm, SL 35-50 cm
Verbreitung: Zentral- und Südafrika

Warzenschwein

Das Warzenschwein ist kein schöner Anblick. Es hat lange Beine, gebogene Stoßzähne und einen langen, breiten Kopf mit zwei warzenartigen Beulen. Es lebt in kleinen Familiengruppen in der afrikanischen Savanne und Steppe, wo es sich hauptsächlich von Gräsern und Wurzeln ernährt. Gelegentlich frisst es auch Kleintiere. Zur heißen Mittagszeit sucht das Warzenschwein in seinem Bau Schutz, oft ein verlassener Erdferkelbau. Seine größten Feinde sind Löwen und Leoparden.

Warzenschwein

Hippopotamus amphibius
Größe: KRL etwa 4,5 m, SL 35 cm
Verbreitung: Afrika (südlich der Sahara)

Tayassu tajacu
Größe: KRL 80-105 cm,
SL 2-4,5 cm
Verbreitung: Südwesten der USA, Mittel- und Südamerika

Halsband-pekari

Halsbandpekari

Einem hellen Streifen am Hals verdankt dieses Pekari seinen Namen. Es lebt in Gruppen von bis zu 20 Tieren. Ihr Revier markieren Pekaris mit einem Duftstoff aus Drüsen, die sich an ihrem Rücken befinden. Sie fressen Wurzeln, Kräuter, Gras, Obst, Würmer und Insektenlarven. Sie können schnell genug laufen, um ihren Feinden, etwa Jaguaren und Pumas, zu entkommen.

Zwergflusspferd

Choeropsis liberiensis
Größe: KRL 142-157 cm,
SL etwa 30 cm
Verbreitung: Westafrika (Guinea bis Nigeria)

Zwergflusspferd

Dieses kleine Flusspferd lebt einzelgängerisch an Sümpfen des Regenwaldes, verbringt aber die meiste Zeit auf trockenem Land. Schon immer selten, ist das Zwergflusspferd beinahe ausgerottet, weil sein Lebensraum, der Wald, abgeholzt wird. Auch durch Jäger ist es gefährdet, die es wegen seines Fleisches töten.

Bartschwein

Das Bartschwein hat einen lang gestreckten Körper und einen schmalen Kopf. Seinen Namen verdankt es den dichten Barthaaren an seinem Kinn. Es lebt im Regenwald, im Gestrüpp und in Mangrovensümpfen. Fallobst, Ratten und Insekten sind die Lieblingsnahrung des Bartschweins. Es folgt oft Affen, um Früchte aufzulesen, die sie verloren haben. Die Weibchen bringen zwei bis acht Ferkel zur Welt.

Bartschwein

Sus barbatus
Größe: KRL 100-165 cm,
SL 20-30 cm
Verbreitung: Malaysia, Sumatra, Borneo

Großes Flusspferd

Großes Flusspferd

Das Flusspferd zählt zu den größten Landsäugetieren der Welt – nur Nashorn und Elefant sind größer und schwerer. Es lebt an Flüssen und Seen und verbringt bis zu 16 Stunden täglich damit, sich im Wasser zu suhlen, um sich abzukühlen. Bei Sonnenuntergang kommt es an Land und grast am Ufer und frisst Fallobst. Es kann gut schwimmen, läuft aber meistens lieber am Flussgrund. Das Flusspferd kann unter Wasser bis zu fünf Minuten lang die Luft anhalten.

Elefanten

Mit einem Gewicht von bis zu sieben Tonnen und einer Schulterhöhe von bis zu vier Metern ist der Elefant das größte heute lebende Landsäugetier. Es gibt zwei Gattungen: Eine lebt in Afrika, die andere in Indien und Südostasien. Der biegsame Rüssel des Elefanten – eine lange Nase, die an seiner Oberlippe sitzt – enthält bis zu 100 000 Muskeln. Er nutzt seinen Rüssel zum Riechen, Tasten, Atmen, Fressen und um laut trompetend zu rufen. Mit den Stoßzähnen kämpft er, zieht die Rinde von den Bäumen und gräbt nach Wasser. Elefanten bewohnen grasbedeckte Ebenen und wüstenartiges Buschland sowie Flusstäler und Sümpfe. Sie können bis 70 Jahre alt werden. Weibchen und Jungtiere leben in Familienherden, während die Bullen eigene Gruppen bilden.

Zwei Arten

Der Afrikanische Elefant ist größer und schwerer als sein asiatischer Verwandter und hat größere, rundliche Ohren. Er hat zwei fingerartige Ausstülpungen am Ende seines Rüssels, während der Asiatische Elefant nur eine hat. Bei den Afrikanischen Elefanten haben Männchen und Weibchen Stoßzähne, bei den Asiatischen nur die Männchen.

Arbeitstiere

Seit Tausenden von Jahren lehren die Menschen Elefanten, schwere Lasten zu heben, zu schieben und zu ziehen. Bei der Waldarbeit lernen die Elefanten manchmal, schwere Stämme mit ihren Stoßzähnen wie ein Gabelstapler zu heben.

Großer Appetit

Ein Afrikanischer Elefant frisst täglich etwa 150 kg Gras, Laub, Zweige, Rinde, Wurzeln und Früchte. Um solche großen Mengen zu verzehren, muss er drei Viertel seiner Zeit mit Fressen zubringen.

Ein **Elefantenbaby** muss nicht nach Nahrung suchen, denn es trinkt bei seiner Mutter mindestens zwei Jahre lang Milch. Manchmal säugen es auch andere erwachsene Weibchen aus der Herde.

Duschen und Schlammbäder

Elefanten setzen Wärme über ihre großen, lappigen Ohren frei. Aber zur Abkühlung duschen sie sich auch selbst. Sie saugen Wasser mit ihrem Rüssel auf und spritzen es über den Körper. Mit ein bisschen Übung kann ein Elefant jedes Körperteil erreichen, indem er seinen Rüssel schwenkt und genau im richtigen Moment losbläst. Elefanten wälzen sich manchmal im Schlamm oder werfen Staub über sich, um die Haut zu bedecken. So schützen sie sich vor Insekten und Sonnenbrand. Außerdem verdunstet dadurch weniger Feuchtigkeit aus ihrer Haut.

Kamele

Zur Familie der Kamele zählen die Dromedare, das Kamel, das Vikunja und das Guanako sowie die Haustierformen Lama und Alpaka. Sie sind Wiederkäuer und ihre Füße tragen jeweils nur zwei Zehen. Die Kamele haben breite, flache Schwielen unter den Füßen, mit deren Hilfe sie auf dem weichen, sandigen Boden laufen können. Deshalb werden sie als »Schwielensohler« bezeichnet. Vikunjas und Guanakos haben ein vergleichsweise großes Herz und besondere rote Blutkörperchen, sodass sie in großer Höhe leben können.

Vikunja

Vikunja

Vikunjas sind höckerlose Kamele. Sie leben in kleinen Familienverbänden in den Hochandengebieten Südamerikas. Sie ernähren sich von Gras und kleinen Pflanzen. Jede Herde wird von einem erwachsenen Männchen bewacht. Es warnt die Herde vor Gefahren, indem es laut pfeift.

Vicugna vicugna
Größe: KRL 1,4-1,5 m,
SL 22-25 cm
Verbreitung: Anden-Gebirge (Peru bis Nordchile)

Dromedar

Camelus dromedarius
Größe: KRL 3 m,
SL 50 cm
Verbreitung: Nordafrika, Vorderasien, in Australien eingeführt

Dromedar

Das Dromedar oder Einhöckrige Kamel ist an das Leben in der Wüste bestens angepasst. Dromedare können Ohren und Nasenlöcher vor dem Sand verschließen. Dank ihrer festen Lippen können sie die dornigen Wüstenpflanzen fressen, ohne sich zu verletzen. In ihrem Höcker speichern sie Fett, das ihr Körper zu Wasser und Nährstoffen abbaut, wenn Nahrung und Wasser knapp werden.

Wiederkäuer

Rehe, Giraffen, Gabelböcke und Hornträger sind wiederkäuende Paarhufer, das heißt, sie haben einen aufwendigen Magen mit mehreren Kammern. Wenn sie fressen, kauen sie Blätter und Gräser kurz und schlucken sie herunter. Nach einiger Zeit kommt die teilweise verdaute Nahrung wieder hoch ins Maul und wird ordentlich durchgekaut. In verschiedenen Magenkammern helfen Bakterien und Pilze, das schwer verdauliche Futter zu zersetzen. Giraffen, Gabelböcke und Hornträger (dazu zählen Rinder, Antilopen, Schafe und Ziegen) haben Hörner, Rehe ein Geweih. Hörner wachsen immer weiter, aber das Geweih fällt ab und wächst jährlich neu.

Afrikanisches Hirschferkel

Afrikanisches Hirschferkel

Das kleine Hirschferkel ist etwa hasengroß, hat einen buckligen Rücken, einen kleinen Kopf und dünne Beine. Es lebt in Wäldern in der Wassernähe und verbringt den Tag im dicken Unterholz ruhend. Nachts kommt es heraus, um Gras, Blätter und Früchte, aber auch Krabben, Würmer, Insekten, Fische und kleine Säugetiere zu fressen. Das Hirschferkel lebt im immergrünen Regenwald, in der Nähe von Gewässern; bei Gefahr taucht es tief ins Wasser.

Hyemoschus aquaticus
Größe: KRL 75-85 cm,
SL 10-15 cm
Verbreitung: West- und Zentralafrika

Moschushirsch

Moschus moschiferus
Größe: KRL 86-100 cm, SL 4-5 cm
Verbreitung: Himalaja bis Zentralchina

Moschushirsch

Der männliche Moschushirsch oder das Moschustier hat eine Duftdrüse an der Unterseite des Körpers, aus der er eine stark riechende Flüssigkeit, den Moschus, ausscheidet. Damit lockt der Hirsch die Weibchen zur Paarungszeit an. Das Moschustier hat ein langes Fell aus bürstenartigen Haaren sowie zwei hauerartige Eckzähne im Oberkiefer. Es frisst Flechten, Schösslinge, Knospen, Gras, Moos und Zweige.

Rothirsch

Männliche und weibliche Hirsche leben in getrennten Herden. Das Geweih des männlichen Tieres fällt jedes Frühjahr ab und wird durch ein neues, größeres ersetzt. Zur Brunftzeit benutzen die Hirsche ihr Geweih, um miteinander um die paarungswilligen Hirschkühe zu kämpfen. Meist gewinnt das ältere Männchen.

Rothirsch

Cervus elaphus
Größe: KRL 1,6-2,5 m, SL 12-25 cm
Verbreitung: Nordafrika, Europa, Asien, Nordamerika; eingeführt in Neuseeland

Elch

Männchen

Elch

Diese größte Hirschart hat große Geweihschaufeln, eine breite, überhängende Oberlippe und einen Hautlappen, der vom Hals herabhängt. Im Winter frisst der Elch Tannenzapfen und kratzt mit seinen Hufen den Schnee weg, um Moose und Flechten zu finden. Er kann gut schwimmen und watet im Sommer oft in Seen und Flüssen, um Wasserpflanzen zu fressen. Zur Paarungszeit, bei den Hirschen Brunftzeit genannt, brüllen die Elche, um die weiblichen Tiere für sich zu gewinnen.

Alces alces
Größe: KRL 2,5-3 m, SL 5-12 cm
Verbreitung: hoher Norden Europas, Asiens und Nordamerikas

Rentier

Das Rentier oder Karibu ist die einzige Hirschart, bei der Männchen und Weibchen ein Geweih tragen (sonst sind es nur die Männchen). Das Ren frisst im Winter hauptsächlich Flechten. Im Sommer wandert es nordwärts, um sich von dem gehaltvollen Gras und den Pflanzen der Tundra zu ernähren. Die Weibchen und ihre Kälber leben in Herden, während die Männchen häufig Einzelgänger sind.

Rentier

Rangifer tarandus
Größe: KRL 1,2-2,2 m, SL 7-21 cm
Verbreitung: Nordeuropa, Nordasien, Grönland, nördliches Nordamerika

Giraffa camelopardalis
Größe: KRL 3,8-4,7 m, SL 90-110 cm
Verbreitung: Afrika (südlich der Sahara)

Giraffe

Giraffe

Giraffen leben in der afrikanischen Savanne. Mit ihren unglaublich langen Beinen und Hälsen erreichen sie eine Standhöhe von fast 6 m und damit die größte Körperhöhe von allen Säugetieren. Dank ihrer Größe kann die Giraffe Blätter und Knospen in den Baumwipfeln fressen und nahende Gefahren rechtzeitig erblicken.

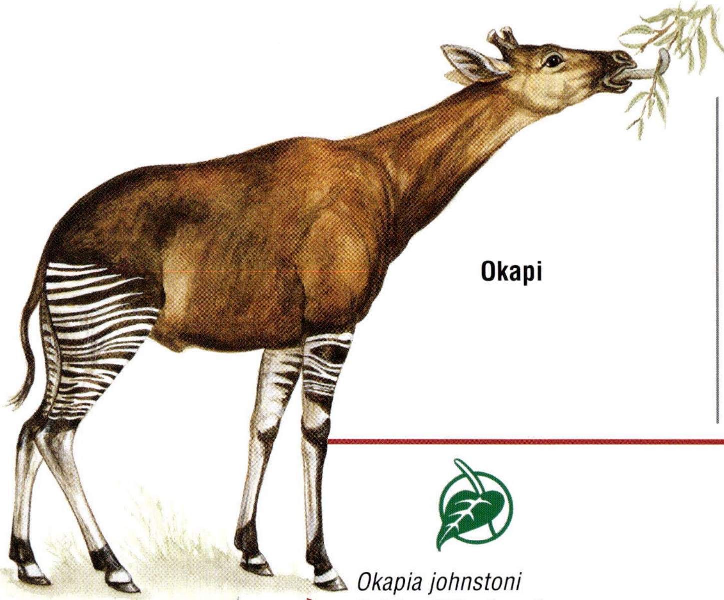

Okapi

Okapia johnstoni
Größe: KRL etwa 2 m, SL 30-40 cm
Verbreitung: Zaire

Okapi

Das afrikanische Okapi frisst Blätter, Knospen und Triebe von Bäumen des Regenwaldes. Es zieht sie mit seiner Zunge von den Zweigen herunter. Diese Zunge ist so lang, dass das Okapi damit sogar seine Augen und Augenlider säubern kann. Sein geflecktes und gestreiftes Fell ist eine gute Tarnung. Es lebt allein und trifft andere Okapis nur zur Paarungszeit. Männliche Okapis haben, ähnlich wie die Giraffen, kurze Hörner.

Ozotoceros bezoarticus
Größe: KRL 1,1-1,3 m, SL 10-15 cm
Verbreitung: Südamerika

Pampashirsch

Pampashirsch

Dieser Hirsch lebte früher nur in hohem Pampasgras, aber heute findet man ihn auch in Wäldern, weil viel Grasland inzwischen landwirtschaftlich genutzt wird. Der nachtaktive Pampashirsch lebt gesellig in kleinen Gruppen. Durch Lebensraumverlust gibt es nur noch wenige Hundert Pampashirsche, daher ist diese Tierart geschützt.

Gabelbock

Der Gabelbock oder die Gabelhornantilope gehört zu den schnellsten Tieren Nordamerikas und läuft bis zu 65 Stundenkilometer schnell. Sowohl Männchen als auch Weibchen haben Hörner mit kurzen, nach vorne gerichteten Gabeln. Er ist heute selten, weil er gejagt wird und sein Lebensraum zerstört wurde.

Gabelbock

Antilocapra americana
Größe: KRL bis 1,5 m, SL 7-10 cm
Verbreitung: Nordamerika

Streifengnu

Zur Trockenzeit wandern riesige Herden dieser großen Kuhantilopen, auch als Blaue Gnus bezeichnet, über große Entfernungen durch die afrikanische Savanne auf der Suche nach frischem Gras und Wasserlöchern. Die Gnukälber werden zur Regenzeit geboren, wenn die Herden sich teilen und es ausreichend Nahrung gibt.

Connochaetes taurinus
Größe: KRL 1,7-2,4 m, SL 60-100 cm
Verbreitung: Südafrika

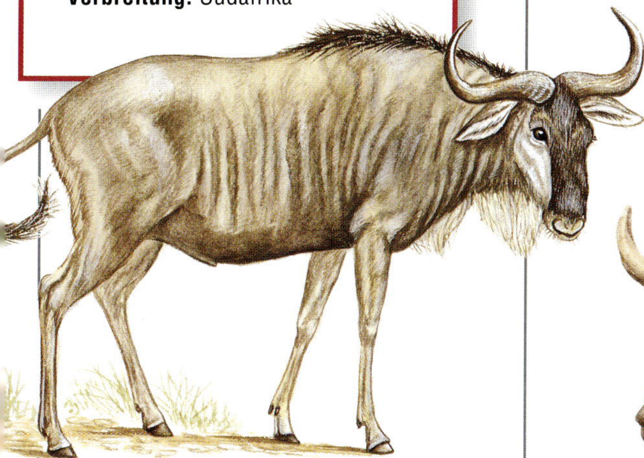

Streifengnu

Wasserbüffel

Wasserbüffel oder Asiatische Büffel fressen morgens und abends Gras und andere Pflanzen, die an Seen und Flüssen wachsen. Den Rest des Tages verbringen sie häufig damit, sich im Schlamm zu wälzen oder so weit ins Wasser zu tauchen, bis nur noch ihre Schnauze herausschaut. Mithilfe ihrer langen, gebogenen Hörner können Wasserbüffel sich sogar gegen Tiger verteidigen.

Wasserbüffel

Bubalus arnee
Größe: KRL 2,4-2,8 m, SL 60-85 cm
Verbreitung: Indien, Südostasien; andernorts eingeführt

Yak

Bos mutus
Größe: KRL bis 3,25 m, SL 50-80 cm
Verbreitung: Himalaja-Gebirge (4000-6000 m Höhe)

Bongo

Die scheuen, im Wald lebenden Bongos verstecken sich tagsüber zwischen Sträuchern und Bäumen. In der Morgen- und Abenddämmerung kommen sie heraus, um Blätter, Rinde und Früchte zu fressen. Wenn die Bongos laufen, drehen sie ihren Kopf so, dass die Hörner auf dem Rücken anliegen, damit sie sich nicht in den Zweigen verfangen.

Bongo

Tragelaphus eurycerus
Größe: KRL 1,7-2,5 m, SL 46-65 cm
Verbreitung: Zentral- und Westafrika

Yak

Trotz seiner Größe ist das Yak erstaunlich trittsicher, wenn es auf den steilen Berghängen grast. Sein langes, dickes, zotteliges Fell reicht fast bis zum Boden. Das Tier hat auch ein wolliges Unterfell, das es vor eisigen Temperaturen schützt. Das Yak ist in seiner Heimat Lasttier, Fleisch-, Woll- und Milchlieferant.

Pelea capreolus
Größe: KRL 1-1,2 m,
SL 10-20 cm
Verbreitung: Südafrika

Rehantilope

Rehantilope

Die Rehantilope oder das Rehböckchen ist klein, graziös und hat weiches, wolliges Fell. Sie lebt auf Wiesenhügeln und Hochebenen mit niedrigen Büschen und vereinzelten Bäumen. Das wachsame Tier springt in einem ruckartigen Lauf davon, wenn es gestört wird. Zur Paarungszeit führen die Männchen heftige Scheingefechte, verletzen aber einander nicht. Die Rehantilopen leben in Gruppen bis zu 30 Tieren.

Wisent

Bison bonasus
Größe: KRL 2,99 m,
SL 90 cm
Verbreitung: Osteuropa

Wisent

Der Wisent frisst alle Pflanzenteile, die er im Wald findet. Anfang des 20. Jahrhunderts gab es nur noch in Polen wild lebende Wisente. Das größte Landsäugetier Europas wurde durch Jagd und Abholzung ausgerottet. Sechs gezüchtete Wisente wurden später in die Wildnis entlassen. Seit 1980 leben wieder Herden in Russland und Polen, davon etwa 400 Tiere in dem polnischen Nationalpark Bialowieska.

Litschi-Wasserbock

Dieser Wasserbock, auch Litschi-Antilope genannt, lebt an Seen, Sümpfen und in Überflutungsgebieten. Er verbringt viel Zeit damit, im seichten Wasser zu waten und Gras und Wasserpflanzen zu fressen. Seine langen, breiten Hufe sind besonders gut geeignet, um durch Matsch zu trotten, aber weniger für schnelles Laufen auf trockenem Boden. Wenn der Wasserbock von Löwen, Hyänen oder anderen Feinden verfolgt wird, versteckt er sich unter Wasser – nur die Nasenlöcher sehen heraus.

Litschi-Wasserbock

Bison bison
Größe: KRL 3,8 m,
SL 90 cm
Verbreitung: Nordamerika

Amerikanischer Bison

Amerikanischer Bison

Einst zogen über 60 Millionen Bisons in riesigen Herden durch die »Great Plains«, die nordamerikanische Prärie. Aber im 19. Jahrhundert töteten die weißen Siedler so viele von ihnen, dass 1898 nur noch 835 Tiere gezählt wurden. Inzwischen haben sich die Bestände durch intensive Schutzmaßnahmen wieder erholt. Heute leben etwa 50 000 Tiere in verschiedenen Nationalparks und Reservaten.

Kobus leche
Größe: KRL 1,3-1,8 m,
SL 30-45 cm
Verbreitung: Südafrika

Weiße Oryxantilope

Dieser Wüstenbewohner kann lange ohne Wasser überleben. Die Gräser und Sträucher, die er frisst, enthalten ausreichend Feuchtigkeit.

Weiße Oryxantilope

Oryx leucoryx
Größe: KRL 1,6 m,
SL 45-60 cm
Verbreitung: Saudi-Arabien

Mendesantilope

Die Mendes- oder Addaxantilope gehört zu den wenigen großen Tieren der Wüste Sahara. Sie ernährt sich dort von Pflanzen, beispielsweise Kakteen. Ihre breiten Hufe verhindern das Einsinken im Wüstensand. Sie ist heute sehr selten, weil sie zum Vergnügen und wegen ihrer Hörner sowie ihres Fells gejagt wurde.

Mendesantilope

Addax nasomaculatus
Größe: KRL 1,2-1,3 m,
SL 25-35 cm
Verbreitung: Nordafrika

Impala

Die Impala oder Schwarzfersenantilope lebt im lichten Wald und in der afrikanischen Savanne. Sie hat ein glänzendes Fell und lange, elegant spiralförmig gebogene Hörner. Im Lauf können Impalas bis zu 10 m weite Sprünge machen, um Feinden zu entkommen. Aber anscheinend springen sie auch aus reinem Vergnügen.

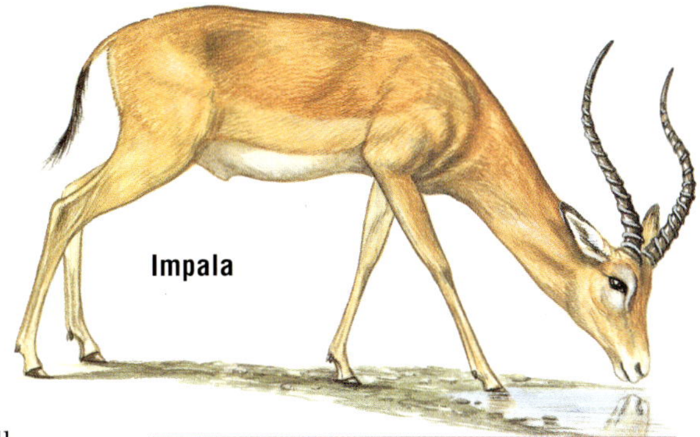
Impala

Aepyceros melampus
Größe: KRL 1,2-1,6 m,
SL 30-45 cm
Verbreitung: Südafrika

Saiga

Saigas leben in hohen Grasebenen, den Steppen und Halbwüsten. Ihre rüsselförmige Nase besitzt besondere Haare und Drüsen, die den Sand und Staub aus der Luft filtern. Im Winter bekommen Saigas ein dickes, wolliges Fell, das sie vor den eisigen Winden schützt.

Saiga

Saiga tatarica
Größe: KRL 1,1-1,4 m,
SL 6-13 cm
Verbreitung: Zentralasien (Russland und Mongolei)

Gämse

Im Sommer grast die Gämse im Hochgebirge. Auf der Suche nach Futter klettert und springt sie geschickt zwischen den Felsen umher. Gämsen haben weiche, plastische Sohlen und gegeneinander verdrehbare Hufhälften, mit denen sie auf glatten Oberflächen Halt finden. Im Winter ziehen sie sich in die Täler zurück und ernähren sich dort von Flechten, Moos und Schösslingen.

Rupicapra rupicapra
Größe: KRL 1,1-1,3 m,
SL 10-15 cm
Verbreitung: Gebirge Europas bis Vorderasien

Gämse

Moschusochse

Ovibos moschatus
Größe: KRL 2-2,4 m,
SL 10-14 cm
Verbreitung: Nordkanada, Grönland

Moschusochse

In der eiskalten Tundra der Arktis wühlen Moschusochsen mit ihren Hufen in Schnee und Eis, um an Moose, Flechten und Wurzeln zu gelangen. Werden sie von Wölfen angegriffen, bilden sie – mit den Hörnern nach außen – einen Verteidigungsring um ihre Kälber.

Ovis orientalis
Größe: KRL1-1,5 m,
SL 14 cm
Verbreitung: Südeuropa, Zentral- und Südasien

Orientalisches Wildschaf

Orientalisches Wildschaf

Die Wildschafe, auch Europäisches Muffelwild genannt, haben lange, nach innen gebogene Hörner. Um in den Bergen zu überleben, fressen sie alles, was sie finden – auch giftige Pflanzen wie Tollkirschen.

Pferde, Tapire, Nashörner

Zusammen mit den Nashörnern gehören die Pferde und Tapire zur Ordnung der Unpaarhufer. Die Tiere der Pferdefamilie, darunter Zebras und Esel, leben in Herden und fressen überwiegend Gras. Sie tragen nur noch eine hufumkleidete Zehe (Einhufer) und können daher schnell laufen. Tapire sind kleine, stämmige Tiere mit vier behuften Zehen an ihren Vorderfüßen und drei an den Hinterfüßen. Nashörner haben drei Zehen an jedem Fuß, kurze Beine, einen großen Kopf und ein (Javanashorn) bzw. zwei Hörner.

Grevy-Zebra

Herden grasender Zebras durchstreifen die afrikanische Savanne. Zebras müssen regelmäßig trinken, daher verbringen sie die meiste Zeit nahe an Wasserlöchern. Zunehmende Beweidung und Wasserentnahme gefährden ihren Bestand.

Equus grevyi
Größe: KRL 2,1 m,
SL 55 cm
Verbreitung: Ostafrika

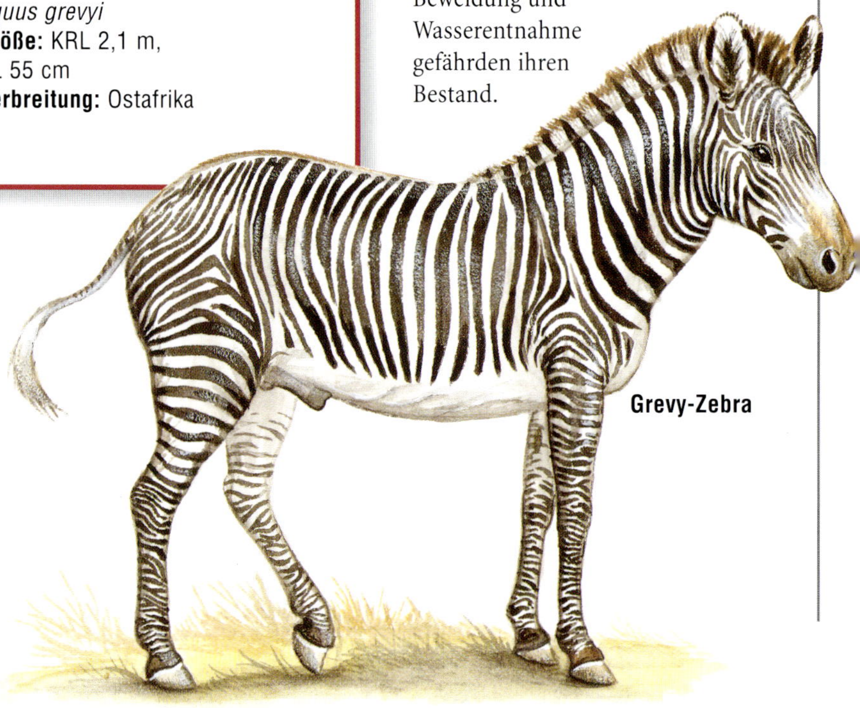

Grevy-Zebra

Schabracken-tapir

Acrocodia indica
Größe: KRL 1,8-2,4 m, SL 5-10 cm
Verbreitung: Südostasien

Schabrackentapir

Der überwiegend nachtaktive Schabrackentapir ist ein scheuer Einzelgänger, der in feuchten, sumpfigen Wäldern lebt. Er schwimmt gut und stürzt sich ins Wasser, um sich bei Bedrohung zu verstecken. Der Schabrackentapir bevorzugt Wasserpflanzen, aber er frisst auch Blätter, Knospen einiger Landpflanzen.

Przewalski-Pferd

Dieses kleine, stämmige Pferd ist der Vorfahre aller heutigen Pferde. Es war einst in den trockenen Ebenen der Mongolei häufig und lebte dort von Gras und Blättern. Seit 1968 wurde kein wild lebendes Exemplar mehr gesichtet; Przewalski-Pferde leben heute nur noch in Zoos.

Przewalski-Pferd

Equus przewalski
Größe: KRL 2,1 m, SL 90 cm
Verbreitung: Mongolei, Westchina

Spitzmaulnashorn

Die hakenförmige Oberlippe hilft dem Tier, Blätter, Knospen und Schösslinge von kleinen Bäumen und Sträuchern zu greifen. Seine schlechten Augen kann es durch seinen guten Gehör- und Geruchssinn ersetzen. In Gefahr greift es an. Trotz seiner Größe kann es sehr schnell laufen. Es wird auch »Schwarzes Nashorn« genannt, weil es nach Schlammbädern dunkel aussieht.

Spitzmaulnashorn

Diceros bicornis
Größe: KRL 3,2 m, SL 70 cm
Verbreitung: Ost- und Südafrika

Sumatranashorn

Von diesem kleinsten und am dichtesten behaarten Nashorn leben nur noch etwa 300 Tiere in der Wildnis. Es wird vor allem wegen seiner Hörner gejagt, die als angebliche Heilmittel verwendet werden. Zudem werden die Wälder seiner Heimat zunehmend abgeholzt, sodass sein Lebensraum vernichtet wird.

Dicerorhinus sumatrensis
Größe: KRL 2,6 m, SL 50 cm
Verbreitung: Südostasien

Sumatranashorn

Nager und Hasentiere

Die Nagetiere sind eine große Ordnung von kleinen bis mittelgroßen Säugetieren, zu denen Eichhörnchen, Ratten und Biber zählen. Es gibt mehr als 1700 Arten, die auf der ganzen Welt in allen Lebensräumen vorkommen. Die meisten Nager fressen Pflanzen. Sie haben ein Paar vergrößerte scharfe Schneidezähne, die immer wachsen und mit denen sie auch die zäheste Nahrung beißen können. Pfeifhasen, Kaninchen und Hasen bilden eine andere Ordnung Pflanzen fressender Säuger, die Hasentiere. Sie besitzen zwei Paar scharfe Schneidezähne, mit denen sie die Pflanzen gut zerkauen können.

Hasentiere

Pfeifhasen oder Pikas sind kleiner als Kaninchen und haben kleine, abgerundete Ohren und einen winzigen Schwanz. Die 12 Arten leben überwiegend in Nord- und Zentralasien, zwei auch in Nordamerika. Kaninchen und Hasen sind mit 44 Arten in Europa, Amerika, Asien und Afrika häufig und wurden auch in Australien sowie Neuseeland eingeführt. Die meisten Kaninchen und Hasen haben lange, schmale Ohren (»Löffel«), kleine, wollige Schwänze und kräftige Hinterbeine – und sie können recht schnell laufen.

Europäisches Wildkaninchen

Kaninchen leben in Bauten, die sie selbst graben. Manchmal hausen einige Hundert Kaninchen in einer Kolonie. Gras und Blattpflanzen bilden ihre Hauptnahrung, aber sie fressen auch Körner und nagen vor allem im Winter junge Bäume an. Die Weibchen werfen mehrmals im Jahr Junge – bis zu 38 Nachkommen jährlich wurden bereits gezählt.

Europäisches Wildkaninchen

Oryctolagus cuniculus
Größe: KRL 38-50 cm, Schwanz 4,5-7,5 cm
Verbreitung: Europa, Nordwest-Afrika; eingeführt in Australien, Neuseeland und Chile

Altai-Pfeifhase

Pfeifhasen oder Pikas leben in Familiengruppen, die zwischen Felsen oder Baumwurzeln Schutz suchen. Gras und saftige Pflanzenstängel sind ihre Hauptnahrung. Im Sommer sammeln sie zusätzliches Futter, das sie zu kleinen »Heuhaufen« als Wintervorrat aufschichten. Pikas können sich durch den Schnee graben, um zu ihren Nahrungsvorräten zu gelangen.

Altai-Pfeifhase

Ochotona alpina
Größe: KRL 20-25 cm, SL etwa 1 cm
Verbreitung: Nordasien

Schneeschuhhase

Der amerikanische Schneeschuhhase trägt im Sommer ein dunkelbraunes Haarkleid, wird aber im Winter weiß (ähnlich wie der europäische Schneehase). So kann er sich im Schnee vor Feinden gut verbergen. Er ist meist nachts und frühmorgens unterwegs. Im Winter frisst er Zweige und Stämmchen, im Sommer Gras, Kräuter und Knospen.

Schneeschuhhase

Lepus americanus
Größe: KRL 36-52 cm, SL 2,5-5,5 cm
Verbreitung: nördliche Teile Nordamerikas

Hörnchen, Biber, Taschennager und Springhasen

Diese Tiere gehören zur Ordnung der Nagetiere. Zu den Hörnchen zählen beispielsweise Murmeltiere, Präriehunde und Eichhörnchen. Taschenratten leben in Nordamerika und verbringen die meiste Zeit ihres Lebens unter der Erde. Taschenmäuse findet man in Nord- und Südamerika. Einige ähneln Mäusen und leben in dichten Wäldern. Andere hoppeln auf langen Hinterbeinen über trockene Ebenen. Der Springhase, die einzige Art seiner Familie, kann sogar wie ein Känguru hüpfen. Der Eurasiatische Biber und der Kanadabiber verbringen ihr Leben überwiegend im Wasser.

Funambulus palmarum
Größe: KRL 11-18 cm,
SL 11-18 cm
Verbreitung: Indien, Sri Lanka

Dreistreifen-Palmenhörnchen

Dreistreifen-Palmenhörnchen

Diese lebhaften kleinen Hörnchen springen tagsüber in Palmen umher und fressen Palmnüsse, Blüten und Knospen. Rivalisierende Männchen kämpfen um die Weibchen. Aber nach der Paarung kümmern sie sich nicht mehr um die Familie. In der Regel bekommen die Weibchen dreimal im Jahr jeweils etwa drei Junge.

Waldmurmeltier

Das Waldmurmeltier frisst im Sommer riesige Mengen von Pflanzen und setzt Fett an. Beim ersten Frost zieht es sich zum Winterschlaf in seinen Bau zurück. In dieser Zeit zehrt es von seinem angefressenen Körperfett. Sein europäischer Verwandter ist das Alpenmurmeltier *(M. marmota)*.

Marmota monax
Größe: KRL 38-51 cm,
SL 10-15,5 cm
Verbreitung: Nordamerika

Waldmurmeltier

Gewöhnlicher Präriehund

Cynomys ludovicianus
Größe: KRL 28-35 cm,
SL 8-11 cm
Verbreitung: Zentral-USA

Gewöhnlicher Präriehund

Präriehunde leben in riesigen unterirdischen Bauten. Fast wie in einer »Stadt« hausen dort mehrere Tausend Tiere in Familienverbänden und Kolonien. Sie kommen tagsüber heraus, um Gras und andere Pflanzen zu fressen. Ihren Namen verdanken sie dem hundeähnlichen Gebell, mit dem sie sich gegenseitig vor Gefahren warnen.

Sciurus vulgaris
Größe: KRL 20-24 cm,
SL 15-20 cm
Verbreitung: Europa, Asien

Europäisches Eichhörnchen

Eichhörnchen oder Eichkätzchen knabbern im Winter mit ihren scharfen Zähnen Tannenzapfen, aber im Sommer fressen sie auch Pilze und Früchte. Wenn ausreichend Nahrung vorhanden ist, werfen die Weibchen zweimal im Jahr jeweils etwa drei Junge. Sie wachsen in einem Baumnest auf.

Europäisches Eichhörnchen

Östliche Taschenratte

Östliche Taschenratte

Seinen Namen verdankt dieser Taschennager seinen zwei tiefen, fellverkleideten Backentaschen. Die Taschenratte kann sie mit Nahrung (vor allem Wurzeln) vollstopfen und diese so zum Nest transportieren. Die einzelgängerischen Taschenratten verbringen einen Großteil des Lebens unter der Erde in Bauten, die sie mithilfe ihrer scharfen Vorderzähne und kräftigen Krallen graben.

Geomys bursarius
Größe: KRL 13-24 cm, SL 5-13 cm
Verbreitung: Zentral-USA

Wüsten-Känguruiratte

Känguruiratten oder Taschenspringer gehören zu den Taschennagern. Diese Wüstenart verbringt den Tag in ihrem Bau und kommt nachts heraus, um Nahrung, hauptsächlich Samen, zu sammeln. Sie ist gut an Trockengebiete angepasst und kommt ihr Leben lang ohne Trinken aus. Sie kann ihre Nahrung in ihren Backentaschen transportieren.

Dipodomys deserti
Größe: KRL 10-20 cm, SL 10-22 cm
Verbreitung: Westen der Vereinigten Staaten von Amerika

Wüsten-Känguruiratte

Castor canadensis
Größe: KRL 73-130 cm, SL 20-31 cm
Verbreitung: Nordamerika

Kanadabiber

Kanadabiber

Biber fressen Blätter, Rinde und Zweige und fällen ganze Bäume. Sie leben immer in Wassernähe und bauen mit Zweigen und Schlamm Dämme quer durch die Flüsse, sodass sie das Wasser aufstauen. Ebenfalls aus Ästen ist ihr Bau oder ihre Burg, wo sie Nahrung aufbewahren. Der Eurasiatische Biber *(C. fiber)* war fast ausgerottet, ist durch Wiedereinbürgerung aber wieder häufiger geworden.

Östlicher Chipmunk

Dieses lebhafte kleine Streifen- oder Backenhörnchen ist tagaktiv. Es versteckt sich nachts in selbst gegrabenen Bauten unter Stämmen und Felsen und kommt morgens heraus, um Nüsse, Beeren und Samen zu sammeln. Im Herbst legt es einen Wintervorrat an. Es hält keinen echten Winterschlaf, ist aber in der kalten Jahreszeit weniger aktiv. Das Weibchen bringt 3-6 Junge zur Welt.

Östlicher Chipmunk

Tamias striatus
Größe: KRL 13-18 cm, SL 7-12 cm
Verbreitung: Osten Nordamerikas

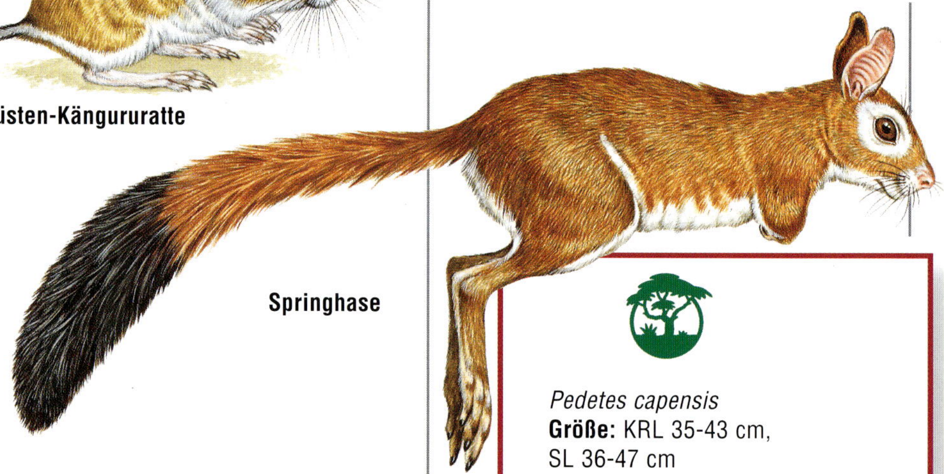

Springhase

Pedetes capensis
Größe: KRL 35-43 cm, SL 36-47 cm
Verbreitung: Südafrika

Springhase

Wenn er aufgeregt ist oder eine längere Strecke zurücklegen will, hüpft der Springhase auf seinen Hinterbeinen wie ein Känguru. Beim Fressen läuft er auf allen Vieren. Der Springhase verbringt tagsüber viel Zeit in seinem Bau und kommt nachts heraus, um Knollen, Wurzeln und Körner, gelegentlich auch Insekten zu fressen.

Neuweltmäuse

Etwa 370 Arten lassen sich in dieser Nagetierfamilie zusammenfassen. Sie leben in verschiedenen Lebensräumen – von den nördlichen Wäldern Kanadas bis hin zu den Wüsten und Wäldern Südamerikas. Sie passen sich gut an die unterschiedlichen Bedingungen des jeweiligen Lebensraumes an; Fisch fressende Ratten, die an Flüssen und Seen leben, haben sogar teilweise Schwimmhäute zwischen den Zehen. Die meisten Neuweltmäuse sind klein – selbst die größte, die Südamerikanische Wasserratte, wird nur 30 cm lang. Pflanzen bilden ihre Hauptnahrung, aber einige fressen auch Insekten.

Arizona-Baumwollratte

Arizona-Baumwollratte

Baumwollratten tauchen manchmal in so großen Zahlen auf, dass sie zur Plage werden. Sie fressen Pflanzen und kleine Insekten, aber stehlen auch Vogeleier und Küken oder ernähren sich von Tintenfischen und Krabben. Schon im Alter von zehn Wochen wirft ein Weibchen erstmals bis zu zwölf Junge.

Sigmodon arizonae
Größe: KRL 12-20 cm, SL 7-13 cm
Verbreitung: USA

Peromyscus maniculatus
Größe: KRL 7-10 cm, SL 5-12 cm
Verbreitung: Nordamerika

Hirschmaus

Hirschmaus

Diese lebhaften kleinen Wühlmäuse rennen und hoppeln durch Gras und dichten Bewuchs. Sie bauen unterirdisch oder in Baumlöchern Nester. Hirschmäuse fressen Insekten sowie Samen, Nüsse und Eicheln. Die jungen Mäuse paaren sich bereits mit sieben Wochen. Hirschmäuse können mehrere Würfe im Jahr mit jeweils bis zu neun Jungen haben.

Hamster, Wurzelratten und Sandgräber

Hamster, Wurzelratten und Sandgräber graben Bauten. Alle Hamsterarten haben einen rundlichen Körper und einen kurzen Schwanz. In ihren dicken Backentaschen transportieren sie Nahrung zu ihrem Bau. Bei den Wurzelratten unterscheidet man zwei Gruppen: die Maulwurfsratten in Afrika und die Bambusratten in Asien. Sie sind alle Pflanzenfresser. Zu den Sandgräbern zählen 16 Arten, die alle in Afrika leben. Besonders merkwürdig sieht der fast haarlose Nacktmull aus.

Feldhamster

Feldhamster

Dieser früher bei uns häufige Hamster ist heute in Mitteleuropa selten geworden. Er lebt in einem Bau mit getrennten Schlaf- und Speisekammern. Er frisst vor allem Samen, Körner, Wurzeln, Grünpflanzen und Insektenlarven. Im Spätsommer sammelt er seine Wintervorräte. Von Oktober bis März oder April hält der Hamster Winterschlaf und sucht nur von Zeit zu Zeit seine Speisekammern auf.

Cricetus cricetus
Größe: KRL 20-27 cm, SL 5-7 cm
Verbreitung: Westeuropa bis Zentralasien

Sumatra-Bambusratte

Rhizomys sumatrensis
Größe: KRL 36-48 cm,
SL 10-15 cm
Verbreitung: Südostasien

Sumatra-Bambusratte

Diese Bambusratte hat einen schwerfälligen Körper, kurze Beine und einen fast haarlosen Schwanz. Die vorstehenden Nagezähne sind groß und kräftig. Mit ihnen und den Krallen gräbt das Tier unterirdische Bauten in der Nähe von Bambushainen, denn die Wurzeln dieser Pflanzen bilden seine Hauptnahrung. Es frisst aber auch andere Pflanzen, Samen und Früchte.

Nacktmull

Heterocephalus glaber
Größe: KRL 8-9 cm,
SL 4 cm
Verbreitung: Ostafrika

Nacktmull

Dieses merkwürdig aussehende Nagetier lebt eher wie ein Insekt als ein Säugetier. Bis zu 200 Tiere bilden ähnlich wie Ameisen und Bienen ein »Volk«, das von nur einem Weibchen, der »Königin«, regiert wird. Sie pflanzt sich als Einzige fort. Die »Arbeiter« errichten Bauten und schleppen Nahrung für das ganze Volk heran, beispielsweise Wurzeln. Einige nicht arbeitende Tiere kümmern sich um die Königin.

Ohrenratten, Wühlmäuse und Rennmäuse

Es gibt 12 Ohrenrattenarten, die teilweise am Wasser oder in Sumpflandschaften Afrikas leben und gut schwimmen können. Wühlmäuse, zu denen die Lemminge gehören, haben plumpe Körper und kommen in Nordeuropa, Nordamerika und Asien vor. Sie fressen hauptsächlich Pflanzen und leben meist in großen Gruppen oder Kolonien. Es gibt etwa 110 Wühlmausarten. Rennmäuse umfassen 70 Arten, die in Afrika sowie in Zentral- und Westasien leben. Alle sind gut an Wüstenbedingungen angepasst und können mit sehr wenig Wasser auskommen. Ihre langen Hinterbeine dienen dazu, den Körper möglichst fern vom heißen Sand zu halten.

Ohrenratte

Otomys irroratus
Größe: KRL 13-20 cm,
SL 5-17 cm
Verbreitung: Südafrika

Ohrenratte

Diese plumpe, lebhafte Ratte ernährt sich von Samen, Beeren, Schösslingen und Gräsern. Sie geht häufig ins Wasser und taucht sogar, um Feinden zu entkommen – viele größere Tiere zählen zu den Fressfeinden dieser Ratten. Die Ohrenratte baut meist ein Nest aus Blättern und Zweigen über der Erde, nur manchmal sucht sie Schutz in verlassenen Bauten anderer Tiere.

Berglemming

Dieser skandinavische Lemming, auch Fjelllemming genannt, arbeitet Tag und Nacht und sammelt Gras, Blätter und Moos. Im Winter macht er sich Durchgänge unter dem Schnee frei, sodass er weiterhin herumlaufen und Futter suchen kann. Lemminge beginnen sich im Frühjahr unter der Schneedecke zu paaren und können im Sommer bis zu achtmal jeweils sechs Junge werfen.

Berglemming

Lemmus lemmus
Größe: KRL 13-15 cm,
SL 2 cm
Verbreitung: Skandinavien

Große Sandrennmaus

Diese Sandrennmaus kann in den heißen Sommern und eisigen Wintern der Wüste Gobi überleben. Während des Sommers häuft sie in ihrem Bau Vorräte an – 60 kg oder mehr pflanzliche Nahrung –, damit sie in den Wintermonaten genug zu fressen hat. Die Tiere gründen Kolonien auf salzhaltigen Wüstenböden und vertragen auch Salz liebende Pflanzen.

Wiesenmaus

Microtus pennsylvanicus
Größe: KRL 9-13 cm, SL 3-7 cm
Verbreitung: Nordamerika

Psammomys obesus
Größe: KL 13-20 cm, SL 10-16 cm
Verbreitung: Vorderasien und Nordafrika

Große Sandrennmaus

Wiesenmaus

Die Wiesenmaus kann sehr unterschiedliche Lebensräume besiedeln, bevorzugt aber feuchte Wiesen und Sümpfe. Gras, Samen, Wurzeln und Rinde sind ihr Hauptnahrungsmittel. Sie benutzt »Laufstraßen« im Gras, die sie regelmäßig säubert und »mäht«. Sie baut ein Nest am Boden oder einen Bau unter den Laufstraßen. Das Weibchen bringt vier bis sechs Junge zur Welt.

Echte Mäuse

Zu dieser großen Nagetierfamilie mit rund 460 Arten zählen einige der häufigsten und am weitesten verbreiteten Säugetiere der Welt. Nagetiere wie die Wanderratte und die Hausmaus haben sich auf der ganzen Welt an sehr unterschiedliche Lebensräume angepasst und nutzen eine breite Nahrungspalette. Viele Tiere dieser Familie gelten bei Menschen als Schädlinge, weil sie Körner und Wurzelgemüse ebenso zerstören wie gelagerte Nahrungsmittel. Einige, etwa die Hausratte, übertragen zudem gefährliche Krankheiten wie die Pest.

Rattus norvegicus
Größe: KRL 18-26 cm, SL 18,5-24 cm
Verbreitung: weltweit

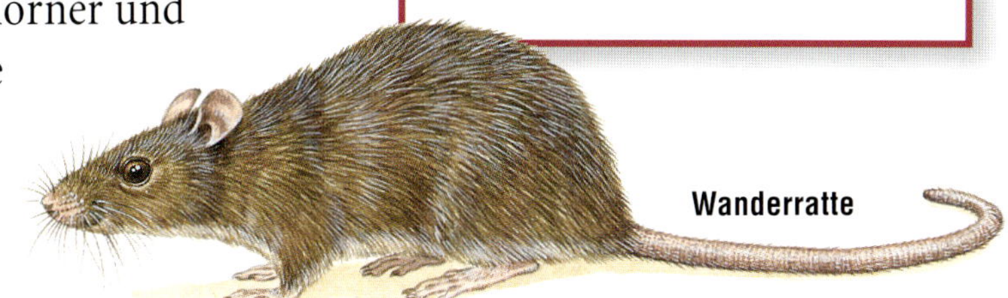

Wanderratte

Apodemus sylvaticus
Größe: KRL 8-11 cm, SL 7-10 cm
Verbreitung: Europa, Asien

Feld-Waldmaus

Feld-Waldmaus

Diese Waldmaus ist eines der häufigsten kleinen Nagetiere in Europa. Sie kommt abends aus ihrem Nest unter Baumwurzeln heraus und sammelt Samen und Waldfrüchte, frisst aber auch Insekten. Das Weibchen bekommt meist zwischen April und November Junge, manchmal aber auch im Winter, wenn ausreichend Nahrung zur Verfügung steht.

Wanderratte

Diese Ratte kann zu einer wahren Plage werden. Sie ist den Menschen überallhin auf der Welt gefolgt und lebt dort, wo Menschen siedeln. Dieses äußerst anpassungsfähige Tier frisst alles, was es bekommt, sogar Abfall. Ratten vermehren sich das ganze Jahr über und bringen es auf etwa acht Würfe mit jeweils acht bis zehn Jungen jedes Jahr.

Bilche und Springmäuse

Die Bilchenartigen umfassen zwei Familien mit 15 Arten, die in Europa, Afrika und Westasien leben: Salzkrautbilche und Schläfer. Die Schläfer fressen im Herbst viel, um Fettreserven im Körper anzulegen. Sie überwintern dann meist schlafend und zehren von dem Fett; nur gelegentlich wachen sie auf, um vom gelagerten Futter zu fressen. Springmäuse haben lange Hinterbeine, mit denen sie springen können. Diese Familie umfasst 27 Arten, die in Nordamerika, Osteuropa, Afrika und Asien leben.

Großer Pferdespringer

Dieses lebhafte Nagetier springt auf seinen langen Hinterbeinen durch die Wüste. Nachts sucht es nach Samen und Insekten, indem es mit den langen, schlanken Krallen an seinen Vorderbeinen den Sand durchkämmt. Tagsüber versteckt sich der Pferdespringer in seinem Bau.

Großer Pferdespringer

Allactaga major
Größe: KRL 9-15 cm, SL 16-22 cm
Verbreitung: Nordasien

Salzkrautbilch

Diese Bilche bilden eine eigene Familie. Sie sind nachtaktiv und ernähren sich von Insekten. Dieser Bilch gräbt einen Bau, in dem er sich tagsüber versteckt und auch Winterschlaf hält. Dieses Nagetier wurde erst 1938 in Kasachstan (in der ehemaligen UdSSR) inmitten von Salz liebenden Pflanzen entdeckt.

Selevinia betpakdalensis
Größe: KRL 7-9 cm, SL 5-7 cm
Verbreitung: Zentralasien (Kasachstan)

Salzkrautbilch

Stachelschweinverwandte

Diese sehr unterschiedlichen Tiere gehören alle zu kleinen Familien mit mittelgroßen bis großen Nagern. Stachelschweine erkennt man leicht an ihren langen, scharfen Stacheln, die Teile des Körpers und des Schwanzes bedecken. Die 11 Arten leben in wärmeren Gebieten Asiens, Afrikas und Europas. Die Gruppe der Meerschweinchenverwandte umfasst so unterschiedliche Familien wie Chinchillas und Meerschweinchen, die am Boden leben und in Südamerika zu Hause sind. Aber auch das Wasserschwein, das ebenfalls in Südamerika beheimatet ist, sowie die Ferkelratten auf den Westindischen Inseln und die Baumstachler Südamerikas gehören zu dieser vielfältigen Gruppe.

Langschwanz-chinchilla

Chinchilla lanigera
Größe: KRL 25-26 cm, SL 17-18 cm
Verbreitung: Nordchile

Langschwanzchinchilla

Mit ihren großen Augen, den langen Ohren und dem buschigen Schwanz ist die Chinchilla ein niedliches Tier. Es lebt in Kolonien von 100 oder mehr Tieren und frisst Pflanzen. Beim Fressen richtet es sich meist auf und hält sein Futter in den Vorderpfoten. Die Weibchen (größer als die Männchen) bekommen zweimal jährlich Nachwuchs mit bis zu sechs Jungen. Chinchillas werden wegen ihrer Felle gezüchtet.

Stachelschwein

Hystrix africaeaustralis
Größe: KRL 71-84 cm,
SL 8-17 cm
Verbreitung: Afrika

Südafrikanisches Stachelschwein

Die Stacheln auf dem Rücken dieses Stachelschweins sind bis zu 30 cm lang. Bei Gefahr greift das Stachelschwein rückwärts an und bohrt die scharfen Stacheln, die sich leicht von seinem Körper lösen, in seinen Feind. Das Stachelschwein versteckt sich tagsüber in seinem Bau und kommt nachts zum Fressen heraus. In Europa lebt eine Stachelschweinart in Italien.

Greifstachler

Der Körper dieses Baumstachlers ist mit kurzen, dicken Stacheln bedeckt. Er hat einen körperlangen Greifschwanz mit besonderen Muskeln, mit denen er leicht greifen kann, sodass er ihn wie einen Arm benutzt. Baumstachler sind nachtaktiv und fressen Blätter, Stängel und Früchte, gelegentlich auch Eidechsen.

Coëndou prehensilis
Größe: KRL 50-60 cm,
SL 33-45 cm
Verbreitung: Bolivien, Brasilien, Venezuela

Greifstachler

Bahama-Ferkelratte

Die Ferkelratte frisst vor allem Früchte und Blätter, aber auch Insekten und kleine Reptilien. Sie ist ein guter Kletterer und sucht gelegentlich in Bäumen nach Nahrung. Tagsüber ist sie unterwegs, aber nachts sucht sie in einem Bau oder einem Felsspalt Schutz. Leider sind Ferkelratten heute selten geworden, weil sie von Mangusten und Hunden gejagt werden, die von Menschen auf die Westindischen Inseln eingeschleppt wurden.

Bahama-Ferkelratte

Geocapromys ingrahami
Größe: KRL 33-35 cm,
SL etwa 30 cm
Verbreitung: Karibik (Bahamas)

Wildmeerschweinchen

Cavia aperea
Größe: KRL 20-40 cm,
kein Schwanz
Verbreitung: Peru bis Argentinien

Wildmeerschweinchen

Das Wildmeerschweinchen hat einen stämmigen Körper, kurze Beine und kleine Ohren. Es lebt in Familiengruppen, die sich manchmal zu Kolonien mit bis zu 40 Tieren zusammenschließen. Zur Morgen- und Abenddämmerung kommen die Meerschweinchen aus ihrem Bau, um Gras und Blätter zu fressen.

Wasserschwein

Dieses größte heute lebende Nagetier, auch Capybara genannt, hat einen kräftigen Körper und einen großen Kopf. Es verbringt viel Zeit im Wasser und kann gut tauchen und schwimmen. Seine Füße haben Ansätze von Schwimmhäuten. Wenn das Wasserschwein schwimmt, schauen nur seine Augen, Ohren und Nasenlöcher aus dem Wasser heraus. Es frisst Gras und Wasserpflanzen und ist normalerweise in der Dämmerung aktiv.

Wasserschwein

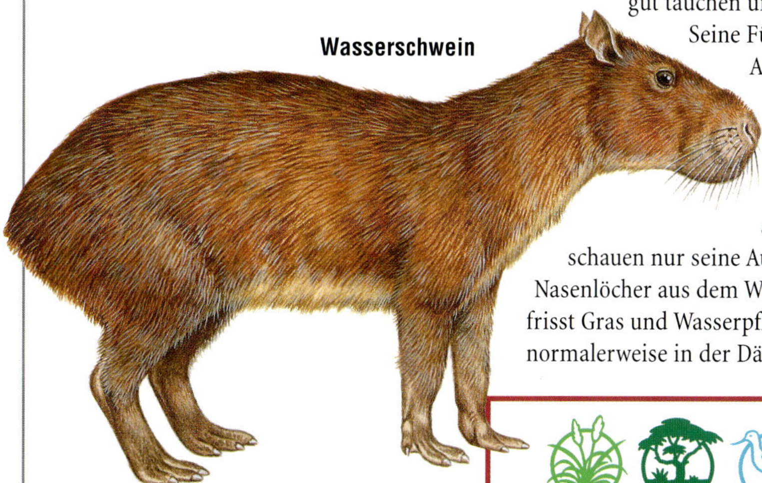

Hydrochaeris hydrochaeris
Größe: KRL 1-1,30 m,
kein Schwanz
Verbreitung: Panama bis Ost-Argentinien

Warum sind Zebras gestreift?

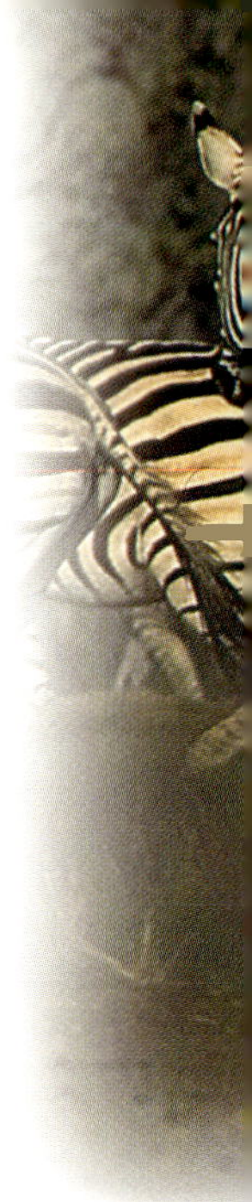

Die Streifen der Zebras, die Höcker der Kamele, die »Angelrute« am Kopf des Seeteufels (oder Anglers) und die blattähnlichen Flügel bestimmter Insekten mögen seltsam erscheinen, aber sie alle erleichtern diesen Tieren das Überleben. Dank dieser Merkmale passen sie sich ihrer Umgebung an. Dazu zählen auch Tarnfarben oder ähnliche Besonderheiten, mit deren Hilfe sich Tiere vor ihren Feinden oder ihrer Beute verbergen können. Andere Eigenschaften helfen ihnen, unter extremen Bedingungen zu überleben, etwa in heißen Wüsten oder eisigen Polargebieten.

Einige Insekten ähneln erstaunlich den Blättern von Bäumen und Sträuchern, zwischen denen sie leben. Daher sind sie für ihre Feinde schwer zu entdecken. Die kräftig grünen Flügel dieses **Wandelnden Blatts** sind blattförmig und besitzen feine Äderchen. Die Kanten sehen sogar so aus, als hätten andere Insekten daran herumgeknabbert.

Das **Kamel** ist eines der größten Tiere der Wüste und hat besondere Eigenschaften, die ihm ein Leben dort ermöglichen: Die breiten, flachen Füße verhindern ein Versinken im weichen Sand. Die großen Höcker sind Fettspeicher, um bei Nahrungsmangel zu überleben. Ein Kamel kann riesige Mengen Wasser auf einmal trinken – und so vorherige Wasserverluste wieder ausgleichen.

Die breiten schwarzweißen Streifen des **Zebras** fallen in der afrikanischen Savanne tagsüber auf – nur in der Dämmerung, wenn die Zebras hauptsächlich aktiv sind, könnte das aus der Ferne grau wirkende Muster sie tarnen. Da das Streifenmuster sich bei jedem Tier leicht unterscheidet (ähnlich unserem Fingerabdruck), vermuten Fachleute, dass die Zebras dadurch ihre eigene Familie wieder erkennen. So bleiben sie zusammen und vor Feinden geschützt.

Der angelartige Hautlappen am Kopf des **Seeteufels** oder Anglers ist eine spezielle Einrichtung zum Beutefang. Andere Fische schwimmen herbei, um den scheinbaren Nahrungshappen zu erkunden. Prompt öffnet der Angler sein riesiges Maul und schnappt sich die Beute.

Vögel

Vögel gehören zu den erfolgreichsten Lebewesen dieser Erde. Sie haben Himmel, Wasser und Land erobert. Sie leben in allen Erdteilen, bis hin zu den antarktischen Eisflächen und den entlegensten Inseln. Man findet sie sogar in den über 8000 Meter hoch gelegenen Bergen des Himalajas.

Es gibt etwa 9000 verschiedene Vogelarten. Sie können so klein sein wie Kolibris, die nur wenige Gramm wiegen, oder so groß wie die riesigen Adler und schnell laufenden Strauße. Trotz aller Unterschiede: alle Vögel legen Eier. Es wäre für Vögel kaum möglich, ihren Nachwuchs im Körper zu tragen wie Säugetiere, weil sie dadurch für das Fliegen zu schwer würden. Das Vogeljunge ist in einem hartschaligen Ei geschützt, das meistens von den Eltern in einem Nest gewärmt und ausgebrütet wird. Die Brutzeit – also die Zeit, bis aus dem Ei ein Küken schlüpft – dauert bei kleinen Vögeln wie Grasmücken und Zaunkönigen zehn bis zwölf Tage, bei großen wie Albatrossen bis zu drei Monate.

Möwen im Flug vor den englischen Kanalinseln. Küstenvögel wie Möwen verbringen kaum Zeit wirklich im Wasser, aber sie finden im Meer den Großteil ihrer Nahrung. Möwen fressen fast alles, was sie an den Küsten und Stränden finden: Fisch, aber auch die Abfälle von Fischerbooten, oder sie suchen Futter auf Müllhalden.

Königstyrann

Was ist ein Vogel?

Ein typischer Vogel hat einen kräftigen, leichten Körper, zwei Beine und ein Paar Flügel. Die Flügel haben sich im Laufe von Millionen Jahren aus den Vorderbeinen der Vogelahnen, die Reptilien (Echsen) waren, entwickelt. Alle Vögel tragen als einzige Lebewesen ein Federkleid. Federn sind aus Keratin aufgebaut, einem Eiweiß, aus dem auch die Schuppen von Echsen und die Haare und Nägel bei Menschen und Säugetieren bestehen.

Nicht alle Vögel können fliegen. Der größte Vogel der Welt, der **Strauß**, ist zu schwer zum Fliegen. Stattdessen läuft er bis zu 70 Kilometer pro Stunde schnell auf seinen langen Beinen.

Die **Flügelformen** der Vögel sind an die verschiedenen Flugbedingungen angepasst. Die langen, breiten Flügel der Greifvögel wie Habicht und Geier ermöglichen einen Gleitflug in aufsteigenden Luftmassen. Die langen Flügel der Albatrosse sind für die wechselnden Winde über den Ozeanen geeignet. Bewegliche, schnell fliegende Vögel wie Mauersegler haben schlanke, spitz zulaufende Flügel. Kolibris können ihre Flügel in verschiedene Richtungen drehen. Fasanenflügel eignen sich für langsame Flügelschläge.

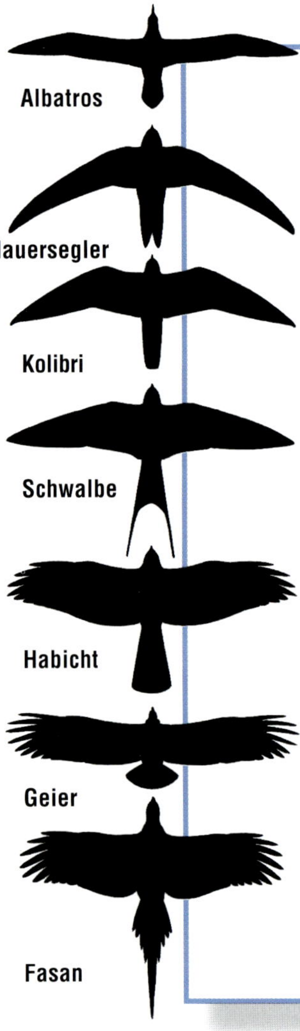

Der Körperbau

Dieser kraftvolle Steinadler ist gerade dabei, seine Beute zu packen. Seine kräftigen Flügel halten den Körper in der Luft. Die Schwanzfedern sind gespreizt, um während des Flugs steuern zu helfen. Seine starken Fänge sind bereit, die bedauernswerte Beute zu greifen, die der Adler anschließend mit seinem hakenförmigen Schnabel zerreißen wird. Alle Vögel haben Flügel, Schnäbel und Krallen, deren Formen ihrer besonderen Lebensweise angepasst sind.

Fußformen

Vögel, die häufig auf Ästen sitzen, beispielsweise Krähen, haben Füße mit vier Zehen. Drei der Zehen zeigen nach vorne, einer nach hinten, sodass sie sich an den Zweigen festhalten können. Seevögel wie der Kormoran haben Schwimmhäute zwischen den Zehen. Der zweizehige Fuß des Straußes erlaubt schnelles Laufen. Der Adler kann mit den kräftigen Krallen Beute töten.

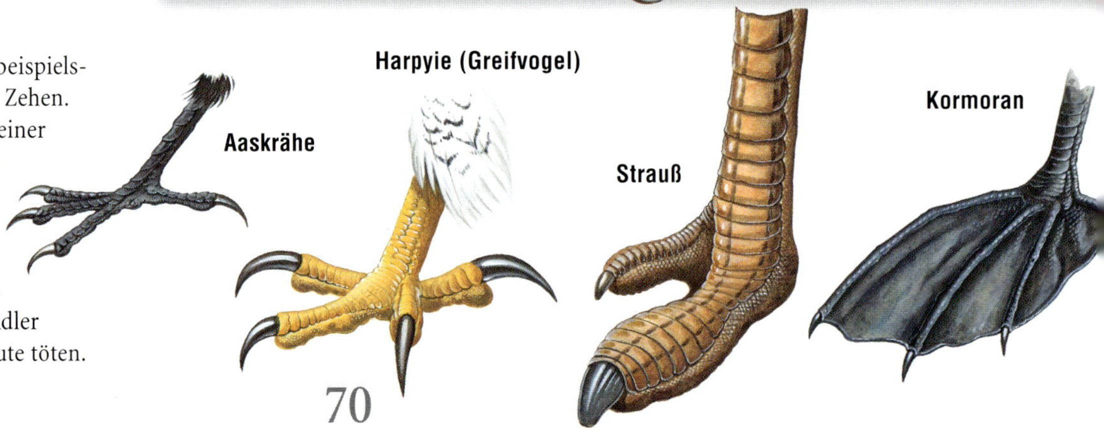

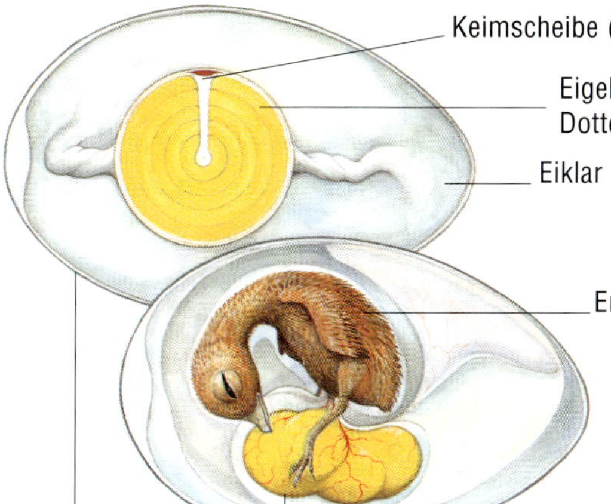

Ein Vogeljunges wächst in einem Ei heran. Das Eigelb dient als Nahrungsspeicher. Das Eiweiß ist der Wasserspeicher und schützt den Embryo vor plötzlichen Bewegungen oder Temperaturänderungen. Die harte Schale bewahrt den Embryo vor Infektionen mit Bakterien und Pilzen. Gleichzeitig erlauben die feinen Poren in der Kalkschale den Austausch von Sauerstoff und anderen Gasen.

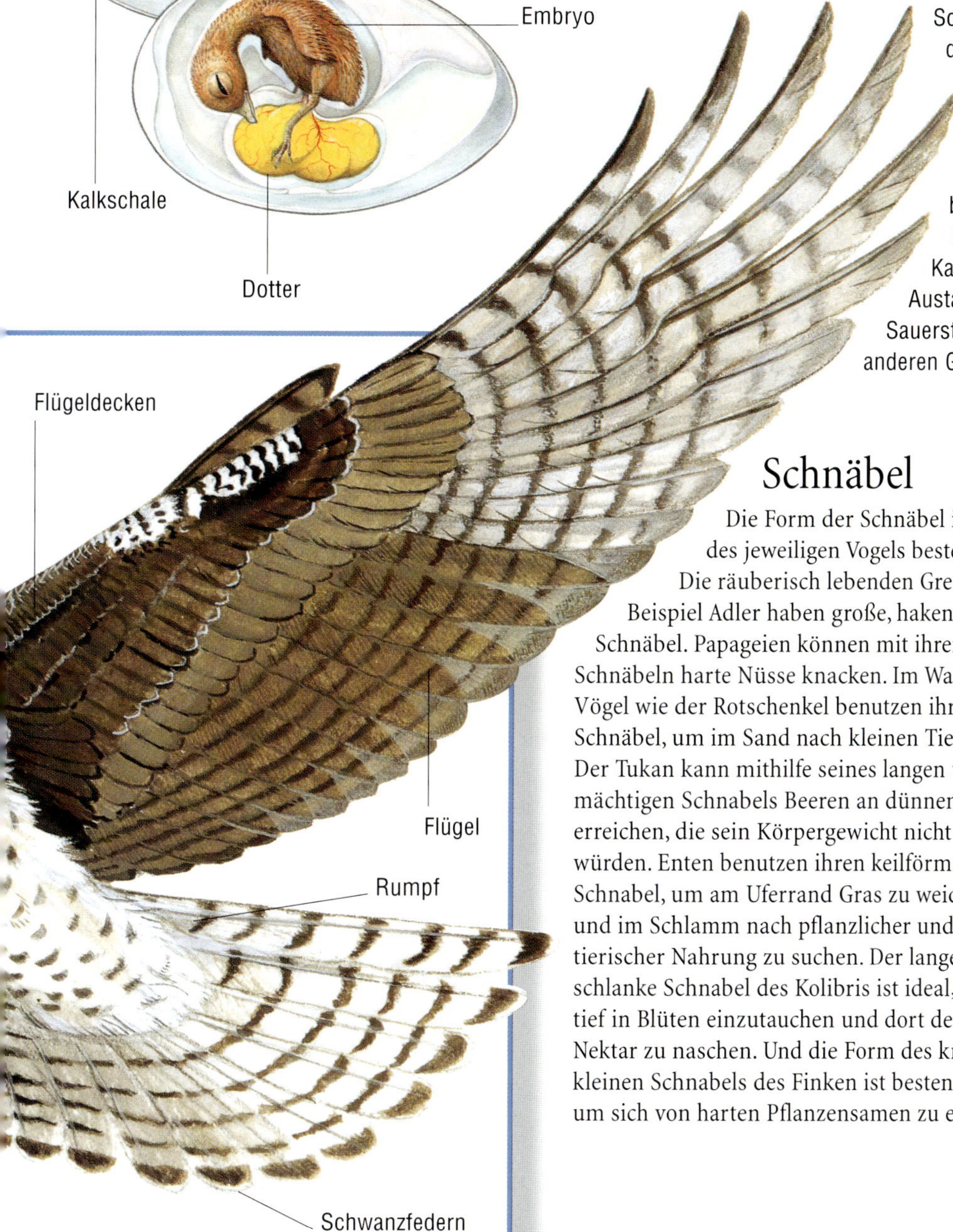

Schnäbel

Die Form der Schnäbel ist der Nahrung des jeweiligen Vogels bestens angepasst. Die räuberisch lebenden Greifvögel wie zum Beispiel Adler haben große, hakenförmige Schnäbel. Papageien können mit ihren kräftigen Schnäbeln harte Nüsse knacken. Im Wasser watende Vögel wie der Rotschenkel benutzen ihre langen Schnäbel, um im Sand nach kleinen Tieren zu stochern. Der Tukan kann mithilfe seines langen und mächtigen Schnabels Beeren an dünnen Zweigen erreichen, die sein Körpergewicht nicht tragen würden. Enten benutzen ihren keilförmigen Schnabel, um am Uferrand Gras zu weiden und im Schlamm nach pflanzlicher und tierischer Nahrung zu suchen. Der lange, schlanke Schnabel des Kolibris ist ideal, um tief in Blüten einzutauchen und dort den süßen Nektar zu naschen. Und die Form des kräftigen, kleinen Schnabels des Finken ist bestens geeignet, um sich von harten Pflanzensamen zu ernähren.

Federn

Federn halten einen Vogel warm. Außerdem bieten sie Wind und Wasser wenig Angriffsfläche und geben dem Körper eine für das Schwimmen und Fliegen geeignete Stromlinienform. Federn schützen vor Wind und manchmal vor Wasser. Vielen Vögeln helfen farbige oder besonders geformte Federn wie Schmuckfedern, um Partner zu werben. Die größten und stärksten Federn sind meist die Flugfedern auf Flügeln und Schwanz. Weichere Deck- oder Konturfedern umhüllen den Körper. Die darunter liegenden zarten Daunenfedern wärmen besonders gut.

Hühner- und Laufvögel

Nicht alle Vögel können gut fliegen. Viele verbringen einen Großteil ihres Lebens am Boden und scharren dort nach Nahrung. Zu den interessantesten am Boden lebenden Vögeln zählen die Laufvögel. Zu ihnen gehören neben den Straußen die Nandus, die Emus, die Kasuarvögel und die Kiwivögel. Alle diese Vögel können nicht fliegen. Sie haben zwar Flügel mit Schwung- und Deckfedern, aber diese sind verkümmert und zum Fliegen zu klein. Die Laufvögel sind sehr friedliche Tiere. Sie fressen Samen, Blätter und junge Pflanzentriebe. Hühnervögel verbringen ebenfalls die meiste Zeit am Boden, aber sie können notfalls fliegen. Ihre mächtigen Brustmuskeln befähigen sie zu raschem Auffliegen. Nachts lassen sie sich zum Schlafen oft auf Bäumen nieder. Die Männchen vieler Arten tragen ein farbenprächtiges Federkleid.

Hühnervögel

Zu dieser großen und sehr unterschiedlichen Ordnung zählen über 260 verschiedene Arten – darunter Vögel wie Fasan, Auerhuhn und Perlhuhn. Die meisten haben einen rundlichen Körper und kurze, kräftige Beine. Ein typischer Vertreter ist unser Haushuhn. Mehrere Arten wie Auerhuhn und Fasan wurden früher in vielen Gegenden der Welt gerne gejagt. Fasane und andere Hühnervögel scharren mit ihren stämmigen Beinen und kräftigen Krallen in der Erde nach Samen und Beeren, denn sie ernähren sich überwiegend pflanzlich. Sie bauen meist einfache Nester am Boden.

Kongopfau

Kongopfau

Dieser scheue und seltene Vogel lebt so tief im afrikanischen Regenwald verborgen, dass die Wissenschaftler ihn erst 1936 entdeckten. Auch heute weiß man noch wenig über das Leben des Kongopfaus. Wahrscheinlich nächtigt er in Bäumen und ernährt sich vor allem von Grassamen und Früchten. Er trägt keine Schleppe.

Afropavo congensis
Größe: 60-70 cm
Verbreitung: Kongo (Afrika)

Alpenschneehuhn

Im Sommer hat das Alpenschneehuhn braun gescheckte und graue Federn. Im Winter verliert es diese Federn und wird schneeweiß; nur die Schwanzfedern bleiben schwarz. So kann sich der Vogel gut vor seinen Feinden in der schneebedeckten Landschaft verbergen.

Alpenschneehuhn

Lagopus mutus
Größe: 33-39 cm
Verbreitung: Hochgebirge Europas, Nordasiens und Nordamerikas

Blauer Pfau

Pavo cristatus
Größe: Männchen 220 cm mit Schleppe, Weibchen 86 cm
Verbreitung: Indien, Sri Lanka

Amerikanische Wachtel

Callipepla californica
Größe: 24-28 cm
Verbreitung: Westen der USA, Nordwesten Mexikos

Temminck-Satyrhuhn

Tragopan temminckii
Größe: 64 cm
Verbreitung: China, Südostasien

Amerikanische Wachtel

Diese Wachteln haben eine ungewöhnliche Schmuckfeder am Kopf, doch nur das Männchen hat schwarzweiße Zeichnungen im Gesicht. Die kleinere, unscheinbar braun gefleckte europäische Wachtel *(Coturnix coturnix)* ist heute selten geworden, da sie in Südeuropa als Delikatesse gilt. Sie ist der einzige Zugvogel unter den europäischen Hühnervögeln.

Fasan

Fasane stammen ursprünglich aus Asien, sind aber mittlerweile auch auf anderen Kontinenten verbreitet. Das Weibchen ist mit seinem braunen Federkleid unscheinbarer als das Männchen. Wild lebende Fasane fressen Samen, Knospen und Beeren.

Fasan

Phasianus colchicus
Größe: Männchen 76-89 cm, Weibchen 53-64 cm
Verbreitung: Asien

Temminck-Satyrhuhn

Dieser schöne Vogel lebt am liebsten in kühlen Bergwäldern in 900-2700 m Höhe. Das Männchen ist auffallend und bunt, während das Weibchen ein bräunliches Gefieder hat. Zu Beginn der Brutzeit umwirbt der männliche Vogel das Weibchen, indem er sein prächtiges Gefieder zur Schau stellt. Das Weibchen legt drei bis sechs Eier. Satyrhühner ernähren sich von Samen, Knospen, Blättern, Beeren und Insekten.

Blauer Pfau

Der männliche Blaue Pfau gehört zu den prächtigsten Vögeln überhaupt. Er hat ein farbenfrohes Federkleid. Seine glitzernde Schleppe, die mit »Augen« verziert ist, kann er wie einen Fächer ausbreiten, indem er den darunter liegenden Schwanz hebt. Mit seinem ausgebreiteten Rad stolziert das Männchen umher, um die weniger auffällig gefärbten Weibchen zu beeindrucken. Diese haben braune und grüne Federn und einen kleinen Schopf. Wenn sie wild leben, ernähren sich Pfauen von Samen, Beeren, Blättern und Insekten. Mittlerweile sind sie in Parkanlagen auf der ganzen Welt heimisch.

Bankivahuhn

Das Bankivahuhn ist der Stammvater unseres Haushuhns. Das Weibchen ist kleiner als das prächtig gefärbte Männchen und hat gelbbraune bis kastanienbraune Federn. Bankivahühner leben in Gruppen von etwa 50 Vögeln. Sie fressen Getreide, Gras, Samen und Insekten. Zur Brutzeit scharrt das Weibchen ein flaches, mit Gras ausgekleidetes Nest in den Boden nahe eines Gebüsches und legt fünf oder sechs Eier. Zum Vergleich: das gezüchtete Haushuhn bringt es heute auf über 260 Eier im Jahr.

Bankivahuhn

Gallus gallus
Größe: Männchen 63-75 cm, Weibchen 40-45 cm
Verbreitung: Südostasien

Präriehuhn

Präriehühner sind in ihrer amerikanischen Heimat äußerst selten geworden. Sie ernähren sich hauptsächlich von Blättern, Früchten und Körnern. Im Sommer fangen sie auch Insekten, vor allem Grashüpfer. Zur Brutzeit machen die männlichen Perlhühner die Weibchen auf sich aufmerksam, indem sie ihre orangefarbenen Halstaschen aufblasen und ihren Kamm aufstellen. Sie rufen dabei durchdringend und stampfen mit den Füßen. Die Weibchen legen zehn bis zwölf Eier.

Tympanuchus cupido
Größe: 42-46 cm
Verbreitung: Nordamerika

Präriehuhn

Lyrurus tetrix
Größe: 41-51 cm
Verbreitung: Nordeuropa, Nordasien

Birkhuhn

Birkhuhn

Im Frühjahr vollführen die männlichen Birkhähne einen Gruppentanz, um Weibchen anzulocken. Jeden Morgen versammeln sich die »Spielhähne« (Männchen) zum Balztanz, rufen laut und breiten ihre leuchtend weißen Schwanzfedern vor den zuschauenden Weibchen aus. Die weiblichen Birkhühner paaren sich mit den besten Tänzern und brüten Gelege mit sechs bis elf Eiern aus.

Auerhuhn

Dieser schöne, truthahnähnliche Vogel ist einer der größten Hühnervögel. Im Winter lebt er vor allem von Kiefernnadeln und -samen. Im Sommer ändert sich sein Speiseplan: Dann frisst er Blätter und Nadeln, die saftigen Preisel- und Heidelbeeren sowie andere Früchte des Waldes.

Tetrao urogallus
Größe: Männchen 86 cm, Weibchen 58 cm
Verbreitung: Nordeuropa

Auerhuhn

Truthuhn

Die wild lebenden Truthühner und -hähne haben einen leichteren, schlankeren Körperbau und längere Beine als ihre gezüchteten Verwandten. Kopf und Hals sind nackt. Truthühner können zwar über kurze Entfernungen fliegen, ernähren sich aber überwiegend am Boden. Sie fressen Samen, Nüsse und Beeren, fangen aber gelegentlich auch kleine Bodentiere wie Insekten und Eidechsen.

Truthuhn

Meleagris gallopavo
Größe: 91-122 cm
Verbreitung: USA, Mexiko

Am Boden lebende Vögel

Die langbeinigen Laufvögel, darunter Nandus, Kasuare und Emus, leben in trockenen Graslandschaften und Halbwüsten. Sie können nicht fliegen. Dennoch legen sie oft große Entfernungen auf ihren langen Beinen zurück, um Nahrung zu finden. Wenn sie vor Gefahren flüchten, müssen sie ebenfalls schnell laufen. Auch Kiwivögel können nicht fliegen, aber sie haben kürzere Beine und bewegen sich daher auf dem Boden relativ langsam. In diesem Kapitel werden auch am Boden lebende Vogelarten anderer Familien behandelt, darunter Hokkos, Steißhühner, Trappen, Seidenlaubenvögel und Steppenhühner. Diese Vögel können alle fliegen, verbringen aber den Großteil ihres Lebens am Boden.

Seidenlaubenvogel

Das Männchen baut eine »Seidenlaube« auf dem Boden, um Weibchen anzulocken. Die zeltartige Laube besteht aus geflochtenen Zweigen und wird vom Männchen mit blauen Blüten, Federn und Beeren verziert. Mit Speichel und Farbe von Blüten werden die Wände des Nests bunt »bemalt«. Wenn ein Weibchen sich nähert, führt das Männchen in seiner Laube einen Tanz auf.

Seidenlaubenvogel

Ptilonorhynchus violaceus
Größe: 27-33 cm
Verbreitung: östliches Australien

Roter Hokko

Roter Hokko

Der Rote Hokko findet am Boden Nahrung, darunter Früchte und Blätter. Zum Schlafen lässt er sich auf Bäumen nieder. Wenn es gefährlich wird, fliegt er nicht, sondern läuft eher weg. Das Männchen hat einen lauten und durchdringenden Ruf.

Crax rubra
Größe: 94 cm
Verbreitung: Mexiko bis Ecuador

Kiwi

Mithilfe seines 20 cm langen, feinfühligen Schnabels stochert der Kiwi in der Erde nach Insekten und Würmern; er frisst aber auch Beeren. Sein besonders ausgeprägter Gehör- und Geruchssinn helfen ihm bei der Nahrungssuche. Er hat winzige Flügel unter seinem haarähnlichen Gefieder und kann nicht fliegen.

Kiwi

Apteryx australis
Größe: 70 cm
Verbreitung: Neuseeland

Großtao

Dichter Regenwald ist die Heimat des Großtao. Dieser Vogel kann fliegen, ist aber in der Luft schwach und schwerfällig. Bei Gefahr erstarrt er meistens bewegungslos und vertraut auf seine unscheinbare braune Färbung oder flüchtet in schnellem Flug. Der Großtao verbringt die meiste Zeit am Boden und ernährt sich von Beeren, Samen und Insekten sowie deren Larven. Die Weibchen legen bis zu zwölf grün-blaue oder violette Eier, die zu den schönsten Vogeleiern überhaupt zählen.

Tinamus major
Größe: 46 cm
Verbreitung: Südamerika

Großtao

Steppenhuhn

Syrrhaptes paradoxus
Größe: 35-40 cm
Verbreitung: Zentralasien bis China und Mongolei

Das männliche Steppenhuhn legt oft große Entfernungen auf der Suche nach Wasser für seine Küken zurück. Es hat am Bauch besondere Federn, die Wasser wie ein Schwamm speichern. Hat es ein Wasserloch gefunden, watet es hinein, damit sich seine Bauchfedern vollsaugen. Dann fliegt es zum Nest zurück, wo die Küken gierig das Wasser aus den Federn aussaugen.

Steppenhuhn

Großtrappe

Die Großtrappe ist der schwerste Vogel Eurasiens. Ein großes Männchen wiegt bis zu 22 kg und kann dennoch fliegen. Die Weibchen werden höchstens 5 kg schwer. Außerdem fehlen ihnen die borstigen »Barthaare« am Schnabelgrund. Die scheuen Vögel leben in Schwärmen und ernähren sich von Pflanzen, Samen und Insekten. Während der Balz kann das Männchen den Luftsack am Hals zu einer fußballgroßen Kugel aufblasen, um die Hennen anzulocken.

Großtrappe

Otis tarda
Größe: Männchen bis 104 cm, Weibchen 75 cm
Verbreitung: Süd- und Mitteleuropa, Asien bis nach Japan

Emu

Dromaius novaehollandiae
Größe: 200 cm
Verbreitung: Australien

Der Emu ist nach dem Strauß der zweitgrößte Vogel der Welt und kann wie dieser nicht fliegen. Aber er ist ein schneller Läufer und kann bis zu 50 Stundenkilometer erreichen. Auf seinen langen Beinen sucht dieser Laufvogel im australischen Busch nach Nahrung, vor allem Beeren und Insekten. Außerdem frisst er auch Gras und Samen. Das Weibchen legt sieben bis zehn Eier, die das Männchen ausbrütet. Der Emu ist auch ein guter Schwimmer.

Emu

Helmkasuar

Der Helmkasuar lebt im tropischen Regenwald. Er kann nicht fliegen. Vermutlich benutzt er den hohen Hornhelm auf seinem Kopf, um sich einen Weg durch das Unterholz zu bahnen, wenn er dort nach Fallobst sucht. Beide Geschlechter sehen sich recht ähnlich; aber die Weibchen sind etwas größer und bunter gefärbt. Die Kasuare haben sehr kräftige Beine mit gefährlich scharfen Krallen an den Füßen, mit denen sie sich gegen Angriffe wehren. Mit der 10 cm langen Kralle der Innenzehe können sie sogar einen Menschen töten.

Helmkasuar

Casuarius casuarius
Größe: 150 cm
Verbreitung: Neuguinea, Nordaustralien

Bucorvus cafer
Größe: 107 cm
Verbreitung: Savannen und Steppen Afrikas südlich der Sahara

Erdkuckuck

Erdkuckuck

Der Erdkuckuck ist eine Art der Rennkuckucke und kann mit Geschwindigkeiten bis zu 20 Kilometern pro Stunde auf seinen großen, kräftigen Füßen laufen. Er kann zwar fliegen, tut es aber selten. Dieser schnelle Vogel frisst am Boden lebende Insekten ebenso wie Vogeleier, Eidechsen und sogar Schlangen.

Geococcyx californianus
Größe: 50-60 cm
Verbreitung: Südwesten der USA, Mexiko

Nandu

Seriema

Seriema

Die anmutigen Seriemas oder Schlangenstörche fliegen fast nie, aber sie können schnell laufen, um vor Gefahren zu fliehen. Sie töten Schlangen und Eidechsen mit ihrem scharfen Schnabel, ernähren sich aber auch von Samen, Blättern und Insekten. Das relativ kleine Nest bauen sie aus Zweigen in einem Baum 2 bis 4 m über dem Erdboden. Das Weibchen legt zwei oder drei Eier, die die Eltern abwechselnd bebrüten. Die Seriemas treten meist paarweise oder in Familien auf.

Cariama cristata
Größe: 70 cm
Verbreitung: Südamerika

Rhea americana
Größe: 150 cm
Verbreitung: Südamerika

Nandu

Der größte Vogel Südamerikas ist ein schneller Läufer, kann aber nicht fliegen. Er lebt meist in einer Gruppe mit bis zu 30 Vögeln. Ein männlicher Nandu paart sich mit mehreren Weibchen. Er baut ein flaches Nest am Boden und brütet dort die Eier aller Weibchen gemeinsam aus. Der Nandu frisst Pflanzen, aber auch Kleintiere.

Süd-Hornrabe

Die meisten Hornraben leben auf Bäumen, aber dieser Vogel verbringt die meiste Zeit seines Lebens am Boden. Er wandert in Paaren oder Familien in Savannen mit nicht zu hohem Graswuchs umher und ernährt sich von Insekten, Reptilien oder anderen kleinen Tieren.

Süd-Hornrabe

Strauß

Der größte lebende Vogel der Welt ist zu schwer (Männchen werden über 150 kg schwer) und groß, um zu fliegen. Aber er kann schnell laufen und erreicht Geschwindigkeiten bis zu 70 Kilometer pro Stunde. Strauße ernähren sich von Pflanzen und Samen, aber fangen auch kleine Reptilien. Straußeneier sind die größten Vogeleier. Sie wiegen etwa eineinhalb Kilogramm.

Strauß

Struthio camelus
Größe: 175-275 cm
Verbreitung: Afrika

Watvögel, Kraniche und andere Wasservögel

Viele verschiedene Vögel leben im und am Wasser. Watvögel wie Sandregenpfeifer, Kleiner Goldregenpfeifer und Jassana verbringen einen Großteil ihres Lebens an Meeresküsten oder an Flüssen und Seen. Wasservögel wie Reiher, Flamingos und Enten leben überwiegend auf dem Wasser und viele sind gute Schwimmer. In Seen, Tümpeln, Flüssen und Sumpfgebieten finden sie reichlich pflanzliche und tierische Nahrung. Die Vögel können im ufernahen Schilf ihre Nester bauen. Seevögel finden im Meer ihre Nahrung und viele von ihnen sind sehr gute Schwimmer und Taucher.

Rotschenkel

Dieser häufige Vogel lebt in der Nähe fast jeder Art von Gewässer. Er brütet in Mooren und Sumpfgebieten, verbringt aber die Winter an den Küsten, im Wattenmeer, auf Wiesen und an Flussmündungen. Der Rotschenkel ernährt sich vor allem von Insekten, aber auch von anderen Kleintieren wie Krebsen und Schnecken. Er legt seine Eier in ein Bodennest aus Gras.

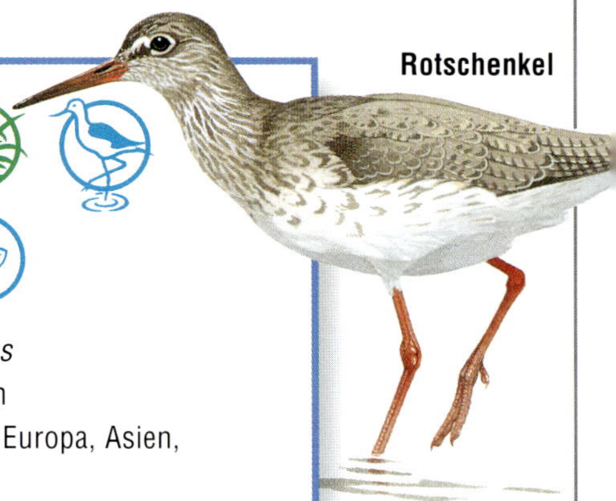

Rotschenkel

Tringa totanus
Größe: 28 cm
Verbreitung: Europa, Asien, Nordafrika

Watvögel

Die meisten Wat- oder Ufervögel sind relativ klein. Der kleinste Regenpfeifer ist nur 15 cm groß; die Brachvögel können etwa 60 cm groß werden. Watvögel ernähren sich meistens am Boden und können schnell laufen. Ihre Schnäbel sind unterschiedlich lang und verschieden geformt, je nachdem in welcher Tiefe sie in Sumpf und Sand nach Nahrung suchen. Alle Watvögel sind gute Flieger. Viele ziehen Jahr für Jahr über große Entfernungen von ihren Winterquartieren zu den Gebieten, in denen sie im Frühjahr und Sommer ihre Eier legen und die Jungen großziehen.

Säbelschnäbler

Der Säbelschnäbler hat einen ungewöhnlichen, nach oben gebogenen Schnabel. Er fängt Insekten und kleine Wassertiere, indem er seinen leicht geöffneten Schnabel im Schlamm oder seichten Wasser hin und her schwenkt. In tieferem Wasser taucht er seinen Kopf unter die Wasseroberfläche, um Nahrung zu fischen.

Säbelschnäbler

Recurvirostra avosetta
Größe: 42 cm
Verbreitung: Europa, Asien

Kleiner Goldregenpfeifer

Dieser Vogel ist ein meisterhafter Langstreckenflieger. Er brütet in der nordamerikanischen Tundra und fliegt dann etwa 13 000 km in Richtung Süden, um dort die Wintermonate zu verbringen. Der ähnliche, in Europa beheimatete Goldregenpfeifer *(Pluvialis apricaria)* brütet in Skandinavien und überwintert in Südeuropa.

Kleiner Goldregenpfeifer

Pluvialis dominica
Größe: 23-28 cm
Verbreitung: arktisches Nordamerika (Sommer); Südamerika (Winter)

Jassana

Das Faszinierendste an Jassanas sind ihre Füße: Die Zehen und Krallen sind sehr lang, sodass sich das Gewicht des Vogels auf eine große Fläche verteilt. Dadurch können Jassanas auch auf schwimmenden Seerosenblättern und ähnlichen schwankenden Oberflächen laufen, wenn sie nach Nahrung suchen. Ihr Name stammt aus der Sprache der Tupi-Indianer.

Jassana

Jacana spinosa
Größe: 25 cm
Verbreitung: Süden der USA, Mittelamerika

Amerikanische Waldschnepfe

Anders als die übrigen Schnepfenvögel verbringen Waldschnepfen viel Zeit an Land. Die etwas größere europäische Waldschnepfe *(Scolopax rusticola)* lebt im Sommer in feuchten Wäldern. Waldschnepfen fressen hauptsächlich Würmer, die sie mithilfe ihres langen Schnabels in der Erde finden. Die Weibchen bauen ihre Nester unter Bäumen oder Büschen und legen bis zu vier Eier.

Amerikanische Waldschnepfe

Scolopax minor
Größe: 28 cm
Verbreitung: Nordamerika

Austernfischer

Der Austernfischer hat einen langen, stumpfen Schnabel, mit dem er Schalentiere wie Herz- und Miesmuscheln von Brandungsfelsen bricht und ihre harten Schalen aufmeißelt. Er frisst auch Insekten und Würmer, die er auf Feldern findet. Der auffällig gefärbte Austernfischer ist neben der Silbermöwe der Charaktervogel unserer Meeresküsten.

Austernfischer

Haematopus ostralegus
Größe: 46 cm
Verbreitung: fast weltweit

Kiebitz

Der Kiebitz heißt so, weil er während seines Balzflugs einen schrillen Ruf »knuikiwitt-ui-kuitt« ausstößt. Er ist recht verbreitet und kommt in vielen verschiedenen Gegenden vor. Der Kiebitz ernährt sich von Insekten ebenso wie von Würmern, Schnecken und Samen.

Kiebitz

Vanellus vanellus
Größe: 30 cm
Verbreitung: Europa, Asien, West- und Nordafrika

Eskimo-Brachvogel

Große Schwärme von Eskimo-Brachvögeln zogen früher jedes Jahr von der nördlichen amerikanischen Tundra nach Südamerika, wo sie die Wintermonate verbrachten. Heute sind die Vögel fast ausgerottet, weil die meisten von Jägern abgeschossen wurden. Einige wenige gibt es noch und die Jagd ist heute verboten – aber wahrscheinlich ist es zu spät, um den Eskimo-Brachvogel zu retten.

Eskimo-Brachvogel

Numenius borealis
Größe: 28-33 cm
Verbreitung: Nordkanada, Alaska

Kraniche und andere Vögel der Feuchtgebiete

Große Wasservögel wie Reiher, Störche, Ibisse und Flamingos haben einen langen Hals und lange Beine. Sie stehen im Wasser, während sie mit ihren Schnäbeln nach Nahrung stochern. Enten, Gänse und Schwäne schwimmen bei der Nahrungssuche auf dem Wasser oder tauchen unter die Oberfläche. Die meisten haben kräftige Beine sowie Schwimmhäute zwischen den Zehen. Kraniche sind Sumpfbewohner und waten mit ihren langen Beinen im flachen Wasser, um Nahrung zu finden. Hauben- und Seetaucher können schnell schwimmen. Sie ernähren sich von Fischen, die sie mit ihrem spitzen Schnabel unter Wasser fangen.

Kanadagans

Diese Gans brütet im Norden Amerikas und zieht im Herbst nach Süden. Die Vögel fliegen jedes Jahr dieselbe Strecke und kehren zum Brüten meist an ihren Geburtsort zurück. Das Weibchen legt ungefähr fünf Eier in ein niedriges Nest, das es in den Boden scharrt. Ihr Partner bleibt in der Nähe, während sie etwa vier Wochen lang die Eier bebrütet. Kanadagänse ernähren sich von Wasser- und Landpflanzen.

Kanadagans

Branta canadensis
Größe: 56-110 cm
Verbreitung: Nordamerika; in Europa und Neuseeland ausgesetzt

Brauner Sichler

Der Braune Sichler ist das am weitesten verbreitete Mitglied der Familie der Ibisse oder Sichler. Er lebt an Seen und in Moorgebieten und frisst Insekten und Wassertiere, die er mit seinem langen Schnabel aus dem Schlamm pickt. Braune Sichler brüten in Kolonien, in denen mehrere tausend Vögel zusammen leben. Das Weibchen legt drei oder vier Eier in ein Nest in einem Baum oder im Schilf. Beide Eltern brüten die Eier aus und kümmern sich um die Jungen, wenn sie geschlüpft sind.

Plegadis falcinellus
Größe: 55-65 cm
Verbreitung: Mittelamerika, Afrika, Südosteuropa, Asien, Australien

Brauner Sichler

Zwergschwan

Dieser Schwan zieht seine Jungen in der arktischen Tundra auf. Im Herbst fliegt er an weiter südlich gelegene Küsten. Er kehrt normalerweise jedes Jahr an denselben Ort zurück. Zwergschwäne ernähren sich in seichtem Wasser von Pflanzen.

Zwergschwan

Cygnus columbianus bewickii
Größe: 114-140 cm
Verbreitung: Nordamerika, Nordeuropa, Asien

Stockente

Von der Stockente stammen die meisten Hausenten ab. Sie wurde bis nach Australien und Neuseeland gebracht und kann sogar auf Teichen in der Stadt leben, da sie sehr anspruchslos ist. Die Stockente frisst Pflanzen ebenso wie Insekten und andere kleine Tiere, die sie im seichten Wasser findet.

Stockente

Anas platyrhynchos
Größe: 41-66 cm
Verbreitung: Nordhalbkugel

Sonnenralle

Beim Balztanz, aber auch als Drohgebärde breitet das Männchen die Flügel aus, um seine farbenfrohen Federn zu zeigen. Sonnenrallen verbringen den größten Teil ihres Lebens damit, im seichten Wasser Beute zu suchen – Insekten und Fische, die sie mit ihrem spitzen Schnabel schnappen.

Eurypyga helias
Größe: 46 cm
Verbreitung: Südmexiko bis Bolivien und Brasilien

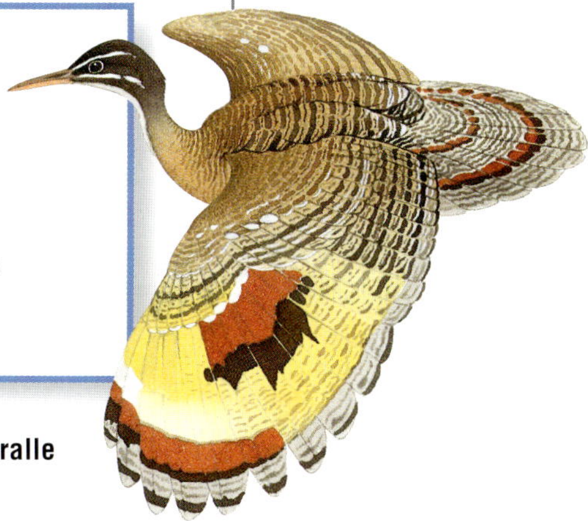

Sonnenralle

Haubentaucher

Dieser wunderschöne Vogel fliegt nicht oft. Man sieht ihn auch kaum an Land, wo er sich merkwürdig bewegt. Bei der Partnerwerbung führen die Haubentaucher einen eleganten Balztanz auf dem Wasser auf. Dabei wackeln sie mit den Köpfen und beschenken einander mit Nistmaterial. Ihren Ruf, ein »korr«, hört man an stillen Tagen kilometerweit.

Podiceps cristatus
Größe: 51 cm
Verbreitung: Europa, Asien, Afrika, Australien, Neuseeland

Haubentaucher

Mandarinente

Die farbenfrohe Mandarinente ist vor allem in der Dämmerung und Dunkelheit aktiv. Sie ernährt sich von Samen, Eicheln und Reis sowie Insekten, Schnecken und kleinen Fischen. Die Paare bleiben viele Jahre zusammen. Sie führen kunstvolle Balztänze auf, bei denen sie die segelähnlichen Federn an ihren Seiten aufstellen.

Aix galericulata
Größe: 43-51 cm
Verbreitung: Ostasien, China, Japan; weltweit eingeführt

Mandarinente

Kranich

Der Balztanz hat den Kranich berühmt gemacht: Der Vogel schreitet im Kreis, verbeugt sich, schüttelt und wiegt sich und wirft Nistmaterial in die Luft. Kraniche bauen ihre Nester aus trockenen Pflanzenstoffen auf dem Boden oder im flachen Wasser. Das Gelege besteht meist aus zwei länglichen Eiern. Nach der Brutzeit fliegen sie in Gruppen in die Wärme, um in Nordafrika, Indien oder Südostasien zu überwintern.

Grus grus
Größe: 110-120 cm
Verbreitung: Europa, Asien

Kranich

Teichhuhn

Dieser lebhafte Vogel ist fast überall auf der Welt im Süßwasser zu Hause, einschließlich städtischer Anlagen. Teichgräser, Fallobst und Beeren bilden seine Hauptnahrung, aber er fängt auch Insekten. Das Teichhuhn baut das Nest aus abgestorbenem Pflanzenmaterial im Schilf oder in Büschen am Ufer.

Gallinula chloropus
Größe: 33 cm
Verbreitung: weltweit außer Australien

Teichhuhn

Sterntaucher

Dieser anmutige Vogel hat einen schlanken Schnabel, einen roten Vorderhals als Prachtkleid und weiße »Sterne« auf dem Rücken. Er fliegt gut und kann – im Gegensatz zu den meisten Seetauchern – leicht von kleinen Wasserbereichen abheben. Der gute Schwimmer ernährt sich von Fischen, die er unter Wasser fängt. Er beherrscht eine Reihe verschiedener Rufe, manche bellend, andere schrill, quäkend oder klagend. Das Weibchen legt zwei Eier in ein Nest am Boden.

Sterntaucher

Gavia stellata
Größe: 53-69 cm
Verbreitung: Nordamerika, Nordasien, Nordeuropa

Chauna chavaria
Größe: 71-91 cm
Verbreitung: Kolumbien, Venezuela

Weißwangen-wehrvogel

Weißwangen-wehrvogel

Obwohl der Weißwangenwehrvogel oder -tschaja mit Enten und Gänsen verwandt ist, hat er keine Schwimmhäute an den Füßen und schwimmt selten im offenen Wasser. Er ruft laut trompetend, wenn er vor einer Gefahr warnen will. Dieser laute Vogel lebt an Flüssen und Feuchtgebieten in einem kleinen Gebiet Südamerikas. Er läuft dort sogar auf treibenden Blättern, denn seine langen Zehen verteilen sein Gewicht auf eine große Fläche. Die Weibchen legen vier bis sechs Eier in ein Nest aus Pflanzen. Die Tschajas ernähren sich rein pflanzlich.

Eiderente

Somateria mollissima
Größe: 56-71 cm
Verbreitung: Nordpol, nordeuropäische Küsten

Silberreiher

Der Silberreiher lebt in Moorgebieten. In Europa brütet er nur im Südosten, im Donaudelta und Neusiedlersee. Er frisst Fische, Insekten und andere Kleintiere. Er wartet im Wasser, bis er Beute entdeckt, oder pirscht sich langsam an sie heran. Während der Brutzeit haben die Eltern einen überwiegend schwarzen Schnabel. Sonst ist er gelb – wie bei Europas häufigstem Reiher, dem Fisch- oder Graureiher *(Ardea cinerea)*. Er hat ein graues Gefieder und einen schwarzen Schopf. Reiher bauen ihre Nester in einem Baum oder einem Schilfhain. Das Weibchen legt zwei bis fünf Eier. Die Eltern wechseln sich bei der Brut des Geleges ab.

Egretta alba
Größe: 90-120 cm
Verbreitung: weltweit, in Europa nur im Südosten

Silberreiher

Eiderente

Wie die meisten Enten kleidet die Eiderente ihr Nest mit feinen Daunenfedern aus, die sie von ihrer Brust zupft. Die Daunen der Eiderenten sind besonders warm und weich. Sie werden schon seit Jahrhunderten von Menschen gesammelt, um damit Bettdecken und Schlafsäcke zu füllen. Eiderenten ernähren sich vor allem von Muscheln und anderen Kleintieren.

Riesenralle

Riesenralle

Dieser langbeinige Wasservogel, der auch Rallenkranich heißt, sucht mit seinem langen Schnabel im Morast nach Schnecken und Muscheln. Er frisst auch Samen, Insekten und sogar Reptilien. Wenn er läuft, sieht es aus, als würde er humpeln. Riesenrallen können zwar fliegen, tun es aber selten. Sie verbringen den Großteil ihres Lebens am Boden, wo sie auch ihre Nester bauen.

Aramus guarauna
Größe: 59-71 cm
Verbreitung: USA, Mexiko, Karibik, Mittel- und Südamerika

Waldrapp

Dieser eigenartige Vogel hat verlängerte Hals- und Nackenfedern und wird daher auch Schopfrapp genannt. Er war einst recht verbreitet, auch in Mitteleuropa. Aber er kommt mit den Veränderungen seiner Umgebung nicht zurecht: Vor allem die Landwirtschaft hat ihn von den sumpfigen Wiesen verdrängt. Heute brütet der Waldrapp nur noch in Marokko, in einer trocknen, steinigen Gegend.

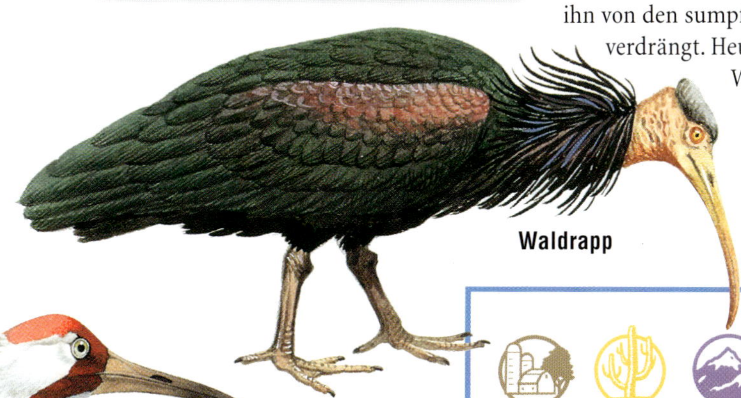

Waldrapp

Geronticus eremita
Größe: 71-79 cm
Verbreitung: Marokko

Schreikranich

Grus americana
Größe: 120-140 cm
Verbreitung: Nordkanada, Süden der USA

Schreikranich

Diese Kraniche sind wild sehr selten anzutreffen und mittlerweile in ihrer Heimat Amerika streng geschützt. Um sie wieder zu vermehren, werden Vögel in Gefangenschaft gezüchtet und dann ausgewildert. Schreikraniche ernähren sich von Gräsern und anderen Pflanzen sowie Insekten, Fröschen und Kleintieren.

Flamingo

Flamingo

Mithilfe seiner langen Beine kann der Flamingo auf der Nahrungssuche in tieferem Wasser waten als die meisten Vögel. Er ernährt sich, indem er Wasser und Schlamm an der Spitze seines Schnabels einsaugt und an den Seiten wieder ausspült. Dabei verfangen sich kleine Wassertiere an borstenartigen Lamellen, die seitlich am Schnabel hervorragen. Der Flamingo baut ein Nest aus Schlamm und legt ein oder zwei Eier. In Europa kommt er nur im Süden, vor allem in der Camargue, vor.

Phoenicopterus ruber
Größe: 125-145 cm
Verbreitung: Südeuropa, Teile Asiens und Afrikas, Mittel- und Südamerika

Seevögel

Das Leben am Meer ist für Vögel hart und anspruchsvoll. Viele Seevögel, beispielsweise Albatrosse, Seeschwalben und Tölpel, können sehr gut fliegen. Sie legen auf der Nahrungssuche große Entfernungen über dem Meer zurück. Einige verbringen fast das ganze Jahr in der Luft und kommen nur an Land, um sich zu paaren, Eier zu legen und ihre Küken großzuziehen. Es gibt aber auch Seevögel, die gar nicht fliegen können. Pinguine sind dafür das bekannteste Beispiel. Aber sie sind hervorragende Schwimmer und Taucher.

Krabbentaucher

Krabbentaucher

Unzählige dieser kleinen Vögel leben in der Arktis und im Nordatlantik. Im Sommer brüten sie in Kolonien mit Millionen von Artgenossen an Küsten und Klippen. Krabbentaucher können fliegen, aber sie schwimmen und tauchen auch gut. Sie fressen kleine Fische und andere kleine Tiere wie Muscheln.

Alle alle
Größe: 20 cm
Verbreitung: Arktis und Nordatlantik

Weißgesicht-Scheidenschnabel

Diese Vögel fressen jede Art von Nahrung, die sie finden. Sie jagen in Pinguinkolonien, um Eier und Küken zu erbeuten. Sie suchen die Abfallhaufen von Forschungsstationen in der Antarktis auf. Sie fressen auch Fische und Muscheln. Sie können gut schwimmen und fliegen, verbringen jedoch die meiste Zeit am Boden.

Chionis alba
Größe: 39 cm
Verbreitung: Antarktisküsten und Südatlantik-Inseln

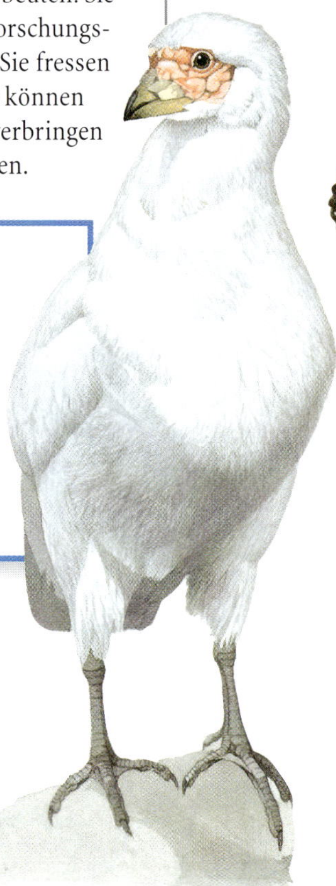

Großer Scheidenschnabel

Junge Mantelmöwe

Kormoran

Der Kormoran schwimmt mithilfe der Schwimmhäute zwischen seinen Zehen. Er frisst überwiegend Fische, die er unter Wasser fängt. Er kann eine Minute und länger tauchen. Der Kormoran bringt die Fische meist an die Oberfläche und wirft sie dann in die Luft, um sie mit dem Kopf voran zu verschlucken. Ihr Gefieder ist wassereinlässig. Kormorane bauen ihre Nester in Bäumen oder auf dem Boden. Das Weibchen legt drei oder vier Eier und beide Eltern kümmern sich um die Küken.

Kormoran

Larus marinus
Größe: 71-79 cm
Verbreitung: Atlantikküsten Nordamerikas und Europas

Mantelmöwe

Diese besonders große Möwe ist ein ungestümer Jäger. Sie verbringt mehr Zeit auf dem Meer als jede andere Möwe. Sie jagt Seevögel und raubt ihre Eier sowie Küken. Sie frisst auch Fische und Abfälle. Die jungen Mantelmöwen tragen gefleckte, braune Federn. Die Eltern haben einen weißen Kopf und Hals mit dunklem Körper und weißen Flügelspitzen, sodass es aussieht, als hätten sie einen schwarzen Mantel an.

Fluss-seeschwalbe

Sterna hirundo
Größe: 33-41 cm
Verbreitung: Nordeuropa, östliche Teile Nordamerikas

Flussseeschwalbe

Dieser Küstenvogel lebt von kleinen Fischen, Garnelen und anderen kleinen Meerestieren. Die Flussseeschwalbe schwebt auf der Suche nach Nahrung über dem Meer, bis sie etwas erspäht. Dann stürzt sie sich pfeilschnell ins Wasser, um die Beute mit ihrem scharfen Schnabel zu packen. Sie nistet in großen Schwärmen auf Inseln und Klippen. Das Weibchen legt zwei oder drei Eier in ein in den Boden gescharrtes, spärlich ausgekleidetes Nest.

Phalacrocorax carbo
Größe: 80-100 cm
Verbreitung: Küsten Nordamerikas, Europas, Asiens, Australiens

Große Raubmöwe

Die Raubmöwe oder Skua ist ein kräftiger Vogel mit einem hakenförmigen Schnabel. Ihr Schwanz ist nur schwach keilförmig ausgebildet. Sie ist ein rücksichtsloser Jäger. Sie greift nicht nur andere Vögel an, um ihre Beute zu stehlen, sondern tötet und frisst auch Möwen und raubt ihre Eier sowie Küken. Außerdem holt sie sich die Fischabfälle vom Meer.

Große Raubmöwe

Stercorarius skua
Größe: 51-56 cm
Verbreitung: Nordatlantik

Brauner Pelikan

Dieser Pelikan ist der kleinste und dunkelste seiner Art. Er ist ein Meeresbewohner und taucht nach Fischen. Dabei stürzt er sich von über 9 m hohen Klippen ins Wasser und verschwindet völlig in den Wellen. Sobald er im Wasser ist, öffnet er den Schnabel und sammelt die Fische in der Tasche an dessen Ende. Er kehrt an die Oberfläche zurück, um seine Beute dort zu fressen. Dieser Vogel legt zwei oder drei Eier in ein Nest am Boden. Sonst ähnelt seine Lebensweise den beiden europäisch-asiatischen Arten, dem Rosapelikan *(Pelecanus onocrotalus)* und dem Krauskopfpelikan *(Pelecanus crispus)*.

Brauner Pelikan

Pelecanus occidentalis
Größe: 127 cm
Verbreitung: pazifische und atlantische Küsten Nord- und Südamerikas

Silbermöwe

Die Silbermöwe ist die häufigste Möwe an den europäischen und nordamerikanischen Meeresküsten – zum Teil nimmt sie sogar überhand und verdrängt andere Möwen. Sie fängt kleine Fische, raubt Eier und Küken anderer Vögel und ernährt sich auch von Abfällen. Im Binnenland sucht sie auf Äckern Würmer und andere kleine Tiere. Silbermöwen nisten auf Felsen, Inseln oder Stränden. Sie bauen ihre Nester aus Gräsern und anderen Pflanzen in einem Erdloch oder einem Baum. Das Weibchen legt zwei oder drei Eier, um die sich beide Eltern kümmern.

Silbermöwe

Larus argentatus
Größe: 55-66 cm
Verbreitung: Großteil der Nordhalbkugel

Pinguine

Pinguine können nicht fliegen, aber dafür sind sie an das Leben im Meer besser angepasst als jeder andere Vogel. Sie sind perfekte Schwimmer und Taucher. Mithilfe ihrer kräftigen zu Flossen umgewandelten Flügel kommen sie im Wasser voran. Auf dem Land gehen Pinguine aufrecht in einem Watschelgang; im Schnee bewegen sie sich oft auf dem Bauch rutschend vorwärts. Die meisten Pinguine leben in der Antarktis und auf den ihr vorgelagerten Inseln unter eisigen Bedingungen. Glänzende, Wasser abweisende Federn bedecken den ganzen Körper und halten ihn warm und trocken. Eine dicke Fettschicht unter dem Federkleid schützt zusätzlich vor Kälte.

Es gibt 18 bekannte Pinguinarten. Der kleinste ist mit etwa 40 cm der Zwergpinguin. Der größte heißt Kaiserpinguin und wird etwa 115 cm groß. Alle Pinguine ähneln sich sehr: Sie haben schwarzes oder graues Gefieder auf dem Rücken und einen weißen Bauch.

Freundschaften

Pinguine sind sehr gesellige Vögel, die in riesigen Kolonien an Land und im Wasser leben. Man findet oft Brutkolonien von Hunderttausenden von Vögeln. Pinguine bleiben meist mehrere Jahre mit demselben Partner zusammen. Wenn sich die Ehepartner begegnen, reiben sie zur Begrüßung ihre Köpfe aneinander. Sie putzen sich auch gegenseitig das Gefieder.

Beutefang

Der Königspinguin und andere große Pinguine wie der Kaiserpinguin ernähren sich hauptsächlich von Tintenfischen und Fischen. Sie gehen in großen Scharen auf Beutefang. Kleinere Pinguine wie der Eselspinguin und der Zügel- oder Südpolpinguin fangen kleinere Beute wie Krebse und andere Kleintiere.

Unterwasserjäger

Der Königspinguin taucht 45 m und tiefer, um seine Beute zu fangen. Es sind Königspinguine beobachtet worden, die bis in eine Rekordtiefe von 250 m tauchten. Zum Steuern benutzen sie ihre mit Schwimmhäuten besetzten Füße und den Schwanz.

Schlittenfahren

Die an Land etwas schwerfälligen Pinguine rutschen leicht aus, wenn sie über den gefrorenen Boden watscheln. Oft legen sich die Vögel daher auf den Bauch und schlittern über das Eis – so kommen sie einfacher vorwärts. Sobald sie im Wasser sind, schwimmen die meisten Pinguine mit Geschwindigkeiten von fünf bis zehn Kilometern pro Stunde.

Die Aufzucht von Jungen

Im Herbst, wenn das Meer an der Küste eine Eisdecke bildet, legt der weibliche Kaiserpinguin ein Ei auf dem Land. Das männliche Tier bebrütet das Ei auf seinen Füßen etwa 64 Tage. Wenn das Jungtier schlüpft, hält der Vater es, umhüllt von einer Hautfalte, warm. Die Mutter kehrt erst nach dem Schlüpfen zurück.

Adeliepinguine brüten in großen Kolonien entlang den antarktischen Küsten. Sie legen Ende November Eier, die erst vom Männchen und anschließend vom Weibchen insgesamt gut einen Monat bebrütet werden.

Zwerg-
pinguin

Eudyptula minor
Größe: 40 cm
Verbreitung: Australien, Neuseeland

Zwergpinguin

Der kleinste Pinguin der Welt lebt an Küsten und auf Inseln. Er sucht im flachen Wasser nach kleinen Fischen und ähnlicher Nahrung. Der Zwergpinguin nistet in einer Felsspalte oder Höhle. Das Weibchen legt zwei Eier, die beide Eltern etwa fünf Wochen abwechselnd bebrüten.

Galapagospinguin

Er ist der einzige Pinguin, der in der Nähe des Äquators lebt. Die Galapagosinseln werden allerdings von einer kühlen Meeresströmung gestreift, die diese Gegend für einen Pinguin erträglich macht. Galapagospinguine nisten in kleinen Gruppen. Die Weibchen legen zwei Eier in eine Höhle oder in ein Loch in dem vulkanischen Gestein.

Spheniscus mendiculus
Größe: 50 cm
Verbreitung: Galapagosinseln

Galapagos-
pinguin

Rotschwanz-
Tropikvogel

Rotschwanz-Tropikvogel

Dieser elegante Seevogel mit den verlängerten Schwanzfedern ist ein Meister in der Luft, aber bewegt sich an Land äußerst schwerfällig. Er nistet meist auf einem Felssims oder einer Klippe, sodass er von dort leicht losfliegen kann. Fische und Tintenfische sind seine Hauptnahrung. Das Weibchen legt ein einziges Ei auf den Boden. Beide Eltern bebrüten das Ei und kümmern sich um den Jungvogel.

Wander-
albatros

Diomedea exulans
Größe: 110-135 cm
Verbreitung: Südsee

Wanderalbatros

Dieser Seevogel hat die größte Flügelspanne aller Vögel – bis zu dreieinhalb Metern. Er verbringt die meiste Zeit seines Lebens fliegend über dem Meer und legt manchmal bis zu 500 km an einem Tag zurück. Tintenfische sind seine Hauptnahrung.

Brillenpinguin

Der Brillenpinguin hat seinen Namen von den weißen Augenringen und den weißen, bis zum Hals heruntergezogenen Augenstreifen. Er lebt in wärmeren Klimazonen als die meisten anderen Pinguine. Er nistet in einer Höhle oder unter Felsbrocken. An Land ist dieser Pinguin nur nachts aktiv.

Brillenpinguin

Spheniscus demersus
Größe: 69 cm
Verbreitung: Küsten Südafrikas

Phaethon rubricauda
Größe: 90-100 cm (einschließlich Schwanz)
Verbreitung: Indischer und Pazifischer Ozean

Hydrobates pelagicus
Größe: 14-18 cm
Verbreitung: nordöstlicher Atlantik

Gewöhnliche Sturmschwalbe

Gewöhnliche Sturmschwalbe

Sie frisst Fische und Tintenfische sowie Essensreste, die von Schiffen aus ins Meer geworfen werden. Dazu fliegen die Vögel ganz dicht über der Wasseroberfläche. Sie verbringen die meiste Zeit am Meer. Nur in der Brutzeit kommen sie an Land und nisten dort in einer Höhle oder Felsspalte.

Papageitaucher

Fratercula arctica
Größe: 29-36 cm
Verbreitung: Nordatlantik

Papageitaucher

Der Papageitaucher fängt mit seinem bunten, seitlich zusammengedrückten Schnabel Fische. Er kann ein Dutzend Fische auf einmal darin halten. Der ausdauernde Schwimmer und Taucher kann auch gut fliegen. Seine kurzen Beine sind ziemlich weit hinten am Körper, sodass er an Land recht tollpatschig läuft. Das Weibchen legt ein oder zwei Eier in eine Höhle oder in ein selbst gescharrtes Loch. Nach der Brutzeit wird der Schnabel schmäler.

Basstölpel

Basstölpel

Der Basstölpel ist ein stämmiger Seevogel mit einem kräftigen Schnabel. Er segelt über das Meer auf der Suche nach Fischen und Tintenfischen. Wenn er seine Beute entdeckt hat, stürzt sich der Basstölpel mehr als 30 m tief ins Wasser, um den Fang zu ergreifen und an die Oberfläche zu bringen. Er baut sein Nest fast immer auf Inseln und legt ein bis drei Eier pro Jahr.

Sula bassana
Größe: 87-100 cm
Verbreitung: Nordatlantik

Großer Fregattvogel

Großer Fregattvogel

Dieser große Seevogel wird auch Bindenfregattvogel genannt, da die Männchen gräuliche Flügelbinden tragen. Er hat eine Flügelspannweite von über 180 cm und einen hakenförmigen Schnabel. Er verbringt die meiste Zeit in der Luft und landet nur selten auf dem Wasser. Er fängt Nahrung von der Wasseroberfläche oder ärgert andere Seevögel so lange, bis sie ihre Beute fallen lassen. Fregattvögel nisten in großen Schwärmen auf Meeresinseln.

Fregata minor
Größe: 86-100 cm
Verbreitung: Indischer Ozean und Pazifik

Eulen und Greifvögel

Die meisten Greifvögel leben räuberisch: Sie jagen und töten andere Tiere. Zu ihnen gehören solche Arten wie Adler, Habichte und Bussarde. Die Greifvögel bilden eine sehr unterschiedliche Gruppe – angefangen vom kleinen Falken bis hin zum riesigen Kondor –, aber sie haben auch Gemeinsamkeiten. Dazu zählen extrem gute Augen, kräftige Füße mit scharfen Krallen und ein gebogener Schnabel, um die Beute zu zerreißen. Eulen töten ebenfalls andere Tiere, um sie zu fressen, aber sie jagen im Gegensatz zu Habichten und Adlern normalerweise nachts.

Waldohreule

Waldohreule

Die Büschel am Kopf dieser Eule sind einfach Federn und haben nichts mit Ohren zu tun. Aber der Vogel hört außerordentlich gut, was beim Beutefang von Mäusen und Wühlmäusen hilfreich ist.
Das Weibchen legt meist vier bis sechs Eier in ein verlassenes Krähen- oder Elsternnest.

Asio otus
Größe: 33-40,5 cm
Verbreitung: Nordamerika, Europa, nordwestliches Afrika, Asien

Eulen

Es gibt etwa 140 verschiedene Eulenarten, die weltweit vorkommen, einige Inseln ausgenommen. Die meisten ähneln einander, mit großen, scheibenförmigen Gesichtern und riesigen Augen. Typischerweise sitzt eine Eule auf einem Ast und lauscht auf das geringste Zeichen möglicher Beute. Wenn sie etwas hört, ortet sie die Richtung der Beute mit ihrem sehr guten Gehör, bevor sie losfliegt und auf die Beute herabstößt. Ihre Federn sind am Rand weich und flaumig, nicht hart wie bei den meisten Vögeln. Dadurch wird das Fluggeräusch gedämpft und sie kann fast geräuschlos durch die Dunkelheit fliegen.

Nyctea scandiaca
Größe: 52-65 cm
Verbreitung: Arktis

Schnee-Eule

Schnee-Eule

Die Schnee-Eule jagt tagsüber und nachts Vögel und Säugetiere wie Mäuse, Hasen und Lemminge. Die weibliche Schnee-Eule ist erheblich größer als das Männchen und hat dunkle Flecken auf ihrem überwiegend weißen Gefieder. Sie legt vier bis neun Eier. In den Jahren, in denen es wenig Mäuse gibt, wird überhaupt nicht gebrütet.

Schleiereule

Schleiereule

Die Schleiereule ist leicht an ihrem blassen, herzförmigen Gesicht zu erkennen. Während des Tages ruht sie an einem geschützten Ort. In der Dämmerung kommt sie hervor, um nach Nahrung zu jagen, meist kleine Tiere wie Ratten und Mäuse, aber auch andere Kleinsäuger.

Tyto alba
Größe: 34 cm
Verbreitung: weltweit, außer Mittel- und Westasien und einigen pazifischen Inseln

Greifvögel

Die räuberisch lebenden Greifvögel jagen auf verschiedene Weisen. Einige wie Habicht und Sperber leben überwiegend in Wäldern und jagen im Schutz der Bäume. Sie wechseln von einem belaubten Sitzplatz zum nächsten, jederzeit bereit, auf den Boden zu stoßen und ihre Beute plötzlich und unerwartet zu ergreifen. Andere wie Bussarde und Adler segeln über dem offenen Land und halten nach Opfern Ausschau. Nicht alle Greifvögel töten. Geier zum Beispiel haben in vielen Gegenden die Aufgabe einer »Müllbeseitigung« – sie fressen Aas, also die Kadaver bereits gestorbener Tiere.

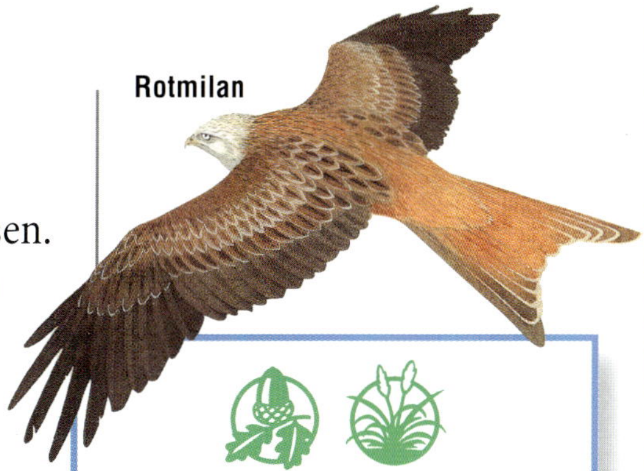

Rotmilan

Milvus milvus
Größe: 61-66 cm
Verbreitung: Europa, Naher Osten, Nordafrika

Rotmilan

Dieser Greifvogel hat große Flügel und einen gegabelten Schwanz. Er jagt im Wald und in freiem Gelände Ratten, Vögel und Reptilien, bevorzugt aber tote Tiere. Auf der Suche nach Beute kreist er über offenem Gelände, oft minutenlang ohne einen Flügelschlag, von seinem Gabelschwanz gesteuert. Der Rotmilan gilt in Deutschland als stark gefährdet.

Torgos tracheliotus
Größe: 100-115 cm
Verbreitung: Afrika, Naher Osten

Ohrengeier

Ohrengeier

Wie alle Geier lebt dieser Vogel überwiegend von Aas – bereits gestorbenen oder von anderen Räubern getöteten Tieren. Er hat riesige Flügel, mit deren Hilfe er über lange Strecken segeln kann und nach Nahrung sucht. Mit dem kräftigen, gebogenen Schnabel kann er das Fleisch der toten Tiere problemlos zerlegen und verzehren.

Habicht

Der Habicht ist ein kraftvoller und schneller Jäger, der Tiere wie Hasen und Fasanen fangen kann. Er fliegt durch den Wald, zwischen den Bäumen hin und her, auf der Suche nach Beute. Seine Opfer tötet er mit seinen starken, scharfen Klauen und frisst sie auf dem Boden. Sein Nest errichtet er im Altholz, in das vier oder fünf Eier gelegt werden.

Habicht

Accipiter gentilis
Größe: 51-66 cm
Verbreitung: Nordamerika, Europa, Nordasien

Buteo jamaicensis
Größe: 46-61 cm
Verbreitung: Nord- und Mittelamerika, Karibik

Rotschwanzbussard

Rotschwanzbussard

Dieser kräftige und angriffslustige Bussard lebt sowohl in Wäldern als auch in Wüsten und ist einer der häufigsten Greife Nordamerikas. Er fängt andere Vögel im Flug oder stürzt von einem hohen Aussichtsplatz herunter auf Kaninchen, Schlangen und Eidechsen. Er baut sein Nest aus Zweigen hoch oben auf Bäumen oder auf alten Kakteenstämmen. Das Weibchen legt ein bis vier Eier. Die Eltern wechseln sich beim Brüten ab.

Steinadler

Der Steinadler zählt mit Sicherheit zu den herrlichsten Greifvögeln. Er hat einen gebogenen Schnabel, extrem gute Augen und kräftige Fänge mit gebogenen Klauen. Bei der Jagd segelt der Adler lange Strecken über Land auf der Suche nach Nahrung. Wenn er Beute gesichtet hat, stürzt er nieder und tötet sein Opfer auf dem Boden.

Aquila chrysaëtos
Größe: 76-89 cm
Verbreitung: Nordamerika, Europa, Nordasien und Afrika

Steinadler

Sekretär

Dieser langbeinige Vogel verbringt große Teile seines Lebens auf dem Boden. Er läuft täglich um die 30 km, um Beute wie kleine Säugetiere, Vögel, Insekten und Reptilien zu fangen. Die Paare bauen ein Nest aus Ästen und Grasballen in einem Baumwipfel. Das Nest wird mit Gras und Blättern gepolstert. Das Weibchen legt zwei oder drei Eier und bebrütet sie alleine. Seinen Namen verdankt er den langen Haubenfedern, die wie ein Federkiel hinter dem Ohr aussehen.

Sagittarius serpentarius
Größe: 150 cm
Verbreitung: Afrika (südlich der Sahara)

Sekretär

Fischadler

Dieser Greifvogel fliegt über das Wasser auf der Suche nach Fischen. Wenn er seine Beute entdeckt hat, stürzt er nieder, mit den Fängen voran, um den Fisch zu ergreifen. Dabei taucht er unter und wird dann wieder an die Oberfläche getrieben. Die Unterseite seiner Fänge sind mit Hornschuppen besetzt, damit er die glitschigen Fische besser greifen kann.

Pandion haliaetus
Größe: 53-62 cm
Verbreitung: fast weltweit

Fischadler

Wanderfalke

Der Wanderfalke zählt zu den schnellsten Vögeln überhaupt. Er ist ein meisterhafter Jäger. Er stürzt sich mit atemberaubender Geschwindigkeit auf andere Vögel herab – häufig Tauben, Stare und Drosseln – und packt sie in der Luft. Er tötet die Beute mit seinen kräftigen Klauen und frisst sie am Boden. Wanderfalken horsten an Felswänden, an Steilufern und im Flachland auf dem Boden oder auf Bäumen.

Falco peregrinus
Größe: 38-51 cm
Verbreitung: beinahe weltweit

Wanderfalke

Turmfalke

Dieser häufigste Falke in Europa jagt, indem er mit rüttelnden Flügelschlägen über dem Boden steht und nach Beute Ausschau hält. Wenn er etwas sieht, beispielsweise ein kleines Säugetier, lässt sich der Wanderfalke auf den Boden fallen und krallt sich die Beute mit seinen scharfen Klauen. Zum Jagen braucht er freies Gelände.

Turmfalke

Falco tinnunculus
Größe: 31-35 cm
Verbreitung: Europa, Asien, Afrika

Madagaskar-Schreiseeadler

Dieser Seeadler ist ein sehr seltener Vogel – es gibt nur noch weniger als 100 Exemplare. Er jagt normalerweise an seichten Flussmündungen und sumpfigen Küstenstreifen. Bei der Jagd stürzt er nieder und fängt die Fische mit seinen kräftigen Klauen.

Haliaeetus vociferoides
Größe: 68-79 cm
Verbreitung: Nordwest-Madagaskar

Madagaskar-Schreiseeadler

Königsgeier

Mit seinem farbenfrohen, federlosen Kopf ist der Königsgeier einer der buntesten Greifvögel. Zwar erlegt er gelegentlich selbst Beute, aber meistens frisst er Aas – bereits gestorbene Tiere. Der Königsgeier ist einer der wenigen Vögel, die Nahrung mithilfe des Geruchsinns suchen. Zu seinem Namen kam er, weil alle anderen Geier in angemessener Entfernung warten, bis er satt ist.

Sarcorhamphus papa
Größe: 79 cm
Verbreitung: Mexiko, Zentral- und Südamerika

Königsgeier

Raufußbussard

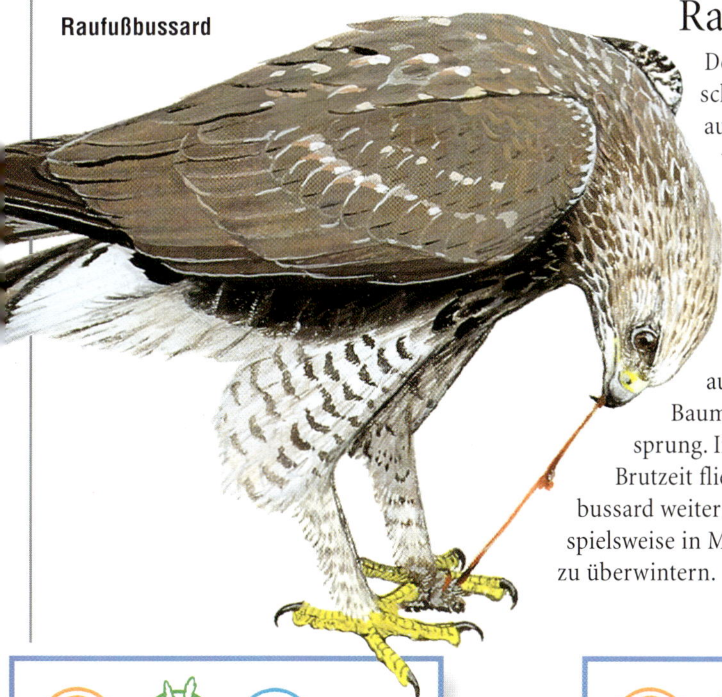

Raufußbussard

Der Raufußbussard schwebt über der Tundra, auf der Suche nach Beute wie Lemminge und Wühlmäuse. Er nistet in den nördlichen Bergregionen an Felsen oder auf Hügeln. Das Weibchen legt bis zu vier Eier in ein Nest aus Zweigen in einem Baum oder einem Felsvorsprung. Im September nach der Brutzeit fliegt der Raufußbussard weiter nach Süden, um beispielsweise in Mittel- und Südeuropa zu überwintern.

Buteo lagopus
Größe: 50-60 cm
Verbreitung: Nordamerika, Nordeuropa und Asien

Weißkopfseeadler

Dieser Adler ist das Wappentier der Vereinigten Staaten von Amerika – aber er ist dort mittlerweile selten geworden. Er jagt hauptsächlich Fische. Die Adler sammeln sich an den Flüssen Alaskas, um die ermüdeten Lachse auf ihrer Wanderung stromaufwärts zu fangen. Der aus Ästen gebaute Horst des Weißkopfseeadlers ist eines der größten Vogelnester überhaupt.

Haliaeetus leucocephalus
Größe: 81-102 cm
Verbreitung: Nordamerika

Weißkopfseeadler

Adler

Adler sind große Greifvögel mit kräftigem, hakenförmigem Schnabel, scharfen Krallen und großen, goldenen Augen. Es gibt etwa 60 verschiedene Adlerarten, die über die ganze Welt verstreut leben. Auf der Jagd nach Nahrung segelt der Adler mit weit »gefingerten« Schwingen lange Zeit über Land. Mit seinem scharfen Blick entdeckt er die Beute aus großer Entfernung und stürzt sich dann schnell zu Boden, um das Tier mit seinen Krallen zu greifen und zu töten. Aber manche Adler gehen mit anderen Methoden auf die Jagd. Harpyienadler jagen ihre Beute durch die Wälder und Fischadler greifen Fische aus dem Wasser heraus. Adler bauen ihre Nester üblicherweise in Bäumen oder auf Felsenklippen. Diese Horste bestehen aus Ästen und Zweigen und werden häufig von Jahr zu Jahr wieder bezogen.

Schlangenjäger

Der Indische Schlangenhabicht lebt überwiegend von Schlangen und anderen Reptilien. Er wartet in einem Baum auf Beute am Boden und lässt sich dann auf sie fallen. Die kurzen, kräftigen Zehen des Adlers haben eine raue Oberfläche. Dies erleichtert ihm, den sich windenden Fang zu packen.

Adler im Regenwald

Der größte und stärkste Adler der Welt, die Harpyie, lebt in den südamerikanischen Regenwäldern, und zwar an ihren Rändern und Flussufern. Dieser Adler segelt nicht in luftiger Höhe, sondern fliegt auf seiner Suche nach Beute nur kurze Strecken von Baum zu Baum. Die Harpyie jagt Affen – vor allem Kapuziner und Totenköpfchen – sowie Faultiere, Eichhörnchen und Baumstachelschweine. Hat sie ein Opfer, etwa einen Affen, entdeckt, jagt sie ihn in hohem Tempo durch den Wald, bis sie schließlich nah genug ist, den Affen mit ihren starken Klauen zu greifen.

Fisch fressende Adler

Fische sind die Hauptnahrung von Seeadlern. Der Vogel schwebt über das Meer auf der Suche nach einem Fang. Er stürzt dann auf die Wasseroberfläche nieder, um einen Fisch mit seinen Klauen zu packen. Seeadler fangen auch andere Tiere und rauben kleineren Vögeln ihre Beute. Sie stürzen sich auch wiederholt auf schwimmende Vögel, besonders gerne auf Blässhühner, bis diese erschöpft sind und zur leichten Beute werden. Es gibt verschiedene Seeadler. Der größte ist der Riesenseeadler, der an den Küsten Sibiriens lebt.

Ein weiblicher **Weißkopfseeadler** füttert seine hungrigen Jungen. Die Küken bleiben etwa zehn Wochen im Nest. Sie kämpfen oft miteinander und manchmal wird das schwächste Junge dabei getötet und von den anderen gefressen.

Eroberer der Bäume und Meister der Lüfte

Einer der vielen Vorteile des Fliegens ist die Möglichkeit, auf Bäume zu gelangen. Dort, zwischen den Zweigen, finden die Vögel Zuflucht vor den Feinden, die am Boden leben, sowie sichere Rast- und Nistplätze. Viele Vögel finden darüber hinaus den Großteil ihrer Nahrung in den Bäumen. Tauben und Papageien zum Beispiel leben hauptsächlich von Samen, Nüssen und Früchten. Andere wie der Specht und der Kuckuck fressen Insekten, die sie auf Blättern und in den Stämmen fangen. Einige Vögel sind besonders geschickte Flieger. Kolibris beispielsweise sind wahrhafte Meister der Lüfte und vollführen Kunststücke in der Luft. Schwalben sind so an das Leben im Flug gewöhnt, dass sie so gut wie nie am Boden laufen.

Haubensegler

Hemiprocne longipennis
Größe: 20,5 cm
Verbreitung: Südostasien

Ziegenmelker

Wird der Ziegenmelker nach Sonnenuntergang aktiv, fängt er Motten und andere Insekten. Sein kleiner, mit Borsten besetzter Schnabel hilft beim Beutefang. Seinen Namen hat er von Ziegenhirten im Altertum, die diese neugierigen Vögel um die Herden kreisen sahen.

Caprimulgus europaeus
Größe: 26 cm
Verbreitung: Europa, Asien, Nordafrika

Haubensegler

Dieser Vogel fängt Insekten in der Luft. Der Haubensegler baut ein winziges, becherförmiges Nest aus dünnen Rindenstückchen, die er mit Speichel zusammenklebt. Es ist gerade genug Platz für ein Ei, das beide Eltern abwechselnd bebrüten.

Urutàu

Der auch Tagschläfer genannte Urutàu ernährt sich nachts von Insekten. Tagsüber sitzt er fast bewegungslos auf einem Ast oder Baumstumpf. Kopf und Schnabel zeigen nach oben, sodass der Urutàu wie ein Teil des Baumes aussieht. So ist er vor seinen Feinden gut verborgen. In der Sprache seiner Heimat bedeutet Urutàu »Gespenstermaul«, weil er nachts unheimliche Schreie ausstößt.

Urutàu

Nyctibius griseus
Größe: 41 cm
Verbreitung: Karibik, Mittelamerika, tropisches Südamerika

Ziegenmelker

Rubinkehlkolibri

Archilochus colubris
Größe: 9 cm
Verbreitung: Kanada, USA, Mittelamerika und Westindische Inseln

Rubinkehlkolibri

Wie alle Kolibris taucht auch dieser mit seinem Schnabel tief in Blüten ein, um Nektar zu sammeln. Der Rubinkehlkolibri brütet im Osten der USA. Danach fliegt dieser faszinierende kleine Vogel rund 800 Kilometer in den Süden, um in Mittelamerika und in der Karibik zu überwintern. Wie der Name schon besagt, hat das Männchen dieser Kolibriart eine leuchtend rote Kehle.

Uferschwalbe

Dieser lebhafte Vogel jagt pfeilschnell nach Insekten und schnappt sie in der Luft. Die Uferschwalbe, die kleinste der einheimischen Schwalbenarten, lebt in einer Niströhre, die sie mithilfe ihres Schnabels und ihrer Füße in die sandigen Steilufer gräbt. Sie legt bis zu acht Eier am Ende der Höhle ab. Es finden zwei Bruten statt.

Uferschwalbe

Riparia riparia
Größe: 12-14 cm
Verbreitung: Europa, Teile Asiens und Nordamerikas; überwintert in Südamerika, Afrika und Südostasien

Rauchschwalbe

Die Rauchschwalbe, eine unserer volkstümlichsten Vögel, frisst Insekten, die sie in der Luft schnappt oder an der Wasseroberfläche fängt. Männchen und Weibchen bauen gemeinsam ein Nest aus Lehm und Gras an Gebäudemauern. Das Weibchen legt vier oder fünf Eier.

Rauchschwalbe

Hirundo rustica
Größe: 20 cm
Verbreitung: beinahe weltweit

Poor-Will

Phalaenoptilus nuttallii
Größe: 18-21 cm
Verbreitung: Nordamerika

Poor-Will

Diese amerikanische Nachtschwalbenart heißt wie ihr Ruf, der wie »pur will« klingt. Sie jagt nachts Insekten. Der Poor-Will ist der einzige bekannte Vogel, der einen Winterschlaf hält, und zwar in einem Felsspalt. Seine Körpertemperatur sinkt, Herzschlag und Atemfrequenz werden ruhiger, damit er möglichst wenig Energie verbraucht.

Weißbrustsegler

Weißbrustsegler sind schnelle und meisterhafte Flieger. Sie fangen Insekten, fressen, trinken und paaren sich sogar in der Luft. Sie haben winzige Beine und Füße und sie laufen so gut wie nie. Die Weißbrustsegler bauen ein becherförmiges Nest aus Federn und Gras, die sie mit Speichel verkleben. Das besonders große Nest befindet sich in einem Felsspalt oder einer Höhle an Felsküsten oder Berghängen. Das Weibchen legt darin vier bis sechs Eier.

Weißbrustsegler

Aeronautes saxatilis
Größe: 15-18 cm
Verbreitung: Westen der USA, Mittelamerika

Rotschwanzjakamar

Dieser farbenfrohe Vogel mit langem Schnabel sitzt auf einem Ast und wartet auf Insekten, besonders Schmetterlinge. Wenn er etwas entdeckt, stürzt er sich auf die Beute und schnappt sie in der Luft. Dieser Jakamar, der zur Familie der Glanzvögel gehört, fliegt dann auf einen sicheren Platz und schlägt das Insekt gegen einen Ast, um es zu töten, bevor er es verspeist. Das Weibchen gräbt einen Bruttunnel in den Boden, in den es zwei bis vier Eier legt. Beide Vögel bebrüten die Eier etwa drei Wochen. Die Eltern füttern die Küken und kümmern sich um sie, bis sie im Alter von etwa drei Wochen fliegen können.

Rotschwanz-jakamar

Galbula ruficauda
Größe: 23-28 cm
Verbreitung: Mexiko, Mittel- und Südamerika

Wiedehopf

Dieser bei uns selten gewordene Vogel fängt Insekten und andere kleine Tiere in Bäumen und auf dem Boden. Er baut ein Nest in einem Loch in einem Baumstamm oder einer Mauer oder auf dem Boden. Das Weibchen legt fünf bis acht Eier. Es wird von seinem Partner gefüttert, während es knapp drei Wochen die Eier bebrütet.

Wiedehopf

Upupa epops
Größe: 28 cm
Verbreitung: Europa, Asien, Afrika

Quetzal

Der wunderschöne männliche Quetzal hat eine Schleppe aus langen Schwanzfedern, die beim Balztanz flattern und wogen. Diese Federn wirft er nach jeder Brutzeit ab und später wachsen neue nach. Die Ureinwohner Mittelamerikas und Mexikos – Mayas und Azteken – hielten den Quetzal für heilig und seine Federn galten als äußerst kostbar. Dem Weibchen fehlt das auffällige Gefieder und die roten Brustfedern. Der Quetzal ist der bekannteste Vertreter der Familie der Trogons.

Quetzal

Pharomachrus mocino
Größe: 30 cm; Schwanzfedern zusätzlich 61 cm
Verbreitung: Mexiko, Mittelamerika

Fächertaube

Die größte Taube der Welt, die Fächertaube, wurde früher stark gejagt und ist daher heute sehr selten. Dieser schöne Vogel trägt um die Augen eine schwarze Maske. Er ernährt sich am Boden von Fallobst, Samen und Beeren. Wenn er gestört wird, fliegt er auf und sucht in einem Baum Schutz, wo er auch nistet.

Fächertaube

Goura victoria
Größe: 58,5-73,5 cm
Verbreitung: Inseln Jobi und Biak bei Neuguinea

Motmot

Dieser Vogel hat einen ungewöhnlichen Schwanz mit zwei langen Mittelfedern, die keulenförmige Enden haben. Er beknabbert seine Federn so lange, bis sie diese auffällige Form haben. Wenn der Motmot auf einem Ast sitzend auf Beute wartet, schwingt der Schwanz hin und her wie ein Uhrpendel. Er fliegt von seinem Sitzplatz auf, um Insekten, Spinnen und Eidechsen zu fangen und sie dort anschließend zu verspeisen.

Motmot

Momotus momota
Größe: 38-41 cm
Verbreitung: Mexiko, Mittel- und Südamerika

Lybius bidentatus
Größe: 23 cm
Verbreitung: Afrika

Doppelzahnbartvogel

Doppelzahnbartvogel

Dieser Bartvogel hat zwei Höcker an seinem Schnabel, die wie Zähne aussehen. Der Urwaldbewohner lebt in Bäumen und Sträuchern und ernährt sich von Feigen, Bananen und anderen Früchten. Er fliegt aber auch auf, um fliegende Insekten zu fangen.

Halsbandfischer

Dieser recht lebhafte Vogel wartet auf einem Ast an einem Fluss auf Beute. Dann stürzt er hinab, um einen Fisch oder Frosch zu fangen. Ein Brutpaar gräbt einen Nisttunnel in das Flussufer, an dessen Ende das Weibchen die Eier legt. An europäischen Gewässern lebt sein Verwandter, der Eisvogel *(Alcedo atthis)*. Dieser nur etwa 18 cm große Vogel ist orange und hellblau gefärbt.

Halsbandfischer

Ceryle alcyon
Größe: 28-35 cm
Verbreitung: Nordamerika

Haubenschwarzspecht

Spechte klammern sich mit ihren scharfen Krallen an einen Baumstamm und hämmern mit dem kräftigen Schnabel Löcher in die Rinde, um Beute zu finden. Der größte europäische Specht, der Schwarzspecht *(Dryocopus martius)* ist durchgehend schwarz gefärbt, bis auf eine deutlich kleinere rote Haube.

Dryocopus pileatus
Größe: 38-48 cm
Verbreitung: Nordamerika

Haubenschwarzspecht

Türkentaube

Diese Taube lebt nahe bei Menschen in Stadt und Land. Der aus dem Balkan stammende Vogel brütete erstmals 1949 in Deutschland und ist heute überaus häufig. Türkentauben ernähren sich vor allem von Samen, aber sie fressen auch Beeren, Pflanzen und Abfälle.

Türkentaube

Streptopelia decaocto
Größe: 31 cm
Verbreitung: Teile Europas und Asiens

Merops apiaster
Größe: 28 cm
Verbreitung: Europa, Asien, Afrika

Bienenesser

Dieser Vogel frisst Bienen und Wespen. Er reibt seine Beute an einem Ast, um Stachel und Gift zu entfernen. Der Bienenesser nistet in einer Wohnröhre in Steilwänden am Flussufer. Mit solchen natürlichen Landschaften ist auch der Vogel bei uns selten geworden.

Bienenesser

Kolibris

Kolibris sind in der Luft beweglicher als jeder andere Vogel. Sie schwirren in der Luft, indem sie ihre Flügel extrem schnell schlagen, manche Arten bis 78 Flügelschläge in der Sekunde. Wenn Kolibris bei der Nahrungssuche vor Blüten schweben, sind ihre Flügel durch die schnelle Bewegung fast unsichtbar. Sie können auf und ab, seitlich und sogar rückwärts fliegen und fast in der Luft stehen. Kolibris leben überwiegend in den warmen Gegenden Amerikas. Sie sind sehr klein und werden knapp über 5 bis 20 cm groß, wovon die Schwanzfedern fast die Hälfte ausmachen können. Viele haben ein farbenfrohes, glitzerndes Gefieder und eindrucksvolle Federschöpfe oder Schwänze. Die Weibchen sind meist blasser gefärbt als die Männchen. Der süße Blütennektar ist die Hauptnahrung der Kolibris, aber sie fressen auch kleine Insekten und Spinnen. Die meisten haben lange Schnäbel, um an den Nektar tief in den Blütenkelchen zu gelangen.

Adlerkolibri

Der lange, stark gebogene Schnabel des Adlerkolibris ist bestens geeignet, um den Nektar aus röhrenförmigen Blütenkelchen zu naschen.

Der kleinste Vogel

Die Bienenelfe ist der kleinste Vogel der Welt. Das Männchen ist nur 5 cm groß, einschließlich Schnabel und Schwanzfedern. Die Weibchen sind etwa einen halben Zentimeter größer als die männlichen Tiere.

Der längste Schnabel

Der Schwertschnabelkolibri hat einen längeren Schnabel als alle anderen Kolibriarten. Mithilfe dieses besonders langen Schnabels kann der Vogel den Nektar in den tiefsten trompetenförmigen Blüten erreichen. Er frisst auch Insekten, die er mit größter Geschicklichkeit in der Luft fängt.

Ein leuchtender Edelstein

Der männliche Topaskolibri ist einer der schönsten Kolibris überhaupt. Er hat herrlich buntes Gefieder und sehr lange, gebogene Schwanzfedern. Er holt Nektar aus den unterschiedlichsten Blumen und fängt auch Insekten. Das Weibchen ist weniger bunt und überwiegend grün gefärbt.

Der Balztanz

Dieser Kolibri, die Wundersylphe, hat nur vier ausgewachsene Schwanzfedern. Zwei davon haben lange, nackte Schäfte, die breit keil- oder schaufelförmig enden. Während des Balztanzes fliegt das Männchen vor dem Weibchen hin und her und stellt seine Schmuckfedern zur Schau.

Ein prächtig gefiederter **Violettsäbelflügler** hält sich mit schnellem Flügelschlag in der Luft, während er in einer Ingwerblüte Nektar sammelt. Wie viele Kolibris hat auch dieser Vogel ein schillerndes Gefieder.

Rothaubenturako

Rothaubenturako

Dieser Vogel lebt in Bäumen und kommt nur selten auf den Boden. Da er schlecht fliegt, läuft, hüpft und klettert er lieber in den Zweigen. Er ernährt sich von Früchten und Insekten. Rothaubenturakos sind vorsichtige und scheue Vögel.

Tauraco erythrolophus
Größe: 40 cm
Verbreitung: Afrika

Opisthocomus hoazin
Größe: 61 cm
Verbreitung: Südamerika Amazonas und Orinoco

Hoatzin

Hoatzin

Der Hoatzin lebt zwar in Bäumen, kann aber nicht gut fliegen. Er klettert an den Zweigen entlang und frisst Früchte, Knospen und Blätter.

Kuckuck

Der Kuckuck baut kein Nest, sondern das Weibchen legt seine Eier in die Nester anderer Vögel. Sie verteilt ihre meist acht bis zwölf – farblich den jeweiligen Eiern angepassten – Eier in verschiedene Nester. Die Jungen schlüpfen nach zwölf Tagen und sind größer und kräftiger als die Küken der »Pflegeeltern«. Daher schaffen sie es, deren Junge aus dem Nest zu stoßen, um die herbeigeschaffte Nahrung für sich zu haben.

Kuckuck

Cuculus canorus
Größe: 33 cm
Verbreitung: Europa, Nordafrika, Asien

Ara macao
Größe: 85 cm
Verbreitung: Mexiko, Mittelamerika, nördliches Südamerika

Arakanga

Arakanga

Diese auffälligen Vögel sieht man meist als Pärchen oder in kleinen Schwärmen. Bei Sonnenaufgang fliegen sie mit lautem Geschrei von ihren Rastplätzen zu den Gebieten, wo sie Nahrung finden. In den Baumwipfeln fressen sie Samen, Früchte und Blätter. Mit der Dämmerung kehren sie zu ihren Schlafplätzen zurück.

Doppelhornvogel

Dieser Vertreter der Familie der Nashornvögel lebt in den Wipfelregionen des Regenwaldes. Er ernährt sich von Früchten und fängt auch Insekten und kleine Tiere. Das Weibchen ist kleiner und ihm fehlt der mächtige Schnabel des Männchens. Es legt ein bis drei Eier in ein Baumloch. Daraufhin verschließt das Männchen das Nistloch bis auf einen kleinen Schlitz. Das Männchen bringt ihr Nahrung durch diese schmale Öffnung. Das Weibchen bleibt eingeschlossen, bis die Küken geschlüpft und alt genug sind, das Nest zu verlassen. Davor muss das harte Mauerwerk mühsam aufgebrochen werden. Diesen Vogel sieht man oft in zoologischen Gärten.

Doppelhornvogel

Buceros bicornis
Größe: 150 cm
Verbreitung: Indien, Südostasien, Sumatra

Riesentukan

Der Schnabel des Tukans ist zwar bis zu 18 cm lang, aber nicht so schwer, wie er aussieht: Er ist nämlich innen hohl. Er ist mit überkreuzten Knochenstäben verfestigt. Der Tukan lebt vorwiegend von Früchten. Er pickt die Nahrung mit der Spitze seines Schnabels auf und wirft sie dann in den Mund. Tukane sind schlechte Flieger und ihr Flug dauert selten lange.

Ramphaston toco
Größe: 61 cm
Verbreitung: östliche Teile Südamerikas

Riesentukan

Blauwangenlori

Das farbenfrohe Gefiedermuster des Blauwangenloris unterscheidet sich von Vogel zu Vogel. Schreiende, schwätzende Schwärme von bis zu 100 Loris fliegen zwischen den Zweigen hin und her und fressen Früchte, Insekten, Blütenpollen und Nektar. Loris sind sehr sprechbegabt und lassen sich leicht zähmen.

Blauwangenlori

Trichoglossus haematodus
Größe: 26 cm
Verbreitung: Indonesien, Neuguinea, Australien

Edelpapagei

Das Männchen hat ein überwiegend grünes Gefieder; das Weibchen dagegen ist knallrot mit einem blauen Bauch. Daher glaubte man lange, es handele sich um unterschiedliche Arten. Edelpapageien fressen hauptsächlich Früchte, Nüsse, Blüten und Nektar. Meist bauen sie ein Nest in einem Loch hoch oben im Baum. Das Weibchen brütet allein.

Weiblicher (links) und männlicher Edelpapagei

Lorius roratus
Größe: 35 cm
Verbreitung: Neuguinea, Nordostaustralien

Gelbhaubenkakadu

Dieser lärmende Papagei sammelt in riesigen Schwärmen Samen, Früchte, Nüsse, Blütenblätter und Insekten. Zur Brutzeit trennen sich die Kakadus in Paare oder Familien. Ein Pärchen baut ein Nest in einem Baum und beide Eltern bebrüten die zwei oder drei Eier. Auf malaiisch bedeutet Kakadu so viel wie »Kneifzange«.

Gelbhaubenkakadu

Cacatua galerita
Größe: 50 cm
Verbreitung: westpazifische Inseln, Neuguinea, Australien

Melopsittacus undulatus
Größe: 18 cm
Verbreitung: Australien; in den USA eingeführt

Wellensittich

Wellensittich

Diese kleinen Papageien sind als Haustiere bestens bekannt. Die wildlebenden Vögel haben in der Regel grüne Federn, werden aber heute in vielen Farbvarianten gezüchtet. Schwärme schnell fliegender Wellensittiche suchen den Boden nach Grassamen ab.

Singvögel

Etwa die Hälfte aller bekannten Vogelarten der Welt gehören zur Gruppe der Singvögel. Es gibt mehr als 4000 verschiedene Arten und sie leben in allen Regionen der Welt, außer in den Polargebieten. Zwar singen nicht alle so schön wie die Lerche oder die Nachtigall, aber die Männchen fast aller Arten können eine kurze Melodie trällern. Sie werben so eine Partnerin oder grenzen ihr Revier ab. Singende Weibchen sind selten, aber es gibt Arten wie Singammern und Rotkehlchen, bei denen auch das Weibchen gelegentlich singt.
Singvögel wurden früher auch als Sperlingsvögel bezeichnet, weil ihre Jungen alle »sperren«, das heißt mit weit geöffnetem Schnabel um Nahrung betteln. Sie haben Füße, die an ihr Leben in Bäumen angepasst sind: Von den vier Zehen weisen drei nach vorne und einer nach hinten – eine ideale Voraussetzung, um sich an Zweigen, Schilfgräsern und sogar Drähten festzuhalten.

Zaunkönig

Der winzige Zaunkönig hat einen rundlichen Körper und einen kurzen Schwanz, den er fast immer hochstellt. Seine Hauptnahrung sind Insekten und Spinnen, die er an Pflanzen findet. Im Frühjahr baut der Zaunkönig ein kugelförmiges Nest in einem hohlen Baumstamm oder zwischen Baumwurzeln. Das Weibchen legt fünf bis acht Eier, die sie allein ausbrütet.

Zaunkönig

Troglodytes troglodytes
Größe: 8 cm
Verbreitung: Nordamerika, Europa, Nordafrika, Asien

Luscinia megarhynchos
Größe: 16 cm
Verbreitung: Europa, Asien, Nordafrika; überwintert im tropischen Afrika

Nachtigall

Nachtigall

Die Nachtigall ist für ihren schönen Gesang bekannt. Sie singt Tag und Nacht im dichten Gebüsch. Nachtigallen fressen Insekten, beispielsweise Ameisen und Käfer, die sie im Unterholz oder auf dem Boden finden. Im Sommer fressen sie auch Beeren und Früchte. Das Weibchen baut ein Nest aus Blättern auf oder nahe am Boden und legt vier bis sechs Eier.

Rotohrbülbül

Dieser Bülbül hat seinen Namen von den roten Federbüscheln auf beiden Seiten seines Kopfes. Er trägt einen Federschopf. Männchen und Weibchen sehen gleich aus, aber die Jungvögel haben noch weiße »Bärte«. Schwärme dieses lebhaften und lauten Vogels sammeln gemeinsam Früchte von Bäumen; sie fressen sowohl reife als auch unreife Früchte. Auch Insekten verschmähen sie nicht. Das Weibchen legt zwei bis vier Eier in ein becherförmiges Nest aus Gras, Wurzeln und Stängeln.

Pycnonotus jocosus
Größe: 20,5 cm
Verbreitung: Südostasien, Südchina, Nepal, Indien; eingeführt in Amerika und Australien

Rotohrbülbül

Sialia sialis
Größe: 16 cm
Verbreitung: Nord- und Mittelamerika

Rotkehl-Hüttensänger

Rotkehl-Hüttensänger

Dieser Hüttensänger frisst vor allem Insekten und Beeren. Das Männchen wirbt mit einer akrobatischen Flugschau um eine Partnerin. Beide Vögel bauen dann gemeinsam ein Nest aus Gras und Zweigen in einem Baumloch. Die Weibchen legen zwischen drei und sieben Eier. Beide Eltern füttern die jungen Küken bis zu drei Wochen nach dem Schlüpfen.

Spottdrossel

Wie der Name andeutet, können Spottdrosseln sehr gut andere Vogelmelodien nachahmen und auch mit dem eigenen Gesang verbinden. Sie machen sogar das Zirpen der Grillen und das Quaken von Fröschen nach. Das Männchen singt Tag und Nacht. Spottdrosseln fressen vor allem Insekten wie Grashüpfer und Käfer, aber auch Spinnen, Schnecken, kleine Reptilien und Früchte. Sie legen drei bis sechs Eier.

Mimus polyglottos
Größe: 23-28 cm
Verbreitung: Nordamerika

Spottdrossel

Rotkehlchen

In vielen Gegenden sind Rotkehlchen scheue Waldvögel, aber bei uns leben sie in Gärten und sind oft recht zahm. Insekten, Spinnen, Würmer und Schnecken sind ihre Hauptnahrung, aber Rotkehlchen fressen auch Beeren, kleine Früchte und Essensreste von Menschen.

Erithacus rubecula
Größe: 14 cm
Verbreitung: Europa, Nordafrika, Asien

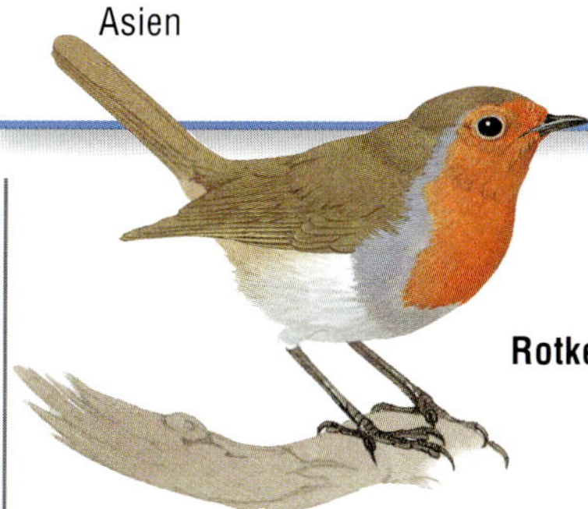

Rotkehlchen

Fitis

Der Fitis, ein Waldbewohner, fängt Insekten in der Luft oder pickt sie von Blättern. Im Winter, wenn die Insekten im Norden seltener werden, zieht er in den Süden nach Afrika. Fitisse nisten am Boden oder in einem niedrigen Strauch. Sie legen fünf bis sieben Eier.

Fitis

Phylloscopus trochilus
Größe: 11 cm
Verbreitung: Nordeuropa und Asien; überwintert in Afrika und Südasien

Chicadee-Meise

Parus atricapillus
Größe: 12-15 cm
Verbreitung: Nordamerika

Chicadee-Meise

Dieser kleine Vogel verdankt seinen Namen dem Ruf, der wie »chick-a-dee-dee-dee« klingt. Er ähnelt der etwas helleren europäischen Weidenmeise *(Parus montanus)*, die typischerweise »zi-zi-bäh-bäh« ruft. Diese Meisen fressen Raupen und Insekten sowie Samen und Beeren. Sie bauen ihr Nest im weichen Holz eines abgestorbenen Baumes und legen fünf bis zehn Eier.

Sturnus vulgaris
Größe: 21,5 cm
Verbreitung: Europa, Asien; fast weltweit eingeführt

Star

Star

Stare kommen sowohl auf dem Land als auch in Städten häufig vor und sind mittlerweile auch in Ländern außerhalb ihrer ursprünglichen Heimat verbreitet. Vor etwa einem Jahrhundert wurden 60 Stare in New York freigelassen – und so zählt der Star heutzutage auch in Nordamerika zu den häufigsten Vögeln. Stare fressen Insekten, Würmer, Schnecken, Früchte, Beeren und Samen. Sie überwintern in wärmeren Gegenden.

Purpurhonigsauger

Gruppen von Purpurhonigsaugern fressen Früchte – vor allem Bananen –, die sie auf den Bäumen finden, sowie Insekten. Sie sitzen auch auf Blüten und saugen Nektar mithilfe ihrer langen, gebogenen Schnäbel. Das Weibchen baut ein becherförmiges Nest in einer Astgabel von Bäumen oder Sträuchern. Es legt zwei Eier, die es etwa zwei Wochen ausbrütet.

Purpur-honigsauger

Cyanerpes caeruleus
Größe: 10 cm
Verbreitung: Trinidad, Südamerika

Hakengimpel

Der Hakengimpel lebt in der nördlichen Taiga. Er nutzt seinen dicken Schnabel, um die Kerne von Früchten wie Kirschen und Pflaumen zu knacken. Er frisst auch Samen, Knospen und Insekten. Das Brutpaar baut ein Nest in einem Baum, in das das Weibchen vier Eier legt.

Haken-gimpel

Pinicola enucleator
Größe: 20 cm
Verbreitung: Nordeuropa, Nordasien und Nordamerika

Roter Kardinal

Nur das Männchen hat ein prächtiges rotes Gefieder. Das Weibchen ist überwiegend braun gefärbt, hat aber einen roten Schnabel. Der Kardinal frisst Insekten, Früchte, Samen und Knospen. Er kommt auch zu Futterhäuschen.

Roter Kardinal

Cardinalis cardinalis
Größe: 20-23 cm
Verbreitung: Nord- und Mittelamerika

Schneeammer

Die Schneeammer brütet weiter nördlich als alle Landvögel. Manchmal vergräbt sie sich im Schnee, um sich vor Kälte zu schützen. Sie brütet in Felsritzen. Nach der Brutzeit fliegt sie etwas weiter Richtung Süden, um dort zu überwintern. Samen, Insekten und Gräser sind ihre Hauptnahrungsquellen.

Schneeammer

Plectrophenax nivalis
Größe: 16 cm
Verbreitung: Arktis, Nordeuropa, Nordamerika

Meisenwaldsänger

Dieser kleine Singvogel lebt vor allem von Raupen und anderen Insekten, die er in Bäumen findet. Er läuft die Zweige entlang und hüpft von Ast zu Ast auf der Suche nach Beute. Er baut sein Nest in herabhängenden Baumflechten und kleidet es mit Moos und Wurzeln aus. Das Weibchen legt meist vier oder fünf Eier, die sie zwei Wochen bebrütet. Beide Eltern kümmern sich um die geschlüpften Jungen und füttern sie.

Meisenwaldsänger

Parula americana
Größe: 11 cm
Verbreitung: Nordamerika

Haussperling

Der Haussperling oder Spatz ist mittlerweile auf der ganzen Welt verbreitet. Er ist ein sehr häufiger und anpassungsfähiger Vogel. Einige Spatzen wurden 1850 von Europa nach New York gebracht und haben sich seitdem in ganz Amerika ausgebreitet. Samen sind die Hauptnahrungsquelle des Haussperlings, aber er frisst auch Insekten oder lässt sich von Menschen füttern.

Haussperling

Passer domesticus
Größe: 14,5 cm
Verbreitung: Europa, Asien; weltweit eingeführt

Zebrafink

Taeniopygia guttata
Größe: 9 cm
Verbreitung: Australien

Scharlachtangare

Piranga olivacea
Größe: 19 cm
Verbreitung: Osten Nordamerikas

Zebrafink

Zebrafinken leben in großen Schwärmen in Bäumen und fressen am Boden Samen und Insekten. In Trockengebieten warten sie mit der Brut, bis es regnet. Sie bauen ein gewölbtes Nest in einem Baum oder Strauch. Das Weibchen legt vier bis sechs Eier. Der Vogel wird in vielen Farbrassen gezüchtet.

Blutschnabelweber

Quelea quelea
Größe: 12 cm
Verbreitung: Afrika, südlich der Sahara

Scharlachtangare

Die Scharlachtangare nistet meist im Wald, wo sie sich von Bienen, Wespen und anderen Insekten und ihren Larven ernährt. Sie frisst aber auch Früchte. Nach der Brutzeit verlieren die Männchen ihre roten Federn und werden olivgrün wie die Weibchen.

Pirol

Den größten Teil seines Lebens verbringt der Pirol in den Wipfeln der Bäume in Wäldern und Parkanlagen. Er ernährt sich mithilfe seines spitzen Schnabels von Insekten und Früchten. Sein kunstvolles Nest gleicht einer winzigen Hängematte aus Gras, die an einer Astgabel hängt. Das Weibchen legt drei oder vier Eier.

Blutschnabelweber

Schwärme mit Tausenden dieser Vögel bewegen sich wie Wolken am Himmel. Sie fressen Getreide und können ganze Ernten vernichten. Man rückt ihnen deshalb mit allen Mitteln zu Leibe. Blutschnabelweber brüten in Kolonien. Die Weibchen legen zwei oder drei Eier auf einmal in ein nierenförmiges, kunstvoll gewebtes Nest, das von einem Ast herabhängt und an der Seite einen Eingang hat.

Graue Wasseramsel

Dieser kleine Vogel lebt an Bergbächen. Er kann unter Wasser schwimmen und sogar am Grund laufen. Das Weibchen baut ein gewölbtes Nest aus Moos und Gras auf einem Felsbrocken in oder an einem Bach. Die ähnlich lebende europäische Wasseramsel *(Cinclus cinclus)* hat eine weiße Brust sowie in Mitteleuropa ein rotbraunes, in Skandinavien schwarzbraunes Gefieder.

Pirol

Oriolus oriolus
Größe: 24 cm
Verbreitung: Europa, Asien, nordwestliches Afrika

Cinclus mexicanus
Größe: 18-22 cm
Verbreitung: Nordamerika

Graue Wasseramsel

Paradiesvögel

Paradiesvögel verdanken ihren Namen ihrem wunderschönen Gefieder. Sie zählen zu den auffallendsten Vögeln überhaupt. Einige haben ein fast ganz schwarzes Kleid mit leuchtenden Flecken aus schillernden Federn, andere sind glänzend blau, rot und gelb gefärbt. Viele tragen lange, eigenartig geformte Federn auf ihrem Kopf oder an ihrem Schwanz.

Nur die Männchen haben die bunten und dekorativen Kopf- und Schwanzfedern, für die die Paradiesvögel berühmt sind. Die Weibchen sehen ganz anders aus, mit stumpfem, meist braunem Gefieder.

Es gibt mehr als 40 verschiedene Paradiesvogelarten. Sie sind zwischen 13 Zentimeter und über einen Meter groß. Die meisten leben in den Regenwäldern Neuguineas, einer großen Insel nördlich von Australien. Einige finden sich auch auf den nahen Molukken-Inseln und in den Wäldern im Nordosten Australiens. Sie fressen vor allem Früchte, aber auch Insekten, Spinnen und manchmal Frösche und Eidechsen.

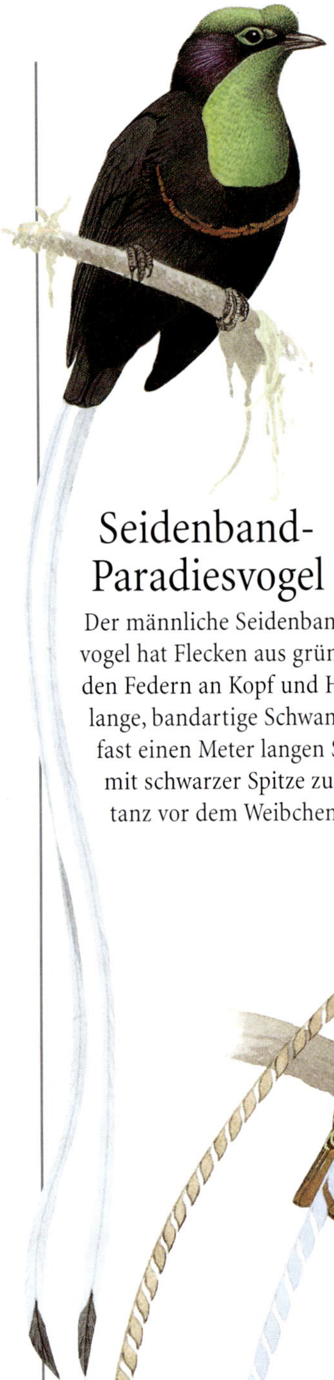

Seidenband-Paradiesvogel

Der männliche Seidenband-Paradiesvogel hat Flecken aus grün schimmernden Federn an Kopf und Hals sowie lange, bandartige Schwanzfedern. Diese fast einen Meter langen Schmuckfedern mit schwarzer Spitze zucken beim Balztanz vor dem Weibchen hin und her.

Albert-Paradiesvogel

Fadenartige Federn setzen sich vom Kopf dieses Vogels bis zu einem halben Meter fort. Deshalb wird er auch Wimpelträger genannt. Beim Balzen hält der Vogel die Federn hoch, während er auf und nieder hüpft und dabei laut zischt. Wenn sich das Weibchen nähert, legt das Männchen ihm die langen Kopffedern zu Füßen. Er folgt ihr, um sich zu paaren. Das Weibchen trägt nur zwei unscheinbare Federohren.

Eine Vorstellung kopfüber

Der Blaue Paradiesvogel hängt sich während der Balz kopfabwärts an einen Zweig, um ein Weibchen heranzulocken. Seine langen Schwanzbänder bilden einen anmutigen Bogen über einer Kaskade von prächtigem blauen Gefieder. Er schwingt hin und her und stößt dabei einen schrillen Ruf aus.

Ein Tanzreigen

Die meisten Paradiesvögel balzen allein, aber Raggis-Paradiesvögel sammeln sich in Gruppen. Wenn Weibchen auftauchen, hüpfen die Männchen herum, schlagen mit den Flügeln und rufen aufgeregt. Jedes versucht dann die anderen mit seinem herrlichen Gefieder auszustechen. Am Höhepunkt des Balztanzes rufen die Vögel mehrfach mit hoher Stimme.

Schwanzfedern

Der Blauköpfige Paradiesvogel hat zwei aufgerollte Schwanzfedern. Beim Balztanz spreizt der Vogel diese Federn im rechten Winkel vom Körper ab. Die kahle Kopfhaut wird durch Linien schwarzer Federchen in blaue Felder unterteilt.

Die auffälligen Farben und prachtvollen Schwanzfedern des **Großen Paradiesvogels** sind märchenhaft anzusehen, wenn der Vogel auf einem Ast im Regenwald sitzt.

Kronentyrann

Der Kronentyrann hat eine verblüffende Haube, die normalerweise flach am Körper anliegt, aber während des Balztanzes wie ein Fächer auf- und zuklappt. Wie alle Tyrannvögel lebt der Kronentyrann von Insekten, die er in der Luft fängt.

Onychorhynchus coronatus
Größe: 16,5 cm
Verbreitung: Mittel- und Südamerika

Töpfervogel

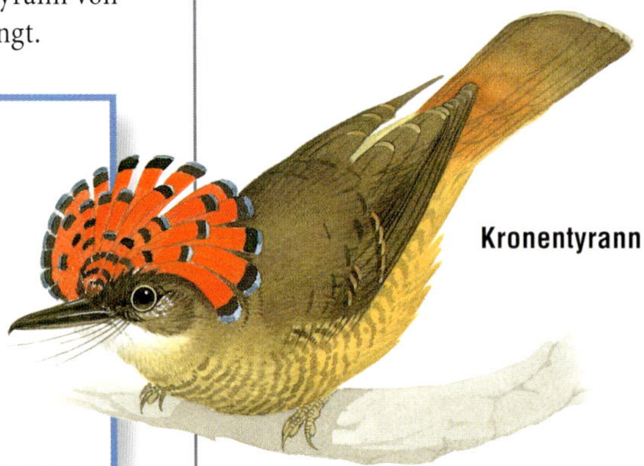

Kronentyrann

Furnarius rufus
Größe: 19-20 cm
Verbreitung: Osten Südamerikas

Töpfervogel

Der Töpfervogel mörtelt Schicht für Schicht aus Lehm und Stroh einen etwa 5 kg schweren Kuppelbau. Er ist durch mehrere Wände in Wohn- und Brutraum unterteilt, in dem die Eltern die Eier ausbrüten. Der Töpfervogel gräbt mit seinem Schnabel in der Erde nach Würmern und Insekten.

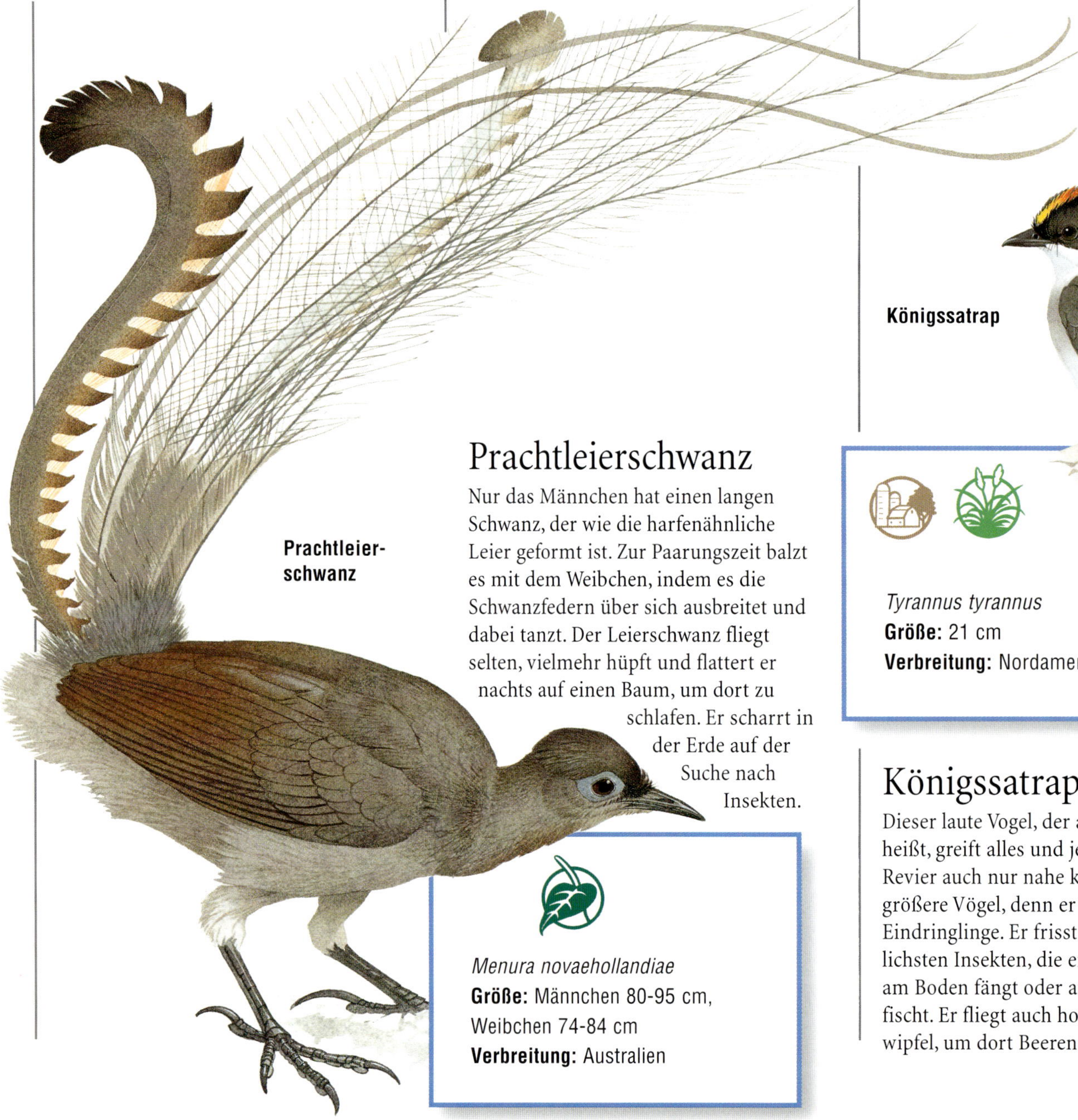

Prachtleier-schwanz

Prachtleierschwanz

Nur das Männchen hat einen langen Schwanz, der wie die harfenähnliche Leier geformt ist. Zur Paarungszeit balzt es mit dem Weibchen, indem es die Schwanzfedern über sich ausbreitet und dabei tanzt. Der Leierschwanz fliegt selten, vielmehr hüpft und flattert er nachts auf einen Baum, um dort zu schlafen. Er scharrt in der Erde auf der Suche nach Insekten.

Menura novaehollandiae
Größe: Männchen 80-95 cm, Weibchen 74-84 cm
Verbreitung: Australien

Königssatrap

Tyrannus tyrannus
Größe: 21 cm
Verbreitung: Nordamerika

Königssatrap

Dieser laute Vogel, der auch Königstyrann heißt, greift alles und jeden an, der seinem Revier auch nur nahe kommt, insbesondere größere Vögel, denn er duldet keine Eindringlinge. Er frisst die unterschiedlichsten Insekten, die er in der Luft oder am Boden fängt oder auch aus dem Wasser fischt. Er fliegt auch hoch in die Baumwipfel, um dort Beeren zu pflücken.

Pitta granatina
Größe: 15 cm
Verbreitung: Malaysia, Sumatra, Borneo

Granatpitta

Granatpitta

Sowohl das Weibchen als auch das Männchen haben kräftig gefärbte Federn; nur die der Jungvögel sind stumpf braun. Dieser Vogel verbringt viel Zeit am Boden, fängt Ameisen, Käfer und andere Insekten. Er frisst auch Samen und Früchte. Manchmal fliegt er kurze Strecken.

Fadenpipra

Pipra filicauda
Größe: 11,5 cm
Verbreitung: Südamerika

Fadenpipra

Nur das Männchen hat ein beeindruckendes schwarz-gelb-rotes Gefieder, aber beide Geschlechter besitzen lange, fädige Schwanzfedern. Das Männchen zeigt sein leuchtend buntes Gefieder beim Balztanz. Die Pipras suchen meistens allein Insekten und Früchte in Wäldern und Kakaoplantagen. Der veraltete Name Schnurrvogel rührt von ihrem Fluggeräusch her, das beim schnellen Flug entsteht.

Grauer Stromtyrann

Dieser Vogel lebt an schnell fließenden Gewässern. Er holt sich oft Insekten von rutschigen, aus dem Wasser herausragenden Steinen und wird dabei leicht klitschnass. Das Brutpaar baut ein becherförmiges Nest, das an einem dünnen Zweig über dem Wasser hängt. Das Weibchen legt zwei Eier, die es bebrütet, während das Männchen in seiner Nähe bleibt. Beide Eltern füttern die Jungen mit Insekten.

Grauer Stromtyrann

Serpophaga cinerea
Größe: 10 cm
Verbreitung: Mittel- und Südamerika

Anden-Klippenvogel

Zur Paarungszeit tanzen die leuchtend bunten Männchen gruppenweise, den roten Federkamm bis über die Schnabelspitze gespreizt. So wetteifern sie um die Gunst der schlichteren Weibchen. Sie hüpfen in die Luft, rufen laut und lassen ihre Flügel schnellen.

Rupicola peruviana
Größe: 38 cm
Verbreitung: nördliche Teile Südamerikas

Anden-Klippenvogel

Langschnabel-Baumsteiger

Der Langschnäblige Baumsteiger benutzt seinen langen Schnabel, um auf den Blättern von Regenwaldpflanzen nach Insekten und Spinnen zu suchen. Seine Beute findet er auch unter Baumrinden. Der meisterhafte Kletterer benutzt seinen kräftigen Schwanz dabei als Stützhilfe. Das Weibchen legt zwei Eier in ein Nest, das in einem Baumloch errichtet wird, und bebrütet sie zwei Wochen.

Langschnabel-Baumsteiger

Nasica longirostris
Größe: 35,5 cm mit Schnabel
Verbreitung: Südamerika

Amerikanische Krähe

Corvus brachyrhynchos
Größe: 43-53 cm
Verbreitung: Nordamerika

Amerikanische Krähe

Dieser große, schwarze Vogel frisst beinahe alles, was er findet, darunter Insekten, Spinnen, Frösche sowie andere Vögel und ihre Eier. Er lebt auch von Abfällen. Die Krähe baut ihr Nest in einem Baum oder Strauch. Das Weibchen legt sechs Eier. Bei uns trifft man die ebenfalls schwarze Saatkrähe *(Corvus frugileus)* und die Rabenkrähe *(Corvus corone corone)* häufig an.

Eremophila alpestris
Größe: 16 cm
Verbreitung: Europa, Asien, Nordamerika, Nordafrika

Ohrenlerche

Ohrenlerche

Das Männchen trägt schwarze Federbüschel auf seinem Kopf, die wie Ohren aussehen. Es stellt sie beim Balztanz hoch oder auch, wenn es sein Revier verteidigt. Ohrenlerchen ernähren sich von Samen, Knospen, Insekten und anderen Kleintieren. Sie bauen ein einfaches Nest aus Pflanzenstängeln am Boden, das sie mit Steinen umgeben. Das Weibchen legt vier Eier.

Elster

Elstern fressen Insekten, Spinnen und Mäuse und holen auch Eier aus den Nestern. Sie bauen ein großes Nest mit Dach in einem Baum oder Strauch. Das Weibchen legt fünf bis acht Eier und bebrütet sie, während das Männchen es mit Nahrung versorgt. Die Elster sammelt gerne glitzernde Gegenstände, was ihr den Beinamen »diebisch« eingebracht hat.

Elster

Pica pica
Größe: 46 cm
Verbreitung: Europa, Nordafrika, Asien, Nordamerika

Raubwürger

Der Raubwürger wartet auf einem Ast auf Insekten. Er stürzt sich auch auf kleine Vögel oder Säugetiere. Gibt es Nahrung im Überfluss, spießt der Raubwürger seine Beute an einem Dorn oder Zweig auf. Zudem ist sein Schlund zu eng, um die Beute als Ganzes hinunterzuschlucken und die unverdaulichen Reste wieder hervorzuwürgen. Den aufgespießten Fang können sie dagegen in Ruhe zerrupfen.

Raubwürger

Lanius excubitor
Größe: 24 cm
Verbreitung: Nordamerika, Asien, Europa, Nordafrika

Wasserpieper

Der Wasserpieper brütet bei uns nur in hohen Bergregionen, meist nah an Bächen. Strenge Winter treiben ihn auch zu niedriger gelegenen Feuchtwiesen und bis zur Nordsee. Er fängt Würmer und Insekten in flachen Wasserbecken oder im Wattenmeer.

Wasserpieper

Anthus spinoletta
Größe: 15-18 cm
Verbreitung: Europa, Asien

Gelbrücken-Nektarvogel

Aethopyga siparaja
Größe: 11,5 cm
Verbreitung: Indien, Sumatra, Borneo, Malaysia

Gelbrücken-Nektarvogel

Dieser Nektarvogel ernährt sich von Blütennektar und Insekten. Er schwebt vor röhrenförmigen Blüten und reicht mit seiner langen Zunge hinein. Wenn er von großen Blüten – beispielsweise Hibiskus – nascht, durchsticht er auch mal die Blütenblätter, um an den Nektar tief im Blütenkelch zu gelangen. Seine beiden mittelsten Schwanzfedern sind verlängert.

Malachit-Nektarvogel

Malachit-Nektarvogel

Dieser Nektarvogel lebt nur auf hoch gelegenen Berghängen. Er ernährt sich vom Nektar exotischer Pflanzen. Aber seine Hauptnahrung sind Insekten, vor allem Fliegen, die er aus der Luft schnappt. Männchen und Weibchen haben leuchtend rote Büschel seitlich der Brust. Beim Männchen sind darüber hinaus die beiden mittelsten Schwanzfedern stark verlängert. Die Honigsauger bauen ein ovales Nest aus feinen Pflanzenhaaren und trockenen Halmen in einem niedrigen Strauch. Das Weibchen legt ein oder zwei Eier.

Nectarinia johnstoni
Größe: Männchen 25,5-30,5 cm; Weibchen 14-15 cm
Verbreitung: Afrika

Kardinalhonigschmecker

Myzomela cardinalis
Größe: 13 cm
Verbreitung: indoaustralische Inseln

Kardinalhonigschmecker

Der Honigschmecker saugt den Nektar aus Blüten und pickt Insekten von Blättern, aber auch vom Boden. Das Weibchen ist blasser gefärbt als das farbenfrohe Männchen. Es hat olivgraue Federn mit roten Flecken. Das becherförmige Nest sitzt oder pendelt frei hängend an einem gegabelten Ast. Das Weibchen legt zwei bis drei Eier.

Blauhäher

Cyanocitta cristata
Größe: 30 cm
Verbreitung: Nordamerika

Gelbbauch-Großsporn

Dieser Vogel verdankt seinen Namen einer fast 5 cm langen Hinterzehe an jedem Fuß und die Spannweite des ganzen Fußes beträgt 9 cm. Auf afrikanischen Feldern ist er häufig zu sehen. Er ernährt sich von Insekten, die er im Gras findet. In der Paarungszeit vollführt das Männchen einen besonderen Balzflug, fächelt mit dem Schwanz und singt. Das Weibchen legt drei oder vier Eier in ein im hohen Gras verstecktes Nest.

Gelbbauch-Großsporn

Macronyx croceus
Größe: 20,5 cm
Verbreitung: Afrika, südlich der Sahara

Blauhäher

In amerikanischen Gärten und Parks sieht man häufig ganze Gruppen dieser lärmenden Vögel. Sie fressen hauptsächlich Samen und Nüsse und verstecken zusätzliche Vorräte für den Winter. Blauhäher ernähren sich auch von Insekten und rauben gelegentlich Eier und Küken aus den Nestern anderer Vögel. Das Brutpaar baut sein Nest in einem Baum oder Strauch und das Weibchen legt zwei bis sechs Eier.

Wie verständigen sich Tiere?

Fast alle Tiere können sich mit anderen Vertretern ihrer Art verständigen. Viele Lebewesen – etwa Vögel, Wale, Hunde und Affen – beherrschen eine Vielfalt von Lauten, die alle eine eigene Bedeutung haben. Andere Tiere verständigen sich mithilfe ihres Geruchssinns. Sie setzen bestimmte Duftstoffe ein, um anderen mitzuteilen, dass sie paarungsbereit sind oder dass ein bestimmtes Gebiet ihr Revier ist. Auch Aussehen und Haltung sind wichtig: Werbende Eidechsen zum Beispiel nicken auf eine bestimmte Art und Weise mit ihrem Kopf, und die Stellung der Ohren zeigt bei Hunden und Katzen, ob sie erfreut, gereizt oder ängstlich sind.

Wie alle wild lebenden Hunde verständigen sich **Kojoten** mit Bellen und Kläffen sowie mithilfe von Schwanz und Ohren, um ihre Stimmung anzuzeigen. Mit ihrem Geheul markieren Kojoten den Besitz eines bestimmten Reviers und warnen rivalisierende Tiere davor, in dieses Gebiet einzudringen.

Mit den Fühlern können männliche **Nachtfalter** den Geruch eines Weibchens wahrnehmen, das mehr als einen Kilometer entfernt ist. Die großen federartigen Antennen der männlichen Seidenspinner sind besonders empfindlich.

Die flügellosen weiblichen **Leuchtkäfer,** auch Glühwürmchen genannt, machen die Männchen mit mehrfachem Aufleuchten auf sich aufmerksam. Jede Art hat ihre eigene Signalabfolge. Das Leuchten entsteht durch eine Kombination mehrerer Stoffe im Hinterteil der Leuchtkäfer.

Grasmücken sind für ihren Gesang bekannt. Der männliche Zistensänger fällt während seines Balzfluges bei der Partnerwerbung besonders auf. Er kann über 30 m hoch steigen und kreist über großen Gebieten. Dann stürzt er senkrecht herab und stößt dabei erregte Töne aus. Knapp über dem Boden fängt er sich.

Männchen

Weibchen

Eine der Scheren der männlichen **Winkerkrabbe** ist viel größer als die andere und bunt gefärbt. Das Männchen hockt außerhalb seines Baus am Meeresstrand und winkt mit seiner Schere, um die Weibchen auf sich aufmerksam zu machen. Die Winkweise unterscheidet sich ein wenig bei den verschiedenen Krabbenarten.

Reptilien

Die ersten Reptilien oder Kriechtiere entstanden vor rund 300 Millionen Jahren aus den Amphibien oder Lurchen. Die zu den Reptilien zählenden Dinosaurier, die vor 225 Millionen Jahren erstmals auftauchten, beherrschten etwa 140 Millionen Jahre lang das Leben auf der Erde.

Heute sind mehr als 6500 Reptilienarten bekannt, darunter gepanzerte Schildkröten, räuberische Krokodile, giftige Schlangen und schnelle Echsen. Sie leben auf allen Kontinenten, ausgenommen der Antarktis. Die meisten Reptilien jagen andere Tiere, aber es gibt auch Pflanzen fressende Schildkröten und Echsen.

Einer der großen Vorteile der Reptilien gegenüber den Amphibien ist der Bau ihrer Eier. Diese Eier haben eine harte Schale, die das heranwachsende Jungtier schützt, sowie einen dotterreichen Nahrungsspeicher, von dem es sich ernähren kann. Daher müssen die Eier nicht im Wasser abgelegt werden, wo ihnen viele Gefahren drohen, sondern werden meist an Land gelegt. Aber bei manchen Reptilienarten tragen die Weibchen sie in ihrem Körper aus, sodass die Jungen als fertige kleine Kriechtiere zur Welt kommen.

Der **Hundskopfschlinger** ist eine grasgrüne Schlange, die viel Zeit in Bäumen verbringt, wo sie ihren schimmernden Körper um einen Ast wickelt. Sie hält Ausschau nach Beute, etwa Vögeln und Fledermäusen, die sie mit ihren scharfen Vorderzähnen fängt und tötet. Diese schnellste aller Boas kann auch gut schwimmen.

Unechte Karettschildkröte

Was ist ein Reptil?

Reptilien sind Wirbeltiere – wie Säugetiere und Vögel haben sie ein Rückgrat aus kleinen Knochen, die Wirbelsäule. Ihre Körper sind mit kräftigen, Wasser abweisenden Schuppen bedeckt. Die meisten Reptilien leben an Land, aber einige Schildkröten und Schlangen sind Wasserbewohner, während Krokodile sowohl im Wasser als auch an Land leben können.

Reptilien sind Kaltblüter, das heißt, sie können ihre Körpertemperatur nicht selbst regulieren. Daher leben die meisten in warmen Klimazonen und baden in der Sonne, um sich zu wärmen. In der Regel suchen sie mittags den Schatten auf, damit sie sich nicht überhitzen.

Verschiedene Reptilien

Vier Reptilienordnungen haben bis heute überlebt: Die Schildkröten haben einen gedrungenen, breiten Körper, der von einem Panzer aus Knochenplatten bedeckt ist. Die Krokodile sind die einzigen Überlebenden der Ordnung, zu der auch die Dinosaurier gehörten. Diese Raubtiere sind die größten lebenden Reptilien. Zur dritten Ordnung (Schuppenreptilien) zählen die Echsen und Schlangen. Alle Schlangen und die meisten Echsen leben räuberisch. Die vierte Ordnung bildet die Brückenechse mit nur einer heute lebenden Art in Neuseeland.

Schildkröten

Europäische Sumpfschildkröte

Brückenechsen

Echsen

Rennechse

Durch das lange Rückgrat und den kräftigen Schwanz ist das **Krokodil** wendig genug, um sich im Wasser fortzubewegen. Seine Beine sind kurz, aber kräftig, und es hat einen langen Kiefer mit vielen scharfen Zähnen.

Schlangen

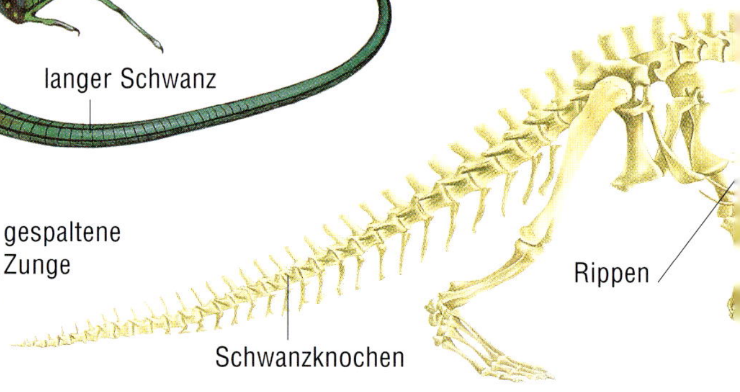

Eier legende Reptilien

Die meisten Reptilien legen Eier, aus denen ihr Nachwuchs schlüpft. Nur einige wenige gebären lebende Junge. Das Ei ist von einer festen Schale umgeben. Innen befindet sich ein Dottersack, der das wachsende Junge ernährt. Das Reptilienbaby wächst in dem Ei heran, bis es bereit ist zu schlüpfen. Es gleicht dann einer verkleinerten Ausgabe des ausgewachsenen Reptils und kann an Land ohne die Pflege der Eltern leben.

Eier ausbrütende Python

Schildkröte bei der Eiablage

Die meisten Reptilien, etwa die **Schildkröten**, legen ihre Eier einfach an einem sicheren Ort ab und überlassen sie zum Schlüpfen sich selbst. Einige Schlangen, beispielsweise die **Pythons**, wickeln sich dicht um die Eier, um sie warm zu halten.

Krokodile

Skelett eines Nilkrokodils

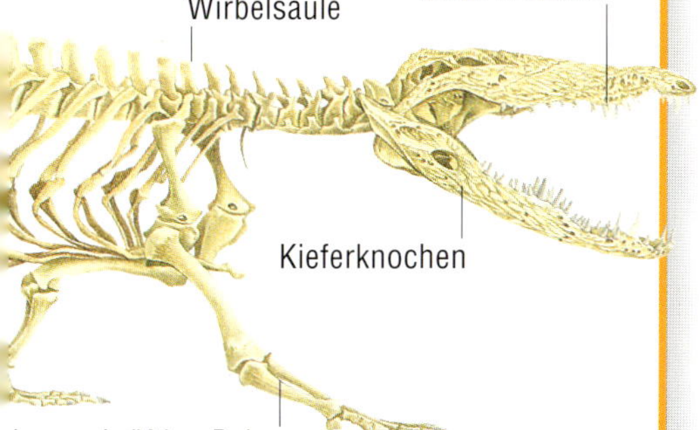

Reptilien der Frühzeit

Die ersten Dinosaurier lebten vor etwa 225 Millionen Jahren. Sie waren damals die erfolgreichsten Reptilien überhaupt. Wie ihre heutigen Verwandten besaßen sie eine ledrige Haut und legten Eier. Viele, etwa der *Lambeosaurus*, ernährten sich von Pflanzen. Andere wie der *Tyrannosaurus rex* waren gefürchtete Raubtiere.

Lambeosaurus mit Jungen

Krokodile und Schildkröten

Diese beiden Reptilienordnungen sind unterschiedlich gepanzert: Schildkröten haben meist eine harte Schale aus Horn- und Knochenplatten, die ihren weichen Körper schützt. Der Körper des Krokodils ist mit harten Schuppen bedeckt und am Rücken zusätzlich durch verknöcherte Hornplatten geschützt. Zu den Schildkröten zählen Süßwasserarten, Sumpfschildkröten, sowie Land- und Meeresschildkröten. Die Ordnung der Krokodile umfasst neben den Echten Krokodilen die Alligatoren und Kaimane sowie den Gavial, von dem nur eine Art bekannt ist.

Krokodile

Zu den Krokodilen oder Panzerechsen zählen 14 Arten der Echten Krokodile, sieben Alligator- und Kaimanarten und eine Art der Gaviale oder Schnabelkrokodile. Sie alle sind kräftige Lebewesen, die an Land und im Wasser leben und verschiedene Tiere jagen. Sie kommen in tropischen und subtropischen Gegenden vor. In der Regel sehen beide Geschlechter gleich aus, aber die Männchen werden meist etwas größer. Krokodile haben ein Paar lange Zähne vorne am Unterkiefer zum Packen der Beute. Bei Echten Krokodilen passen diese Zähne in eine Furche an der Außenseite des Oberkiefers, sodass sie bei geschlossenem Kiefer sichtbar sind. Bei Alligatoren und Kaimanen fügen sich die Zähne in Aussparungen im Oberkiefer ein und sind bei geschlossenem Maul unsichtbar.

Alligator mississippiensis
Größe: bis 6 m
Verbreitung: Südosten der USA

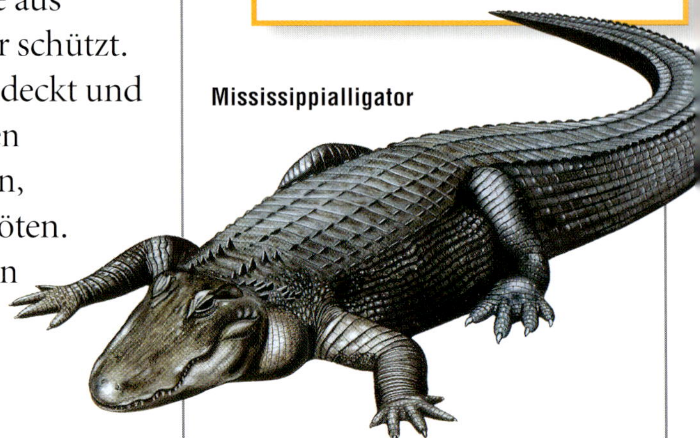

Mississippialligator

Mississippialligator

Vor einiger Zeit waren diese Alligatoren fast ausgerottet, weil sie wegen ihrer Haut stark bejagt wurden. Die Bemühungen zum Schutz dieser Art waren sehr erfolgreich, sodass die Bestände heute wieder zunehmen. Die Mississippialligatoren paaren sich meist im Frühjahr. Das Weibchen legt etwa 50 Eier in einen bis zu einem Meter hohen Haufen aus Blättern und anderem Pflanzenmaterial und bewacht die Eier, bis die Jungen laut quäkend auf sich aufmerksam machen. Sie bleiben bis zu drei Jahre bei ihrer Mutter.

Gavialis gangeticus
Größe: bis 7 m
Verbreitung: Nordindien, Nepal

Ganges-Gavial

Ganges-Gavial

Der Gavial hat einen langen Kiefer, der dicht mit etwa 100 kleinen Zähnen besetzt ist – hervorragend geeignet, um Fische und Frösche im Wasser zu schnappen. Von allen Krokodilen verbringt er am meisten Zeit im Wasser. Er bewegt sich an Land nur schwerfällig und verlässt das Wasser kaum, außer zur Eiablage. Das Weibchen legt in einer Nacht 35 bis 60 Eier in eine Grube am Flussufer, die es mit seinen Hinterfüßen gräbt. Es bleibt in der Nähe der Eier, bis nach zwei bis drei Monaten die Jungen schlüpfen. Wie alle Krokodile wurde auch der Gavial wegen seiner Haut gejagt und ist daher heute selten geworden.

Sumpfkrokodil

Das Sumpfkrokodil ist ein kräftiges Tier mit einer breiten, schweren Schnauze. Ausgewachsene Tiere können große Säuger fangen, etwa Hirsche und Büffel, aber sie fressen auch Frösche, Schlangen und Schildkröten. Die jungen Sumpfkrokodile leben von Insekten und anderen Kleintieren. Zur Brutzeit legen die Weibchen 25 bis 35 Eier in ein Loch am Flussufer. Sie haben im Laufe des Jahres oft ein zweites Gelege.

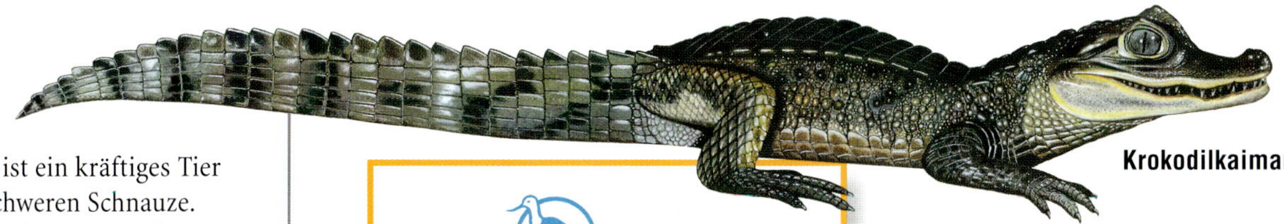

Krokodilkaiman

Caiman crocodilus
Größe: 2,70 m
Verbreitung: Nordostküste Südamerikas

Krokodilkaiman

Dieser Kaiman, der zur Gattung der Brillenkaimane gehört, kann sich sehr gut anpassen. Sehr bald besiedelt er Gewässer, die der Mensch geschaffen hat, etwa Stauseen oder Wasserstellen für das Vieh. Die jungen Kaimane fressen überwiegend Insekten, Krabben und andere Wirbellose. Ausgewachsene Tiere leben von Fischen und Wasserschnecken. Zur Brutzeit baut das Weibchen ein Nest aus Erde und Blättern und legt bis zu 40 Eier. Die Zahl der Kaimane ist stark rückläufig, weil viele von ihnen wegen ihrer Haut gejagt und getötet wurden. Den Gattungsnamen erhielten sie, weil sie eine brillenähnliche Querleiste zwischen den Augen haben.

Sumpfkrokodil

Crocodylus palustris
Größe: bis zu 5 m
Verbreitung: Indien

Stumpfkrokodil

Osteolaemus tetraspis
Größe: 1,90 m
Verbreitung: tropisches Westafrika

Stumpfkrokodil

Dieses kleine Krokodil ähnelt den Glattstirnkaimanen der Neuen Welt, gehört aber zu den Echten Krokodilen. Es ist in den letzten Jahren selten geworden, weil sich die Flüsse und Seen seiner Heimat verändert haben und weil es rücksichtslos gejagt wird. Dieses langsame und recht ungefährliche Tier ist leicht zu fangen und zu töten. Über das Leben des Stumpfkrokodils ist wenig bekannt, aber es ist vermutlich nachts aktiv und frisst dann Krebse, Frösche und Fische. Das Weibchen legt etwa 20 Eier in einen Haufen aus Blättern und anderem Pflanzenmaterial.

Crocodylus porosus
Größe: über 7 m
Verbreitung: Südindien, Indonesien, Nordaustralien

Leistenkrokodil

Dieses ist eines der größten und gefährlichsten Krokodile. Es verbringt viel Zeit im Meer und fängt dort Fische, aber es jagt auch Tiere an Land, beispielsweise Affen, Rinder und Büffel. Das Weibchen legt am Ufer in einem Pflanzenhaufen bis zu 80 Eier ab. Da viele Krokodile salzhaltige Nahrung aufnehmen, scheiden sie das überschüssige Salz über Tränendrüsen aus.

Leistenkrokodil

Nilkrokodile

Anders als bei den meisten Reptilien sind die Weibchen der Nilkrokodile fürsorgliche Mütter. Nach der Paarung, die im Wasser stattfindet, spielt das Männchen keine weitere Rolle bei der Aufzucht seiner Familie. Das Weibchen gräbt mit seinen Hinterbeinen eine Grube in der Nähe des Flusses und legt dort zur Nachtzeit bis zu 60 Eier. Es bedeckt das Nest mit Erde und bleibt ganz in der Nähe, während die Eier drei Monate ausbrüten. Es verlässt die Umgebung des Nestes in dieser Zeit nicht einmal zur Nahrungssuche. Die Nester mehrerer Weibchen liegen oft sehr dicht beieinander. Wenn die jungen Krokodile schlüpfbereit sind, quäken sie durch die Schalen hindurch nach ihrer Mutter. Sie trägt das Nest ab, damit die Jungen herauskönnen. Die Mutter kümmert sich noch etwa sechs Monate lang um ihre Jungen, bis diese etwa 45 cm lang sind und selbst Nahrung suchen können.

Das Krokodilnest

Das Nest liegt meist in Wassernähe an einem sandigen Ufer. Es ist 20 bis 45 cm tief. Wenn das Weibchen die Eigrube ausgegraben hat, bettet es sich darüber und legt die Eier darin ab. Viele Krokodilarten verwenden für den Nestbau auch Pflanzenmaterial, das in der Hitze tagsüber vermodert und so auch nachts Wärme abgibt.

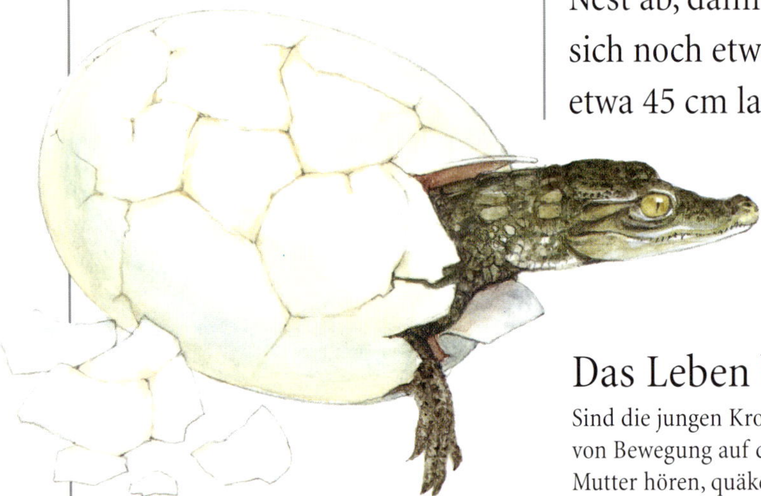

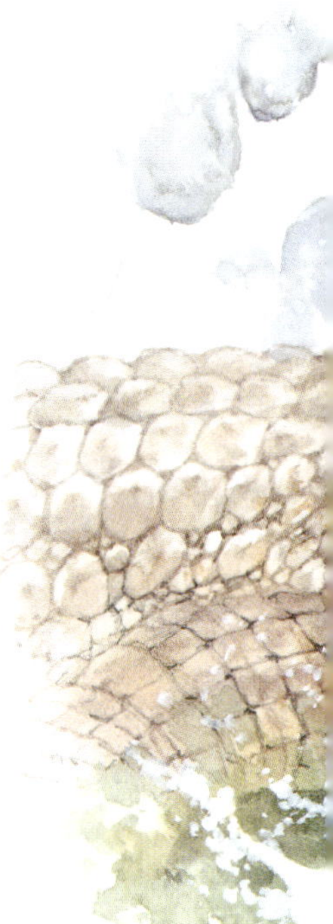

Das Leben beginnt

Sind die jungen Krokodile reif zum Schlüpfen, bemerken sie jede Art von Bewegung auf der Erde über ihnen. Sobald sie die Schritte ihrer Mutter hören, quäken sie laut, dass man sie aus 4 m Entfernung noch hören kann. Wenn die Krokodilmutter das Nest abgetragen hat, befreien sich die Jungen mithilfe ihres scharfen Eizahns aus dem Ei. Manchmal hilft die Mutter den Kleinen sich aus dem Ei zu befreien. Wenn die Jungen geschlüpft sind, müssen sie schnell Schutz suchen vor den vielen Gefahren, die draußen auf sie warten. Die Mutter hebt die Kleinen hoch, mehrere auf einmal, und trägt sie zu einem sicheren Aufzuchtsort. Dabei schließt sie ihr Maul nicht, und die winzigen Krokodilbabys sehen hinter den großen scharfen Zähnen der Mutter wie Gefangene hinter Gittern aus. Sie entlässt die Jungen in ein ruhiges Wasserbecken und verteidigt sie energisch, wenn Feinde in die Nähe kommen.

Nilkrokodile leben nicht nur im Nil. Man findet sie in Flüssen und Seen im gesamten tropischen und südlichen Afrika. Ausgewachsene Nilkrokodile können mehr als fünf Meter lang werden.

Raubtier

Das Nilkrokodil ist ein gefürchtetes Raubtier. Es lauert im Wasser – oft sind nur seine Augen und Ohren über der Wasseroberfläche sichtbar – und wartet auf Beutetiere, die zum Trinken an das Flussufer kommen. Das Krokodil packt dann seinen Fang, zieht ihn unter Wasser und ertränkt das Tier. Anschließend reißt es Fleischstücke aus dem Körper des Opfers.

Schildkröten

Es gibt etwa 250 lebende Schildkrötenarten. Sie besitzen einen harten Panzer aus Hornschilden, der den weichen Körper schützt. Der Panzer besteht aus zwei Teilen an Rücken und Bauch, die über eine weiche oder verknöcherte Brücke verwachsen sind. Die Rippen und die meisten Wirbel sind mit dem Panzer verbunden. Viele Schildkröten können zudem ihren Kopf zum Schutz unter den Panzer ziehen. Die Tiere kauen ihre Nahrung mit ihrem harten Kiefer aus Horn, den sie anstelle von Zähnen besitzen. Alle Schildkröten legen Eier. Die meisten vergraben sie im Sand oder in der Erde und überlassen die Jungen sich selbst, die später allein ihren Weg hinaus finden müssen.

Arrauschildkröte

Podocnemis expansa
Größe: bis 100 cm
Verbreitung: nördliches Südamerika

Arrauschildkröte

Dies ist die größte Art der so genannten Halswender-Schildkröten – sie ziehen ihren Kopf zurück, indem sie ihn seitwärts unter den Panzer schieben. Zur Eiablage versammeln sich die Weibchen in großer Zahl auf Sandbänken. Wenn die Jungen geschlüpft sind, müssen sie alleine ihren Weg ins Wasser finden.

Batagur-Schildkröte

Diese große Pflanzen fressende Schildkröte lebt sowohl im Salzwasser als auch in Flüssen. Sie legt ihre Eier auf Sandstränden ab, daher ist es für Menschen nicht schwer, sie zu fangen und ihre nahrhaften Eier auszugraben. In Malaysia werden die Eier mittlerweile in Zuchtfarmen gebracht, um diese Schildkrötenart vor dem Aussterben zu retten. Die Jungen leben in geschützten Becken, bis sie zwei Jahre alt sind.

Batagur-Schildkröte

Batagur baska
Größe: 60 cm
Verbreitung: Südostasien

Waldbachschildkröte

Diese recht grob gepanzerte Schildkröte lebt in Wassernähe, aber überwiegend an Land. Sie ist ein guter Kletterer und frisst Früchte, Würmer und Insekten. Im Mai oder Juni legen die Weibchen sechs bis acht Eier. Manchmal schlüpfen die Jungen vor dem Herbst, aber in ihrem nördlichen Verbreitungsgebiet überwintert der Nachwuchs dieser Schildkrötenart bis zum nächsten Frühjahr in den Eiern.

Clemmys insculpta
Größe: bis 25 cm
Verbreitung: USA

Waldbachschildkröte

Schmuckschildkröte

Pseudemys scripta
Größe: bis 30 cm
Verbreitung: Nord- und Mittelamerika (bis Brasilien)

Buchstaben-Schmuckschildkröte

Diese Schildkröte entfernt sich kaum jemals vom Wasser und sonnt sich häufig auf treibenden Baumstämmen. Die Jungtiere fressen vorwiegend Insekten, Kaulquappen und andere kleine Wirbellose. Mit zunehmendem Alter ernähren sie sich auch pflanzlich. Im Sommer legt das Weibchen bis zu drei Gelege mit mehreren Eiern ab.

Galapagos-Riesenschildkröte

Diese riesige Schildkröte, auch Elefantenschildkröte genannt, kann mehr als 215 kg wiegen, wobei die Männchen meist größer sind als die Weibchen. Sie lebt an Land und frisst beinahe jede Pflanze, die sie findet. Bei einigen dieser Schildkröten ist der Panzer am Kopf nach oben gebogen, sodass sie sogar höhere Pflanzen erreichen können. Das Weibchen gräbt mit seinen Hinterfüßen ein Loch, in das es bis zu 17 Eier legt. Es bedeckt die Eier mit Erde und verlässt sie dann. Die Jungen befreien sich nach dem Schlüpfen selbstständig aus der Eigrube.

Galapagos-Riesenschildkröte

Testudo elephantopus
Größe: bis 120 cm
Verbreitung: Galapagos-Inseln

Spaltenschildkröte

Diese bemerkenswerte Schildkröte hat einen kaum verknöcherten weichen, biegsamen Panzer. Bei Gefahr flüchtet sie in einen Felsspalt und atmet sehr viel Luft ein – dadurch dehnt sich ihr Körper so weit aus, dass sie sich im Spalt verklemmt und kaum herauszuziehen ist. Doch diese Strategie schützt die Schildkröte nicht vor Jägern, die sie in großer Zahl für den Tierhandel fangen.

Spaltenschildkröte

Malacochersus tornieri
Größe: 15 cm
Verbreitung: Afrika

Maurische Landschildkröte

Diese Schildkröte ist der Griechischen Landschildkröte *(T. hermanni)* sehr ähnlich und kommt in der trockenen Gestrüpplandschaft am Mittelmeer vor. Landwirtschaft und Tourismus haben ihren Lebensraum stark verändert. Sie sind heute selten geworden, weil sie millionenfach gefangen und als Haustiere verkauft wurden. Der Handel ist in vielen Ländern inzwischen verboten.

Testudo graeca
Größe: 15 cm
Verbreitung: Nordafrika, Südwest- und Südost-Europa, Vorderasien

Maurische Landschildkröte

Gezähnelte Gelenkschildkröte

Kinixys erosa
Größe: 33 cm
Verbreitung: West- und Zentralafrika

Gezähnelte Gelenkschildkröte

Diese Schildkröte fängt einige kleine Tiere, lebt aber überwiegend von Pflanzen. Sie verbringt viel Zeit in Verstecken aus Pflanzenabfällen. Ihr Panzer ist einzigartig: Durch ein Gelenk kann der hintere Teil des Rückenpanzers heruntergeklappt werden, sodass das Hinterteil des Tieres bei einem Angriff geschützt ist. Den jungen Tieren fehlt das Gelenk noch – es entwickelt sich später.

Fransen-schildkröte

Dank ihrer eigenwilligen Form kann sich diese Schildkröte, die auch Matamata heißt, gut zwischen den Blättern am Flussgrund verbergen. Fleischige Hautlappen an beiden Seiten des Kopfes treiben im Wasser und ziehen kleine Fische an. Wenn die Beute nahe genug ist, öffnet die Schildkröte ihr großes Maul und der Schwall einströmenden Wassers reißt den Fisch mit. Dann schließt sie ihr Maul so weit, dass durch den entstehenden Schlitz nur noch das Wasser abfließen kann.

Fransenschildkröte

Chelus fimbriatus
Größe: 40 cm
Verbreitung: Norden Südamerikas

Echte Karettschildkröte

Karettschildkröten sind lange Zeit wegen ihrer schönen Panzer und ihrer Eier gejagt worden. Mittlerweile unterliegt die Jagd genauen Kontrollen, aber der Tierbestand ist immer noch niedrig. Karettschildkröten haben einen ungewöhnlichen Speiseplan: Sie fressen nicht nur Weich- und Schalentiere, sondern auch Schwämme. Viele Schwämme enthalten Giftstoffe, die aber offensichtlich den Schildkröten nichts anhaben können.

Eretmochelys imbricata
Größe: 76-91 cm
Verbreitung: tropische Bereiche des Atlantiks, Pazifiks und Indischen Ozeans, Karibik

Echte Karett-schildkröte

Breitband-Spitzkopf-schildkröte

Emydura macquarri
Größe: 30 cm
Verbreitung: Südostaustralien

Breitband-Spitzkopfschildkröte

Die Panzerform dieser Kurzhalsschildkröte ändert sich im Laufe ihrer Entwicklung. Die frisch geschlüpften Jungen haben fast kreisrunde Panzer. Mit zunehmendem Alter werden die Panzer hinten breiter und sind im Erwachsenenalter schließlich oval. Diese recht lebhaften Schildkröten ernähren sich von Fröschen, Kröten und Pflanzen. Im Sommer gräbt das Weibchen ein Loch am Flussufer, in das sie zwischen 10 und 15 Eier ablegt. Die Jungen schlüpfen nach zehn bis elf Wochen.

Lederschildkröte

Diese größte Schildkröte der Welt kann bis zu 600 kg wiegen. Ihr Panzer besteht im Gegensatz zu anderen Schildkröten nicht aus harten Platten, sondern aus einer dicken, lederartigen Haut. Die Lederschildkröte hat einen hakenförmigen Mund und frisst überwiegend Quallen und andere Meerestiere. Zwischen der Brutstätte und den Gebieten, wo sie Nahrung findet, legt sie große Entfernungen zurück. Die meisten Lederschildkröten legen nur jedes zweite Jahr Eier. Die frisch geschlüpften Jungen haben kleine Schuppen auf ihrem Panzer und ihrer Haut, die aber bald verschwinden.

Lederschildkröte

Dermochelys coriacea
Größe: bis 200 cm
Verbreitung: tropische Bereiche des Atlantiks, Pazifiks und Indischen Ozeans

Sternotherus odoratus
Größe: bis 14 cm
Verbreitung: USA

Gewöhnliche Moschusschildkröte

Gewöhnliche Moschusschildkröte

Diese Schildkröte scheidet eine unangenehm riechende Flüssigkeit aus, wenn sie angegriffen wird. Sie frisst Insekten und Weichtiere, aber auch Aas (bereits gestorbene Tiere) sowie gelegentlich Fische und Pflanzen. Sie lebt meist in der Nähe eines stehenden, dicht bewachsenen und häufig trüben Gewässers.

Dornrand-Weichschildkröte

Weichschildkröten haben biegsame Panzer ohne harte Platten. Sie können sich an Land und im Wasser schnell fortbewegen, verbringen aber die meiste Zeit im Wasser. Sie fressen Insekten, Tintenfische sowie Fische und Pflanzen. Die Weibchen legen im Sommer etwa 20 Eier.

Trionyx spiniferus
Größe: 15-46 cm
Verbreitung: Nordamerika

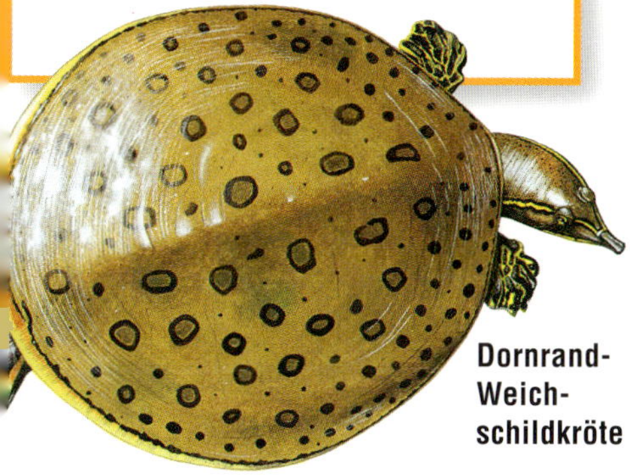

Dornrand-Weichschildkröte

Unechte Karettschildkröte

Caretta caretta
Größe: 76-102 cm
Verbreitung: gemäßigte und tropische Bereiche von Pazifik, Indischem Ozean und Atlantik

Unechte Karettschildkröte

Diese Schildkröte hat einen klobigen Kopf, der bis zu 25 cm breit sein kann, und einen kräftigen Kiefer. Sie kann so hartschalige Beute wie Muscheln zermahlen, aber sie frisst auch Quallen und Pflanzen. Ihr schwerer Panzer ist am hinteren Ende verdickt, was sie möglicherweise vor Angriffen der Haie schützt. Unechte Karettschildkröten legen meist alle zwei Jahre mehrere Gelege von je etwa 100 Eiern ab.

Suppenschildkröte

Diese Schildkröte verbringt die meiste Zeit im Wasser und frisst Algen und Seegras. Sie legt oft riesige Entfernungen zurück, um die Eier an dem Strand abzulegen, wo sie selbst zur Welt kam. Das Weibchen gräbt ein Loch in den Sand, in das sie mehr als 100 Eier ablegt. Es bedeckt sie mit Sand und kehrt zum Meer zurück. Die ausgeschlüpften Jungen müssen sich selbst befreien und den Weg zum Wasser finden. Suppenschildkröten wurden wegen ihres schmackhaften Fleisches gejagt und sind heute geschützt.

Chelonia mydas
Größe: 100-125 cm
Verbreitung: tropische Bereiche des Atlantiks, Pazifiks und Indischen Ozeans

Suppenschildkröte

Geierschildkröte

Diese Schildkröte kann bis zu 100 kg schwer werden. Sie hat einen unregelmäßigen höckerigen Panzer, wodurch sie am Flussgrund schwer zu erkennen ist. Dort lauert sie auf Beute, ihr großes Maul weit aufgesperrt, sodass ein hellroter zipfeliger Fleischlappen auf ihrer Zunge sichtbar wird. Vorbeischwimmende Fische wollen nach diesem »Köder« schnappen und werden von der Schildkröte prompt geschluckt oder mit ihrem kräftigen Kiefer zerteilt.

Macroclemys temmincki
Größe: bis 75 cm
Verbreitung: Zentral-USA

Geierschildkröte

Echsen und Schlangen

Echsen und Schlangen gehören zu den Schuppenkriechtieren, einer großen Reptilienordnung, deren Vertreter mit Schuppen bedeckte Körper besitzen. Es gibt mindestens 4000 verschiedene Echsenarten, die über die ganze Erde verteilt leben, ausgenommen im hohen Norden und in der Antarktis. Die meisten von ihnen leben auf dem Boden oder in Bäumen, nur die Meerechse verbringt ihr Leben überwiegend im Meer. Es gibt 2700 Schlangenarten. Auch sie leben häufig in den warmen Gegenden der Erde. Im hohen Norden und in der Antarktis kommen keine Schlangen vor. Die meisten Schlangen sind Landbewohner, aber es gibt auch einige Süß- und Salzwasserarten.

Sauromalus obesus
Größe: 28-42 cm
Verbreitung: Süden Nordamerikas

Chuckwalla

Die schwerfällige Echse liegt nachts zwischen Felsen und kommt morgens heraus, um in der Sonne zu baden und so ihren Körper zu erwärmen. Dieser amerikanische Wüstenleguan verbringt die Tage damit, Blätter, Knospen und Blüten zu fressen. Bei Gefahr verbirgt er sich in Felsspalten und bläst seinen Körper mit Luft so weit auf, bis er sich verankert und kaum noch zu bewegen ist.

Echsen

Echsen bilden die größte Gruppe der lebenden Reptilien. Zu ihnen gehören winzige, etwa 7 cm lange Geckos, aber auch die bis zu 3 m großen Komodo-Warane. Die meisten Echsen sind Vierbeiner, aber es gibt auch einige beinlose Arten und andere, etwa die Skinks und die Schlangengürtelechsen, haben sehr kurze Beine. Die meisten besitzen Ohröffnungen und bewegliche Augenlider. Fast alle Echsen legen ihre Eier in ein Loch oder an einem sicheren Ort unter Steinbrocken und kümmern sich nicht weiter um sie. Nur einige Arten tragen die Eier in ihrem Körper, bis die Jungen recht weit entwickelt sind. Diese schlüpfen unmittelbar, nachdem die Eier gelegt sind.

Palmatogecko rangei
Größe: 12 cm
Verbreitung: Südwestafrika (Wüste Namib)

Wüstengecko

Dieser seltene, in der Wüste lebende Gecko hat Schwimmhäute an den Füßen, die ähnlich wie Schier im Schnee ein Versinken im weichen Sand verhindern. Er benutzt auch seine Füße, um sich im Sand zu vergraben, wenn er sich vor Feinden oder der versengenden Sonne verbergen will. Er sitzt in seinem Bau mit dem Kopf zum Eingang und wartet auf Insektenbeute wie Termiten.

Madagassischer Plattschwanzgecko

Das Muster auf dem Körper dieses Geckos ähnelt einer Baumrinde und dient ihm als Tarnung, wenn er auf einem Baum kauert. Er frisst nachts Insekten. Hinterher schleckt er sich mit der Zunge gründlich ab. Alle Geckos haben Haftzehen, mit denen sie überall hochklettern können.

Uroplatus fimbriatus
Größe: 20 cm
Verbreitung: Madagaskar

Arabische Krötenkopf-Agame

Die Krötenkopf-Agamen sind die kleinsten Vertreter der Agamen-Familie. Diese Echse gräbt Tunnel als Schutzbauten oder vergräbt sich selbst im Sand. Bei Gefahr nimmt die Agame eine Verteidigungshaltung an, um den Feind abzuschrecken: Sie hebt den Schwanz hoch und rollt ihn ab und wieder auf.

Arabische Krötenkopf-Agame

Phrynocephalus nejdensis
Größe: bis 12 cm
Verbreitung: Südwestasien

Brückenechse

Diese Ordnung mit nur einer einzigen Art stellt ein »lebendes Fossil« dar. Die Verwandten der Brückenechse oder Tuatara haben bereits vor 130 Millionen Jahren gelebt. Brückenechsen sind Bodenbewohner und suchen in Bauten Schutz. Sie fressen Insekten sowie kleine Vögel und Echsen.

Brückenechse

Sphenodon punctatus
Größe: bis 65 cm
Verbreitung: Neuseeland

Grüner Leguan

Iguana iguana
Größe: bis 220 cm (davon etwa 45 cm KRL, Rest SL)
Verbreitung: Südamerika; in Nordamerika eingeführt

Grüner Leguan

Dieser Leguan lebt in Bäumen, kann aber auch gut schwimmen. Daher hält er sich an Flussufern auf. Er hat scharfe Zähne und Klauen, mit denen er sich energisch verteidigt, wenn er angegriffen wird. Im Herbst legt das Weibchen 28 bis 40 Eier in ein Loch am Boden, wo sie drei Monate ausbrüten. Die frisch geschlüpften Jungen sind etwa 20 cm lang.

Nashornleguan

Diese Echse verdankt ihren Namen den Hornhöckern auf ihrer spitzen Schnauze. Der Nashornleguan kommt nur auf zwei kleinen karibischen Inseln vor. Er lebt zwischen Dornbüschen und Kakteen und ernährt sich überwiegend von Pflanzen, Würmern und Mäusen. Er hat einen sehr kräftigen Schwanzschlag. Verschiedene Tiere, die auf die Inseln gebracht wurden, gefährden sein Überleben – etwa Schweine, Hunde, Katzen und Mangusten. Sie fressen seine Eier und die Jungtiere.

Nashornleguan

Cyclura cornuta
Größe: bis 120 cm
Verbreitung: Westindische Inseln

Meerechse

Meerechse

Die Meerechse ist die einzige Echse, die ihr Leben überwiegend im Meer verbringt. Sie schwimmt und taucht auf der Suche nach Algen, ihrer Hauptnahrung. Im Wasser bewegt sich die Meerechse mithilfe ihres kraftvollen Schwanzes voran. Sie muss zum Luftholen an die Oberfläche kommen, aber beim Tauchen kann sie die Geschwindigkeit ihres Herzschlages herabsetzen, sodass ihr Körper weniger Sauerstoff verbraucht.

Amblyrhynchus cristatus
Größe: bis 175 cm
Verbreitung: Galapagos-Inseln

Xantusia vigilis
Größe: 10-12 cm
Verbreitung: Südwesten der USA

Yucca-Nachtechse

Yucca-Nachtechse

Diese Echse lebt zwischen Wüstenpflanzen, beispielsweise in morschen Stämmen von Yucca-Palmen und Agaven. Sie frisst Termiten, Ameisen, Fliegen und Käfer. Die Weibchen legen keine Eier, sondern gebären nach einer Tragezeit von 90 Tagen ein bis drei lebende Junge. Sie entwickeln sich im Körper der Mutter und bekommen von ihr alle Nährstoffe, die sie benötigen.

Ameive

Diese äußerst lebhafte Echse jagt am Boden. Sie ist prächtig gefärbt und hat eine lange, gespaltene Zunge, mit der sie Insekten und andere Tiere fängt. Die Weibchen sind kleiner als die Männchen und ihr Körper ist nicht gepunktet, sondern gestreift.

Ameiva ameiva
Größe: 15-63,5 cm
Verbreitung: Mittel- und Südamerika (östlich der Anden); in Florida eingeführt

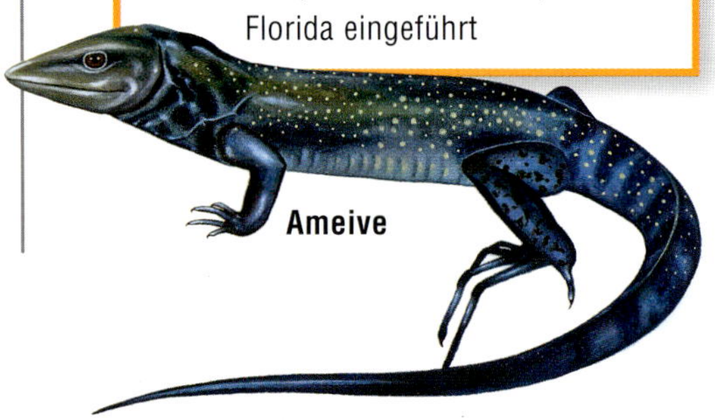

Ameive

Rotkehl-Anolis

Anolis carolinensis
Größe: 12-20 cm
Verbreitung: Süden der USA

Rotkehl-Anolis

Dank ihrer langen Haftzehen kann die Anolis in den Bäumen hochklettern, wo sie nach Insekten und Spinnen sucht. Das Männchen hat eine aufrichtbare Kehlwamme in Rosa, die es wedelnd zur Schau stellt, um Weibchen zu werben. Nach der Paarung legt das Weibchen ein Ei am Boden zwischen Blättern oder Steinen ab – und wiederholt dies alle zwei Wochen während der Brutzeit. Die Jungen schlüpfen nach etwa fünf bis sieben Wochen.

Gila-Krustenechse

Heloderma suspectum
Größe: bis 60 cm
Verbreitung: Südwesten Nordamerikas

Gila-Krustenechse

Die Krustenechsen sind die einzigen giftigen Echsen. Ihre Giftdrüsen sitzen (anders als bei den Schlangen) im Unterkiefer. Wenn die Krustenechse ihre Beute beißt, fließt Gift in die Wunde. Das kann für kleine Nagetiere, Küken oder Frösche tödlich sein. Wenn Nahrung knapp ist, kann die Krustenechse von Fettreserven in ihrem Schwanz leben.

Westliche Blauzunge

Diese plumpe Echse hat einen großen Kopf, breiten Körper und winzige Beine. Der Schwanz ist mäßig lang. Die Blauzunge ist selten angriffslustig. Sie sucht tagsüber Insekten, Schnecken und Beeren. Manchmal versteckt sie sich vor der brennenden Sonne in einem Kaninchenbau. Auch diese Echse ist lebend gebärend. Die Jungen wachsen im Körper des Weibchens heran und kommen voll entwickelt zur Welt.

Tiliqua occipitalis
Größe: 45 cm
Verbreitung: Südwest- und Mittelaustralien

Westliche Blauzunge

Varanus komodoensis
Größe: bis 3 m
Verbreitung: Insel Komodo und andere indonesische Inseln

Komodo-Waran

Gegen diesen Waran sind alle anderen Echsen Winzlinge. Er ist groß und stark genug, um Hirsche und Wildschweine zu töten. Der Komodo-Waran hat einen schweren Körper, einen langen, dicken Schwanz und starke Beine mit einer Art Krallen. Trotz seiner Größe ist er ein guter Kletterer und bewegt sich erstaunlich geschickt. Er schwimmt auch gut und lebt häufig nahe am Wasser.

Komodo-Waran

Kragenechse

Diese berühmte Echse hat einen Hautkragen, der normalerweise gefaltet um ihren Hals liegt. Aber wenn das Tier gestört wird, richtet sich der Kragen wie eine Manschette auf, sodass die Echse größer und gefährlicher aussieht, als sie tatsächlich ist. Die Kragenechse ernährt sich von Insekten und anderen Tieren, die sie auf Bäumen und am Boden findet.

Kragenechse

Chlamydosaurus kingii
Größe: 80-90 cm
Verbreitung: Australien und Neuguinea

Transvaal-Schlangenechse

Mit schlangenartigen Bewegungen ihres langen Körpers und Schwanzes windet sich diese Echse durch das Gras auf der Suche nach Insekten und Spinnen. Ihre winzigen fünffingerigen Beine hält sie oft vom Boden weg, wenn sie sich bewegt. Die zwei bis vier Eier des Weibchens entwickeln sich in ihrem Körper. Die vollständig ausgewachsenen Jungen durchbrechen die Schale, wenn die Eier gelegt werden.

Chamaesaura aena
Größe: 40 cm
Verbreitung: Südafrika

Transvaal-Schlangenechse

Blindschleiche

Diese europäische Echse hat einen glatten, langen Körper ohne sichtbare Beine. Die Blindschleiche bewegt sich wie eine Schlange und kann ihren Schwanz abwerfen, wenn ein Feind sie packt. Sie verbringt die Nächte unter Felsen oder Baumstämmen und kommt morgens heraus, um Beute zu suchen, etwa Nacktschnecken, Würmer und Insekten.

Blindschleiche

Anguis fragilis
Größe: 35-54 cm
Verbreitung: Teile Europas und Asiens, Nordwestafrika

Prärieskink

Diese Echse ist deshalb so ungewöhnlich, weil das Weibchen seine Eier sorgfältig bewacht, während sie ausbrüten. Es dreht sie regelmäßig um, damit sie immer gleichmäßig warm bleiben. Die Mutter hilft den Jungen auch, sich von ihrer Schale zu befreien, und kümmert sich noch etwa zehn Tage um sie.

Eumeces obsoletus
Größe: 16-35 cm
Verbreitung: Nordamerika

Prärieskink

Chamäleons

Mit unglaublicher Geschwindigkeit schleudern die Chamäleons ihre klebrige Zunge wie ein Lasso heraus, um damit Insekten zu fangen. Es gibt etwa 85 Arten dieser baumbewohnenden Echsen. Die meisten sind in Afrika und Madagaskar zu Hause, aber einige leben auch in Asien, und das Gemeine Chamäleon kommt sogar in Südeuropa vor. Ein typisches Chamäleon hat einen abgeflachten Körper, große Augen und einen Wickelschwanz. Die meisten Tiere sind zwischen 15 und 30 cm lang, aber eine Art auf Madagaskar wird bis zu 80 cm groß. Chamäleons können ihre Hautfarbe ändern, um sich ihrer Umgebung anzupassen und so vor den Beutetieren und den Feinden zu verbergen.

Farbwechsel

Ein Chamäleon kann seine Hautfarbe fast augenblicklich verdunkeln oder erhellen. So kann es sich in seiner belaubten Umgebung leichter verbergen. Aber zur Paarungszeit kann dieser Farbwechsel andere Bedeutungen haben: Wenn sich zwei Männchen um ein Gebiet oder um weibliche Tiere streiten, nimmt das stärkere Männchen eine leuchtende Farbe an, während der Verlierer dunkler grün wird und sich zurückzieht. Die Farbveränderung wird durch verschiedene Farbstoffe der Haut verursacht.

Beutefang

Wenn das Chamäleon nahe genug an seiner Beute ist, schätzt es deren Lage mit den hervorragenden Augen genau ab und zielt. Seine Zunge schnellt vor – sie kann länger sein als der gesamte Körper – und das Chamäleon fängt das Insekt mit seiner klebrigen Zungenspitze und zieht sie umgehend wieder ein. Dies alles geschieht äußerst schnell: in weniger als einer zwanzigstel Sekunde. Allerdings kann das Chamäleon feuchte Beutetiere nicht mit der Zunge aufnehmen.

Lappenchamäleon

Dieses Reptil besitzt Hautlappen an seinem Hinterkopf, die es ausdehnen kann, um Rivalen der eigenen Art zu drohen. Es verbringt fast sein gesamtes Leben vorzugsweise auf niedrigen Bäumen im tropischen Afrika und kommt nur hinab, um zu einem anderen Baum zu gelangen oder um Eier zu legen.

Ostafrikanisches Dreihorn-Chamäleon

Das Männchen dieser Art trägt drei große Hörner am Kopf. Die Weibchen haben nur ein kleines Horn auf der Nase und ein winziges Horn vor jedem Auge.
Das Tier ist gut getarnt.

Mellers Chamäleon

Durch die breiten gelben Querstreifen ist dieses Chamäleon schwer zu erkennen, wenn es bewegungslos auf einem Ast sitzt und auf Beute wartet. Dieses Chamäleon wird bis zu 58 cm lang. Es hat nur kleine Schnauzenfortsätze.

Dieses kleine Chamäleon sieht aus wie die toten Blätter, zwischen denen es sich am Waldboden versteckt. Es hat sogar Streifen auf seinem Körper, die den Blattadern ähneln. Im Gegensatz zu den meisten Chamäleons verbringt das **Augenzipfelchamäleon** sein Leben am Boden und kann mit seinem Stummelschwanz nicht greifen. Es trägt zipfelartige Fortsätze über den Augen – daher der Name!

Schlangen

Schlangen haben einen langen Körper und keine Gliedmaßen. Aber auch ohne Beine können sich Schlangen schnell bewegen. Sie schlängeln sich mit wellenartigen Bewegungen am Boden entlang. Spitze Schuppen an ihrem Bauch geben ihnen Halt. Es gibt Schlangen zwischen 10 cm und 9 m Länge. Alle haben eine gespaltene Zunge, aber keine Ohröffnungen und bewegliche Augenlider. Die verschiedenen Schlangen jagen unterschiedliche Tiere. Einige wie Boas umwickeln ihre Opfer mit ihrem kräftigen Körper und quetschen sie zu Tode. Andere, beispielsweise Vipern, haben einen giftigen Biss. Egal, wie sie die Tiere töten, alle Schlangen schlingen ihre Beute im Ganzen hinunter. Die Verdauung findet im Magen statt.

Tigerpython

Python molurus
Größe: bis 8 m
Verbreitung: Indien, Südost-Asien, Indonesien

Tigerpython

Die Tigerpython ist eine der größten Schlangen der Welt. Sie sonnt sich tagsüber oder ruht in einer Höhle oder einem anderen Versteck. Nachts schleicht sie herum auf der Suche nach Beute, beispielsweise Vögel, kleines Rotwild und Wildschweine. Manchmal wartet sie in der Nähe eines Wasserlochs, wo sich mit Sicherheit Tiere einstellen werden. Die Tigerpython pirscht sich ganz dicht an ihre Beute heran, umschlingt sie dann mit ihrem Körper und drückt sie zu Tode.

Königsschlange

Die Königs- oder Abgottschlange tötet Vögel, Säuger und andere Tiere, indem sie ihren kräftigen Leib fest um ihr Opfer wickelt, bis es erstickt oder zu Tode gedrückt wird. Diese Schlange verbringt einen Großteil ihres Lebens am Boden, aber sie klettert auch auf Bäume und kann mit ihrem Schwanz Äste greifen.

Königsschlange

Boa constrictor
Größe: bis 4,5 m
Verbreitung: Südamerika

Mexikanische Schlankblindschlange

Leptotyphlops humilis
Größe: 18-38 cm
Verbreitung: Südwesten der USA

Mexikanische Schlankblindschlange

Diese glatte, rundliche Schlange hat einen stumpfen Kopf und einen ebensolchen Schwanz. Sie lebt überall, wo sie sandigen oder steinigen Boden vorfindet, und verbringt auch viel Zeit unter der Erde. Sie frisst Ameisen und Termiten, die sie über deren Geruch ortet. Mit ihrem schlanken Körper kann sie in ihre Bauten gleiten.

Große Anakonda

Die Anakonda ist eine der längsten Schlangen überhaupt. Sie verbringt viel Zeit an langsam fließenden Gewässern und hält dort nach Beute Ausschau. Wenn ein Tier an das Ufer kommt, um zu trinken, fängt die Anakonda die Beute und umwickelt sie. Die Weibchen bringen bis zu 40 Junge lebend zur Welt, die etwa 66 cm lang sind.

Eunectes murinus
Größe: bis 9 m
Verbreitung: Südamerika

Große Anakon

Boomslang

Diese lebhafte, in Bäumen lebende Schlange ist eine der giftigsten Schlangen Afrikas. Ihr Gift befindet sich in besonderen Drüsen auf den großen Furchenzähnen in ihrem Maul. Es gelangt beim Kauen in den Körper des Opfers. Die Schlange benutzt ihren giftigen Biss vor allem für Beutetiere wie Echsen, Frösche und Vögel, aber sie kann auch Menschen töten. Sie greift allerdings nur selten an, nur wenn sie gestört wird. Sie ist ausgesprochen tagaktiv.

Dispholidus typus
Größe: bis 2 m
Verbreitung: Zentral- und Südafrika

Bullennatter

Bullennatter

Diese große Schlange ist ein guter Kletterer und Tunnelgräber. Sie frisst überwiegend Nager, die sie in den Erdgängen fängt und mit ihrem kräftigen Körper umschlingt. Sie jagt auch Vögel und Echsen. Sie drückt ihr Opfer so lange, bis es erstickt. Bullennattern paaren sich im Frühjahr. Das Weibchen legt bis zu 24 Eier in einen Bau oder unter einen Baumstamm. Die Jungen schlüpfen nach gut zwei Monaten.

Pituophis melanoleucus
Größe: 1,20-2,50 m
Verbreitung: Nordamerika

Boomslang

Natrix natrix
Größe: bis 1 m, Weibchen gelegentlich bis 2 m
Verbreitung: Europa, Nordwest-Afrika, Ostasien

Ringelnatter

Enhydris punctata
Größe: 30-50 cm
Verbreitung: Australien

Wassertrugnatter

Diese Schlange bewegt sich sowohl im Wasser als auch an Land geschickt voran. Sie erbeutet Tiere wie Fische, Krebse und Krabben. Ihre kleinen Augen sind nach oben gerichtet und auch die Nasenlöcher sitzen am oberen Teil des Kopfes. Wenn die Schlange im Wasser taucht, verschließen Hautlappen die Nasenlöcher absolut dicht. Die Wassertrugnatter ist nur leicht giftig, aber es genügt, um die Beute zu töten.

Ringelnatter

Die bekannte Ringelnatter ist eine gute Schwimmerin. Sie jagt Fische und Frösche in den Flüssen der Wälder sowie Mäuse an Land. Junge Tiere ernähren sich nur von Kaulquappen und Larven von Wassermolchen. Sie zählt zu den häufigsten Schlangen Europas. Zur Paarungszeit wirbt das Männchen um das Weibchen, indem es sein Kinn über ihren Körper reibt, bevor sie sich paaren. Das Weibchen legt 30 bis 40 Eier an einem warmen Ort ab.

Wassertrugnatter

Blattgrüne Mamba

Blattgrüne Mamba

Die schlanke, flinke Schlange, die auch Schmalkopf-Mamba heißt, verbringt viel Zeit in den Bäumen, wo sie Vögel und Echsen jagt. Sie ist sehr giftig. Die Wirksamkeit des Giftes wird nur noch von dem der Kapkobra übertroffen. Zur Paarungszeit führen die Männchen Schaukämpfe auf, um die Weibchen zu beeindrucken. Sie wickeln ihre Körper umeinander und bedrohen einander mit den Köpfen.

Dendroaspis angusticeps
Größe: 2 m
Verbreitung: Ost- und Südafrika

Gehörnte Klapperschlange

Diese Giftschlange versteckt sich tagsüber unter einem Busch oder in einem Bau und kommt nachts heraus, um Mäuse, Ratten und Echsen zu jagen. Der Wüstenbewohner hat eine bestimmte Methode, um sich auf Sand zu bewegen: Er bildet mit seinem Körper Wellen, von denen nur zwei kleine Bereiche den Boden berühren. Die Schlange bewegt sich seitwärts, indem sie gegen diese beiden Punkte drückt.

Crotalus cerastes
Größe: 60-70 cm
Verbreitung: Südwesten der USA

Gehörnte Klapperschlange

Paradies-Schmuckbaumnatter

Chrysopelea paradisi
Größe: bis 1,20 m
Verbreitung: Philippinen bis Indonesien

Paradies-Schmuckbaumnatter

Diese Schlange ist ein meisterhafter Kletterer und verbringt viel Zeit in den Bäumen der Regenwälder. Sie kann sich in die Luft katapultieren und 20 m oder mehr von Baum zu Baum gleiten. Sie kann allerdings ihren »Flug« nicht kontrollieren und nicht nach oben gleiten und auch nicht lenken.

Blaugebänderte Ruderschlange

Hydrophis cyanocinctus
Größe: 2 m
Verbreitung: Indischer Ozean und Pazifik

Blaugebänderte Ruderschlange

Diese giftige Schlange verbringt ihr ganzes Leben im Meer und geht niemals an Land. Ihr Körper ist leicht abgeflacht und ihr paddelförmiger Schwanz hilft ihr beim Vorankommen im Wasser. Sie atmet Luft, kann aber bis zu zwei Stunden unter Wasser bleiben. Wie alle Meeresschlangen frisst sie Fische.

Harlekin-Korallenotter

Das farbige Muster dieser Korallenotter ist eine Warnung an Feinde, dass sie hochgiftig ist. Die Schlange hält sich die meiste Zeit vergraben in Sand oder abgestorbenen Blättern auf. Morgens und am Spätnachmittag macht sie sich auf die Suche nach kleinen Schlangen und Echsen, die sie mit ihrem giftigen Biss tötet. Es gibt auch ungiftige Nattern mit einem »Korallenkleid«.

Micrurus fulvius
Größe: 60 cm
Verbreitung: Nordamerika

Harlekin-Korallenotter

Diamantklapperschlange

Diamantklapperschlange

Dies ist die gefährlichste Schlange Nordamerikas, da sie vor allem große Giftmengen hervorbringt. Ihr Gift greift die Blutzellen ihrer Opfer an. Wie alle Klapperschlangen macht sie ein rasselndes Geräusch mithilfe einer Reihe von harten und hohlen Hornringen, die sich am Ende ihres Schwanzes befinden. Jeder Ring bildete einmal die Schwanzspitze – und jedes Mal bleibt ein neuer Ring zurück, wenn die Schlange sich häutet.

Crotalus adamanteus
Größe: bis 2,40 m
Verbreitung: Osten der USA

Brillenschlange

Diese große und äußerst giftige Schlange ist die häufigste Kobraart. Sie frisst Mäuse, Echsen und Frösche. Sie kann sich aus der Entfernung verteidigen, indem sie einen Giftstrahl spuckt. Dies kann Säugetieren heftige Schmerzen bereiten, wenn er in die Augen gelangt. Um Feinde zu vertreiben, richtet die Kobra ihren Vorderkörper auf und spreizt die Rippen und lose Haut an ihrem Hals zu einer Art Hut. Augenähnliche Zeichnungen auf diesem »Hut« verwirren den Feind noch mehr.

Brillen-schlange

Naja naja
Größe: 1,80-2,20 m
Verbreitung: Indien, Zentral- und Südostasien

Gabunviper

Das Muster auf dem Körper der Gabunviper hilft ihr, sich auf dem Waldboden zwischen abgestorbenen Blättern zu verstecken. Die Viper jagt nachts Mäuse, Frösche und Vögel. Ihre Fangzähne sind bis zu 5 cm lang und damit die längsten aller Vipern. Sie enthalten ein starkes Gift. Das Weibchen bringt bei jedem Wurf bis zu 30 lebende Junge zur Welt.

Gabunviper

Bitis gabonica
Größe: bis 1,80 m
Verbreitung: Westafrika (südlich der Sahara)

Sandrasselotter

Diese angriffslustige und besonders giftige Schlange kostet mehr Menschen in Afrika das Leben als jede andere Schlange. Sie ist an Gefährlichkeit nur mit der Königskobra zu vergleichen. Tagsüber liegt sie unter einem Baumstamm oder einem Stein und sucht dort Schutz vor der Sonne. Nachts frisst sie Mäuse, Echsen, Skorpione und ähnliche Tiere. Sie kann bei Gefahr mit den Schuppen rasseln. Zur Brutzeit legt das Weibchen etwa fünf Eier. Die jungen Ottern sind beim Schlüpfen rund 20 cm lang.

Sandrasselotter

Echis carinatus
Größe: 40-60 cm
Verbreitung: Nordafrika, Asien

Amphibien

Die Amphibien oder Lurche waren die ersten Wirbeltiere, die an Land gingen. Sie entwickelten sich vor etwa 370 Millionen Jahren aus Fischen. Selbst die heutigen Amphibien verbringen noch einen Teil ihres Lebens im Wasser. Viele paaren sich auch im Wasser und legen dort ihre Eier ab. Aus den Eiern schlüpfen im Wasser lebende Larven mit Flossen und Kiemen. Wenn sie größer werden, verlieren sie ihre Kiemen und entwickeln Beine und Lungen, sodass sie an Land leben können. Innerhalb weniger Wochen durchlaufen die Lurche damit die Entwicklung vom Wasser- zum Landtier. Einige Amphibien, zum Beispiel die Furchenmolche, verbringen allerdings ihr ganzes Leben im Wasser und behalten ihre Kiemenbüschel. Etwa 4500 Amphibienarten sind heute bekannt, doch es werden immer noch neue Arten entdeckt, vor allem in den Tropen. Sie bilden drei Ordnungen: die Froschlurche mit den Fröschen und Kröten und die Schwanzlurche mit den Salamandern und Molchen sowie die Blindwühlen, die in Europa nicht vorkommen.

Der **Fleckenquerzahnmolch** hat eine Reihe von unregelmäßigen, kräftig gefärbten Flecken auf seinem gesamten Rücken. Er ist normalerweise ein friedliches Tier, aber die Männchen können angriffslustig werden, wenn sie ihr Revier gegenüber Eindringlingen verteidigen. Sie beißen manchmal sogar die Nase ihrer Rivalen ab.

Chinesische Rotbauchunke

Was ist eine Amphibie?

Amphibien sind wechselwarme Wirbeltiere oder Kaltblüter, das heißt, sie können ihre Körpertemperatur nicht steuern. Diese hängt von der Temperatur der Umgebung ab. Um sich aufzuwärmen, müssen sie sich sonnen. Sie haben zwar Lungen, nehmen aber den Sauerstoff überwiegend über die Haut auf, die schuppenlos ist und immer feucht bleiben muss.

Verschiedene Amphibien

Es gibt drei Amphibienordnungen: die Schwanzlurche (Salamander und Molche), die Froschlurche (Frösche und Kröten) und die Blindwühlen. Ein typischer Schwanzlurch hat einen lang gestreckten Körper, einen langen Schwanz und vier Beine. Zwar ähnelt er äußerlich den Echsen, hat aber keine Schuppenhaut, keine Klauen und keine Ohröffnungen an der Körperaußenseite. Froschlurche besitzen einen kürzeren Körper als die Schwanzlurche und keinen Schwanz. Ihre kräftigen Hinterbeine nutzen sie zum Hüpfen an Land und zum Schwimmen im Wasser. Blindwühlen sind wurmartige Tiere, die in Bauten leben und nur selten über der Erde zu sehen sind.

Blindwühlen

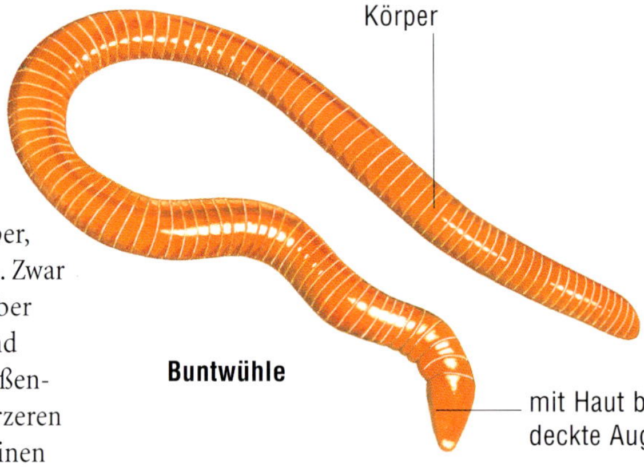

Buntwühle

Schwanzlurche

Brauner Bachsalamander

Skelett eines Frosches

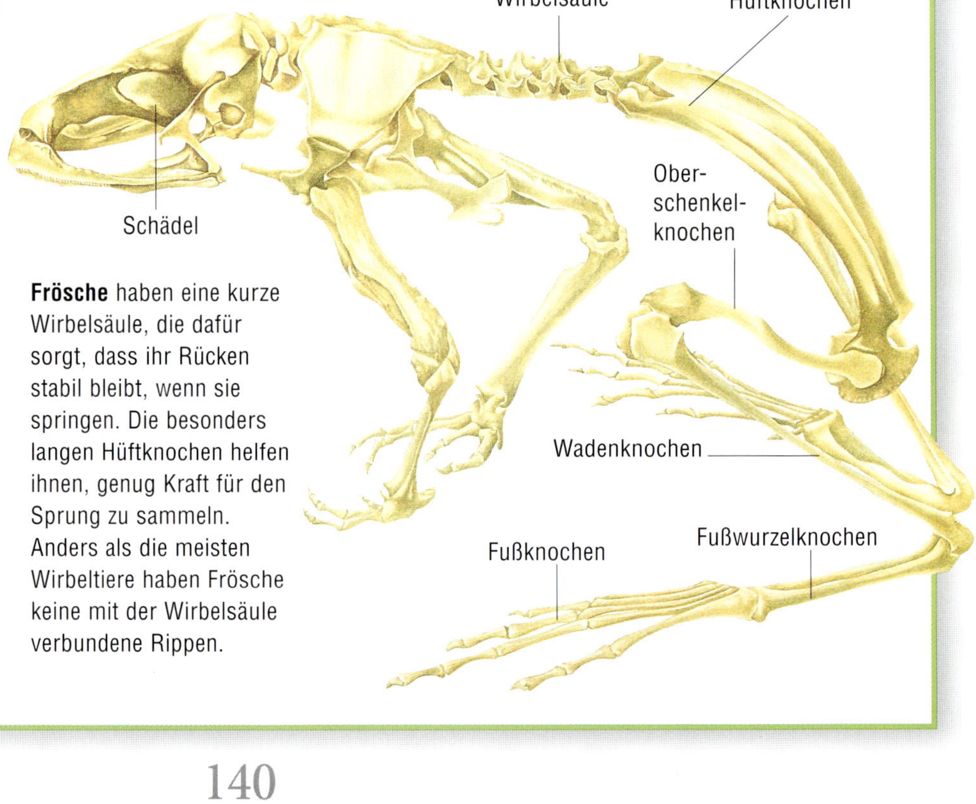

Frösche haben eine kurze Wirbelsäule, die dafür sorgt, dass ihr Rücken stabil bleibt, wenn sie springen. Die besonders langen Hüftknochen helfen ihnen, genug Kraft für den Sprung zu sammeln. Anders als die meisten Wirbeltiere haben Frösche keine mit der Wirbelsäule verbundene Rippen.

Froschlurche

Grasfrosch

Hüpfender Frosch

An Land sitzt der Frosch mit angewinkelten Beinen. Fuß, Unterschenkel und Oberschenkel seiner kräftigen Beine sind ungefähr gleich lang. Wenn der Frosch springt, strecken sich seine Beine und schleudern ihn so in die Luft. Vollständig ausgestreckt sind die Hinterbeine bei den meisten Fröschen länger als der gesamte Körper.

Vom Ei zum Lurch

Frösche durchlaufen verschiedene Entwicklungsstadien. Das Weibchen legt die Eier ins Wasser. Sie sind von einer schützenden gallertartigen Masse umgeben. Aus ihnen schlüpfen die Kaulquappen, die einen Schwanz und Kiemenbüschel besitzen. Die wachsenden Kaulquappen entwickeln Beine und Lungen und die Kiemen verschwinden. Wenn sie schließlich einer kleinen Ausgabe des erwachsenen Frosches gleichen, verlieren sie auch ihren Schwanz. Nicht alle Frösche durchlaufen dieselben Verwandlungsstufen. Einige tragen die Eier im Körper aus.

Pfeilgiftfrosch

Vorsicht bei grellen Farben!

Viele Amphibien haben eine besonders farbige und stark gemusterte Haut. Dies ist meist eine Warnung an Feinde, dass die Haut der Amphibien unangenehme Ausscheidungen enthält. Sie können bei Säugetieren schwere Verletzungen auslösen. Einige enthalten sogar tödliche Giftstoffe. Die Augenkröte hat große Augenflecken hinten an den Flanken. Wenn sie angegriffen wird, zeigt sie sie ihrem Feind, um ihn zu täuschen und ihn glauben zu lassen, sie sei größer als sie tatsächlich ist.

Augenkröte

Flecken-querzahnmolch

Amphibien der Frühzeit

Amphibien wie *Ichthyostega* waren vermutlich die ersten Landtiere überhaupt, führten aber noch ein von Wasser abhängiges Leben. *Ichthyostega* hatte einen kräftigen Körper und vier Beine. Wie seine fischähnlichen Vorfahren trug er eine Schwanzflosse und knochige Schuppen an Bauch und Schwanz.

Ichthyostega

Schwanzlurche

Es gibt etwa 350 Schwanzlurcharten, die zu zehn verschiedenen Familien gehören. Molche und Olme sind Amphibien mit einem langen Körper und kleinen Beinen, die aufgrund ihrer Kürze beinahe überflüssig sind. Diese Tiere leben alle im Wasser und haben federartige Kiemen zum Atmen. Diese Kiemen behalten viele von ihnen ihr Leben lang.
Die Lungenlosen Salamander bilden die größte Familie heute lebender Salamander. Da sie keine Lungen haben, nehmen sie den gesamten Sauerstoff über ihre feuchte Haut auf. Es gibt noch andere Salamander-Familien, deren Vertreter meistens einen stämmigen Körper und gut entwickelte Beine besitzen. Zur Familie der Wassermolche zählen etwa 49 Arten. Es gibt im Wasser und an Land lebende Molche, aber auch die Landbewohner unter ihnen halten sich meistens in Wassernähe auf.

Zweizehen-Aalmolch

Amphiuma means
Größe: bis 1 m
Verbreitung: Osten der USA

Zweizehen-Aalmolch

Dieser Aalmolch hat einen langen Körper und winzige Gliedmaßen mit zwei Fingern und Zehen. Sie sind zum Laufen fast unbrauchbar. Er kommt meist nachts heraus, um im Wasser Tiere wie Tintenfische und Frösche zu fangen. Tagsüber versteckt er sich in einem Bau, den er in den Schlamm gegraben oder von einem anderen Tier übernommen hat. Aalmolche paaren sich im Wasser. Die Weibchen legen etwa 200 Eier, die in einer Art Perlenschnur verkleben. Sie rollen sich um die Eier und beschützen sie, bis die Jungen schlüpfen.

Kalifornischer Wurmsalamander

Wie der Name schon besagt hat dieser Salamander einen langen, schlanken Körper und Schwanz. Seine Beine und Füße sind winzig und haben jeweils vier Zehen. Er lebt im Allgemeinen an Land und bewegt sich eher mit schlängelnden Körperbewegungen als mithilfe seiner Beine. Tagsüber versteckt er sich zwischen feuchten Pflanzen. Nachts kommt er heraus, um Würmer, Spinnen und andere Kleintiere zu jagen.

Batrachoseps attenuatus
Größe: 7-14 cm
Verbreitung: USA (Oregon, Kalifornien)

Kalifornischer Wurmsalamander

Grottenolm

Dieser eigenartige Schwanzlurch hat einen langen Körper und rote Kiemenbüschel. Sein Schwanz ist abgeflacht und er hat kleine, schwache Beine. Der Grottenolm ist so gut wie blind, da seine Augen verkümmert sind, und lebt in absoluter Dunkelheit in unterirdischen Flüssen und Seen. Dort wühlt er im Schlamm, um Nahrung zu suchen, beispielsweise Würmer und kleine Schalentiere. Tiersammler haben derartig viele dieser faszinierenden Tiere aus ihrer Heimat verschleppt, dass mittlerweile über neue Fundorte Schweigen bewahrt wird. Sie werden mindestens 15 Jahre alt.

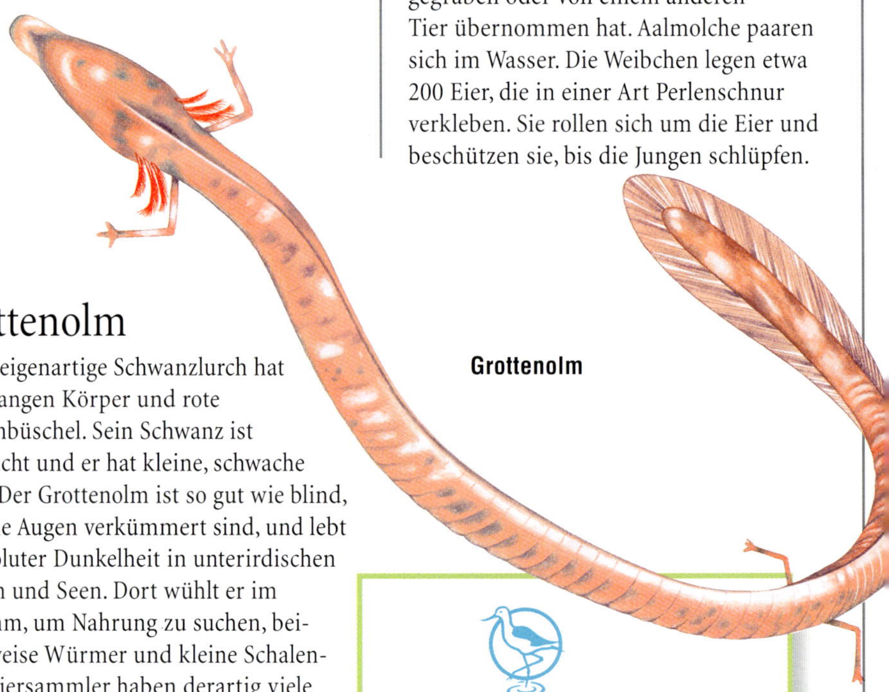

Grottenolm

Proteus anguinus
Größe: 20-30 cm
Verbreitung: ehemaliges Jugoslawien und Italien

Furchenmolch

Der Gefleckte Furchenmolch verbringt sein ganzes Leben im Wasser, daher besitzen auch die ausgewachsenen Tiere Kiemenbüschel. Er fängt nachts Würmer, Flusskrebse und Insekten. Zur Brutzeit legt das Weibchen bis zu 190 Eier, die es jeweils einzeln an einen Baumstamm oder einen Stein klebt.

Furchenmolch

Necturus maculosus
Größe: 33, selten bis 43 cm
Verbreitung: Nordamerika

Großer Armmolch

Dieser Molch hat einen langen, aalähnlichen Körper und winzige Vorderbeine mit vier Zehen an jedem Fuß. Er besitzt keine Hinterbeine und schwimmt mit fischähnlichen Körperbewegungen. Tagsüber versteckt er sich unter Steinen oder vergräbt sich im schlammigen Flussbett. Nachts kommt er heraus, um Schnecken, Insektenlarven und Fische zu fangen.

Siren lacertina
Größe: 50-98 cm
Verbreitung: USA

Großer Armmolch

Roter Wiesensalamander

Pseudotrion ruber
Größe: 9-18 cm
Verbreitung: Osten der USA

Roter Wiesensalamander

Dieser glänzend rote Wiesensalamander hat einen kräftigen Körper, einen kurzen Schwanz und kurze Beine. Er verbringt viel Zeit an Land, bleibt aber immer in Wassernähe. Würmer, Insekten und kleinere Salamander sind seine Hauptnahrung. Nach der Paarung legt das Weibchen zwischen 50 und 100 Eier. Die Larven schlüpfen nach etwa zwei Monaten, entwickeln sich aber erst im Laufe von zwei Jahren zu ausgewachsenen Salamandern.

Rathbunscher Brunnenmolch

Typhlomolge rathbuni
Größe: 9-14 cm
Verbreitung: USA (Süden von Texas)

Rathbunscher Brunnenmolch

Dieser Salamander lebt im Wasser in Untergrundhöhlen. Er hat einen blassen Körper, winzige Augen und rote Kiemenbüschel, die er sein ganzes Leben behält. Dieser Brunnenmolch frisst wirbellose Tiere, die in Höhlen leben und sich vom Kot der Fledermäuse ernähren, die dort schlafen.

Fleckenquerzahnmolch

Ambystoma maculatum
Größe: 15-24 cm
Verbreitung: Osten Nordamerikas

Fleckenquerzahnmolch

Diese Salamander verbringen die meiste Zeit gut verborgen, in feuchter Erde vergraben. Aber jedes Frühjahr sammeln sie sich haufenweise an Waldtümpeln, um sich zu paaren und die Eier im Wasser abzulegen. Leider sieht man dieses beeindruckende Schauspiel in vielen Gegenden Nordamerikas immer seltener, weil der »saure Regen« die Bruttümpel vergiftet hat.

Tigerquerzahnmolch

Tigerquerzahnmolch

Dieser Querzahnmolch ist der größte an Land lebende Salamander der Welt. Er hat einen gedrungenen Körper, einen breiten Kopf und kleine Augen. Er lebt in Wassernähe und versteckt sich oft zwischen Blättern. Er frisst Würmer, Insekten, Mäuse und sogar kleine Amphibien. Bei den Querzahnmolchen sind die Zähne quer in Reihen angeordnet – daher der Name!

Ambystoma tigrinum
Größe: 15-40 cm
Verbreitung: Nordamerika

Pazifischer Riesenquerzahnmolch

Dicamptodon ensatus
Größe: bis 30 cm
Verbreitung: westliches Nordamerika

Pazifischer Riesenquerzahnmolch

Die meisten Salamander geben keine Geräusche von sich, aber diese Art ruft in tiefen Tönen. Die ausgewachsenen Tiere leben an Land, in Gebirgswäldern an schnell fließenden Gewässern. Sie verstecken sich unter Baumstämmen und Felsen. Die Riesensalamander sind meistens nachts aktiv und fressen dann Schnecken, Insekten und andere kleine Lebewesen.

Feuersalamander

Die kräftig gelb oder orange gefärbten Flecken warnen vor dem unangenehmen Geschmack des Schleims, der den Körper des Tieres bedeckt. Das schreckt die meisten Räuber ab, die sonst versuchen würden, ihn zu fangen. Zwar lebt der Feuersalamander überwiegend an Land, aber er bevorzugt Feuchtgebiete und die Nähe des Wassers. Männchen und Weibchen paaren sich an Land. Die Eier entwickeln sich anschließend im Körper des Weibchens. Nach etwa zehn Monaten bringt es bis zu 50 lebende Junge im Wasser zur Welt.

Salamandra salamandra
Größe: 20-28 cm
Verbreitung: Teile Europas und Südwestasiens, Nordwestafrika

Feuersalamander

Axolotl

Axolotl

Diese ungewöhnlichen Querzahnmolche sind heute selten geworden, weil sie zahlreich für den Tierhandel gefangen wurden. Außerdem setzte man in ihrem heimischen Gewässer räuberische Fische aus. Viele Axolotls bleiben ihr Leben lang Larven mit Kiemenbüscheln, aber einige wandeln sich auch zu an Land lebenden ausgewachsenen Tieren ohne Kiemen.

Ambystoma mexicanum
Größe: bis 29 cm
Verbreitung: Mexiko (wild nur Xochimilco-See)

Ringelwühle

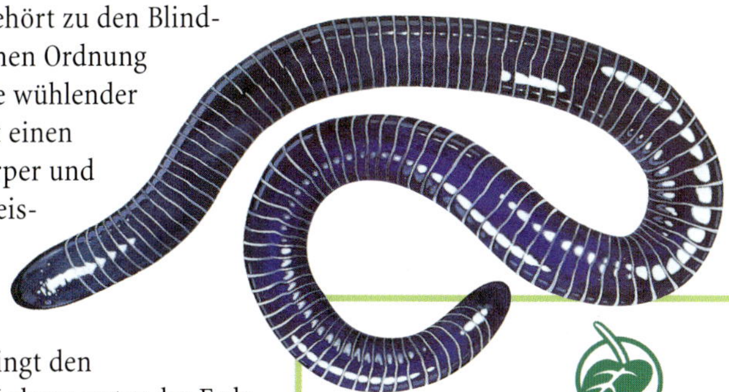

Ringelwühle

Die Ringelwühle gehört zu den Blindwühlen, einer eigenen Ordnung blinder, in der Erde wühlender Amphibien. Sie hat einen kurzen, dicken Körper und – anders als die meisten Blindwühlen – keine Schuppen auf der Haut. Die Ringelwühle verbringt den größten Teil ihres Lebens unter der Erde und frisst dort Würmer sowie kleine Wirbeltiere. Sie ähnelt eher einem Regenwurm als einem Lurch.

Siphonops annulatus
Größe: 35 cm
Verbreitung: Südamerika (östlich der Anden)

Schlammteufel

Trotz seines Furcht einjagenden Namens ist dieser auch Hellbender genannte Salamander ein harmloses Tier. Er hat einen flachen Körper und versteckt sich tagsüber unter Steinen im Wasser. Nachts kommt er heraus, um Flusskrebse, Schnecken und Würmer zu fangen, die er weniger mit den Augen als vielmehr mittels Geruch und Berührung aufspürt. Im Herbst legt das Weibchen bis zu 500 Eier in ein Loch, das das Männchen am Flussboden gräbt.

Cryptobranchus alleganiensis
Größe: bis 70 cm
Verbreitung: Osten der USA

Schlammteufel

Kammmolch

Dem Männchen dieser Molche mit warziger Haut schwillt zur Paarungszeit ein gezackter Kamm auf seinem Rücken. Die Weibchen sind oft größer als die Männchen. Kammmolche ernähren sich von kleinen Wirbellosen; sie fressen auch kleine Fische sowie andere Amphibien und deren Eier.

Kammmolch

Triturus cristatus
Größe: 14-18 cm
Verbreitung: Teile Europas, Zentralasien

Notophthalmus viridescens
Größe: 6-14 cm
Verbreitung: östliches Nordamerika

Grünlicher Wassermolch

Grünlicher Wassermolch

Er paart sich zu Beginn des Frühlings. Das Weibchen legt bis zu 400 Eier auf Wasserpflanzen ab. Die Larven schlüpfen zwei Monate später. Nach einigen Monaten verändern sich die Larven erstmals. Diese beinahe erwachsenen Tiere verlassen das Wasser und verbringen bis zu drei Jahre an Land. Sie kehren ins Wasser zurück und verwandeln sich dort endgültig zu Erwachsenen.

Froschlurche

Die Ordnung der Froschlurche – das sind Frösche und Kröten – umfasst rund 3000 Arten. Sie ähneln sich alle, unabhängig von ihrer Lebensweise. Ein ausgewachsener Froschlurch hat normalerweise lange Hinterbeine, Schwimmhäute zwischen den Zehen und keinen Schwanz. Die Haut ist entweder glatt oder warzig, aber immer sehr drüsenreich und daher feucht und schlüpfrig. Wie alle Amphibien sind die Frösche und Kröten sowohl an Land als auch im Süßwasser zu Hause. Sie können schwimmen, hüpfen und sogar an Bäumen hochklettern. Sie fressen überwiegend kleine Tiere, beispielsweise Schnecken und Insekten, die sie mit ihrer klebrigen Zunge fangen. Froschlurche paaren sich meist im Wasser. Sie legen Eier, aus denen schwimmfähige Junge mit Schwänzen schlüpfen, die man Kaulquappen nennt. Diese Kaulquappen leben im Wasser und atmen mit Hilfe ihrer Kiemenbüschel an beiden Seiten des Kopfes. Sie sind Pflanzenfresser. Nach und nach verlieren die Kaulquappen ihre Kiemen und den Schwanz und ihnen wachsen Beine. Einige Wochen nach dem Schlüpfen haben sie sich zu winzigen Fröschen entwickelt.

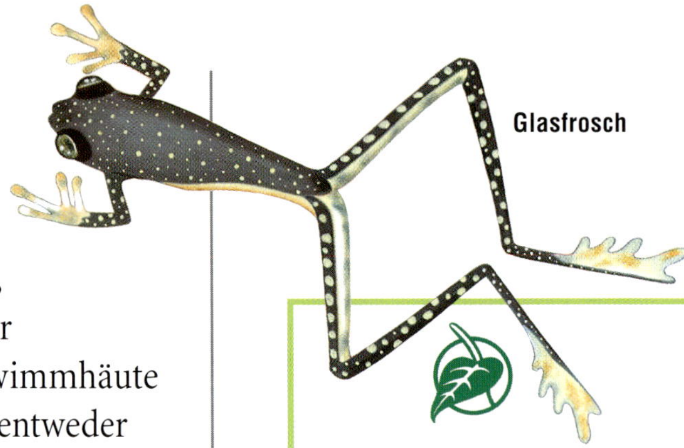

Glasfrosch

Centrolenella albomaculata
Größe: bis 3 cm
Verbreitung: nördliches Südamerika

Glasfrosch

Dieser zarte, kleine Frosch lebt in niedrigen Bäumen und Sträuchern, meist in der Nähe von Fließgewässern. Er hat Saugscheiben an seinen Zehen, mit deren Hilfe er sich beim Klettern festhalten kann. Das Weibchen klebt seine Eier als kleine Päckchen an die Unterseite von Blättern, die über das Wasser ragen. Wenn die Kaulquappen schlüpfen, fallen sie in das Wasser unter ihnen, wo sie ihre Entwicklung fortsetzen.

Glatter Krallenfrosch

Xenopus laevis
Größe: 6-13 cm
Verbreitung: Afrika (südlich der Sahara)

Glatter Krallenfrosch

Dieser Krallenfrosch bewegt sich im Wasser so geschickt wie ein Fisch. Er kann sogar rückwärts schwimmen. Mit den Krallen an seinen Vorderbeinen gräbt er im Schlamm am Ufer von Tümpeln und Bächen auf der Suche nach Nahrung. Er frisst alle Tiere, die er findet, sogar Kaulquappen seiner eigenen Art. Der Krallenfrosch paart sich im Wasser. Die Männchen geben unter Wasser einen leisen Summton von sich, um die Weibchen anzulocken. Diese kleben ihre Eier an Wasserpflanzen. Die Jungen schlüpfen nach einer Woche.

Natal-Gespenstfrosch

Heleophryne natalensis
Größe: bis 5 cm
Verbreitung: Nordosten Südafrikas

Natal-Gespenstfrosch

Dieser Frosch lebt in schnell fließenden Bergbächen. Tagsüber versteckt er sich unter Steinen. Das Weibchen legt seine Eier in ein Wasserbecken oder auf nassen Kies. Gleich nach dem Schlüpfen krabbeln die Kaulquappen in die Bäche. Dort halten sie sich mit großen Mundsaugnäpfen an Steinen fest, damit sie nicht fortgerissen werden.

Aga-Kröte

Aga-Kröte

Die Aga-Kröte ist eine der größten Kröten der Welt. Sie ist in viele Gebiete außerhalb ihrer eigentlichen Heimat eingeschleppt worden, weil sie Insekten frisst, die die Ernte beispielsweise auf Zuckerrohrplantagen zerstören können. Die Kröte vertilgt zwar diese Plagegeister, aber auch Nutzinsekten. Da sie hier keine natürlichen Feinde hat, pflanzt sie sich ungehemmt fort. Besondere Hautdrüsen bilden ein Gift, dass bei Säugetieren zu Reizungen und sogar zum Tod führen kann, wenn sie die Kröte fressen wollen. Die Weibchen legen die Eier im Wasser ab und nach drei Tagen schlüpfen die Kaulquappen.

Bufo marinus
Größe: 15-18 cm
Verbreitung: Süden Nordamerikas, Mittel- und Südamerika

Geburtshelferkröte

Alytes obstetricans
Größe: bis 5 cm
Verbreitung: Westeuropa

Geburtshelferkröte

Die Geburtshelferkröte versteckt sich tagsüber unter Baumstämmen oder in Mauerspalten. Nachts frisst sie Insekten und andere kleine Tiere. Wenn das Weibchen die Eier gelegt hat, hebt das Männchen sie auf und trägt sie auf seinem Rücken mit sich, während sie sich entwickeln. Vor dem Schlüpfen legt das Männchen die Eier in seichtem Wasser ab und die Kaulquappen schwimmen davon.

Westlicher Schaufelfuß

Dieser meisterhafte Gräber hat eine harte Grabschaufel an jedem Hinterfuß, der ihm beim Graben behilflich ist. Der Schaufelfuß verbringt den Tag in seinem Bau und kommt nachts heraus, um zu fressen. Er wartet mit der Paarung, bis es regnet. Das Weibchen legt die Eier in eine Regenpfütze und nach nur zwei Tagen schlüpfen die Jungen und fressen alles, was sie finden – Schwebetierchen und Algen.

Westlicher Schaufelfuß

Scaphiopus hammondi
Größe: 3-7 cm
Verbreitung: Westen der USA und Mexiko

Chinesische Rotbauchunke

Bombina orientalis
Größe: 5 cm
Verbreitung: Sibirien, Nordost-China, Korea

Chinesische Rotbauchunke

Die farbenfrohe raue Haut dieser Kröte sondert Unmengen einer giftigen, milchigen Flüssigkeit ab, die Mund und Augen eines jeden Angreifers reizen. Die weibliche Rotbauchunke legt ihre Eier in Klumpen zu zwei bis acht Stück unter Steine im Wasser. Die geschlüpften Jungen bleiben sich selbst überlassen. Dank ihrer Schallblasen können die Unken laut rufen.

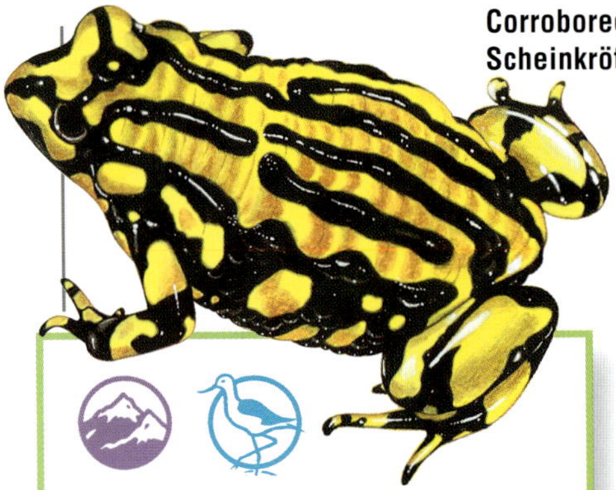

Corroboree-Scheinkröte

Pseudophryne corroboree
Größe: 3 cm
Verbreitung: Australien

Corroboree-Scheinkröte

Dieser Froschlurch verdankt seinen Namen dem gestreiften Körperschmuck der australischen Ureinwohner bei ihren Tänzen, den Corroborees. Er lebt an Land in Wassernähe. Die Scheinkröte sucht Schutz unter Baumstämmen oder in einem Bau, den sie selbst ausschaufelt. Das Weibchen legt in ein selbst gegrabenes Nest bis zu 12 große Eier. Ein Elternteil bewacht die Eier, während sie reifen. Die Kaulquappen bleiben meist im Ei, bis genug Regen fällt, der sie in einen Fluss spült. Dort schlüpfen sie sofort.

Sattelkröte

Dieser winzige Froschlurch lebt häufig zwischen abgestorbenen Blättern am Waldboden, aber er versteckt sich bei trockenem Wetter auch in Rissen von Bäumen oder Felsen. Die leuchtend gelbe Sattelkröte hat Knochenplatten auf ihrem Rücken, die sie benutzt, um den Eingang ihres Verstecks zu verschließen. So bleibt es darin feucht.

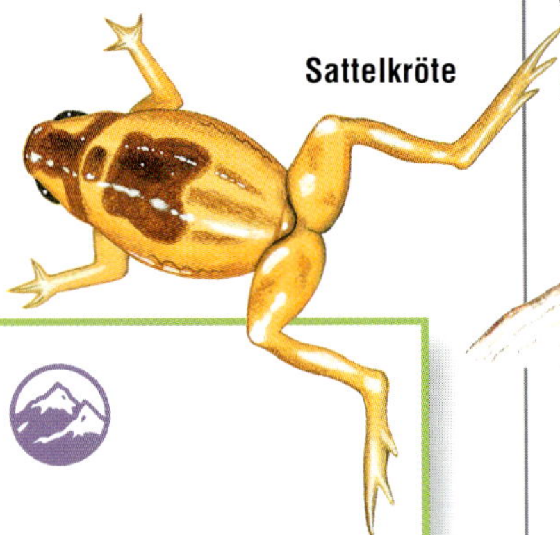

Sattelkröte

Brachycephalus ephippium
Größe: bis 2 cm
Verbreitung: Südostbrasilien

Beutelfrosch

Der Beutelfrosch kümmert sich ganz besonders um seine Eier. Wenn das Weibchen seine rund 200 Eier legt, hilft das Männchen ihm, sie in einen Hautbeutel auf dem Rücken des Weibchens zu packen. Einige Wochen später setzt die Mutter ihre Brut, die sich mittlerweile zu Kaulquappen entwickelt hat, in einem seichten Gewässer aus. Mit dem längsten Zeh am Hinterfuß öffnet sie den Beutel und setzt die Kaulquappen frei.

Beutelfrosch

Gastrotheca marsupiata
Größe: bis 4 cm
Verbreitung: Südamerika

Schmuck-Hornfrosch

Ceratophrys cornuta
Größe: 20 cm
Verbreitung: Norden und Mitte Südamerikas

Schmuck-Hornfrosch

Dieser Hornfrosch ist fast so breit wie lang. Er hat einen breiten Kopf und ein großes Maul. Seine Augen sind klein und haben auf jedem Augenlid einen Fortsatz. Zwar verbringt er viel Zeit halb vergraben in der Erde, aber seine Füße tragen teilweise Schwimmhäute. Er frisst Schnecken, kleine Frösche und Mäuse und vermutlich sogar Kaulquappen der eigenen Art. Seine Kiefer sind wie eine Stahlfalle gebaut.

Darwin-Nasenfrosch

Rhinoderma darwinii
Größe: 3 cm
Verbreitung: Südchile und Südargentinien

Darwin-Nasenfrosch

Dieser Frosch betreibt eine ungewöhnliche Brutfürsorge. Das Weibchen legt an Land 20 bis 45 Eier ab. Mehrere Männchen bewachen sie bis zu drei Wochen. Dann beginnen die Jungen, sich in ihren Eiern zu bewegen. Jedes Männchen schnappt bis zu 15 Eier mit seiner Zunge auf und lässt sie in den Schallsack an seinem Kinn gleiten. Wenn die Jungen zu winzigen Fröschen herangereift sind, lassen die Männchen sie im Wasser frei.

Laubfrosch

Hyla arborea
Größe: bis 5 cm
Verbreitung: Europa, Nordwestafrika, gemäßigtes Asien

Kreuzkröte

Bufo calamita
Größe: 7-10 cm
Verbreitung: West- und Mitteleuropa

Kreuzkröte

Das Kreuzkrötenmännchen hat den lautesten Ruf aller europäischen Kröten. Sein Quaken trägt zwei oder mehr Kilometer weit. Die Kreuzkröte lebt meistens an Land, allerdings häufig in Meeresnähe. Sie brütet sogar gelegentlich in Salzwasser. Diese Kröten paaren sich nachts und die Weibchen laichen dann eine Kette von bis zu 4000 Eier in seichtem Wasser ab. Nach etwa zehn Tagen schlüpfen die Kaulquappen aus.

Laubfrosch

Dieser glatthäutige Frosch verbringt einen Großteil seines Lebens in Bäumen. Er kann mit atemberaubender Geschwindigkeit die Farbe wechseln – von knallgrün im hellen Sonnenlicht bis dunkelgrau im Schatten. Diese Laub- oder Baumfrösche paaren sich im Frühsommer und das Männchen quakt dann ausgiebig. Die Weibchen laichen bis zu 1000 Eier im Wasser ab.

Wasserpfeifer

Hyla crucifer
Größe: 2-3 cm
Verbreitung: Südosten Kanadas, USA

Aronstabfrosch

Hyperolius horstockii
Größe: bis 6 cm
Verbreitung: Südafrika

Aronstabfrosch

Dieser gute Kletterer hat große Saugnäpfe an jedem Zeh, mit denen er sich festhalten kann. Seine Beine sind unterseits orange, aber der übrige Körper kann die Farbe ändern, abhängig von den Umweltbedingungen. In hellem Sonnenlicht ist dieser Vertreter der Riedfrösche hellbeige und im Schatten dunkelbraun. Die werbenden Männchen klettern oft auf Aronstabpflanzen und rufen von dort die Weibchen. Diese Riedfrösche paaren sich im Wasser und legen die Eier auf Pflanzen ab.

Wasserpfeifer

Dieser lebhafte Frosch klettert in Bäume und springt von Höhen herab, die das 17fache seiner Körperlänge übersteigen. Er frisst überwiegend kleine Spinnen und Insekten, darunter auch fliegende Arten, die er bei einem großen Satz in die Luft fängt. Zur Paarungszeit hocken die Männchen in den Bäumen und werben um die Weibchen mit ihren bellenden Rufen.

Pfeilgiftfrösche

Diese giftigen Frösche, die man auch als Baumsteigerfrösche oder Farbfrösche bezeichnet, zählen zu den buntesten Amphibien überhaupt. Bei einigen ist ihre prächtige Erscheinung allerdings eine Aufforderung an Feinde, sicheren Abstand zu halten, denn ihre Haut enthält besonders wirksame Giftstoffe. Die Frösche können ihr Gift nicht in den Körper des Feindes einspritzen. Es wird von bestimmten Drüsen gebildet und auf der Haut freigesetzt. Für ihre Verfolger werden sie so zu einer gefährlichen Mahlzeit. Diese giftigen Frösche leben in den tropischen Regenwäldern Mittelamerikas. Es gibt etwa 155 verschiedene Pfeilgiftfrösche, aber davon sind nur 55 wirklich giftig.

Goldbaumsteiger

Dieser Giftfrosch lebt in Mittelamerika und kann unterschiedliche Grundfarben aufweisen. Das Gift aus der Haut des neonfarbig leuchtenden Goldbaumsteigers stammt vermutlich teilweise aus seiner Nahrung, etwa von kleinen Käfern und Tausendfüßern. Zwar ist dieses Gift für seine Feinde tödlich, aber es könnte für die Menschheit auch wertvoll sein: Wissenschaftler untersuchen, ob sie es als Medikament bei Herzinfarkt-Patienten einsetzen können.

Klein, aber tödlich

Einer der gefährlichsten Pfeilgiftfrösche ist *Phyllobates terribilis*, ein Blattsteigerfrosch. Er wird nur 5 cm groß, aber sein Gift ist mindestens zwanzig Mal stärker als das aller anderen Frösche. Schon die Berührung kann für Menschen tödlich sein. Er ist eine der drei Arten, die traditionell von Indianern Westkolumbiens verwendet wurden, um Jagdpfeile zu vergiften. So kam diese Unterfamilie zu ihrem Namen »Pfeilgiftfrösche«. Der Pfeil wird nur über den Körper des Frosches gestrichen und ist dann fertig zum Gebrauch. Das Gift bleibt mehr als ein Jahr lang wirksam.

1. Die Eier werden auf einem Blatt abgelegt.

2. Sobald sie geschlüpft sind, krabbeln die Kaulquappen auf den Rücken ihrer Mutter.

3. Sie trägt sie zu einem wassergefüllten Blatttrichter auf einem Baum.

Brutpflege

Das Weibchen des Zwerg-Panamabaumsteigers, auch Erdbeerfrosch genannt, kümmert sich um seine Kaulquappen, während sie sich zu Fröschen entwickeln. Die Mutter trägt sie auf einen Baum und setzt sie zu dritt oder viert in winzige Wasserpfützen, die sich auf Pflanzen gebildet haben. Sie sieht alle paar Tage nach ihnen und gibt ihnen sogar einige unbefruchtete Eier zu fressen. Die jungen Frösche sind zu diesem Zeitpunkt nicht giftig, daher werden sie von anderen Tieren leicht gefangen und gefressen.

Der **Färberfrosch** *(Dendrobates tinctorius)* gehört mit seinem leuchtend blauen Muster zu den schönsten Pfeilgiftfröschen überhaupt. Er ist eine von 55 giftigen Arten.

Wallace-Baumfrosch

Rhacophorus nigropalmatus
Größe: 10 cm
Verbreitung: Südostasien

Wallace-Baumfrosch

Dieser Frosch gehört zur Gattung der Ruderfrösche. Er springt im Wald von Baum zu Baum. Die großen Füße mit ihren Schwimmhäuten sowie die Hautlappen an seinen Beinen wirken wie ein Fallschirm, sodass er bis zu 12 m weit durch die Luft segeln kann. Er kann sogar steuern, indem er die Stellung eines oder beider Füße verändert. Über die Fortpflanzung dieses Frosches ist wenig bekannt. Vermutlich legt das Weibchen seine Eier in eine Schaummasse, die sie während der Brutzeit schützt.

Rotgebänderter Wendehalsfrosch

Phrynomerus bifasciatus
Größe: knapp 7 cm
Verbreitung: Afrika (südlich der Sahara)

Gesprenkelter Kurzkopffrosch

Dieser plumpe Frosch hat kurze Beine und viele kleine warzige Flecken auf seinem Rücken. Er verbringt viel Zeit in unterirdischen Bauten, die er mit seinen kräftigen Hinterbeinen gräbt. Er kommt nur bei nassem Wetter aus der Erde, um Insekten und andere Kleintiere zu fangen.

Gesprenkelter Kurzkopffrosch

Breviceps adspersus
Größe: 3 cm
Verbreitung: südliches Afrika

Carolina-Engmaulfrosch

Dieser meisterhafte Gräber kann innerhalb weniger Sekunden in der Erde verschwinden. Der kleine Frosch ruht sich tagsüber in einem Bau aus und kommt nachts heraus, um Insekten zu fangen, beispielsweise Ameisen. Er brütet im Sommer zu einer Zeit mit heftigen Regenfällen.

Carolina-Engmaulfrosch

Gastrophryne carolinensis
Größe: 2-4 cm
Verbreitung: Südosten der USA

Rotgebänderter Wendehalsfrosch

Dieser Frosch hat eine Art »Hals« zwischen Kopf und Körper, sodass er den Kopf zur Seite wenden kann. Der Wendehalsfrosch sucht in der Erde oder auf Bäumen nach Insekten. Seine bunte Farbe warnt vor den unangenehm schmeckenden Bestandteilen der Haut, die die Schleimhäute seiner Verfolger reizen. Wendehalsfrösche brüten in flachen Teichen. Ihre von einer gallertartigen Masse umgebenen Eier kleben an Pflanzen oder liegen am Teichgrund, bis die Jungen schlüpfen.

Seefrosch

Rana ridibunda
Größe: bis 15 cm
Verbreitung: Südwesteuropa, Südwestasien

Seefrosch

Dieser lärmende Frosch verbringt einen Großteil seines Lebens im Wasser, kommt aber auch an den Strand oder lässt sich auf Seerosenblättern treiben. Er fängt kleine Wirbellose und auch kleine Vögel sowie Säugetiere. Die Männchen quaken Tag und Nacht, vor allem zur Paarungszeit. Die Weibchen legen Tausende Eier in mehreren großen Gelegen.

Grasfrosch

Dieser häufigste einheimische Frosch verbringt sein Leben überwiegend an Land. Er frisst Insekten, Spinnen und andere kleine Tiere. Er paart sich im Frühjahr. Die Männchen werben dann um die Weibchen mit ihrem tiefen Quaken. Die Paarung vollzieht sich im Wasser. Die Weibchen legen Ballen von 3000 bis 4000 Eiern.

Grasfrosch

Rana temporaria
Größe: bis 10 cm
Verbreitung: Europa

Marmorierter Ferkelfrosch

Marmorierter Ferkelfrosch

Dieser Frosch hat einen kleinen, spitz zulaufenden Kopf über dem Maul, das verhärtet ist und zum Graben benutzt wird. Er gräbt mit dem Kopf voran und schaufelt sich seinen Weg mit den kräftigen Beinen frei. Das Weibchen legt seine vergleichsweise großen Eier in einem Bau ab. Wenn die Jungen schlüpfen, gräbt es einen Tunnel für die Kaulquappen, damit sie zum nächstgelegenen Gewässer gelangen.

Hemisus marmoratus
Größe: bis 5 cm
Verbreitung: Nordosten Südafrikas

Leopardfrosch

Rana pipiens
Größe: 5-13 cm
Verbreitung: große Bereiche Nordamerikas, ausgenommen die Pazifikküste

Leopardfrosch

Dieser Frosch passt sich jeder Art von Gewässer an und frisst fast jedes Tier, das er findet. Wird er bei seinen Beutezügen an Land gestört, hüpft er in mehreren Zickzacksprüngen in Richtung Wasser. Zur Paarungszeit werben die Männchen die Weibchen mit tiefen, grunzenden Rufen. Jedes Weibchen legt etwa 20 000 Eier, die am Boden des Gewässers bleiben, bis die Jungen nach ungefähr vier Wochen schlüpfen.

Rana catesbeiana
Größe: 9-21 cm
Verbreitung: Osten und Mitte der USA

Ochsenfrosch

Dieser größte nordamerikanische Frosch lebt im Wasser, geht jedoch gelegentlich an Land, bleibt aber in Wassernähe. Er fängt nachts Insekten, Fische, kleinere Frösche und sogar Vögel sowie Schlangen. Er kann weit springen – bis zum Neunfachen seiner eigenen Körperlänge. Die Männchen haben eigene Reviere und tragen untereinander Kämpfe aus, um sie zu verteidigen. Zur Brutzeit legen die Weibchen bis zu 20 000 Eier im Wasser ab.

Ochsenfrosch

Warum sind manche Tiere giftig?

Viele Tiere benutzen Gift, um sich vor Feinden zu schützen. Weil sie unangenehm schmecken oder sogar krank machen, können sich kleine Tiere wie Kröten und Raupen gegen wesentlich größere Lebewesen verteidigen. Viele Tiere haben bunte Muster, die anderen als Warnung dienen: Ihre Feinde lernen, dass diese grellen Farben mit einem unangenehmen Geschmack verbunden sind, und gehen ihnen aus dem Weg. Gift ist ebenfalls eine geeignete Waffe für Räuber. Sie lähmen oder töten damit ihre Opfer, sodass diese nicht mehr flüchten können.

Die **Chinesische Rotbauchunke** hat über ihren gesamten Körper verteilt kleine Giftdrüsen, die eine unangenehm schmeckende Flüssigkeit ausscheiden. Bei Bedrohung zeigt die Kröte das grellrote Muster auf der Körperunterseite, um den Angreifer abzuschrecken.

Die **Kobra** tötet ihre Beute mithilfe ihres Giftes. Wenn sie ihr Opfer beißt, gelangt das Gift von den Drüsen durch besondere Kanäle der Vorderzähne in ihren Mund. Die Schlange kann auch das Gift ausspucken, um sich gegen ihre Feinde zu verteidigen.

Der **Skorpion** lähmt und tötet seine Beute mithilfe eines giftigen Stachels. Am Körperende, in der Nähe des Stachels, befinden sich Giftdrüsen. Wenn der Skorpion angreift, schleudert er den Stachel über seinen Kopf vorwärts und in den Körper des Opfers. Muskeln befördern das Gift in den hohlen Stachel. Das Gift einiger Skorpione ist so stark, dass es Menschen töten kann.

Die **Raupe des Admirals** ernährt sich von giftigen Schwalbenwurzpflanzen. Das Gift der Pflanzen kann der Raupe nichts anhaben, aber sie speichert es in ihrem Körper und schmeckt daher äußerst unangenehm. Die breiten Streifen auf der Haut warnen Feinde davor, sie anzugreifen. Wenn die Raupe sich zum Schmetterling verwandelt, bleibt auch dieser giftig.

Fische

Heute sind weltweit über 24 000 Fischarten bekannt. Damit bilden die Fische die größte Gruppe unter den Wirbeltieren. Es gibt winzige Fische wie die Zwerggrundel, die nur einen Zentimeter lang ist, und Riesen wie den Walhai, der bis zu zwölf Meter groß wird.

Alle Fische sind Wasserbewohner. Es gibt mindestens 14 000 Arten in den Meeren. Die übrigen kommen in Süßwasserseen und Flüssen auf allen Erdteilen vor. Fische atmen mithilfe von Kiemen: Dort kann der Sauerstoff aus dem Wasser direkt in das Blut übergehen. Anstelle von Beinen haben Fische Flossen sowie einen Schwanz, mit deren Hilfe sie sich im Wasser fortbewegen.

Fische ernähren sich auf unterschiedliche Weise: Einige fressen Wasserpflanzen. Andere fangen winzige Tiere oder sieben sie mithilfe einer Art Filter an ihren Kiemen aus dem Wasser. Viele Fische sind bewegliche, schnelle Jäger mit scharfen Zähnen. Andere wie der Plattfisch und der Angler dagegen liegen versteckt am Meeresboden und warten darauf, bis ein Opfer nahe genug kommt, um es zu fangen.

Diese **Schnapper** schwimmen wie viele andere Fischarten in großen Verbänden, den Schwärmen. Die genauen Gründe für die Schwarmbildung sind unbekannt, aber zumindest garantiert die große Anzahl eine gewisse Sicherheit. Viele Feinde lassen sich durch die große Gruppe verwirren, die sich mit atemberaubender Geschwindigkeit drehen und wenden kann.

Rotfeuerfisch

Was ist ein Fisch?

Fische waren die ersten Wirbeltiere, die die Erde bevölkerten. Der älteste Fisch lebte vor etwa 500 Millionen Jahren. Fast alle Fische haben eine Wirbelsäule aus Knochen – ausgenommen die Rundmäuler, eine Gruppe, zu der das Neunauge und der Inger zählen. Nur bei Haifischen und Rochen besteht das Skelett aus Knorpel und ist durch Kalkeinlagerungen verstärkt.

Dank ihrer **speziellen Färbung** können sich viele Fische vor ihren Feinden verbergen. Die Farben des Anglers sowie der helle Bauch und der dunkle Rücken der Makrele verwischen ihre Körperumrisse, sodass sie schwer zu erkennen sind.

Kiemen von Knochenfischen

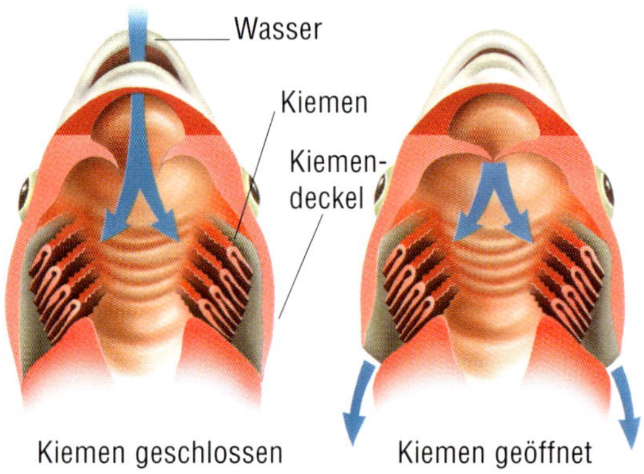

Wie Fische atmen

Fische atmen durch Kiemen, spezielle Öffnungen an beiden Seiten ihres Kopfes. Diese bestehen aus einer Reihe feiner Plättchen, den Kiemenblättern, die besonders gut durchblutet sind. Wenn Wasser durch die Kiemen fließt, kann das Blut Sauerstoff aufnehmen, der so in den gesamten Körper gelangt. Die Kiemen von Knochenfischen haben eine gemeinsame Öffnung, die von einem schützenden verknöcherten Hautlappen, dem Kiemendeckel, verschlossen werden kann. Bei Haien und Rochen hat jede Kiemenspalte einen eigenen Wasserauslass; der Kiemendeckel fehlt.

Kiemen von Haien

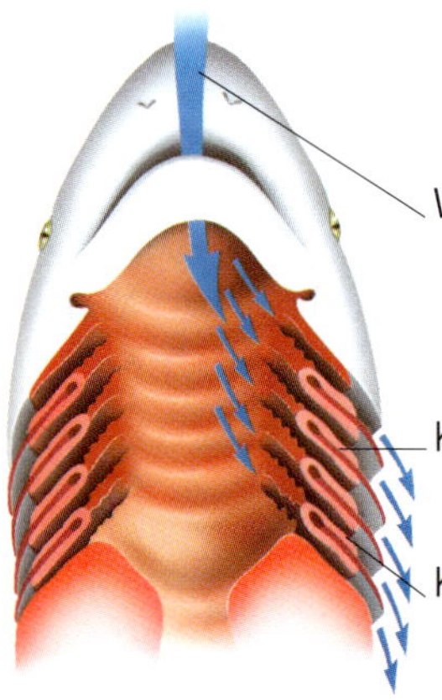

Körperbau eines Fisches

Es gibt drei große Gruppen von Fischartigen: Am einfachsten gebaut sind die Rundmäuler, darunter Neunaugen und Inger. Diese fischartigen Tiere haben keinen Kiefer, sondern nur ein Saugmaul. Zur zweiten Gruppe zählen Haie und Rochen. Sie werden auch Knorpelfische genannt, weil ihr Skelett aus Knorpel und nicht aus Knochen besteht. Die dritte und größte Gruppe bilden die Knochenfische. Wie ihr Name sagt, haben diese Fische ein Skelett aus Knochen und feineren Gräten.

Kieferlose fischähnliche Tiere

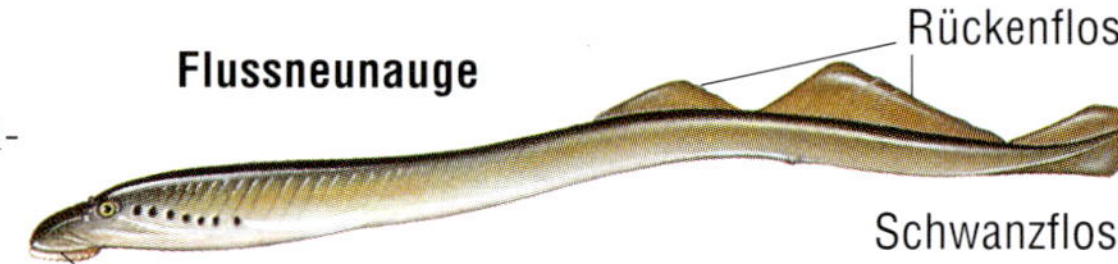

Das Saugmaul eines Neunauges

Skelett eines Knochenfisches

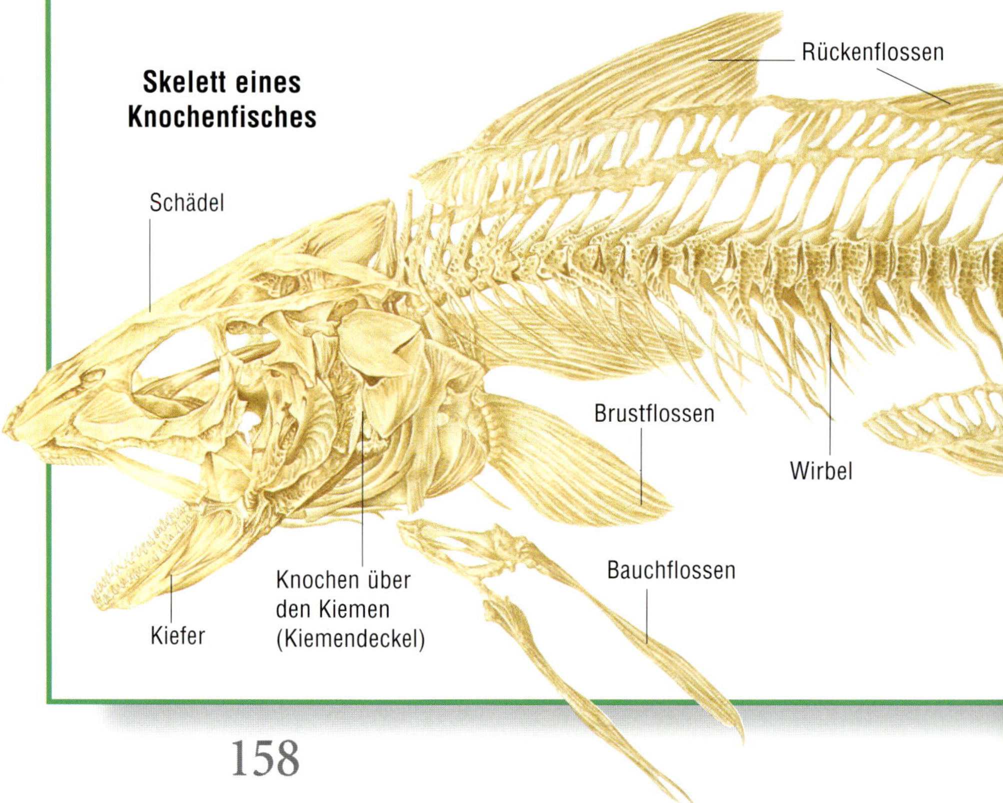

Eier und Junge

Die meisten Fischweibchen legen unzählige kleine Eier direkt ins Wasser, die an der Wasseroberfläche schwimmen oder auf den Boden sinken. Die Männchen setzen dann Samen frei, um die Eier zu befruchten. Aus den Eiern schlüpfen winzige Fische, die häufig von größeren Tieren gefressen werden. Nur einige überleben und entwickeln sich zu Jungtieren, die den Erwachsenen sehr ähneln. Die Jungfische fressen viel und wachsen so zu Erwachsenen heran.

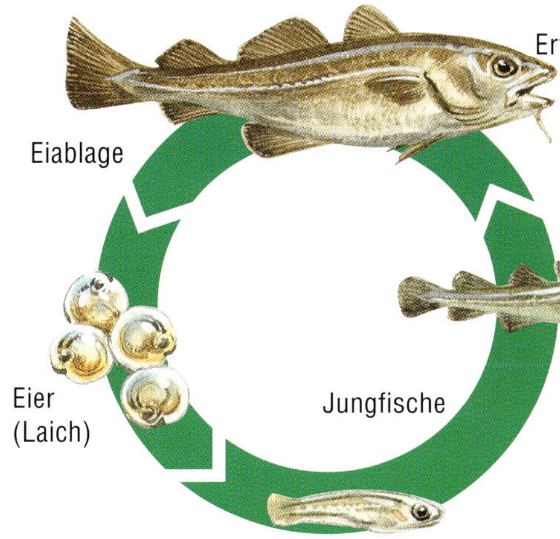

Manche Fischarten haben ein besonderes Brutverhalten. Das **männliche Seepferdchen** beispielsweise trägt die Eier in einer kleinen Tasche am eigenen Leib, bis die Nachkommen aus ihnen schlüpfen.

Knorpelfisch
Menschenhai

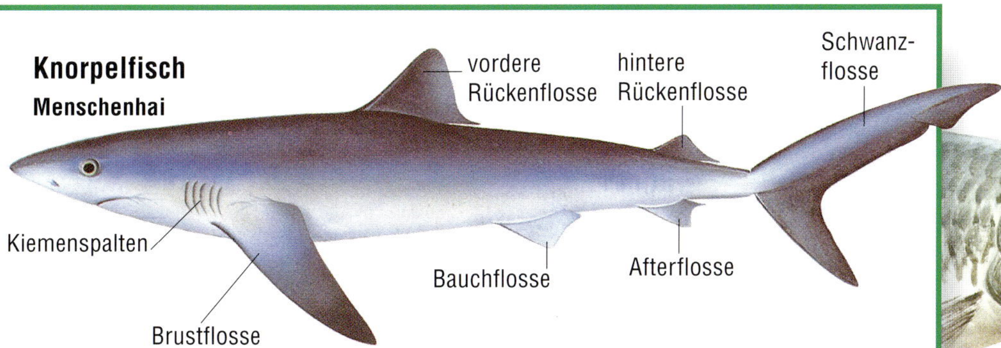

Knochenfisch
Zander

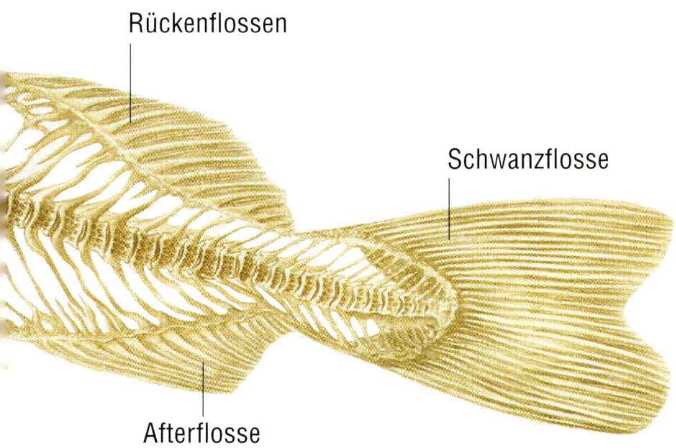

Wie alle Wirbeltiere haben **Fische** einen knochigen Schädel und einen beweglichen Unterkiefer. Besondere Knochen bedecken die Kiemen auf jeder Seite des Fischkopfes. In den Flossen befinden sich kleine Knochen, die Flossenstrahlen. Diese Knochen sorgen dafür, dass die Flossen steif und ausgebreitet bleiben.

Das Fischmaul

Die Mäuler der Fische sind der jeweiligen Nahrung angepasst. Raubfische wie die Barrakudas haben lange Schnauzen und viele scharfe Zähne, um ihre Beute zu packen. Der Angler oder Seeteufel nutzt sein gewaltiges Maul, um Beute zu verschlingen, die er mit seinen wie Angeln ausgelegten Stachelstrahlen anlockt. Andere haben ein schnabelähnliches Maul, mit dem sie hartschalige Tiere knacken können, beispielsweise der Kugelfisch. Heringe filtern mithilfe von Kiemenreusen kleine Schwebtiere (Plankton) aus dem Wasser.

Inger, Neunaugen, Haie und Rochen

Inger und Neunaugen sind vergleichsweise einfache fischähnliche Tiere ohne echten Kiefer. Inger haben einen aalartigen Körper und tragen je 4–6 Bartfäden am Mund und an der Nasenöffnung. Neunaugen besitzen Saugscheiben, mit denen sie das Blut anderer Lebewesen saugen. Alle Inger leben im Meer, einige Neunaugenarten auch im Süßwasser. Den Namen »Rundmäuler« verdankt diese Gruppe ihrem trichterförmigen, mit Hornzähnen besetzten Saugmund.
Haie, Sägefische, Rochen und ihre Verwandten sind allesamt Knorpelfische – sie haben ein Skelett aus Knorpel anstelle von Knochen. Etwa 850 Knorpelfischarten sind bekannt. Sie leben alle im Meer. Die meisten leben räuberisch und besitzen scharfkantige Zähne in beiden Kiefern. Viele der größeren Knorpelfische jagen nicht, darunter der Walhai. Sie sieben Schwebtierchen aus dem Wasser.

Mako

Dieser kräftige Fisch hat einen schlanken Körper und einen spitzen Kopf. Makos sind schnelle, angriffslustige Jäger. Sie fressen überwiegend Fische, die nahe der Wasseroberfläche leben, beispielsweise Thunfische und Makrelen. Die jungen Makos entwickeln sich bereits im Muttertier, werden also lebend geboren.

Mako

Isurus oxyrinchus
Größe: 3-4 m
Verbreitung: Atlantik, Pazifik und Indischer Ozean

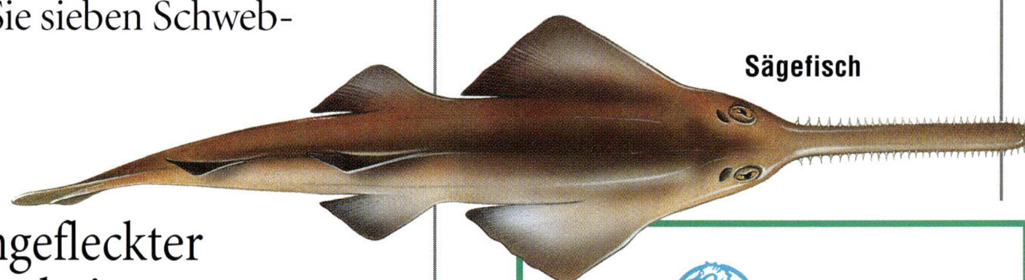

Sägefisch

Pristis pectinata
Größe: 7,70 m
Verbreitung: gemäßigte und tropische Ozeane

Hammerhai

Er hat einen beidseitig verbreiterten Kopf. An jeder Seite dieses hammerförmigen Kopfes sitzen je ein Auge und ein Nasenloch. Vermutlich werden das Sichtfeld und die Geruchsempfindlichkeit des Hais durch den großen Abstand der Augen beziehungsweise der Nasenlöcher verbessert.

Sphyrna zygaena
Größe: 4,30 m
Verbreitung: in allen Ozeanen

Hammerhai

Kleingefleckter Katzenhai

Dieser recht kleine Hai lebt am sandigen oder schlammigen Meeresgrund versteckt. Er ernährt sich von Fischen und am Boden lebenden wirbellosen Tieren. Das Weibchen legt seine hartschaligen Eikapseln zwischen Wasserpflanzen. Die jungen Katzenhaie schlüpfen nach fünf bis elf Monaten und sind etwa zehn Zentimeter lang.

Kleingefleckter Katzenhai

Scyliorhinus canicula
Größe: 60-100 cm
Verbreitung: Nordatlantik

Sägefisch

Der Sägefisch hat eine lange, Sägeblatt-artige Schnauze. Auf jeder Seite sitzen mindestens 24 große Zähne. Der Sägefisch lebt am Meeresgrund in seichtem Wasser. Dort nutzt er seine »Säge«, um in Sand und Schlamm nach kleinen Tieren zu wühlen. Er kann damit aber auch Angreifer abwehren. Gelegentlich schwimmt er in Schwärme kleinerer Fische hinein und schlägt mit seiner gezähnten Säge um sich, um die Beute zu betäuben.

Weißer Hai

Dieser angriffslustige Jäger besitzt zackenförmige, dreieckige Zähne, mit denen er Seehunde, Delphine und sogar andere Haie tötet. Er frisst auch bereits tote Tiere und Abfälle. Weiße Haie haben schon mehrfach Menschen angegriffen. Trotz seines Namens ist dieser Hai nicht weiß. Junge Tiere haben eine bräunliche Oberseite, die später gräulich oder bläulich wird.

Carcharodon carcharias
Größe: 6 m
Verbreitung: Atlantik, Pazifik und Indischer Ozean

Weißer Hai

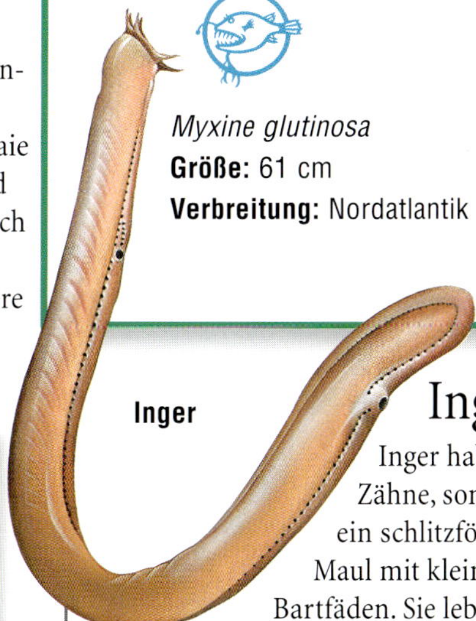

Inger

Myxine glutinosa
Größe: 61 cm
Verbreitung: Nordatlantik

Inger

Inger haben keine Zähne, sondern nur ein schlitzförmiges Maul mit kleinen Bartfäden. Sie leben von Schalentieren, aber auch von sterbenden oder bereits toten Fischen. Mit ihrer fein bezahnten Zunge dringen die Inger in den Körper ihrer Beute ein und fressen ihr Fleisch. Wegen der stark zurückgebildeten Augen heißen sie auch »Blindfische«.

Meeresneunauge

Sie haben eigentlich nur zwei Augen, aber daneben sieben rundliche Kiemenlöcher und eine Nasenöffnung. Das erwachsene Neunauge lebt vom Blut anderer Tiere. Mithilfe seines scheibenförmigen Mauls saugt es sich an seiner Beute ganz fest. Ein besonderer Wirkstoff in seinem Maul hält das Blut seiner Beute während der Nahrungsaufnahme flüssig. Die Opfer sterben oft an Blutverlust.

Petromyzon marinus
Größe: 90 cm
Verbreitung: atlantische Küsten und Mittelmeer

Meeres-
neunauge

Rhincodon typus
Größe: 12 m
Verbreitung: alle Ozeane

Teufelsfisch

Mit seinen riesigen, spitz zulaufenden Brustflossen ist der Teufelsfisch der größte unter den Rochen. Wie der Walhai lebt dieser Riese überwiegend von winzigen Tierchen, die er aus dem Wasser filtert. Er frisst aber auch Fische. Der Teufelsfisch schwimmt oft nahe der Wasseroberfläche, wo die Spitzen seiner Brustflossen aus dem Wasser ragen.

Manta birostris
Größe: 5,2 m lang; 6,7 m breit (bis zu 5000 kg schwer)
Verbreitung: Atlantik

Teufelsfisch

Walhai

Walhai

Der Walhai ist der größte Fisch überhaupt. Dennoch ist er kein Raubfisch, sondern frisst winzige Tiere (Plankton), die er aus dem Wasser filtert. Er öffnet das Maul, sodass ein großer Schwall Wasser einströmt, der viele kleine Lebewesen enthält. Das Wasser fließt durch die Kiemenöffnungen wieder ab, während die Nahrung im Maul bleibt. Für den Menschen sind diese riesigen Haie völlig ungefährlich.

Bodennahe Haie und Rochen

Weltweit gibt es über 400 verschiedene Rochenarten. Die meisten haben einen extrem breiten, flachen Körper mit riesigen, flügelähnlichen Flossen, sodass sie einer Raute ähneln. Wenn sie schwimmen, schlagen die Rochen ihre Flossen auf und nieder – sie scheinen fast durch das Wasser zu fliegen. Sie verbringen einen Großteil ihres Lebens am Meeresboden. Ihre flachen, teils sandbedeckten Körper sind dort nur schwer auszumachen. Sie atmen mithilfe von kleinen Öffnungen auf der Oberseite des Kopfes, den Atemlöchern, während sie am Meeresgrund liegen. Rochen ernähren sich überwiegend von Muscheln, Krebsen und Fischen, aber auch von toten Lebewesen und Abfällen, die auf den Grund des Meeres sinken.

Haie sind vor allem als schnell schwimmende Fische in Oberflächenwasser bekannt, aber es gibt auch einige Arten, die am Meeresgrund leben. Hornhai, Ammenhai und Teppichhai lauern am Boden und bewegen sich nur, um vorbeischwimmende Beute zu schnappen.

Ammenhai

Dieser langsame Bodenbewohner flacher Küstengewässer hat viele kurze, scharfe Zähne, mit denen er sehr gut Muscheln knacken kann. Die empfindsamen, fleischigen Barthaare an seinem abgeflachten Kopf helfen dem Hai vermutlich bei der Suche nach versteckter Beute am Meeresgrund. Der Ammenhai verbringt viel Zeit am Boden und bewegt sich, wenn er gestört wird, eher kriechend als schwimmend fort.

Nagelrochen

Die Oberseite des abgeflachten Körpers dieses Rochens ist mit zahlreichen winzigen Stacheln bedeckt. Eine Reihe größerer Dornen sitzt mitten auf seinem Schwanz. Die Stacheln und Dornen helfen dem Rochen, sich gegen Angreifer zu verteidigen. Das Weibchen legt seine Eier in eine ledrige Kapsel mit langen Spitzen an jeder Ecke am Meeresboden ab. Wenn die jungen Fische schlüpfen, sind sie etwa 20 Zentimeter lang. Der Nagelrochen lebt in 20 bis 100 m Tiefe.

Hornhai

Dieser Hai hat einen langen, schlank zulaufenden Körper mit einem großen, stumpfen Kopf. Er verdankt seinen Namen den scharfen Stacheln vorne an den Rückenflossen. Der nachtaktive Hornhai fängt am Meeresboden Beutetiere wie Seeigel, Krabben und Würmer. Er zermalmt die hartschalige Nahrung mit seinen großen, flachen Zähnen, die sich hinten im Kiefer befinden.

Getarnt durch seine Färbung und die vielen Hautlappen an seinem Körper liegt der **Teppichhai** am Meeresgrund und wartet auf vorbeischwimmende Beutetiere.

Stachelrochen und Adlerrochen

Diese Fische haben beide einen langen, peitschenförmigen Schwanz, mit dem sie auf Beute und Feinde einschlagen. Die Stacheln sind mit Giftdrüsen verbunden und können Menschen ernsthaft verletzen. Die Rochen haben abgeflachte Zähne, mit denen sie die harten Schalen von Krabben und Muscheln aufbrechen.

Störe, Knochenhechte und ihre Verwandten

Alle diese Fische leben im Süßwasser. Die meisten Störe verbringen allerdings einen Teil ihres Lebens im Meer. Sie wandern flussaufwärts, um ihre Eier zu legen. Die Jungen bleiben mehrere Jahre im Fluss, fressen und wachsen dort, bis sie ihre erste Reise ins Meer antreten, wo sie den überwiegenden Rest ihres Lebens verbringen. Störe werden immer seltener, unter anderem weil die Menschen die ungelegten Eier der Weibchen sammeln. Dieser »Kaviar« gilt als teure Delikatesse. Knochen-, Flössel- und Kahlhechte bilden jeweils eigene Gruppen unter den Fischen. Sie leben überwiegend in Gewässern mit üppigem Pflanzenwuchs. Goldauge, Arapaima und Rüsselnilhecht gehören zu einer Gruppe von etwa 220 Süßwasserfischarten. Die meisten leben auf der Südhalbkugel, aber es gibt auch zwei Goldaugenarten, die in nordamerikanischen Gewässern vorkommen. Sie alle ernähren sich von Fischen und Insekten.

Schlammfisch

Dieser Fisch lebt in langsam fließenden Gewässern mit dichtem Pflanzenbewuchs. Im Frühjahr säubert das Männchen einen Flecken am Grund des Flusses und baut ein höhlenartiges Nest aus Pflanzenwurzeln und Kies. Das Weibchen legt daraufhin seine Eier, die das Männchen eine gute Woche bewacht, bis die Jungen schlüpfen.

Schlammfisch

Amia calva
Größe: 91 cm
Verbreitung: nordöstliche Teile Amerikas

Nilflösselhecht

Der lange Körper dieses Fisches ist mit harten, rautenförmigen Schuppen bedeckt. Der Flösselhecht lebt zwischen Wasserpflanzen nahe an Fluss- und Seeufern. Er hat eine ungewöhnliche Rückenflosse aus lauter kleinen »Fahnen«, die jeweils von einem knöchernen Flossenstrahl gestützt werden. Der Flösselhecht frisst überwiegend Fische, Frösche und Kröten.

Nilflösselhecht

Polypterus weeksi
Größe: 40 cm
Verbreitung: Zentralafrika

Langnasen-Knochenhecht

Wie der Name andeutet, hat dieser Knochenhecht einen sehr langen Kiefer, der dicht mit scharfen Zähnen besetzt ist. Er versteckt sich zwischen Wasserpflanzen und wartet auf Fische oder Muscheln. Dann stürzt er sich auf seine Beute. Das Weibchen laicht im Frühjahr in seichtem Wasser. Die klebrigen Eier bleiben an Wasserpflanzen oder Steinen hängen und werden von der Strömung nicht davongetrieben.

Lepisosteus osseus
Größe: 150 cm
Verbreitung: Nordamerika

Langnasen-Knochenhecht

Tapirrüsselfisch

Tapirrüsselfisch

Dieser zu den Nilhechten gehörende Fisch hat eine fast rüsselförmige Schnauze. Seine Rückenflosse ist viel länger als die Afterflosse. Die Muskeln entlang seines Körpers können schwache elektrische Ströme erzeugen und so im Wasser ein elektrisches Feld um den Körper aufbauen. Der Fisch merkt jegliche Veränderung in diesem Feld und findet so selbst nachts oder im trüben Wasser seine Beute.

Mormyrus kannume
Größe: 80 cm
Verbreitung: im Nil in Afrika

Goldauge

Das Goldauge gehört zu der kleinen Fischfamilie namens Mondaugen. Sie haben große, goldene Augen, mit denen die vor allem nachts aktiven Fische gut sehen können. Das Goldauge hat viele kleine Zähne und frisst vor allem Insekten und ihre Larven sowie Fische. Es sieht heringsähnlich aus und wird deshalb auch Zahnhering genannt.

Goldauge

Hiodon alosoides
Größe: 30-40 cm
Verbreitung: Nordamerika

Arapaima

Bis zu 200 Kilogramm wiegt der Arapaima, der zu den größten Süßwasserfischen der Welt zählt. Er hat große Schuppen am Körper, nicht jedoch am Kopf. Er frisst überwiegend Fische und Insektenlarven. Arapaimas brüten in Gewässern mit sandigem Untergrund. Sie legen die Eier in ein Nestloch im Flussbett. Die Eltern bewachen sie, bis die Jungen geschlüpft sind. Die schwimmfähigen Jungen werden im geschlossenen Schwarm von Männchen geführt.

Arapaima gigas
Größe: bis 4 m
Verbreitung: Südamerika

Arapaima

Löffelstör

Polyodon spathula
Größe: 2 m
Verbreitung: im Mississippi, USA

Löffelstör

Der Löffelstör oder Schaufelrüssler schwimmt mit weit geöffnetem Maul und heruntergeklapptem Kiefer. Kleine Wassertiere fangen sich in den kammartigen Kiemenfortsätzen in seinem Maul. Seine Körperform erinnert etwas an einen Hai. Löffelstöre laichen im Frühjahr. Die frisch geschlüpften Jungen haben noch keine lange Schnauze – sie entwickelt sich erst nach zwei oder drei Wochen.

Stör

Störe sind große Wanderfische. Sie verbringen den Großteil ihres Lebens im Meer, wo sie sich von Würmern und Weichtieren ernähren. Ihre Eier legen sie jedoch in Flüssen. Jedes Frühjahr wandern die Störe flussaufwärts, um dort tausende klebriger, schwarzer Eier zu legen. Die Jungen schlüpfen nach etwa einer Woche. Sie bleiben etwa drei Jahre im Fluss und schwimmen erst dann zum Meer.

Acipenser sturio
Größe: 3 m
Verbreitung: europäische Küsten

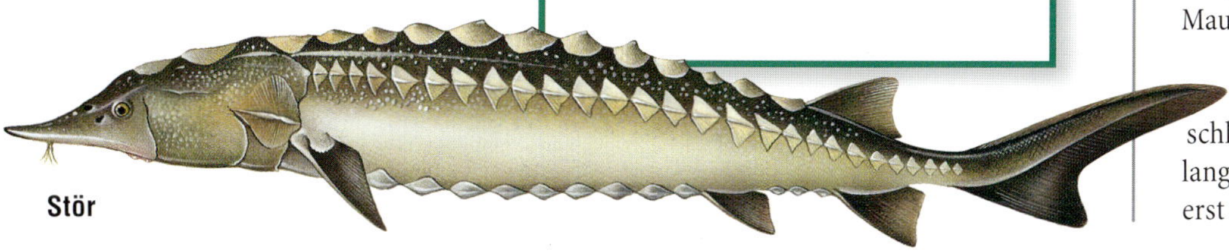

Stör

Aale, Tarpune und Heringe

Die meisten dieser Fische leben im Meer, aber einige Aale und Tarpunarten verbringen zumindest Teile ihres Lebens im Süßwasser. Es gibt mehr als 730 Aalarten. Sie kommen in allen Ozeanen außer in den Polarmeeren vor. Es gibt auch einige Süßwasserarten. Alle Aale haben einen schlanken Körper und lange Flossen an Rücken und Bauch. Zu den Heringen zählen über 350 Arten, darunter einige wichtige Speisefische wie Heringe selbst, Sardinen und Sardellen. Die meisten leben im Meer in Schwärmen nahe der Wasseroberfläche. Der Tarpun gehört zu einer kleinen Gruppe von Meeresfischen, die mit Aalen und Heringen verwandt sind. Sie haben schlanke Körper und tief gegabelte Schwänze. Der letzte Strahl ist bei der Rücken- und Afterflosse zu einem Faden verlängert.

Sardine

Die Sardine ähnelt dem Hering, hat aber einen rundlicheren Körper und größere Schuppen. Sardinenschwärme schwimmen nahe der Wasseroberfläche und fressen Schwebetierchen (Plankton). Sardinen sind wertvolle Speisefische und werden jedes Jahr in großen Mengen gefangen.

Sardine

Sardina pilchardus
Größe: 25 cm
Verbreitung: europäische und nordafrikanische Küsten

Amerikanische Alse

Alosa pseudoharengus
Größe: 38 cm
Verbreitung: Atlantikküste Nordamerikas

Amerikanische Alse

Dieses Mitglied der Heringsfamilie ähnelt der europäischen Alse *(Alosa alosa)*. Alsen fressen überwiegend Pflanzen und kleine Fische. Sie leben zwar im Meer, schwimmen aber zur Paarung und zur Eiablage in die Flüsse. Einige Alsen verbringen sogar ihr ganzes Leben in Seen, werden dort aber nur halb so groß wie ihre Verwandten im Meer.

Tarpun

Dieser kräftige, schnelle Fisch kann ein Gewicht bis über 130 kg erreichen. Er frisst viele verschiedene Fische und Krabben. Das Weibchen legt Millionen von Eiern in den Küstengewässern, aber häufig treibt die Brut in die Flüsse. Viele Jungfische bleiben dort, bis sie größer geworden sind.

Tarpun

Megalops atlanticus
Größe: 120-240 cm
Verbreitung: Atlantik

Hering

Heringe sind schon seit langem ein wichtiges Nahrungsmittel für Menschen. Große Mengen dieser Fische werden jährlich gefangen. Im Meer werden Heringe aber auch von Vögeln, Fischen, Delphinen und Seehunden gejagt. Heringe selbst fressen Pflanzen, kleine Schalentiere und Fische.

Clupea harengus
Größe: 40 cm
Verbreitung: Atlantik und Pazifik

Hering

Schnepfenaal

Dieser Tiefsee-Aal hat einen besonders langen, dünnen Körper. Die Flossen laufen fast über seine gesamte Länge. Er hat einen schmalen, schnabelähnlichen Kiefer und scharfe, nach hinten gerichtete Zähne, mit denen er Beute wie Fische und Schalentiere fängt.

Schnepfenaal

Nemichthys scolopaceus
Größe: 100-120 cm
Verbreitung: Atlantik, Pazifik und Indischer Ozean

Dornrückenaal

Notacanthus chemnitzii
Größe: 120 cm
Verbreitung: Nordatlantik

Dornrückenaal

Der Dornrückenaal hat einen langen, schlanken Körper, ist aber kein echter Aal. Er hat kurze Stacheln auf seinem Rücken und Bauch. Über diesen Tiefseefisch weiß man recht wenig, aber vermutlich frisst er kopfüber am Meeresboden stehend dort lebende Tiere, beispielsweise Seeanemonen.

Gefleckte Muräne

Wie die anderen der etwa 100 verschiedenen Muränenarten aus warmen Meeren hat auch diese Muräne einen schuppenlosen, grob gemusterten Körper, kräftige Kiefer und scharfe Zähne. Dieser Raubfisch verbirgt sich meist zwischen Felsen unter Wasser, nur sein Kopf schaut heraus. So wartet er auf Beute, beispielsweise Fische und Tintenfische.

Gefleckte Muräne

Muraena helena
Größe: 130 cm
Verbreitung: atlantische Küstengewässer und Mittelmeer

Flussaal

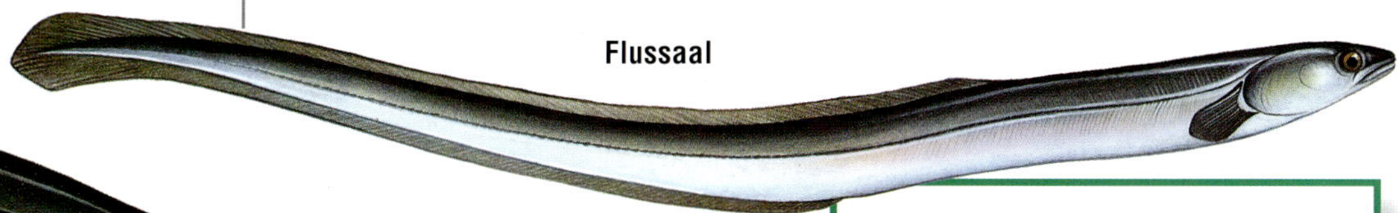

Anguilla anguilla
Größe: 50-100 cm
Verbreitung: Nordatlantik, Mittelmeer

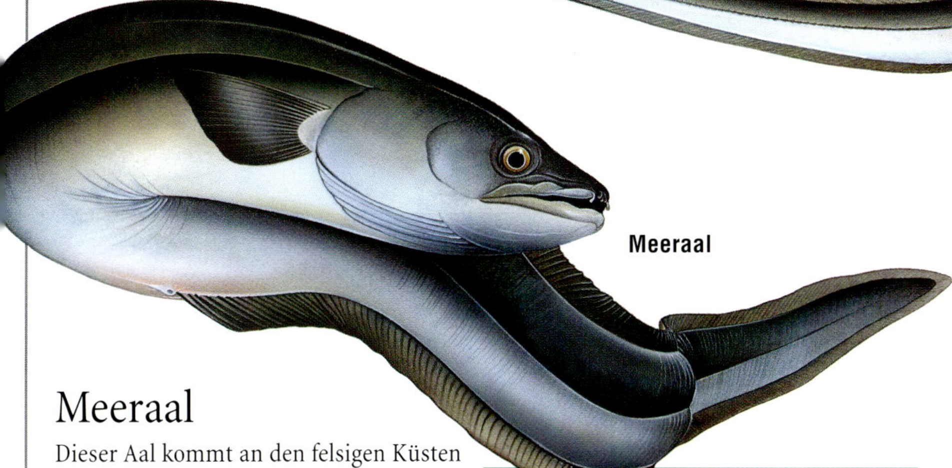

Meeraal

Meeraal

Dieser Aal kommt an den felsigen Küsten im Nordatlantik häufig vor. Er lebt meist in seichtem Wasser, wo er sich zwischen Felsen versteckt. Er kommt nur aus seinem Versteck, um Fische oder Tintenfische zu fangen. Der Meeraal wandert in tiefere Gewässer, um sich dort zu paaren und Eier abzulegen. Aus den Eiern schlüpft die kleine, durchsichtige Brut, die ein oder zwei Jahre im Meer treibt, bis sie sich zu kleinen Aalen entwickelt.

Conger conger
Größe: 270 cm
Verbreitung: Küstengewässer des Nordatlantiks, Mittelmeer

Flussaal

Junge Aale leben im Süßwasser, wo sie sich von Insekten, Schalentieren und Fischen ernähren. Wenn sie alt genug sind, schwimmen sie ins Meer, um sich zu paaren und Eier zu legen. Sie sterben dann auch dort. Aus den Eiern schlüpfen die Jungfische, die etwa drei Jahre an der Wasseroberfläche treiben. Dann schwimmen sie flussaufwärts und der Kreislauf beginnt von neuem.

Karpfen, Brassen und Piranhas

Karpfen, Brassen, Plötzen und ihre Verwandten wie der Büffelfisch und der Saugdöbel gehören zu einer Gruppe von etwa 2700 Süßwasserfischen. Sie sind die häufigsten Fischarten in den Flüssen und Seen Europas, Nordasiens und Nordamerikas, aber sie kommen auch in Afrika vor. Die meisten haben Schuppen am Körper, nicht jedoch am Kopf, sowie eine einzige Flosse am Rücken. Diese Fische fangen recht abwechslungsreiche Beute und einige fressen auch Pflanzen.
Pacus und Piranhas gehören zu einer eigenen Gruppe innerhalb der Süßwasserfische. Die meisten leben in den Seen und Flüssen Mittel- und Südamerikas. Einige Verwandte der Piranhas gibt es auch in Afrika. Die Fleisch fressenden Piranhas haben messerscharfe Zähne, um das Fleisch ihrer Opfer zu zerschneiden.

Goldfisch

Der farbenfrohe Goldfisch oder die Goldkarausche gehört zur Familie der Karpfen. Wild lebt er in Tümpeln und Seen mit dichtem Wasserpflanzenbewuchs, aber auch in langsam fließenden Gewässern. Mittlerweile ist er vor allem als Zierfisch bekannt, der für Aquarien und Zierteiche gezüchtet wird. Goldfische sind heutzutage auf der ganzen Welt verbreitet.

Goldfisch

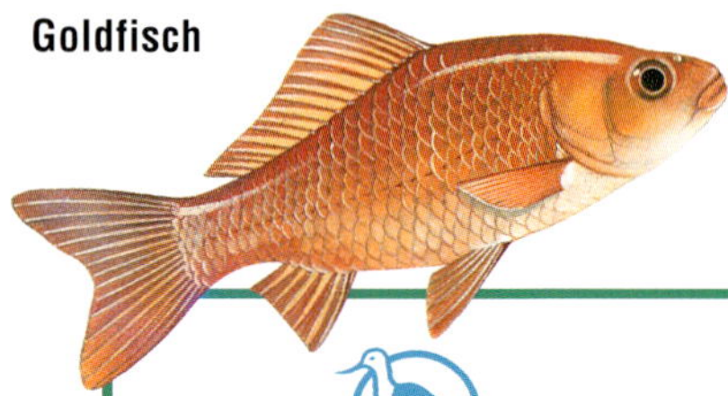

Carassius auratus
Größe: bis 30 cm
Verbreitung: Europa und Asien; weltweit eingeführt

Piranha

Serrasalmus nattereri
Größe: bis 30 cm
Verbreitung: Norden Südamerikas

Piranha

Die Piranhas sind kleine Fische. Aber sie schwimmen in so großen Schwärmen, dass sie gemeinsam Tiere erbeuten und töten können, die deutlich größer sind als sie selbst. Piranhaschwärme können Tiere wie Kühe binnen weniger Minuten skelettieren. Aber sie greifen meist nur verletzte oder tote Tiere an.

Pacu

Nicht alle Piranhas sind Raubfische. Einige wie der Pacu sind friedliche Pflanzenfresser. Dieser Fisch ernährt sich von den vielen Früchten und Samen, die von Waldbäumen an den Flussufern ins Wasser fallen. Pacus benutzen ihre kräftigen Mahlzähne, um die Nahrung zu einem Brei zu zermalmen. Pflanzen fressende Piranhas schwimmen langsamer als die räuberischen Arten und haben nicht ganz so kräftige Kiefer.

Colossoma nigripinnis
Größe: 70 cm
Verbreitung: Südamerika

Pacu

Flusskarpfen

Dieser Karpfen ist ein stämmiger, fülliger Fisch. Er lebt üblicherweise in ruhigem Gewässer mit dichtem Pflanzenbewuchs. Er frisst hauptsächlich Schalentiere und Insektenlarven sowie gelegentlich Pflanzen. Seine Eier legt das Karpfenweibchen in seichtem Wasser. Sie kleben an Pflanzen, bis die Jungen schlüpfen.

Flusskarpfen

Cyprinus carpio
Größe: 50-100 cm
Verbreitung: Südeuropa; in vielen Gegenden eingeführt

Großmaulbüffelfisch

Dieser kräftige Fisch frisst Schalentiere und Insektenlarven sowie einige Pflanzen. Im Frühling sammeln sich die erwachsenen Büffelfische im flachen Wasser, wo die Weibchen bis zu 500 000 Eier ablegen. Die bald ausschlüpfenden Jungfische bleiben für einige Monate in diesen Flachwasserzonen und ernähren sich von Kleinstlebewesen (Plankton).

Ictiobus cyprinellus
Größe: 100 cm
Verbreitung: Nordamerika

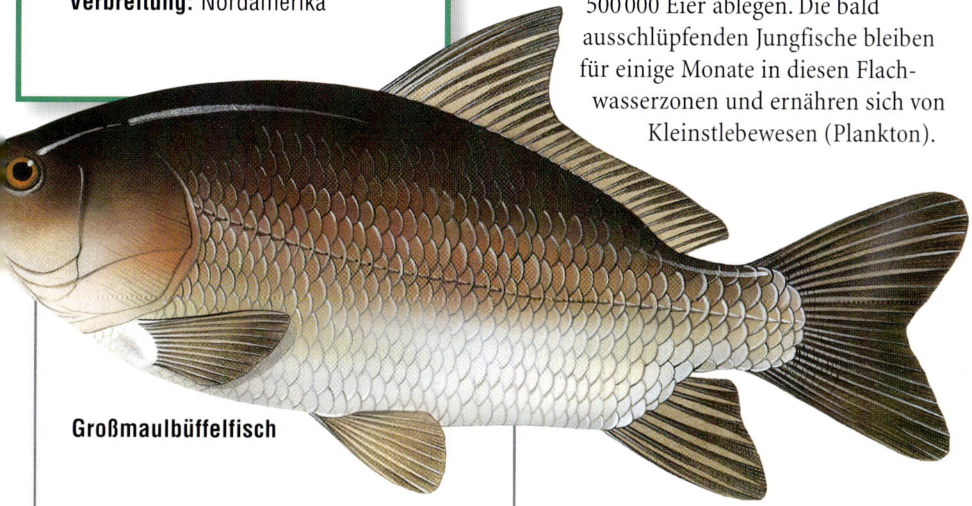

Großmaulbüffelfisch

Plötze

Rutilus rutilus
Größe: 35 cm
Verbreitung: Europa und Westasien

Plötze

Dieser häufige Süßwasserfisch frisst Insekten und ihre Larven, Weich- und Schalentiere sowie Pflanzen. Er selbst wiederum dient als Nahrungsgrundlage für viele Fisch fressende Vögel und Säugetiere. Plötzen laichen in seichtem Wasser. Die Eier kleben während der Entwicklung an Pflanzen. Die Jungen schlüpfen nach etwa zwei Wochen. Plötzen halten sich gerne in pflanzenreichen Gewässern auf.

Saugdöbel

Dieser Fisch lebt am Seegrund und hat dicke, saugerähnliche Lippen, denen er seinen Namen verdankt. Er ernährt sich von Insektenlarven, Schalen- und Weichtieren sowie gelegentlich von Pflanzen. Saugdöbel paaren sich im Frühjahr und legen nachts ihre Eier in das Kiesbett von Flüssen. Die Eier sinken zu Boden, wo sie zwischen den Steinen liegen bleiben, bis die Jungen schlüpfen. Die Männchen sind kleiner als die Weibchen.

Catostomus commersoni
Größe: 30-52 cm
Verbreitung: Nordamerika

Saugdöbel

Schleie

Tinca tinca
Größe: bis 70 cm
Verbreitung: Europa, West- und Zentralasien

Brachsen

Dieser Fisch hat eine vorstülpbare Mundöffnung, mit der er Insektenlarven, Schnecken und Würmer vom Flussgrund aufsammelt. Er lebt in Schwärmen und frisst überwiegend nachts. Brachsen laichen im späten Frühjahr oder Sommer in flachem Wasser. Nach knapp zwei Wochen schlüpfen die Jungen. Sie heften sich mit Klebedrüsen an Pflanzen, um nicht im Schlamm zu versinken.

Abramis brama
Größe: bis zu 50 cm
Verbreitung: Europa, Nordasien

Brachsen

Schleie

Diese Verwandte des Karpfens hat einen gedrungenen Körper und abgerundete Flossen. Ihre Schuppen sind sehr klein und mit Schleim bedeckt. Sie ist ein nächtlich lebender Fisch. Die Schleie frisst meist am Fluss- oder Seegrund Insektenlarven, Schalen- und Weichtiere. Die Weibchen laichen von Mai bis Juli im seichten Wasser und verteilen ihre bis zu 900 000 Eier an Wasserpflanzen.

Welse und Verwandte

Es gibt über 2400 verschiedene Arten in der Familie der Welse, darunter winzige Fische, die kaum über zwei Zentimeter lang sind, bis hin zu Riesen von fünf Metern Länge und 300 Kilogramm Gewicht. Die meisten leben in Flüssen und Süßwasserseen in den wärmeren Gegenden der Erde, aber es gibt auch einige Meeresarten. In Südamerika kommen mehr Welse vor als irgendwo sonst. Welse haben keine normalen Schuppen, sondern sie sind entweder nackt oder tragen Knochenschilder, die ihre Körper wie gegliederte Panzer bedecken. Sie leben am Grund und finden ihre Nahrung durch Tasten und Geschmack. Sie buddeln im Schlamm des Flusses oder Sees, bis ihre empfindsamen Barthaare (Barteln) am Maul ihnen Beute signalisieren. Diesen Barteln verdanken die Welse auch ihren zweiten Namen, Katzenfische.

Tauwels

Die Flossen dieses australischen Welses verlaufen rund um seinen Körper vom Rücken bis zum Bauch. Die Stacheln auf seinem Rücken und seinen Brustflossen können bei Berührung schmerzhafte Wunden hinterlassen. Empfindsame Barthaare am Maul helfen bei der Nahrungssuche. Er frisst am liebsten Muscheln, Garnelen und Würmer.

Tauwels

Tandanus tandanus
Größe: 60 cm
Verbreitung: Süd- und Ost-australien

Tigerspatelwels

Dieser südamerikanische Wels hat eine lange Schnauze und einen schlanken Körper mit dunklen Streifen und Flecken. Er verbringt die meiste Zeit seines Lebens auf dem Flussgrund und ernährt sich dort von Weichtieren. Die empfindsamen Barthaare oder Barteln am Maul helfen ihm bei der Nahrungssuche.

Pseudoplatystoma fasciatum
Größe: 50-90 cm
Verbreitung: Südamerika

Tigerspatelwels

Candiru

Dieser winzige, zarte Wels ist ein Schmarotzer – er lebt vom Blut anderer Fische. Bei kleinen Fischen beißt er einfach in die Haut und ernährt sich so. Bei größeren Fischen wandert er in das Kiemensystem und saugt dort Blut. Er ernährt sich auch von Würmern, Insekten und deren Larven. Der Candiru ist normalerweise nachtaktiv. Wenn er nicht gerade frisst, versteckt er sich am Flussboden.

Candiru

Vandellia cirrhosa
Größe: 2,5 cm
Verbreitung: Südamerika

Schwielenwels

Der Körper dieses kleinen Welses ist mit überlappenden Knochenplatten bedeckt, die ihn vor Feinden schützen. Zur Laichzeit bauen die Männchen ein Nest zwischen treibenden Pflanzen, indem sie aus Luftblasen und Schleim eine schaumige Masse blasen.

Callichthys callichthys
Größe: 18 cm
Verbreitung: tropisches Südamerika

Schwielenwels

Indischer Glaswels

Wie der Name andeutet, ist dieser Fisch durchsichtig und viele seiner inneren Organe sind von außen sichtbar. Er hat eine lange Afterflosse, eine kleine Rückenflosse und eine leicht abgeknickte Schwanzflosse. Manchmal balanciert er senkrecht auf dieser Schwanzflosse. Er hat ein sehr langes und stets nach vorn gerichtetes Bartelpaar. Im Gegensatz zu den meisten Welsen schwimmen die Glaswelse tagsüber in Schwärmen nahe der Wasseroberfläche. Bei Aquarienbesitzern sind sie mittlerweile sehr beliebt.

Kryptopterus bicirrhis
Größe: 10 cm
Verbreitung: Malaysia und Indonesien

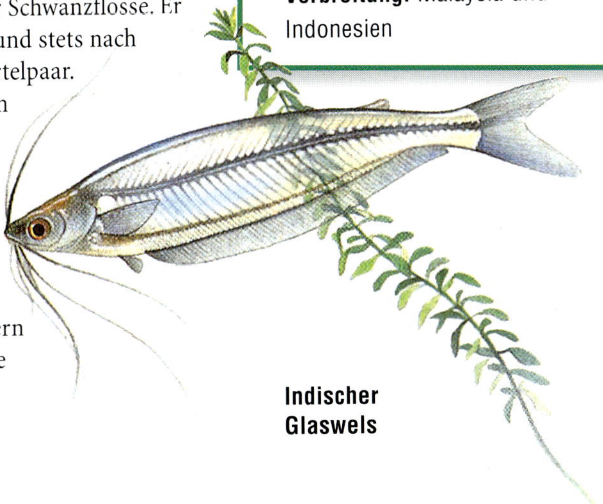

Indischer Glaswels

Wandernder Wels

Dieser Wels lebt in Teichen oder Tümpeln, die gelegentlich austrocknen können. In diesem Fall kann der Froschwels sich über Land zum nächsten Tümpel retten. Dabei windet er sich wie eine Schlange und benutzt seine Brustflossen als »Beine«. Er kann auch an der Luft atmen – also nicht nur den im Wasser gelösten Sauerstoff. Der Froschwels frisst Fische und Weichtiere.

Wandernder Wels

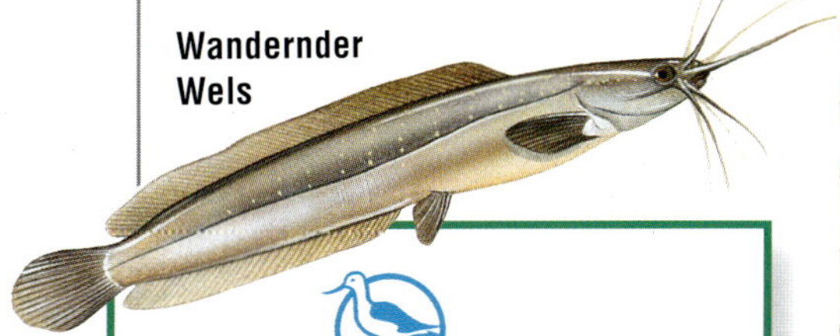

Clarias batrachus
Größe: 30 cm
Verbreitung: Indien, Sri Lanka, Südostasien

Blauer Katzenwels

Er ist einer der größten Welse Nordamerikas und kann bis zu 45 kg schwer werden. Der Katzenwels ist ein bedeutender Speisefisch. Er lebt häufig in schnell fließenden Gewässern, sogar an Stromschnellen und Wasserfällen. Der Blaue Katzenwels ernährt sich von Fischen und Flusskrebsen. Seine Eier legt er am Fluss- oder Seegrund und beide Eltern bewachen das Nest und die Jungen.

Ictalurus furcatus
Größe: 150 cm
Verbreitung: USA, Mexiko

Blauer Katzenwels

Flusswels

Der größte Wels Europas, auch Waller genannt, hat einen breiten Kopf und eine lange Afterflosse. Er lebt in ruhigem oder stehendem Gewässer und ist meistens nachts aktiv. Tagsüber versteckt er sich zwischen Pflanzen am Wassergrund. Fische sind seine Hauptnahrung, aber er frisst auch Frösche, Vögel und sogar kleine Säugetiere, wie zum Beispiel Wasserratten.

Silurus glanis
Größe: 1-3 m
Verbreitung: Mittel- und Osteuropa

Flusswels

Katzenkreuzwels

Dieser im Meer lebende Wels ist vor allem nachts aktiv und geht dann auf die Jagd nach Krabben, Garnelen und Fischen. Das Weibchen laicht im Sommer. Das Männchen nimmt dann die gelegten Eier in sein Maul, um sie dort zu bebrüten. Während dieser Zeit kann es nicht fressen. Auch nach dem Schlüpfen schwimmen die Jungfische bei Gefahr in das Maul des Männchens, um sich dort zu verstecken.

Arius felis
Größe: 30 cm
Verbreitung: westlicher Atlantik

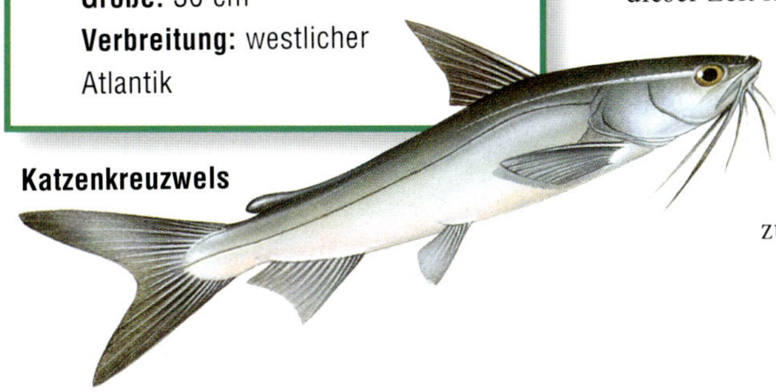

Katzenkreuzwels

Zitteraal, Lachs, Silberbeil und Hecht

Der Zitteraal ist der einzige Vertreter seiner Familie. Er ist kein echter Aal, hat aber einen ebenso lang gestreckten Körper. Er kann elektrische Stromstöße aussenden.
Zu einer anderen Gruppe gehört der Silberbeil, ein Tiefseefisch mit Leuchtorganen am Körper. Damit können sich die Beilfische untereinander erkennen und ihre Feinde verwirren. Die Familie der Lachse zählt 76 Arten, die sowohl in Süß- als auch Salzwasser leben. Einige wandern aus dem Meer in die Flüsse, um dort zu laichen. Die Stinte gehören zu einer weiteren Familie der Lachsfische. Diese Meeresfische wandern ebenfalls in die Flüsse zum Laichen. Die Hechte bilden eine kleine Familie von Süßwasserfischen.

Silberbeil

Dieser Fisch lebt normalerweise 400 bis 600 m tief im Wasser. Aber jede Nacht taucht er auf, um nahe der Oberfläche kleine Tiere und Algen zu fressen. An seinem Bauch sitzen Ketten von Licht aussendenden Organen, die schwach blau leuchten. So verwirrt er seine Feinde, die seine Größe und Körperform nur schwer einschätzen können; daher wird er für sie zu einer schweren Beute. Der Silberbeil wird gerne von tief schwimmenden Thunfischen gejagt.

Silberbeil

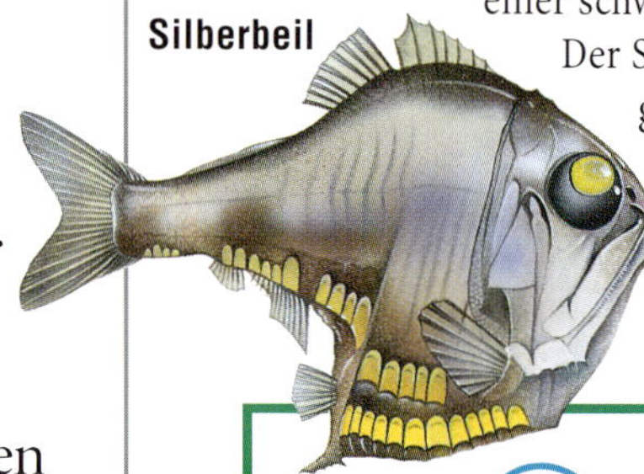

Argyropelecus aculeatus
Größe: 7 cm
Verbreitung: warme und tropische Bereiche aller Ozeane

Hecht

Dieser Raubfisch versteckt sich zwischen Pflanzen und wartet auf Beute. Junge Hechte fressen vor allem Weichtiere, aber die ausgewachsenen Hechte fangen Fische und sogar Vögel und kleine Säuger. Sie schießen aus der Deckung hervor und schnappen zu. Weibliche Hechte sind größer als die Männchen und können 23 kg und mehr wiegen.

Hecht

Esox lucius
Größe: 150 cm
Verbreitung: Nordeuropa, Russland, Alaska, Nordamerika

Europäischer Stint

Diese Fische leben im Meer, laichen aber im Süßwasser. Im Winter verlassen die erwachsenen Fische das Meer, um flussaufwärts zu wandern. Die Weibchen legen ihre Eier im Frühjahr auf Kies oder Pflanzen am Flussgrund. Wenn die Jungfische groß genug sind, schwimmen sie zum Meer, um dort zu wachsen und geschlechtsreif zu werden.

Osmerus eperlanus
Größe: 30 cm
Verbreitung: Nordatlantik

Europäischer Stint

Zitteraal

Besondere Organe des Zitteraals können elektrische Ladungen aussenden (bis zu 600 Volt). Über den Körper verteilte Elektroplättchen wirken wie eine Batterie: Der Kopf ist der Pluspol und der Schwanz der Minuspol. Die Stromstöße dienen vor allem zum Beutefang und zur Feindabwehr, vermutlich auch der Orientierung.

Zitteraal

Electrophorus electricus
Größe: 240 cm
Verbreitung: Südamerika

Europäische Äsche

Dieses Mitglied der Lachsfamilie hat eine hohe segelartige Flosse am Rücken sowie einen gegabelten Schwanz. Die Äsche lebt in schnell fließenden, kühlen Flüssen, wo sie Insekten und ihre Larven sowie Weich- und Schalentiere jagt. Im Frühjahr legen die Äschen ein prächtiges Hochzeitskleid an; dann gräbt das Weibchen in seichtem Wasser ein Loch im Kies für die Eier. Die Jungen schlüpfen nach einigen Wochen.

Europäische Äsche

Thymallus thymallus
Größe: 46 cm
Verbreitung: Nordeuropa

Wandersaibling

Der Seesaibling verbringt einen Großteil seines Lebens im Polarmeer. Er frisst Fische und Weichtiere. Zur Laichzeit schwimmt er in die Flüsse. Dort legt das Weibchen die Eier in das kiesige Flussbett. Die Jungfische wandern schließlich wieder zurück ins Meer. Einige Wandersaiblinge leben auch in den kalten Seen des Alpengebiets.

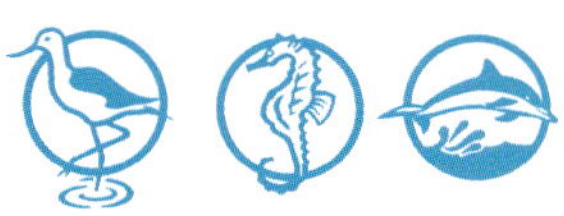

Salvelinus alpinus
Größe: 25-96 cm
Verbreitung: Nordatlantik

Wandersaibling

Blaurückenlachs

Oncorhynchus nerka
Größe: 84 cm
Verbreitung: Nordpazifik

Blaurückenlachs

Mit etwa vier Jahren wandern die Blaurückenlachse vom Meer in die Flüsse. Sie schwimmen zu den Laichplätzen, an denen sie selbst groß geworden sind, teilweise bis zu 1600 Kilometer ins Landesinnere. Nach der Eiablage sterben die Lachse. Die Jungfische verbringen bis zu drei Jahre im Süßwasser und ziehen dann ins Meer. Einzelne Männchen werden bereits im Süßwasser geschlechtsreif, ohne das Meer je gesehen zu haben.

Regenbogenforelle

Regenbogenforelle

Regenbogenforellen sind wichtige Speisefische und werden heute massenhaft gezüchtet. Wilde Regenbogenforellen leben in Flüssen, wenn auch einige einen Teil ihres Lebens im Meer verbringen. Im Frühling laicht das Weibchen in flache Kiesmulden in einem großen Fluss. Das Männchen befruchtet dann die Eier und bedeckt sie mit lockerem Kies.

Salmo gairdneri
Größe: bis zu 100 cm
Verbreitung: westliche Teile Nordamerikas; weltweit eingeführt

Atlantischer Lachs

Atlantischer Lachs

Wie der Blaurückenlachs schwimmen auch die Atlantischen Lachse zum Laichen in die Flüsse. Beide Geschlechter bekommen eine prächtige Färbung. Das Weibchen gräbt im Winter eine flache Mulde im Flussbett, in die es die Eier legt. Das Männchen befruchtet sie. Im folgenden Frühjahr schlüpfen die Jungen, die zwei bis sechs Jahre im Fluss bleiben, bis sie ins Meer hinausschwimmen.

Salmo salar
Größe: bis 150 cm
Verbreitung: Nordatlantik

Dorsche, Armflosser und Höhlenaale

In der Ordnung der Dorschfische sind über 200 verschiedene Arten zusammengefasst, von denen nur fünf im Süßwasser leben. Alle anderen sind Meeresbewohner, überwiegend der Nordhalbkugel. Zu ihnen gehören so bekannte Speisefische wie Kabeljau oder Dorsch, Schellfisch, Seehecht und Leng. Sie ernähren sich von anderen Fischen oder Weichtieren. Viele haben empfindsame Barthaare (Barteln) am Kinn, die ihnen die Nahrungssuche am Meeresboden erleichtern.
Zu den Armflossern zählen etwa 225 Arten, die weltweit verbreitet sind. Sie haben alle einen großen Kopf und ein besonders breites Maul mit mehreren Reihen extrem scharfer Zähne. Die meisten tragen einen besonderen langen Fortsatz am Kopf, mit dem sie wie mit einer Angel Beutetiere anlocken.
Höhlenaale, kleine aalähnliche Fische, gehören ebenfalls zu den Dorschfischen.

Höhlenaal

Dieser kleine aalähnliche Fisch wurde 1967 entdeckt. Er kommt nur in Süßwassertümpeln auf den Bahamas vor, obwohl er von Meeresformen abstammt. Der Höhlenaal hat einen breiten, abgeflachten Kopf und einen schlank zulaufenden Körper mit ineinander übergehenden Rücken-, Schwanz- und Afterflossen. Am Körper hat er kleine Schuppen, die am Kopf fehlen.

Höhlenaal

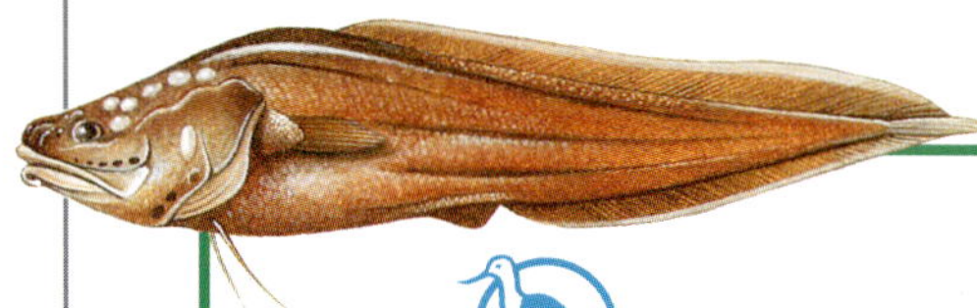

Lucifuga spelaeotes
Größe: 11 cm
Verbreitung: Bahamas

Quappe

Lota lota
Größe: 50-100 cm
Verbreitung: Nordeuropa, Nordamerika, Asien

Grenadierfisch

Dieser Verwandte des Kabeljaus ist ein Tiefseefisch (ab 300 m und tiefer) mit einem großen Kopf und einem spitz auslaufenden Schwanz. Seine Schuppen sind rau und gezähnt. Die Männchen machen laute Geräusche, indem sie die Schwimmblase (einen luftgefüllten Sack im Körper) mithilfe besonderer Muskeln in Schwingungen versetzen. Sie schwimmen in dichten Schwärmen.

Macrourus berglax
Größe: 90-100 cm
Verbreitung: Nordatlantik

Grenadierfisch

Quappe

Sie ist der einzige Dorschfisch, der im Süßwasser lebt. Die Quappe oder Aalrutte versteckt sich tagsüber zwischen Wasserpflanzen und kommt in der Dämmerung und Dunkelheit zum Jagen und Fressen heraus. Die ausgewachsenen Quappen ernähren sich von Fischen, Schalentieren und Insekten, aber die Jungtiere fressen Insektenlarven und kleine Krebse. Quappen laichen in Winternächten. Ein Weibchen kann drei Millionen frei schwebende Eier legen.

Leng

Leng

Den Leng findet man am häufigsten in Gewässern mit steinigem Grund in 200 bis 400 m Tiefe. Dort frisst er Fische und große Schalentiere. Er kommt gelegentlich auch in seichterem Wasser vor, sofern der Untergrund felsig ist. Der Leng ist der größte Vertreter der Dorschfamilie. Die Weibchen laichen im Frühling und Sommer und können bis zu 60 Millionen Eier legen.

Molva molva
Größe: 150-200 cm
Verbreitung: Nordatlantik

Theragra chalcogramma
Größe: 90 cm
Verbreitung: Nordpazifik

Dorsch

Dorsch

Der Dorsch (die erwachsenen Tiere nennt man Kabeljau) hat drei Rückenflossen und ein einziges langes Barthaar am Kinn. Sein großes Maul ist mit vielen kleinen Zähnen besetzt. Dorsche schwimmen in Schwärmen nahe der Wasseroberfläche, suchen aber auch am Meeresboden nach Nahrung wie Fischen und Würmern. Der Dorsch ist ein wertvoller Speisefisch.

Gadus morhua
Größe: 120 cm
Verbreitung: Nordatlantik

Mintai

Mintai

Der Mintai oder Alaska Pollack hat einen langen, schlank zulaufenden Körper, drei Flossen am Rücken und zwei am Bauch. Sein Kopf und Maul sind groß und er hat größere Augen als die meisten anderen Dorsche. Anders als seine Verwandten lebt er in freien Gewässern von Schalentieren und kleinen Fischen.

Grönland-Tiefseeangler

Dieser zu den Tiefseeanglern zählende Fisch hat einen kugelrunden, mit Knochenplatten besetzten Körper, die jeweils einen Stachel tragen. Auf seinem Kopf trägt er einen biegsamen Stachelstrahl mit einem Leuchtorgan. Mithilfe dieser »Angelschnur« lockt er Beute in der Dunkelheit der Tiefsee an.

Tiefseeangler

Himantolophus groenlandicus
Größe: 60 cm
Verbreitung: alle Ozeane

Schellfisch

Der Schellfisch gehört zur Familie der Dorsche. Er ernährt sich von am Grund lebenden Würmern, Weichtieren und Fischen. Schellfische sammeln sich zum Laichen in Schwärmen. Die Eier treiben einfach an der Wasseroberfläche, bis die Jungen schlüpfen. Junge frei lebende Schellfische suchen oft Schutz zwischen den Fangarmen der großen Quallen.

Melanogrammus aeglefinus
Größe: 76 cm
Verbreitung: Nordatlantik

Schellfisch

Atlantischer Seeteufel

Auf seinem großen Kopf trägt dieser Armflosser einen Stachelstrahl, mit einem Hautlappen am Ende. Er benutzt diesen wie eine Angelschnur mit einem vorgetäuschten Wurm daran. Der Fisch liegt am Meeresboden und lässt seine »Angel« spielen, um andere Fische anzulocken. Wenn etwas in seine Nähe kommt, sperrt er plötzlich sein riesiges Maul auf und saugt die Beute mit einem Schwall Wasser ein.

Atlantischer Seeteufel

Lophius piscatorius
Größe: 1-2 m
Verbreitung: europäische Küsten

Barsche und ihre Verwandten

Dies ist die größte und formenreichste Ordnung der Fische. Die verschiedenen Vertreter kommen in allen Gewässerarten vor. Zu den Barschen zählen über 6000 Fischarten, darunter die Judenfische, Buntbarsche, Grundeln und Lippfische. Ihre Körpergestalt ist sehr mannigfaltig. Zu den Barschartigen gehören so unterschiedliche Fische wie Barrakuda, Kaiserfisch, Schwertfisch und Schleierkampffisch. Trotz der Unterschiede tragen alle Barsche ein oder zwei Flossen am Rücken und die meisten haben Brustflossen nahe am Kopf. Die Brustflossen besitzen meist einen Stachel und fünf Flossenstrahlen.

Flussbarsch

Flussbarsch

Dank der dunklen Bänder auf seinem Körper ist der Flussbarsch gut zwischen den Wasserpflanzen getarnt. Er lebt in langsam fließendem Wasser und ernährt sich von Fischen. Barsche laichen im Frühling in seichten Gewässern. Die Eier sind zu Bändern miteinander verklebt, die sich an Pflanzen oder Steine heften. Die Jungen schlüpfen nach etwa einer Woche.

Perca fluviatilis
Größe: 35-50 cm
Verbreitung: Europa

Großer Bernsteinfisch

Dieser große Fisch hat einen schlanken Körper und einen tief gegabelten Schwanz. Er lebt in Schwärmen in der Nähe von Felsküsten und jagt dort verschiedene kleine Fischarten. Der Bernsteinfisch selbst wird auch als Speisefisch gefangen.

Seriola dumerili
Größe: bis 180 cm
Verbreitung: Westatlantik

Großer Bernsteinfisch

Schwarzer Zackenbarsch

Schwarzer Zackenbarsch

Ein ausgewachsener Zackenbarsch kann bis zu 23 Kilogramm wiegen. Er hat einen großen Kopf und unregelmäßige dunkle Flecken an den Seiten. Er ist nicht besonders schnell und lauert meistens zwischen den Steinen auf vorbeischwimmende Beute. Wenn etwas in seine Nähe kommt, sperrt der Zackenbarsch sein großes Maul weit auf und saugt die Beute mit einem Schwall Wasser ein. Jungfische bleiben meist in seichten Küstengewässern, aber die erwachsenen Zackenbarsche wandern in tiefere Gewässer.

Mycteroperca bonaci
Größe: 120 cm
Verbreitung: atlantische Küstengewässer und Karibik

Orangekehl-Grundbarsch

Dieser kleine Grundbarsch ernährt sich von Insekten und Kleintieren. Zur Paarungszeit hat das Männchen eine orangefarbene Kehle und Brust, die beim Weibchen blass bleiben. Das Männchen wählt einen Brutplatz im Fluss und bewacht den Laich.

Orangekehl-Grundbarsch

Etheostoma spectabile
Größe: 8 cm
Verbreitung: Mittelamerika

Blaufisch

Dieser gefährliche Raubfisch tötet mehr Beute, als er fressen kann – der Rest sinkt zu Boden, wo ihn andere Fische dankbar aufsammeln. Der Blaufisch oder Blaubarsch frisst beinahe jede Art von Fisch, auch die eigenen Jungen. Dieser silberglänzende Fisch bildet große Gruppen, die oft Schwärmen anderer Fische folgen. Junge Blaufische, auch Schnapper genannt, bilden eigene Schwärme.

Blaufisch

Pomatomus saltatrix
Größe: bis 120 cm
Verbreitung: warme und tropische Bereiche in Atlantik und Mittelmeer, Indischer Ozean und Pazifik

Kalifornischer Judenfisch

Sterolepis gigas
Größe: 2 m
Verbreitung: Pazifik

Kalifornischer Judenfisch

Judenfische sind riesengroß. Manche wiegen mehr als 250 kg und werden über 70 Jahre alt. Sie ernähren sich von Fischen und Schalentieren. Die Jungfische sind rötlich gefärbt und fülliger als die ausgewachsenen Grundbarsche. Sie entwickeln erst mit etwa zwölf bis dreizehn Jahren allmählich das erwachsene Aussehen. Dieser Judenfisch hat einen plumpen Körper und eine zahnlose Zunge. Er ist von Sportanglern sehr begehrt.

Gemeiner Pampano

Der Pampano hat eine rundliche Schnauze und einen recht fülligen Körper, der am Ende spitz zuläuft und in einem gegabelten Schwanz endet. Er frisst überwiegend Weich- und Schalentiere, die er im Schlamm und Sand am Meeresgrund findet. Er ist ein köstlicher und wertvoller Speisefisch.

Gemeiner Pampano

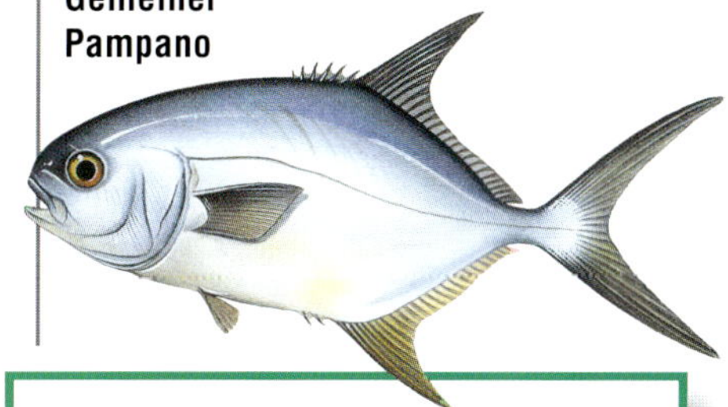

Trachinotus carolinus
Größe: 45-65 cm
Verbreitung: Westatlantik

Goldmakrele

Coryphaena hippurus
Größe: bis 150 cm
Verbreitung: warme und tropische Bereiche aller Ozeane

Gemeine Goldmakrele

Die bunt schimmernde Goldmakrele ist leicht an ihrer großen Rückenflosse zu erkennen. Die Stirn des Männchens wird mit zunehmendem Alter immer steiler; ansonsten sehen sich Männchen und Weibchen sehr ähnlich. Goldmakrelen schwimmen in kleinen Schwärmen und fressen Fische, Schalentiere und Tintenfische. Man sieht sie oft nahe an treibenden Seetanghaufen, wo sich vermutlich ihre Beute verbirgt. Sie jagen auch fliegende Fische, hinter denen sie herspringen.

Gelbschnapper

Schnapper sind an Korallenriffen recht häufig, kommen aber auch im Flachwassergebiet der Küsten vor. Sie sind beliebte Speisefische. Diese farbenprächtige Art ist leicht an ihrem kräftig gelben Schwanz und dem gelben Streifen an jeder Seite zu erkennen. Die Schnapper fressen überwiegend Fische und kleine Schalentiere.

Ocyurus chrysurus
Größe: 76 cm
Verbreitung: Westatlantik

Gelbschnapper

Blauer Papageifisch

Scarus coeruleus
Größe: bis 120 cm
Verbreitung: Westatlantik und Karibik

Blauer Papageifisch

Wie der Name andeutet, hat dieser Fisch einen schnabelartigen Kiefer. Seine Zähne sind zu kräftigen Schneideplatten verbunden, mit denen er Algen abweidet und Korallenzweige abbricht und zermalmt. Die jungen Papageifische sind hellblau. Sie werden mit zunehmendem Alter dunkler. Alte Männchen entwickeln häufig eine Beule an der Schnauze, die ihnen eine gewisse Ähnlichkeit mit dem Pottwal verleiht.

Orange-Anemonenfisch

Dieser breit gestreifte Fisch, der auch Clownfisch heißt, lebt zwischen den Fangarmen der Seeanemonen. Gelegentlich säubert er die Anemonen. Vielleicht lockt dies vermehrt andere Fische an, die die Anemone fängt und verspeist. Die giftigen Fangarme können den Anemonenfischen nichts anhaben.

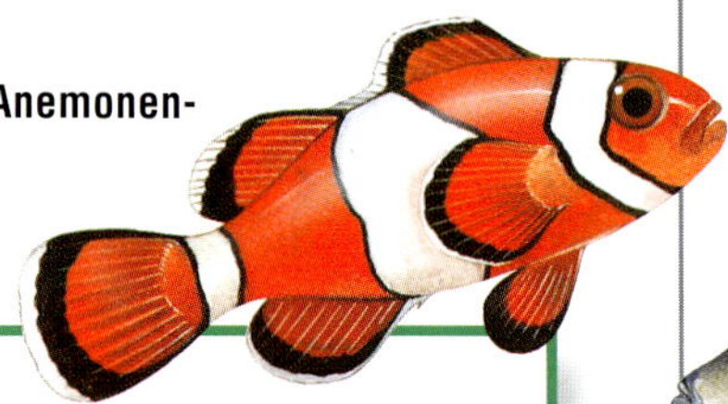

Orange-Anemonen-fisch

Amphiprion percula
Größe: 6 cm
Verbreitung: Pazifik

Gestreifter Kaiserfisch

Trotz seiner bunten Färbung ist der Kaiserfisch zwischen den farbigen Korallen schwer auszumachen. Er hat lange Flossen an Rücken und Bauch, die über die Schwanzflosse hinausragen. Er frisst Schwämme und andere Weichtiere. Junge Kaiserfische säubern auch andere Fische von Ungeziefer. Der Gestreifte Kaiserfisch wird auch Königsfisch genannt.

Holacanthus ciliaris
Größe: bis 45 cm
Verbreitung: Atlantik und Karibik

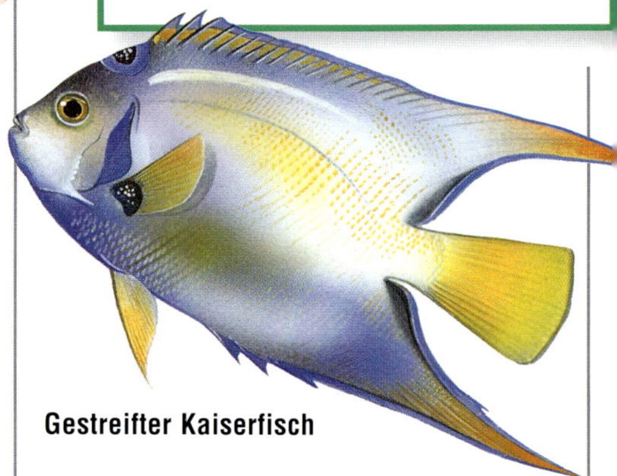

Gestreifter Kaiserfisch

Pinzettfisch

Pinzettfisch

Dieser Fisch nutzt seine lange schnabelartige Schnauze mit borstenartigen Zähnen, um in Korallenspalten zu gelangen, wo er kleine Tiere zum Fressen findet. Der große »Augenfleck« nahe der Schwanzflosse dient unter Umständen dazu, seine Feinde zu verwirren, da sie den Pinzettfisch möglicherweise für größer halten, als er tatsächlich ist.

Chelmon rostratus
Größe: 20 cm
Verbreitung: Indischer Ozean und Pazifik

Rotmaul-Kaiserfisch

Lethrinus chrysostomus
Größe: 90 cm
Verbreitung: Australien

Meerbrasse

Meerbrasse

Dieser Fisch, auch Porgy genannt, hat einen fülligen Körper, einen tief gegabelten Schwanz sowie Stacheln an den Rücken- und Afterflossen. Er sucht am Meeresgrund Nahrung, darunter Schalentiere, Krebse und Seeigel, die von seinen Mahlzähnen leicht geknackt werden können. Im Frühjahr laichen die erwachsenen Fische in Küstengewässern. Die Eier treiben bis zum Schlüpfen frei im Wasser.

Stenotomus chrysops
Größe: 46 cm
Verbreitung: Atlantikküsten Nordamerikas

Pagellus bogaraveo
Größe: 35-50 cm
Verbreitung: Atlantik und Mittelmeer

Graubarsch

Trommelfisch

Graubarsch

Dieser Fisch hat einen rötlichen Körper und ebensolche Flossen. Über der Brustflosse befindet sich ein schwarzer Fleck. Junge Graubarsche sind heller und ihnen fehlt der schwarze Fleck. Sie schwimmen in großen Schwärmen im flachen Wasser und fressen Schalentiere. Die ausgewachsenen Graubarsche leben in kleineren Gruppen im tieferen Wasser (200 bis 500 m) und ernähren sich von Schalentieren und Fischen.

Pogonias cromis
Größe: 120-180 cm
Verbreitung: Westatlantik

Trommelfisch

Dieser große Fisch kann bis zu 66 kg wiegen. Der Bodenbewohner ernährt sich von Weich- und Schalentieren. Letztere kann er mithilfe seiner besonders flachen Mahlzähne im Rachen knacken. Austern gehören zu seinen Lieblingsspeisen – daher können Trommelfische den Austerzuchtanlagen großen Schaden zufügen. Seinen Namen verdankt dieser Fisch den Geräuschen, die er mit seiner Schwimmblase erzeugen kann.

Rotmaul-Kaiserfisch

Dieser kräftige Fisch ist einer der vielen Jäger zwischen den Korallenriffen. Er hat im Verhältnis zum Körper einen großen Kopf, eine lange Schnauze und keine Schuppen an den Wangen. Seine Flossen sind tiefrot, die Seiten mit dunklen Querbändern versehen und um die Augen hat er rote Flecken. Der Rotmaul-Kaiserfisch kann über 9 kg schwer werden und ist ein äußerst schmackhafter Speisefisch.

Mullus surmuletus
Größe: 40 cm
Verbreitung: europäischer Atlantik und Mittelmeer

Gestreifte Meerbarbe

Gestreifte Meerbarbe

Dieser Fisch sucht am Meeresgrund nach Nahrung. Seine empfindsamen Barthaare am Kinn helfen ihm, dort lebende Weichtiere zu finden. Wenn die Seebarbe Beute entdeckt hat, gräbt sie sie aus dem Sand oder Schlamm. Seebarben können ihre Farbe verändern, um sich der Umgebung sowie Tag und Nacht anzupassen.

Großaugen-Thunfisch

Thunfische

Thunfische, eine Gattung der Makrelenfamilie, zählen zu den schnellsten Fischen der Meere. Ihr Körper ist ideal geformt für hohe Geschwindigkeiten und sie erreichen bis zu 80 Kilometer pro Stunde. Thunfische besitzen von allen Fischen die beste Stromlinienform: einen spitz zulaufenden Kopf, einen spindelförmigen Körper und einen sichelförmigen Schwanz. Die 13 bekannten Thunfischarten leben in den Oberflächenwässern der warmen und tropischen Ozeane. Viele schwimmen in großen Schwärmen, doch die größten Thunfische sind Einzelgänger oder nur in Kleingruppen unterwegs. Thunfische sind fast immer in Bewegung, da sie sonst nicht atmen können. Sie schwimmen mit offenem Maul, sodass ihre Kiemen ständig mit Wasser umspült werden. Die meisten Fische müssen Wasser mithilfe von Muskelkraft über die Kiemen pumpen, damit sie den gelösten Sauerstoff aufnehmen können. Thunfische erreichen dies durch ständiges Schwimmen. Je schneller sie sich bewegen, desto mehr Wasser fließt durch die Kiemen und desto mehr Sauerstoff gelangt aus dem Wasser ins Blut. Durch ihr einzigartiges Blutgefäßsystem können sie ihre Körpertemperatur bis 10 °C über der Wassertemperatur erhöhen.

Thunfischarten

Der Gewöhnliche oder Rote Thunfisch ist der größte Thunfisch. Er kann bis zu 5 m lang werden und bis 800 kg wiegen – fast so viel wie zehn oder elf Menschen. Es sind schnell schwimmende Thunfische beobachtet worden, die den Atlantik in 199 Tagen durchquerten. Der Großaugen-Thunfisch wird fast 2,40 m lang und kann mehr als 180 kg wiegen. Gelbflossen- und Gestreifter Thunfisch sind kleiner – sie werden bis zu 1,50 m beziehungsweise 90 cm lang. Der Echte Bonito ist die wirtschaftlich wichtigste Art der Gestreiften Thunfische. Er springt bei der Beutejagd gelegentlich über die Wasseroberfläche.

Echter Bonito

Gewöhnlicher Thunfisch

Gelbflossen-Thunfisch

Gelbflossen-Thunfisch

Dieser Thunfisch schwimmt in Schwärmen, die oft Makrelen angreifen. Er hat lange Brustflossen und leuchtend gelbe Flossenspitzen sowie gelbe Flecken an den Seiten. Der Gelbflossen-Thunfisch lebt im Atlantik und Pazifik. Er wird bis 1,80 m lang und über 200 kg schwer. In einem Jahr kann er bis zu 27 kg zunehmen.

Gelbflossen-Thunfische sind die wertvollsten Speisefische ihrer Gattung. Fischer verfolgen die Schwärme dieser Thunfische über die ganze Welt und fangen sie in großer Zahl.

Blauer Doktorfisch

Dieser Fisch hat messerscharfe, bewegliche Dornen an beiden Seiten seines Schwanzes. Er kann sie aufstellen und damit Feinde verletzen. Die jungen Doktorfische sind kräftig gelb gefärbt mit blauen Flecken. Diese Farbe verändert sich mit dem Alter der Fische zu einem durchgehenden Blau beim ausgewachsenen Doktorfisch.

Acanthurus coeruleus
Größe: 30,5 cm
Verbreitung: Westatlantik und Karibik

Blauer Doktorfisch (Jungtier)

Antarktisdorsch

Notothenia coriiceps
Größe: 61 cm
Verbreitung: antarktische Küste

Halfterfisch

Dieser beeindruckende Fisch hat breite Streifen und eine vorspringende Schnauze. Sein Körper ist scheibenförmig, seitlich stark zusammengedrückt und weist eine breite Querstreifung auf. Er hat lange, nach hinten gebogene Flossen. Obwohl er mit dem Doktorfisch verwandt ist, hat er keine Schwanzstacheln. Aber die Jungfische haben einen scharfen Dorn an beiden Seiten des Mauls. Dieser fällt ab, wenn die Halfterfische älter werden.

Zanclus cornutus
Größe: 18 cm
Verbreitung: Indischer Ozean und Pazifik

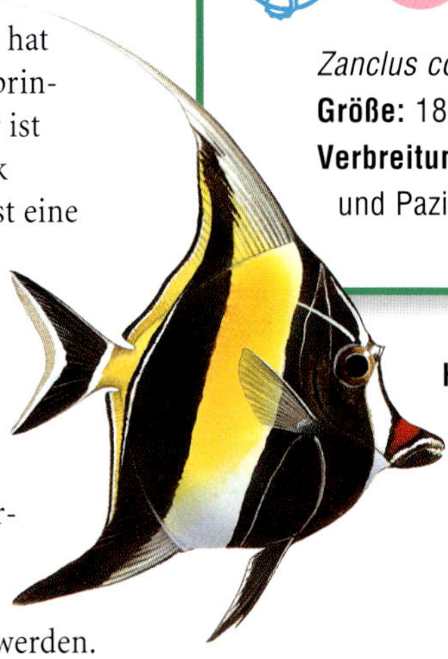

Halfterfisch

Antarktisdorsch

Dieser Fisch gehört zur Unterordnung der Antarktisfische. Viele von ihnen haben einen speziellen Stoff im Blut, der das Gefrieren verhindert. Daher können die Antarktisfische noch bei Temperaturen um −2°C leben, bei der die meisten anderen Fische erfrieren würden (das Meerwasser friert wegen seines Salzgehaltes erst bei tieferen Temperaturen). Der Antarktisdorsch ist ein Bodenbewohner und ernährt sich von Würmern, Weich- und Schalentieren sowie Algen.

Spatenfisch

Dieser Fisch hat einen fülligen, seitlich abgeflachten Körper sowie ausladende Rücken- und Afterflossen. Seinen Namen hat er nach der spatenähnlichen Körperform. Seine Färbung verändert sich mit dem Alter: Die Jungfische sind schwarz und werden später silbrig grau mit dunklen senkrechten Streifen an den Seiten. Diese Streifen sind bei großen ausgewachsenen Fischen nicht mehr so deutlich. Spatenfische fressen hauptsächlich Weichtiere.

Spatenfisch

Chaetodipterus faber
Größe: 46-90 cm
Verbreitung: Westatlantik

Europäischer Leierfisch

Der männliche Leierfisch fällt durch seine langen blauen und gelben Flossen auf. Die Weibchen sind kleiner und haben keine derartig verlängerten Flossen. Die auch Goldgrundeln genannten Fische liegen halb im Sand am Meeresboden verborgen und warten auf Schalentiere und Würmer – ihre Hauptnahrung. Zur Laichzeit im Frühjahr oder Sommer vollführen die Männchen mit ihren prächtigen Flossen einen »Hochzeitstanz«, um die Weibchen für sich zu gewinnen.

Callionymus lyra
Größe: 30 cm
Verbreitung: Ostatlantik und Mittelmeer

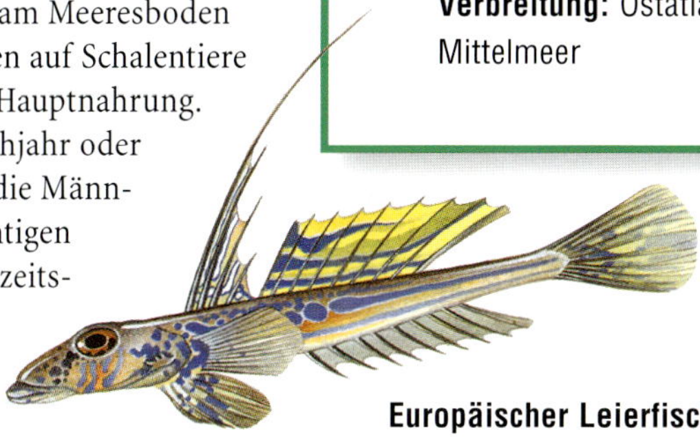

Europäischer Leierfisch

Ophioblennius atlanticus
Größe: 12 cm
Verbreitung: Westatlantik, Golf von Mexiko und Karibik

Rotlippen-Schleimfisch

Nördlicher Himmelsgucker

Dieser Fisch hat einen großen Kopf mit einem nach oben gebogenen Maul; seine Augen sitzen oben am Kopf, ebenfalls aufwärts gerichtet. Daher hat der Himmelsgucker seinen Namen. Er kann weit verborgen am Meeresgrund liegen, dass nur seine Augen und sein Mund unbedeckt sind, und nach Beute wie Fischen und Schalentieren Ausschau halten. Hinter seinen Augen sitzen besondere elektrische Organe. Diese können elektrische Stromstöße abgeben, mit denen der Himmelsgucker seine Beute betäubt. Die Weibchen laichen im tiefen Wasser, weit von der Küste entfernt. Die Jungfische treiben zu den Küstengewässern, wo sie wie die ausgewachsenen Fische am Grund leben.

Astroscopus guttatus
Größe: bis 30,5 cm
Verbreitung: Atlantikküste Nordamerikas

Nördlicher Himmelsgucker

Nördlicher Saugfisch

Gobiesox maeandricus
Größe: 15 cm
Verbreitung: Pazifik

Nördlicher Saugfisch

Dieser im Pazifik relativ häufige Fisch hat einen glatten, schuppenlosen Körper und einen breiten Kopf. Seine Rücken- und Afterflossen sitzen weit hinten in der Nähe des Schwanzes. Wie bei allen Saugfischen bilden die Bauchflossen einen Teil der Saugscheibe am Bauch. Damit können sie sich an Steinen oder anderen Oberflächen festhalten, um nicht von den starken Wellen weggeschwemmt zu werden, wie sie in ihrem Lebensbereich nahe der Küste häufig sind. Die Saugwirkung ist so stark, dass man den Fisch schwer vom Untergrund ablösen kann.

Rotlippen-Schleimfisch

Diesen Fisch erkennt man an den Barthaaren an seiner rundlichen Schnauze sowie den roten Lippen und den roten Flossenspitzen. Er lebt am steinigen oder korallenbesetzten Meeresgrund und sucht dort nach kleinen Weichtieren. Das Weibchen legt seine Eier zwischen Korallen oder unter Steine. Das Männchen bewacht sie, bis die Jungen schlüpfen.

Paganellgrundel

Es gibt über 2000 verschiedene Grundelarten. Die meisten leben im Meer, aber es gibt auch einige Süßwasserbewohner. Die Paganellgrundel gehört zu den größeren Meeresgrundeln. Typisch sind der stumpfe Kopf und der abgerundete Schwanz. Die Bauchflossen bilden eine Saugscheibe, mit der sie sich an Felsen festhält. Sie frisst kleine Weichtiere und Fische. Die Weibchen laichen an Seegräsern oder Pfählen ab; die Männchen bewachen den Laich.

Gobius paganellus
Größe: 12 cm
Verbreitung: Nordatlantik und Mittelmeer

Paganellgrundel

Schleierkampffisch

Die männlichen Schleierkampffische werden für Schaukämpfe gezüchtet. In der Freiheit kämpfen die Männchen mit Rivalen um ihr Revier. Sie spreizen kriegerisch die Flossen und können sich ernsthaft verletzen. Zur Laichzeit baut das Männchen ein Schaumnest aus Luftblasen und Schleim. Das Weibchen legt seine Eier unter das Nest; das Männchen befruchtet sie und spuckt sie zum Schutz in das Nest.

Betta splendens
Größe: 6 cm
Verbreitung: Thailand

Schleierkampffisch

Schlangenkopf

Channa striatus
Größe: 1 m
Verbreitung: Indien, China und Südostasien

Schlangenkopf

Dieser lange Fisch gehört zu einer kleinen Gattung Süßwasserfische, die in tropischen Gegenden Afrikas und Asiens vorkommen. Der Schlangenkopf lebt normalerweise in sauerstoffarmen Gewässern. Mithilfe eines speziellen Organs in seinen Kiemen kann er etwas Sauerstoff aus der Luft aufnehmen. Er kann sogar außerhalb des Wassers überleben, sofern er sich im Schlamm vergräbt und so seine Haut feucht hält.

Quallenfisch

Dieser Fisch ist bekannt dafür, dass er zwischen den treibenden Fangarmen einer Qualle, der Portugiesischen Galeere, lebt. Er ist gegenüber den giftigen Nesselzellen, die sich an den Fangarmen der Qualle befinden, unempfindlich. Vielleicht hemmt der Quallenfisch sogar deren Wirkung. Die Qualle scheint den Fisch zu ignorieren, aber es ist auch möglich, dass der Quallenfisch sie von Schädlingen oder Schmutz säubert oder sogar mit Nahrung versorgt.

Quallenfisch

Nomeus gronovii
Größe: 22 cm
Verbreitung: tropische Bereiche im Pazifik, Westatlantik und Indischen Ozean

Blauer Marlin

Der Blaue Marlin gehört zu den schnellsten Schwimmern und Springern im Meer. Er hat einen stromlinienförmigen Körper und sichelförmigen Schwanz, der für alle Schnellschwimmer typisch ist. Der Blaue Marlin wiegt mindestens 180 kg. Er hat einen speerförmigen, schnabelähnlichen Oberkiefer, mit dem er seine Beute fängt – z. B. kleine Schwarmfische und Tintenfische.

Makaira nigricans
Größe: 3-4,60 m
Verbreitung: tropische und warme Meere weltweit

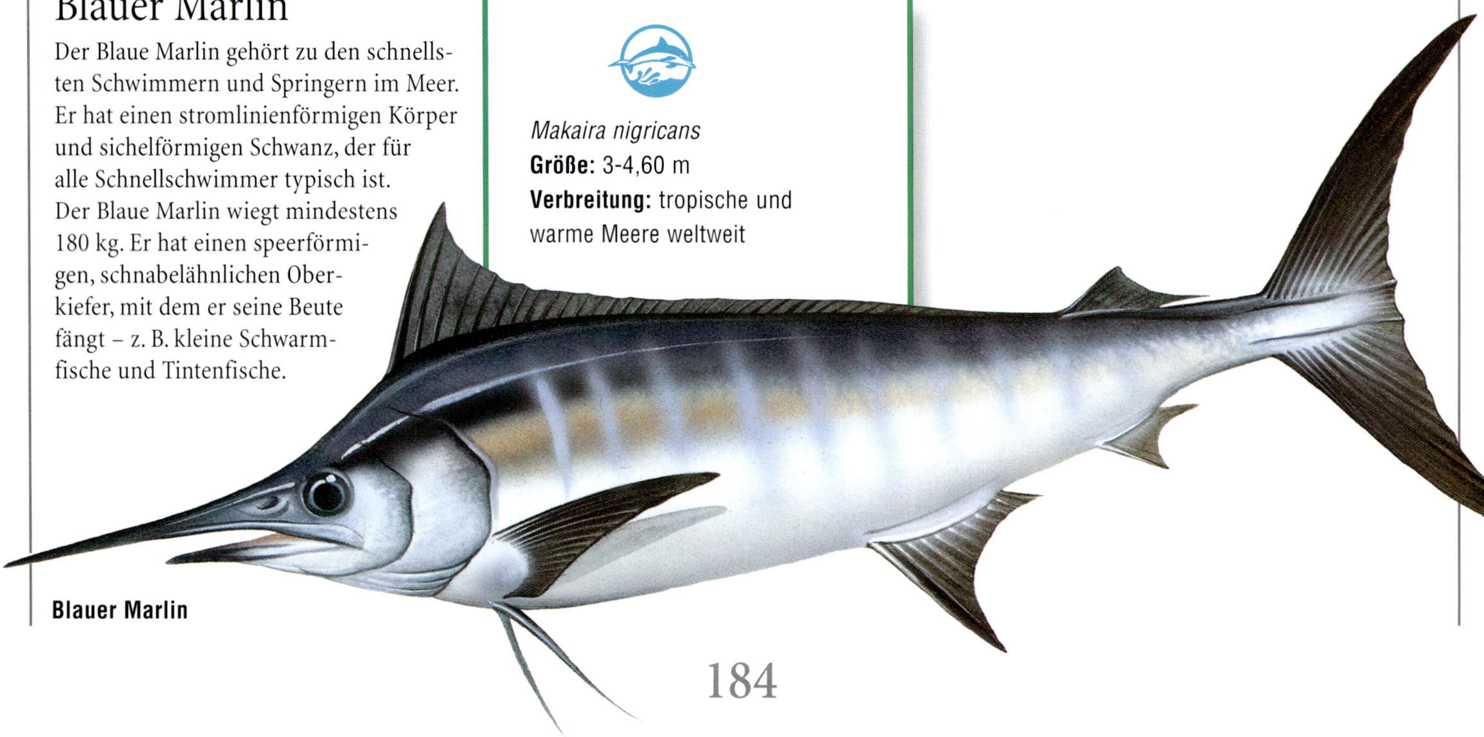

Blauer Marlin

Makrele

Scomber scombrus
Größe: 41-66 cm
Verbreitung: Atlantik und Mittelmeer

Makrele

Makrelen schwimmen in großen Schwärmen und unternehmen jährlich weite Wanderungen. Frühjahr und Sommer verbringen die Fische nahe der Wasseroberfläche und laichen auch dort; im Winter wandern sie in tieferes Wasser. Jedes Weibchen legt bis zu 450 000 Eier, die im Wasser treiben, bis die Jungen nach vier Tagen schlüpfen. Die Jungfische ernähren sich hauptsächlich von Kleintieren und Fischbrut; ausgewachsene Makrelen fressen kleine Fische und Schalentiere.

Wahoo

Anders als ihre Verwandten, die Makrelen und Thunfische, sind die Wahoos keine Schwarmfische. Sie schwimmen meist allein oder in Kleingruppen. Sie haben längere, dünnere Körper als die meisten Thunfische. Eine lange, schmale Schnauze und eine sehr weite Mundspalte mit vielen kräftigen Zähnen kennzeichnen diesen Fisch. Die schnellen Schwimmer erreichen bei der Beutejagd Geschwindigkeiten bis zu 66 Kilometer pro Stunde.

Wahoo

Acanthocybium solanderi
Größe: bis 2 m
Verbreitung: in tropischen Meeren weltweit

Schwertfisch

Der riesige, eindrucksvolle Schwertfisch ist ein schneller, lebhafter Jäger mit einem stromlinienförmigen Körper und einer sichelförmigen Flosse am Rücken. Er frisst kleine Fische ebenso wie Tintenfische. Mit seinem schwertförmig verlängerten Oberkiefer kann er Schwarmfische zusammentreiben und betäuben. Jungen Schwertfischen fehlt diese lange Schnauze noch; sie entwickelt sich erst mit zunehmendem Alter.

Xiphias gladius
Größe: 2-4,90 m
Verbreitung: warme und tropische Meere weltweit

Schwertfisch

Großer Barrakuda

Es gibt etwa 18 verschiedene Barrakuda-Arten, die in den warmen und tropischen Bereichen aller Ozeane leben. Der Große Barrakuda ist mit seinem langen, schlanken Körper und den großen Kiefern sowie Zähnen ein typischer Vertreter seiner Art. Der Raubfisch lebt zwischen Korallenriffen und kann Menschen gefährlich werden, wenn er gestört wird. Junge Tiere schwimmen in Schwärmen, aber die erwachsenen Fische jagen allein.

Sphyraena barracuda
Größe: bis 180 cm
Verbreitung: weltweit

Großer Barrakuda

Atlantischer Fächerfisch

Dieser schnelle Schwimmer hat eine hohe, segelartige Flosse am Rücken und lange Kiefer. Der Fächerfisch ist ein rücksichtsloser Jäger und frisst fast jeden Fisch oder Tintenfisch, der ihm in die Quere kommt. Fächerfische laichen im offenen Meer. Mehrere Millionen Eier treiben nahe der Oberfläche, bis die Jungfische schlüpfen.

Istiophorus platypterus
Größe: 3,60 m
Verbreitung: warme und tropische Gewässer weltweit

Atlantischer Fächerfisch

Fliegende Fische, Laternenfische und Eidechsenfische

Fliegende Fische gehören zu einer großen Gruppe von meist im Meer lebenden Fischen, zu denen auch Halbschnäbler, Makrelenhechte und Hornhechte zählen. Viele leben nahe der Wasseroberfläche. Die Fliegenden Fische können mithilfe ihrer Brustflossen aus dem Wasser springen und bis zu 50 m weit »fliegen«. Der schnell schlagende Schwanz hilft ihnen, kurze Entfernungen über der Oberfläche zurückzulegen. Laternenfische leben in der Tiefsee aller Ozeane. Sie besitzen perlenartig aufgereihte Leuchtorgane. Der Eidechsenfisch lebt im seichten Küstengewässer.

Schwalbenfisch

Exocetus volitans
Größe: 30 cm
Verbreitung: alle Ozeane

Schwalbenfisch

Der Schwalbenfisch oder Fliegende Hering entkommt seinen Feinden, indem er hochspringt und über die Wasseroberfläche gleitet. Dabei helfen ihm seine flügelähnlichen, mächtig entwickelten Brustflossen. Im Gegensatz zu manchen anderen Arten hat der Schwalbenfisch nur ein Paar »Flügel«.

Gepunkteter Laternenfisch

Dieser Fisch trägt mehrere Leuchtorgane am Körper. Sie sind beim männlichen und weiblichen Laternenfisch unterschiedlich verteilt. Die Leuchtorgane können dem Fisch helfen, die dunklen Tiefen des Meeres zu erhellen und Beute zu finden. Oder sie werden benutzt, um Feinde zu verwirren. Laternenfische fressen Kleintiere.

Myctophum punctatum
Größe: 10 cm
Verbreitung: Nordatlantik und Mittelmeer

Gepunkteter Laternenfisch

Kampfhalbschnäbler

Dieser schlanke Süßwasserfisch frisst Stechmückenlarven und hilft damit, die Vermehrung dieser Quälgeister einzudämmen. Die Männchen sind angriffslustig und kämpfen miteinander, indem sie mit ihren langen Kiefern ringen.

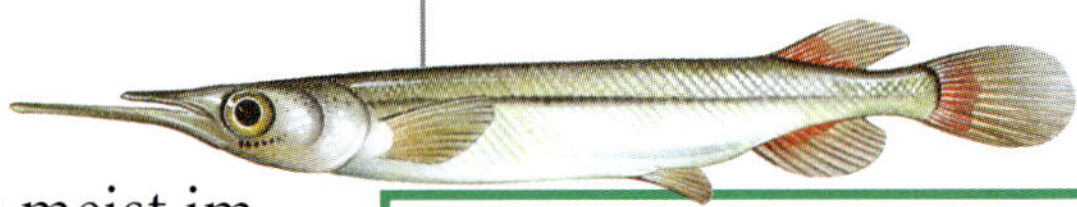

Kampfhalbschnäbler

Dermogenys pusillus
Größe: 7 cm
Verbreitung: Thailand, Malaysia

Hemiramphus brasiliensis
Größe: 45 cm
Verbreitung: Atlantik

Brasilianischer Halbschnäbler

Brasilianischer Halbschnäbler

Dieser Fisch kann nicht aus dem Wasser springen wie seine Verwandten, die Fliegenden Fische, gleitet aber über die Wasseroberfläche. Halbschnäbler schwimmen in Schwärmen und ernähren sich hauptsächlich von Seetang und kleinen Fischen.

Roter Eidechsenfisch

Roter Eidechsenfisch

Der Eidechsenfisch hat ungewöhnlich lange Brustflossen. Er liegt oft am Meeresgrund und stützt seinen Körper auf diese Flossen. Der Raubfisch wartet in dieser Position auf Beute, schießt dann plötzlich vom Boden hoch und fängt sein Opfer mithilfe der langen dolchartigen Zähne.

Synodus synodus
Größe: 32 cm
Verbreitung: Atlantik

Bombay-Ente

In vielen Gegenden Indiens wird dieser Fisch häufig gefangen. Halbiert und in der Sonne getrocknet wird er auf den Speisekarten als »Bombay-Ente« angeboten. Er hat einen riesigen Kiefer, mit scharfen, gebogenen Zähnen. Bombay-Enten leben häufig an den Mündungen großer Flüsse, beispielsweise des Ganges, wo sie kleine Fische und Schalentiere fressen.

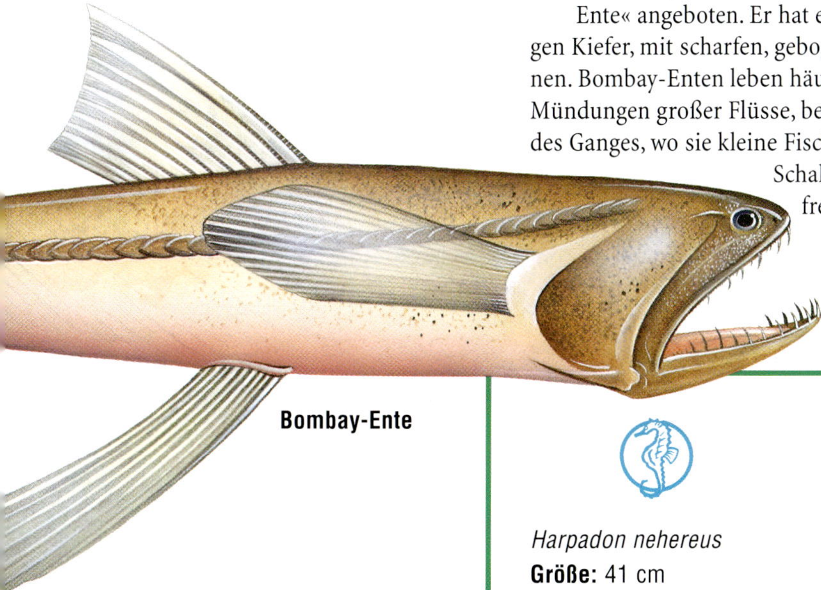

Bombay-Ente

Harpadon nehereus
Größe: 41 cm
Verbreitung: Indischer Ozean

Nadel-Hornhecht

Belonion apodion
Größe: 5 cm
Verbreitung: Südamerika

Nadel-Hornhecht

Dieser winzige Süßwasserfisch hat einen ausgeprägt schlanken Körper (daher der Name!) mit kleinen Flossen, die dicht am Schwanz sitzen. Der Nadel-Hornhecht besitzt einen langen Unterkiefer, mit dem er kleine Beutetiere abschöpfen kann.

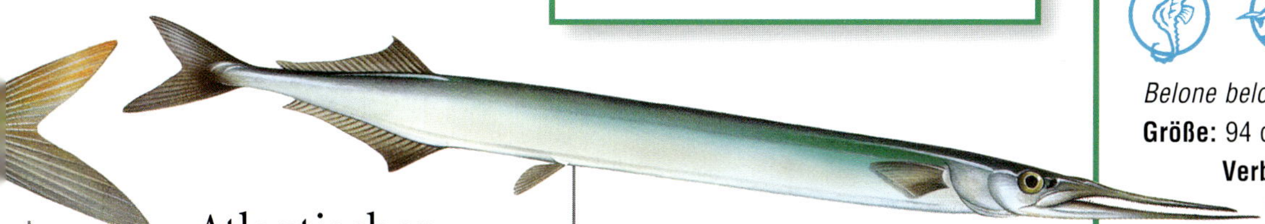

Europäischer Hornhecht

Belone belone
Größe: 94 cm
Verbreitung: Nordatlantik, Mittelmeer, Schwarzes Meer

Europäischer Hornhecht

Dieser Hornhecht hat viele nadelähnliche Zähne. Der Räuber ernährt sich von kleinen Fischen und Schalentieren. Dieser Fisch wird auch Grünknochen genannt, und da seine Gräten sich beim Kochen grün verfärben, ist er als Speisefisch nicht sehr beliebt.

Atlantischer Makrelenhecht

Makrelenhechte gehören zu den Flugfischen. Sie schwimmen in Schwärmen im Oberflächenwasser und fressen kleine Fische und Schalentiere, die sie mit ihrem schnabelähnlichen Kiefer fangen. Die Jungfische haben kurze, gleich lange Kiefer; im Alter wird der Unterkiefer länger.

Scomberesox saurus
Größe: 40-50 cm
Verbreitung: Nordatlantik und Mittelmeer

Atlantischer Makrelenhecht

Guppys, Ährenfische und ihre Verwandten

Guppys gehören zu einer großen Gruppe von Süßwasserfischen mit mehr als 800 Arten, darunter Gründling, Edelsteinkärpfling, Prachtkärpfling und Vierauge. Die meisten schwimmen nahe der Wasseroberfläche und fressen dort Insekten oder Pflanzenteile, die ins Wasser gefallen sind. Sie sind sehr anpassungsfähig und können auch in stehenden Gewässern leben, die für die meisten anderen Fische ungeeignet sind.

Ährenfische bilden eine Familie mit mehr als 280 Arten, darunter der eigentliche Ährenfisch, Streifenfisch und Regenbogenfisch. Die meisten ernähren sich von kleinen Schwebtieren und leben in großen Schwärmen in Seen, Flussmündungen und seichten Küstengewässern.

Australischer Regenbogenfisch

Dieser farbige Fisch zählt zu den über 50 Regenbogenfischarten, die in Australien und Neu-Guinea leben. Im Frühsommer legen sie ihre Eier ab, die mit feinen Fäden an Wasserpflanzen verkleben.

Australischer Regenbogenfisch

Melanotaenia fluviatilis
Größe: 9 cm
Verbreitung: Australien

Streifenfisch

Streifenfisch

Dieser kleine Fisch schwimmt in Schwärmen. Er gehört zu den Ährenfischen und hat einen langen, schlanken Körper und zwei weit voneinander entfernte Rückenflossen. Schwebtierchen sind seine Hauptnahrung, aber er frisst auch winzige Fische. Streifenfische oder Priesterfische werden selbst von großen Fischen und Seevögeln, beispielsweise Möwen, gefressen. Sie dringen zum Teil sogar in das Süßwasser vor.

Atherina presbyter
Größe: 15-20 cm
Verbreitung: europäischer Atlantik

Grunion

Grunions oder Amerikanische Ährenfische haben eine ungewöhnliche Art der Fortpflanzung: Sie laichen abhängig von den Gezeiten. In einer Nacht mit besonders hoher Flut schwimmen sie an Land und vergraben ihre Eier im Sand. Die nächste Welle trägt die Fische zurück ins Meer. Zwei Wochen später, bei der nächsten Flut, schlüpfen die Jungen und werden ins Meer gespült.

Leuresthes tenuis
Größe: 18 cm
Verbreitung: Pazifik

Silber-Ährenfisch

Tagsüber erscheint der schlanke Körper dieses kleinen Fisches fast durchsichtig und ist mit einem dünnen, silbrigen Streifen längs der Seiten versehen. Wenn es Nacht wird, verdeutlichen sich seine Farben. Ährenfische sind recht häufig und schwimmen in großen Schwärmen. Ihre Eier haben winzige Fäden, mit denen sie an Wasserpflanzen festhalten, bis sich die Jungfische voll entwickelt haben.

Silber-Ährenfisch

Atherinomorus stipes
Größe: 12,5 cm
Verbreitung: Nordatlantik

Vierauge

Anableps anableps
Größe: 30 cm
Verbreitung: Mittel- und nördliches Südamerika

Vierauge

Dieser ungewöhnliche Fisch hat zwar nur zwei Augen, aber diese sind jeweils in zwei Hälften geteilt. Der obere Teil von jedem Auge dient dem Sehen in der Luft, der untere der Sicht unter Wasser. Sie sind durch ein dunkles Band voneinander getrennt. Der Fisch schwimmt an der Oberfläche; das Wasser reicht bis an das trennende Band auf den Augen. So kann das Vierauge gleichzeitig nach Insekten in der Luft und anderer Beute im Wasser Ausschau halten. Das Vierauge ist lebend gebärend.

Kap Lopez

Der männliche Prachtkärpfling, wie der Kap Lopez noch genannt wird, ist kräftig bunt gefärbt und hat große, spitz zulaufende Flossen. Das Weibchen ist schlichter gefärbt und hat kleinere Flossen. Prachtkärpflinge laichen im Schlamm. Wenn es sehr trocken ist, entwickeln sich die Eier so lange nicht weiter, bis es wieder regnet. Dann beginnt die Brut wieder zu wachsen und bald darauf schlüpfen die Jungfische.

Aphyosemion australe
Größe: 6 cm
Verbreitung: Afrika

Kap Lopez

Cyprinodon variegatus
Größe: 7,5 cm
Verbreitung: nordamerikanische Küsten

Edelsteinkärpfling

Außerhalb der Paarungzeit sehen sich männliche und weibliche Edelsteinkärpflinge sehr ähnlich, aber während der Fortpflanzungszeit sind die Männchen farbiger. Das Weibchen legt immer nur einige Eier auf einmal ab und das Männchen befruchtet sie umgehend. Die Eier haben klebrige Fäden an ihrer Oberfläche, die die Eier aneinander und an Pflanzen heften. Ihre Entwicklung ist in einer Woche abgeschlossen. Der Edelsteinkärpfling ist ein beliebter Aquarienfisch.

Edelsteinkärpfling

Blaubandkärpfling

Der recht untersetzte Blaubandkärpfling ist ein zäher kleiner Fisch, der im Salz- und Süßwasser lebt. Er frisst fast alle Pflanzen und Tiere, die er findet. Kärpflinge laichen im Frühjahr in seichtem Wasser. Das Männchen jagt hinter seiner Partnerin her und hält sie dann mit seinen Flossen fest, damit er die gelegten Eier gleich befruchten kann. Die Eier kleben zusammen und sinken als Päckchen zu Boden.

Fundulus heteroclitus
Größe: 10-15 cm
Verbreitung: Ostküsten Nordamerikas

Blaubandkärpfling

Guppy

Guppys sind sehr verbreitet. Beim Menschen sind sie beliebt, weil sie Moskitolarven fressen und damit die Mückenplage bekämpfen helfen. Sie ernähren sich auch von anderen Insektenlarven, kleinen Schalentieren sowie von Eiern und Jungen anderer Fische. Viele bunte Guppy-Formen werden als Aquarienfische gezüchtet. Sie zählen zu den begehrtesten Zierfischen.

Poecilia reticulata
Größe: 6 cm
Verbreitung: nördliches Südamerika

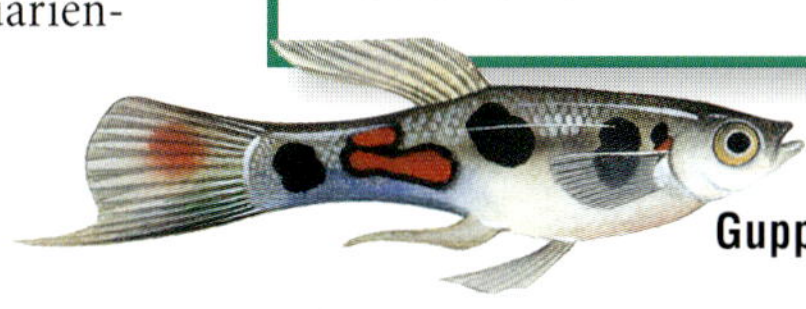
Guppy

Bandfische, Schleimköpfe und ihre Verwandten

Diese Fische sind Meeresbewohner. Tannenzapfenfisch, Soldatenfisch, Tiefseebarsch und Barbudo gehören zu einer Ordnung seitlich abgeplatteter Fische mit stacheligen Flossen. Die Petersfische bilden eine eigene Ordnung abgeflachter Fische, die meist in der Tiefsee leben wie der Walkopf auch.

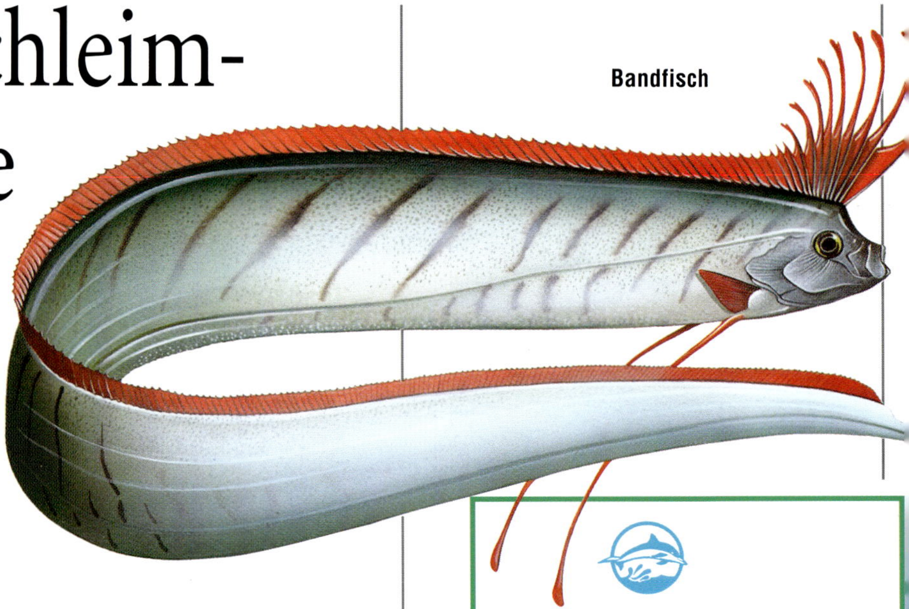

Bandfisch

Regalecus glesne
Größe: 7 m
Verbreitung: warme und tropische Bereiche von Atlantik, Pazifik und Indischem Ozean

Bandfisch

Dieser ungewöhnliche Fisch hat einen langen, bandförmigen Körper und wird auch Riemenfisch genannt. Die Rückenflosse erstreckt sich fast über seine gesamte Länge. Der Bandfisch schwimmt mit wellenförmigen, schlangenähnlichen Bewegungen. Vermutlich gehen viele sagenhaften Geschichten über riesige Seeschlangen auf ihn zurück. Er hat keine Zähne und frisst überwiegend Garnelen und ähnliche Schalentiere.

Glanzfisch

Lampris regius
Größe: 150 cm
Verbreitung: weltweit (außer Antarktis)

Glanzfisch

Er sieht zwar lustig aus, dennoch ist dieser Fisch ein Räuber, der Tintenfische, Krebstiere und andere Fische frisst. Die Glanzfische haben einen rundlichen Körper mit weißen Flecken und knallrote Flossen. Wie der Name sagt, glänzen die Fische fast metallisch. Sie können bis zu hundert Kilogramm wiegen.

Holocentrus ascensionis
Größe: 61 cm
Verbreitung: Atlantik

Soldatenfisch

Dieser bunt gefärbte Fisch ist auf Korallenriffen häufig anzutreffen. Er verbringt den Tag versteckt in Nischen der Korallen und kommt nachts heraus, um kleine Schalentiere und andere Beute zu jagen. Seine großen Augen erleichtern die Sicht im Dunkeln. Der Soldatenfisch kann viele verschiedene Geräusche machen, indem er seine Schwimmblase (einen mit Gas gefüllten Sack im Körper) mithilfe bestimmter Muskeln in Schwingungen versetzt. Die Jugendformen haben einen verlängerten Oberkiefer.

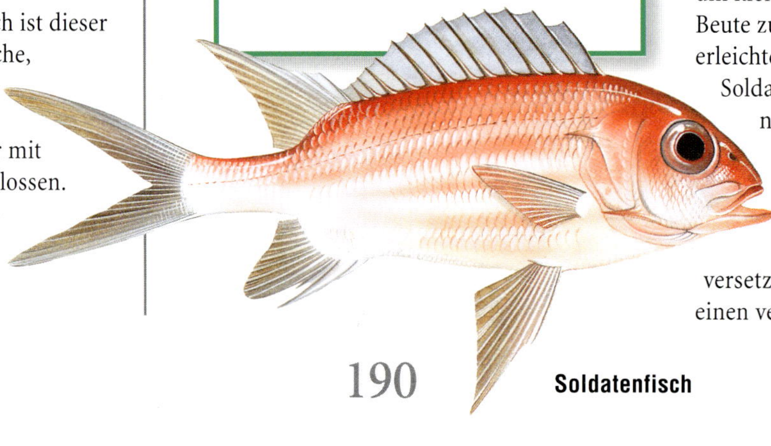

Soldatenfisch

Monocentris japonicus
Größe: 12,5 cm
Verbreitung: Indischer Ozean und Pazifik

Tannenzapfenfisch

Tannenzapfenfisch

Sein Name ist sehr treffend: Der Körper des Tannenzapfenfisches ist durch einen Panzer aus dicken, plattenartigen Schuppen geschützt. Die Rückenflossen bestehen aus dicken Stacheln; ein weiterer Stachel befindet sich an der Bauchflosse. Am Unterkiefer sitzen zwei Leuchtorgane, deren Licht durch bestimmte Bakterien gebildet wird. Tannenzapfenfische schwimmen in Schwärmen nahe am Meeresgrund.

Walkopf

Der Walkopf, den man früher zu den Schleimköpfen zählte, bildet eine eigene Ordnung. Der Tiefseebewohner hat einen verhältnismäßig großen Kopf und einen schuppenlosen Körper. Der Ansatz von Rücken- und Afterflossen leuchtet im Dunkeln. Sein großer Kiefer ist mit unzähligen winzigen Zähnen besetzt.

Cetomimus indagator
Größe: 14 cm
Verbreitung: Indischer Ozean

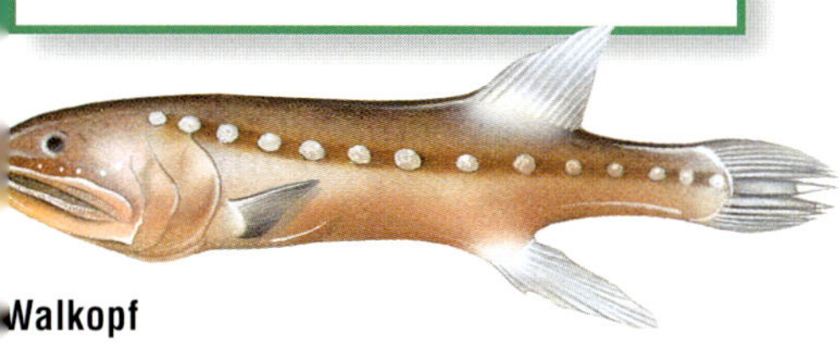

Walkopf

Barbudo

Barbudo

Dieser Fisch verdankt seinen Namen »der Bärtige« den zwei Barthaaren, die an seinem Unterkiefer hängen. Sie helfen ihm wahrscheinlich bei der Nahrungssuche am Meeresboden. Barbudos leben normalerweise in 180 bis 640 m Tiefe. Ihr Fleisch ist ungenießbar.

Polymixia nobilis
Größe: 25 cm
Verbreitung: tropische Bereiche aller Ozeane

Atlantischer Tiefseebarsch

Atlantischer Tiefseebarsch

Der bunt gefärbte Tiefseebarsch hat einen großen Kopf und einen abgeflachten Körper. Er besitzt scharfe Stacheln am Rücken vor der Rückenflosse sowie am Bauch. Sein Maul ist groß und nach oben gebogen und seine Kiefer sind mit unzähligen winzigen Zähnen besetzt. Über die Gewohnheiten dieses Fisches weiß man wenig, aber vermutlich ernährt er sich von kleinen Schalentieren.

Hoplostethus atlanticus
Größe: 30 cm
Verbreitung: Nordatlantik

Heringskönig

Der Heringskönig aus der Familie der Petersfische hat neun oder zehn Stacheln vorne an der Rückenflosse und drei oder vier weitere am Bauch vor der Afterflosse. Der Fisch mit dem scheibenförmig abgeflachten Körper ist kein schneller Schwimmer. Er nähert sich seiner Beute langsam, bis er nah genug ist, sie mit seinem riesigen Maul zu schnappen. Der Sage nach stammt der dunkle Fleck an der Brust vom Fingerabdruck Petrus', der ihm den Zinsgroschen entwinden wollte.

Heringskönig

Zeus faber
Größe: 40-66 cm
Verbreitung: Ostatlantik und Mittelmeer

Seepferdchen, Steinfische und Verwandte

Seepferdchen und Stichlinge gehören zu einer Ordnung mit mehr als 260 Arten, zu denen auch Röhrenschnäbler und Seenadeln zählen. Stichlinge haben zwischen 3 und 16 Stacheln auf ihrem Rücken. Sie kommen im Meer und im Süßwasser vor. Die außergewöhnlichen Seepferdchen mit ihrem »Pferdekopf« leben ausnahmslos im Meer. Steinfisch, Rotfeuerfisch, Knurrhahn und Seeskorpion gehören zu den Panzerwangen. Diese Ordnung umfasst etwa 1300 Arten, die überwiegend im Meer leben. Viele dieser Fische sind untersetzt und stachelig. Der Flughahn gehört zu einer kleinen Ordnung mit nur sieben bekannten Arten. Trotz ihres Namens (sie haben große, flügelartige Brustflossen) wurde noch nie beobachtet, dass diese im Meer lebenden Fische fliegen können.

Fetzenfisch

Die vielen blattartigen Hautlappen am Körper dieses eigenartigen Fisches, der mit den Seenadeln verwandt ist, helfen ihm wahrscheinlich, sich vor seinen Feinden zwischen Büscheln von Seetang zu verstecken. Das Männchen brütet die Eier seiner Partnerin auf einem Hautlappen unter seinem Schwanz aus.

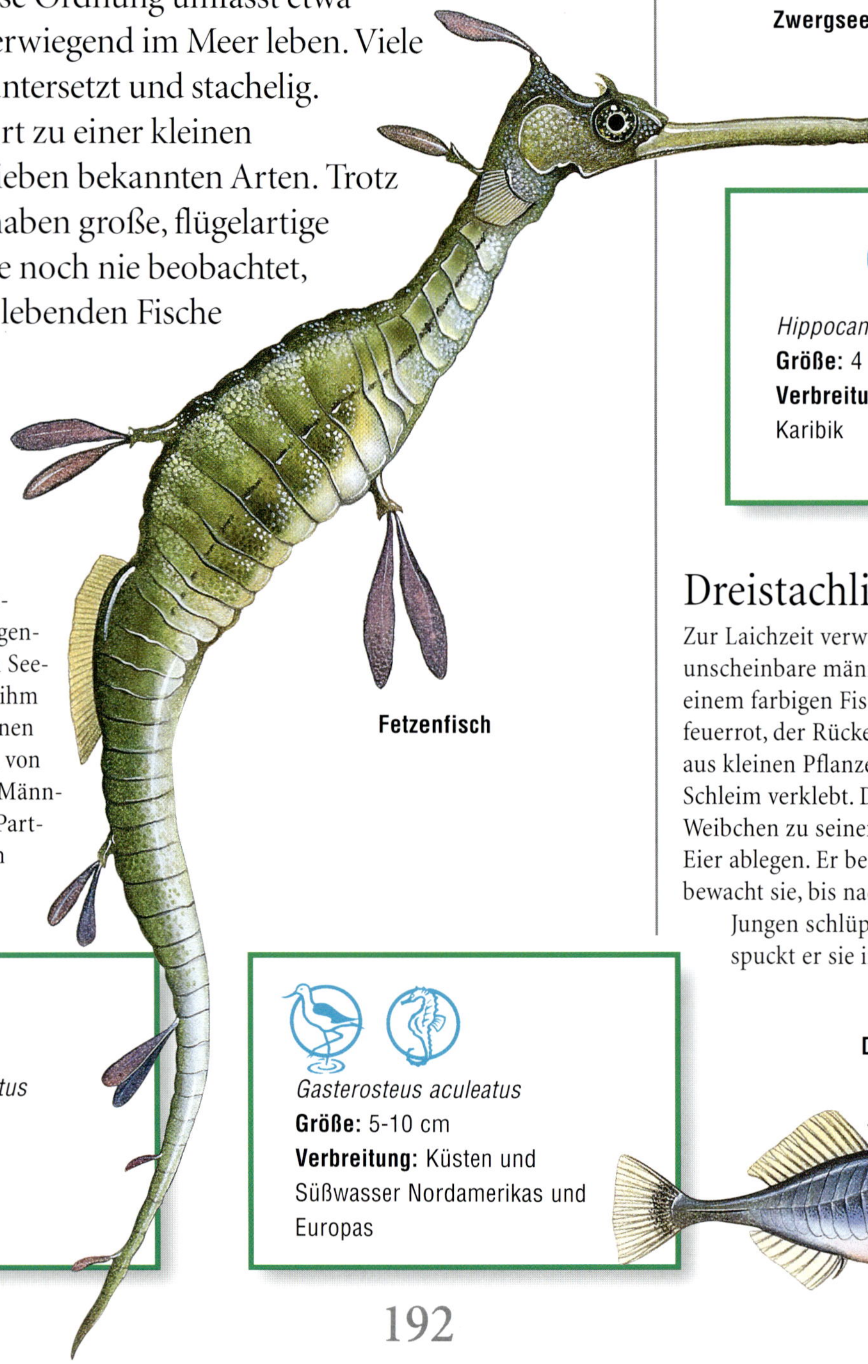

Fetzenfisch

Phyllolopteryx taeniolatus
Größe: 46 cm
Verbreitung: südaustralische Küste

Zwergseepferdchen

Dieser ungewöhnliche Fisch bewegt sich langsam mithilfe seiner winzigen Rückenflosse. Mit seinem aufgerollten Schwanz kann er sich am Seetang festhalten. Die Weibchen legen 50 oder mehr Eier, die das Männchen in einer Tasche am Bauch ausbrütet. In Europa gibt es zwei ähnliche, größere Seepferdchen (*H. ramulosus* in Atlantik und Nordsee, *H. hippocampus* im Mittelmeer).

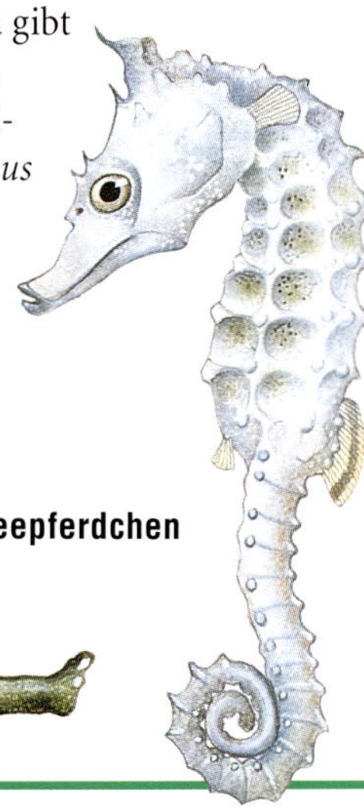

Zwergseepferdchen

Hippocampus zosterae
Größe: 4 cm
Verbreitung: Westatlantik und Karibik

Dreistachliger Stichling

Zur Laichzeit verwandelt sich der sonst unscheinbare männliche Stichling zu einem farbigen Fisch: Der Bauch wird feuerrot, der Rücken bunt. Er baut ein Nest aus kleinen Pflanzenstücken, die er mit Schleim verklebt. Dann lockt er mehrere Weibchen zu seinem Nest, die dort ihre Eier ablegen. Er befruchtet die Eier und bewacht sie, bis nach etwa drei Wochen die Jungen schlüpfen; zu ihrem Schutz spuckt er sie ins Nest.

Dreistachliger Stichling

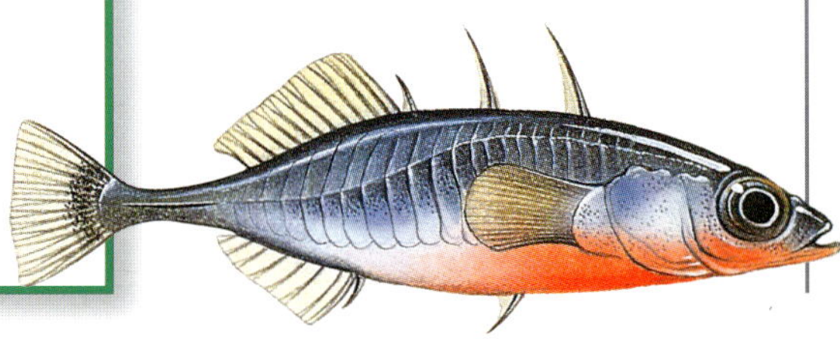

Gasterosteus aculeatus
Größe: 5-10 cm
Verbreitung: Küsten und Süßwasser Nordamerikas und Europas

Rotfeuerfisch

Pterois volitans
Größe: 38 cm
Verbreitung: Indischer Ozean und Pazifik

Rotfeuerfisch

Mit seinem bunt gestreiften Körper und den großen, fächerförmigen Flossen gehört dieser Fisch zu den auffallendsten Meeresbewohnern. Die Stacheln auf seinem Rücken sind giftig und können auch Menschen gefährlich werden. Der Fisch nutzt sie, um sich gegen Feinde zu verteidigen, nicht jedoch zum Beutefang.

Steinfisch

Die fleckige Färbung und die unregelmäßige Form tarnen den Steinfisch gut, wenn er zwischen den Steinen am Meeresgrund halb versteckt liegt und auf vorbeikommende Beute wartet. Die scharfen Stacheln auf seinem Rücken sind mit Drüsen verbunden, die ein tödliches Gift enthalten. Es kann sogar einen Menschen töten, wenn er versehentlich auf die Stacheln eines Steinfisches tritt.

Steinfisch

Synanceja verrucosa
Größe: 30 cm
Verbreitung: Indischer Ozean und Pazifik

Seeskorpion

Dieser Fisch hat Stacheln nahe den Kiemen und an beiden Seiten des Körpers. Die Weibchen sind meistens viel kleiner als die Männchen. Der Seeskorpion ist ein Bodenfisch und ernährt sich von Schalentieren sowie Würmern und kleinen Fischen, die er dort findet.

Myoxocephalus scorpius
Größe: 25-60 cm
Verbreitung: Nordatlantik

Seeskorpion

Nordamerikanischer Knurrhahn

Dieser Verwandte des Rotfeuerfisches verbringt einen Großteil seines Lebens am Meeresboden. Dabei stützt er sich häufig auf seine Brustflossen. Bei Gefahr wühlt sich der Knurrhahn in den Sand, bis nur noch die Oberseite des Kopfes und seine Augen herausschauen. In den europäischen Meeren leben drei verwandte Knurrhahnarten.

Flughahn

Dieser am Meeresgrund lebende Fisch benutzt seine langen, flügelförmigen Bauchflossen, um am Boden zu »laufen« und nach Schalentieren zu suchen. Bei Gefahr breitet der Flughahn seine Brustflossen weit aus, sodass die blauen Punkte sichtbar werden.

Dactylopterus volitans
Größe: 30-50 cm
Verbreitung: West- und Ostatlantik und Mittelmeer

Prionotus carolinus
Größe: 41 cm
Verbreitung: Westatlantik

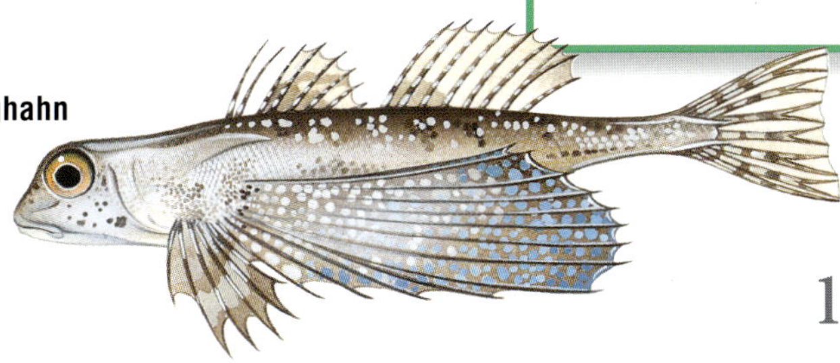
Flughahn

Nordamerikanischer Knurrhahn

Plattfische

Die Plattfische gehören zu einer Ordnung mit etwa 570 Arten. Bis auf drei leben alle im Meer. Die jungen Plattfische sind anfangs wie andere Fische geformt, aber mit dem Alter flacht der Körper ab und ein Auge wandert von einer Körperseite auf die gegenüberliegende, bis beide Augen auf derselben Seite sind. Ein erwachsener Plattfisch wird zum Bodenbewohner. Er liegt dann mit der Augenseite nach oben am Meeresgrund.

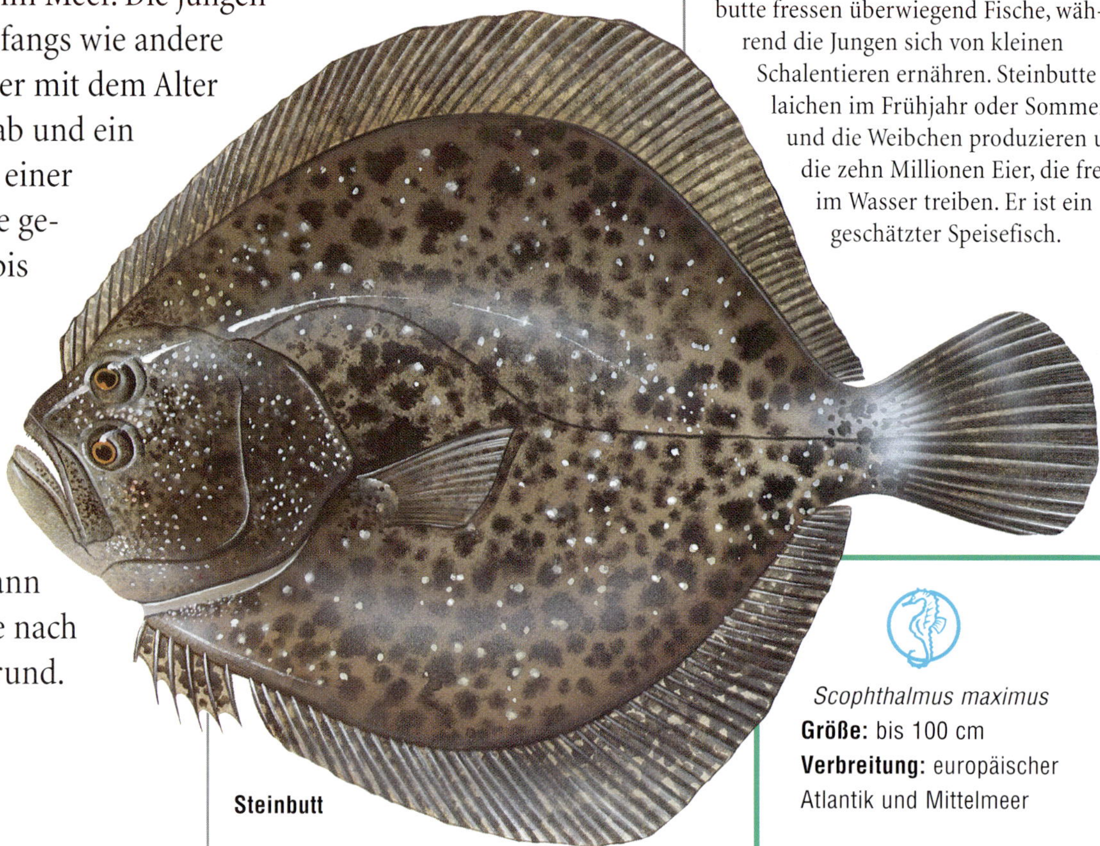

Steinbutt

Steinbutt

Dieser äußerst breite Plattfisch kann sich farblich seiner Umgebung anpassen und ist immer gefleckt, damit er am Meeresgrund besser getarnt ist. Ausgewachsene Steinbutte fressen überwiegend Fische, während die Jungen sich von kleinen Schalentieren ernähren. Steinbutte laichen im Frühjahr oder Sommer und die Weibchen produzieren um die zehn Millionen Eier, die frei im Wasser treiben. Er ist ein geschätzter Speisefisch.

Scophthalmus maximus
Größe: bis 100 cm
Verbreitung: europäischer Atlantik und Mittelmeer

Ebarmen

Von den Ebarmen sind nur zwei Arten bekannt. Ihr Körper ist weniger abgeflacht als die meisten anderen Plattfische. Einige haben die Augen auf der linken Seite, andere auf der rechten – aber immer ist ein Auge mehr an der Seite und das andere weiter oben. Wie andere Plattfische halten sich Ebarmen die meiste Zeit am Meeresboden auf, aber sie schwimmen auch im freien Wasser und suchen dort nach Fischen und anderen Tieren.

Kalifornische Flunder

Paralichthys californicus
Größe: 150 cm
Verbreitung: Pazifik

Ebarmen

Psettodes erumei
Größe: bis 61 cm
Verbreitung: Rotes Meer, Indischer Ozean, Westpazifik

Kalifornische Flunder

Diese Flunder hat ein großes Maul und kräftige, scharfe Zähne. Sie frisst Fische, vor allem Sardellen, aber auch Tintenfische und Krustentiere. Die Flunder selbst wird häufig Beute von Rochen, Seelöwen und Tümmlern. Sie ist ein schmackhafter, hoch geschätzter Speisefisch. Ein großes Exemplar kann bis zu 32 kg wiegen.

Sommerflunder

Paralichthys dentatus
Größe: bis 100 cm
Verbreitung: Westatlantik

Sommerflunder

Dieser recht schlanke, bewegliche Fisch ernährt sich von Schalen- und Weichtieren sowie Fischen. Die Flunder jagt, wenn es sein muss, ihre Beute sogar bis an die Wasseroberfläche. Obwohl sie schnell schwimmen kann, hält sie sich die meiste Zeit am Meeresboden halb verborgen liegend auf. Ihre Farbe verändert sich je nach Art der Umgebung, aber meist ist sie graubraun gefärbt und hat dunkle Flecken.

Scholle

Die Oberseite dieses Plattfisches, der auch Goldbutt genannt wird, ist kräftig braun mit orangeroten Punkten. Beide Augen sind normalerweise oben auf der rechten Körperseite; Schollen, deren Augen sich auf der linken Seite befinden, sind selten. Sie brüten im Frühjahr. Nach dem Schlüpfen leben die jungen Fische etwa sechs Wochen nahe der Wasseroberfläche. Erst dann gehen sie zum Bodenleben über. Schollen sind bedeutende Speisefische.

Scholle

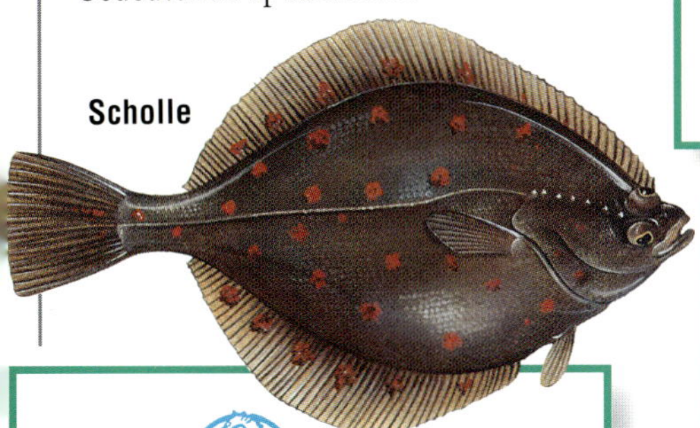

Pleuronectes platessa
Größe: 50-91 cm
Verbreitung: europäischer Atlantik und Mittelmeer

Seezunge

Dieser nachtaktive Raubfisch verbringt den Tag üblicherweise im Sand oder Schlamm verborgen. Seezungen laichen in seichtem Wasser. Die Eier treiben an der Wasseroberfläche, bis die Jungen schlüpfen. Sie bleiben so lange im Oberflächenwasser, bis sie deutlich über einen Zentimeter groß sind und dann am Meeresboden leben.

Seezunge

Solea solea
Größe: 30-60 cm
Verbreitung: europäischer Atlantik und Mittelmeer

Symphurus plagusia
Größe: 20 cm
Verbreitung: Westatlantik

Schwarze Nacktzunge

Gymnachirus melas
Größe: bis 23 cm
Verbreitung: nordwestlicher Atlantik

Schwarze Nacktzunge

Die Nacktzunge hat keine Schuppen auf der Haut und trägt auf der Oberseite dunkle Streifen. Die Unterseite ist weißlich gefärbt. Die meisten dieser Plattfische haben beide Augen auf der rechten Seite. Auch das kleine Maul ist nach rechts verdreht. Die Nacktzunge verbringt den Großteil ihres Lebens am Meeresboden, aber sie ist ein reger Raubfisch und kann sehr gut schwimmen, wenn es nötig wird.

Westatlantische Seezunge

Dieser Plattfisch hat einen Körper, der vorne breit ist und zum Ende hin schlanker wird. Die Rücken- und Afterflossen gehen direkt in die Schwanzflosse über. Beide Augen befinden sich auf der rechten Seite des Kopfes und das kleine Maul ist nach links verdreht. Wie andere Plattfische lebt die Seezunge am Meeresboden und ernährt sich von kleinen Weichtieren wie zum Beispiel Würmern sowie Schalentieren.

Westatlantische Seezunge

Quastenflosser, Lungenfische, Drückerfische

Quastenflosser ähneln den ausgestorbenen Fischen der Vorzeit. Versteinerungen zeigen, dass Quastenflosser vor Millionen von Jahren häufig waren. Heute lebt nur noch eine Art. Lungenfische sind mit Luft atmenden Fischen der Vorzeit verwandt. Vermutlich sind sie den Amphibien ähnlicher als alle anderen heute lebenden Fischarten. Sie haben lungenähnliche Atmungsorgane, mit denen sie an der Wasseroberfläche Luft holen. Drückerfisch, Kugelfisch, Kofferfisch und ihre Verwandten zählen zu einer Ordnung mit etwa 340 Arten mit runder oder kantiger Körperform. Bis auf wenige Arten leben alle im Meer.

Langschwanz-Feilenfisch

Dieser Verwandte des Drückerfisches hat einen langen Stachel auf seinem Rücken und kleine reibeisenartige Stacheln auf den Schuppen am ganzen Körper – daher sein Name. Er frisst mit der Schnauze voran kopfüber am Meeresgrund. Er lungert oft im Seegras, wo er durch seine grünliche Färbung gut getarnt ist.

Langschwanz-Feilenfisch

Alutera scripta
Größe: bis 100 cm
Verbreitung: alle tropischen Meere

Igelfisch

Der Körper dieses Fisches ist mit langen spitzen Stacheln bedeckt. Sie liegen normalerweise flach an, aber wenn der Fisch in Gefahr gerät, plustert er seinen Körper auf, sodass die Stacheln abstehen. So ist er fast vor jedem Feind sicher. Der Igelfisch hat je zwei Zahnleisten in Ober- und Unterkiefer, die miteinander verschmolzen sind. Mit dem schnabelförmigen Mund kann der Igelfisch hartschalige Beutetiere wie Muscheln und leicht Krabben knacken.

Diodon hystrix
Größe: bis 90 cm
Verbreitung: Mittelmeer, Pazifik und Indischer Ozean

Igelfisch

Königsdrückerfisch

Balistes vetula
Größe: 56 cm
Verbreitung: Westatlantik und Karibik

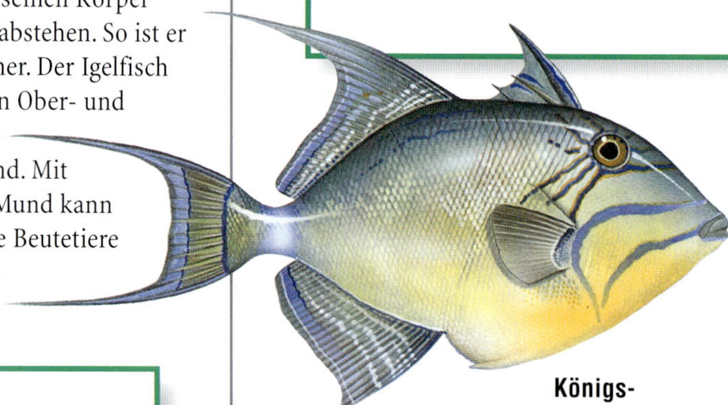

Königsdrückerfisch

Auf seinem Rücken befinden sich drei Stacheln. Wenn der erste Stachel sich aufrichtet, zieht er die beiden anderen mit und wird durch den zweiten unbeweglich gemacht. Bei Gefahr kann sich der Fisch mithilfe dieses »Schließstachels« in einem Felsspalt festklemmen und nicht mehr herausgezogen werden. An der europäischen Atlantikküste und im Mittelmeer lebt der ähnliche Schweinsdrückerfisch *(B. capriscus)*.

Kleiner Kofferfisch

Wie alle Kofferfische hat auch diese Art einen Panzer um seinen Körper und den Kopf, der aus miteinander verbundenen Knochenplatten besteht. Frei davon ist nur der Schwanzstiel. Maul, Augen, Flossen und Kiemen sind die einzigen Öffnungen in diesem Panzer, der den Fisch vor seinen Feinden schützt. Der Kofferfisch frisst vor allem am Boden lebende Weichtiere.

Kleiner Kofferfisch

Ostracion tuberculatus
Größe: 46 cm
Verbreitung: Indischer Ozean und Pazifik

Tetraodon cutcutia
Größe: 15 cm
Verbreitung: Indien, Burma, Malysia

Gemeiner Kugelfisch

Gemeiner Kugelfisch

Wenn er geärgert wird, kann der Kugelfisch seinen Körper aufblasen, bis er fast ganz rund ist und für seine Feinde kaum noch zu schlucken. Viele Kugelfische sind beliebte Speisefische, auch wenn bestimmte Teile ihres Körpers äußerst giftig sind. In Japan werden Köche zusätzlich ausgebildet, um Kugelfische fachgerecht als »Fugu«, ein Spezialgericht, zuzubereiten.

Quastenflosser

Quastenflosser galten seit Millionen von Jahren als ausgestorben, bis 1938 einer vor der Küste Südafrikas gefangen wurde. Diese überlebende Art ähnelt noch stark den Verwandten, die man von Versteinerungen her kennt. Der Quastenflosser hat einen kräftigen Körper und fleischige Bereiche am Flossenansatz, ausgenommen die erste Rückenflosse. Vermutlich ernährt er sich von anderen Fischen.

Quastenflosser

Latimeria chalumnae
Größe: 2 m
Verbreitung: in der Nähe von Madagaskar

Mondfisch

Der ungewöhnliche Mondfisch ist ein Verwandter des Drückerfisches, aber unterscheidet sich sonst von fast allen anderen Fischen. Sein abgeflachter Körper ist beinahe so rund wie eine Scheibe und mündet in einem eigenartigen Rüschenschwanz. Trotz seiner riesenhaften Größe hat er ein kleines, schnabelförmiges Maul. Er frisst Schwebtierchen und winzige Quallen.

Mondfisch

Mola mola
Größe: bis zu 4 m
Verbreitung: Atlantik, Pazifik und Indischer Ozean

Südamerikanischer Lungenfisch

Dieser Lungenfisch lebt in Sümpfen, die zu bestimmten Jahreszeiten austrocknen. In dieser Zeit gräbt er sich im Schlamm ein und umgibt sich mit einer Schleimhülle. Dabei atmet er mit seinen lungenähnlichen Organen. Sobald wieder Regen fällt, kommt der Fisch aus seiner Behausung heraus.

Lepidosiren paradoxa
Größe: 125 cm
Verbreitung: Südamerika (Amazonas)

Südamerikanischer Lungenfisch

Warum leben manche Tiere zusammen?

Wenn Tiere enge Verbindungen mit Lebewesen einer anderen Art eingehen, können beide Partner Vorteile dadurch haben. Diese Art von Zusammenleben bezeichnet man als Symbiose. Der Putzerfisch zum Beispiel frisst Parasiten und winzige Nahrungsteile, die er auf den größeren Fischen findet. Er kommt so zu einer leckeren Mahlzeit, während sein Wirt von Schmutz und Schädlingen befreit wird. Manchmal hat auch nur ein Partner Vorteile: Kuhreiher folgen Elefanten; sie fressen die Insekten, die durch die großen Tiere aufgescheucht werden. Die Vögel erhalten so reichlich Nahrung, aber für die Elefanten ist kein Vorteil ersichtlich.

Der afrikanische **Honiganzeiger** frisst Wachs und Bienenlarven, aber er kann nicht allein in das Bienennest gelangen. Stattdessen weist der Vogel einem anderen Honig fressenden Tier den Weg zum Nest, zum Beispiel dem Honigdachs. Er wartet dann, bis der das Nest zerstört hat. Beide Tiere haben einen Vorteil – nur die Bienen nicht.

Wenn **Waldameisen** die Blattläuse mit ihren Fühlern streicheln oder »betrillern«, gibt die Blattlaus einen Tropfen einer zuckerhaltigen Flüssigkeit ab, die man »Honigtau« nennt – eine köstliche Speise für die Ameisen. Dafür schützen die Ameisen die Blattläuse vor ihren Fressfeinden.

Der **Anemonenfisch** ist zwischen den stechenden Fangarmen (Tentakeln) der Seeanemone vor Feinden geschützt. Auch gegen das Gift der Nesseln der Tentakeln selbst ist er geschützt. Der Anemonenfisch lockt möglicherweise andere Fische an, sodass die Seeanemone sie fangen kann.

Der **Madenhacker** erweist dem Kaffernbüffel einen guten Dienst und bekommt dafür selbst eine leckere Mahlzeit: Er frisst Zecken und andere Schädlinge, die auf der Haut des Büffels leben.

Wirbellose Tiere

Es gibt mehr Insektenarten auf der Erde als Tiere jeder anderen Klasse. Etwa eineinhalb Millionen bekannte Tierarten leben auf der Welt – davon gehören rund eine Million Arten zu den Insekten. Manche Wissenschaftler glauben sogar, dass etwa 30-mal so viele Insekten noch gar nicht entdeckt sind. Spinnentiere leben ebenso wie Insekten überall auf der Erde, in jeder Form von Lebensraum. Diese Klasse umfasst mehr als 50 000 bekannte Arten, von denen die Echten Spinnen die größte Ordnung bilden.

Insekten und Spinnen sind aber nicht die einzigen wirbellosen Tiere. An Land gibt es noch die Würmer, die Schnecken, die Hundert- und die Tausendfüßer. Im Meer lebt eine erstaunliche Vielfalt von etwa 160 000 wirbellosen Arten, darunter Schwämme, Muscheln, Tintenfische und Krebse.

Ein schimmernder **Minzblattkäfer** kauert auf einem Blatt der Minze, die seine Hauptnahrungsquelle bildet. Blattkäfer fressen die Blätter und Blüten verschiedener Pflanzen. Ihre Larven können sogar die Pflanzenwurzeln zerstören. Viele Blattkäferarten richten ernsthafte wirtschaftliche Schäden in der Landwirtschaft an.

Gesprenkelte Weinbergschnecke

Was ist ein wirbelloses Tier?

Wirbellose Tiere besitzen keine Wirbelsäule. Lebewesen wie Krebse, Würmer, Insekten und Spinnen zählen beispielsweise dazu. Es gibt Wirbellose, die an Land, im Meer und im Süßwasser leben, und viele Insekten fliegen in der Luft. Obwohl sie alle kein Rückgrat besitzen, haben all diese Tiere äußerst unterschiedliche Lebens- und Fressgewohnheiten.

Hundertfüßer

Gliederfüßer

Die Gliederfüßer bilden die größte Gruppe unter den wirbellosen Tieren. Sie gehören zu den erfolgreichsten Lebewesen, die jemals auf der Erde gelebt haben. Zu ihnen zählen beispielsweise die Insekten, Spinnentiere und Krebse. Ein Grund für den Erfolg der Gliederfüßer ist ihr hartes äußeres Skelett, auch Exoskelett genannt, das den weichen Körper innen drin schützt. Es besteht aus Chitin, einem zelluloseähnlichen Stoff.

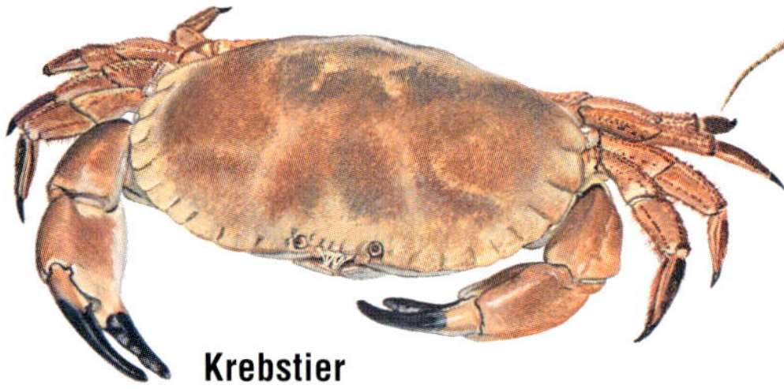

Krebstier

Verschiedene Gliederfüßer

Spinne

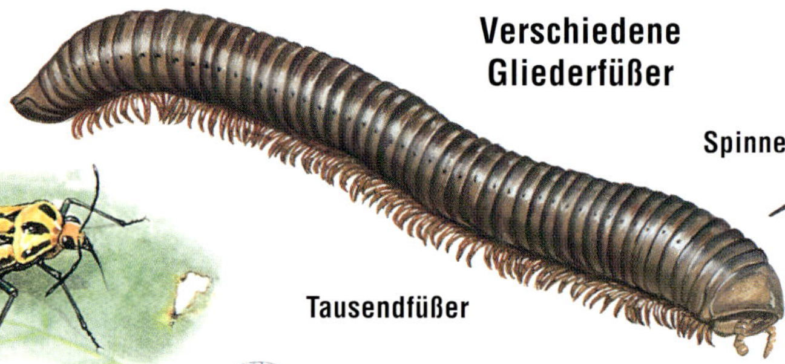

Tausendfüßer

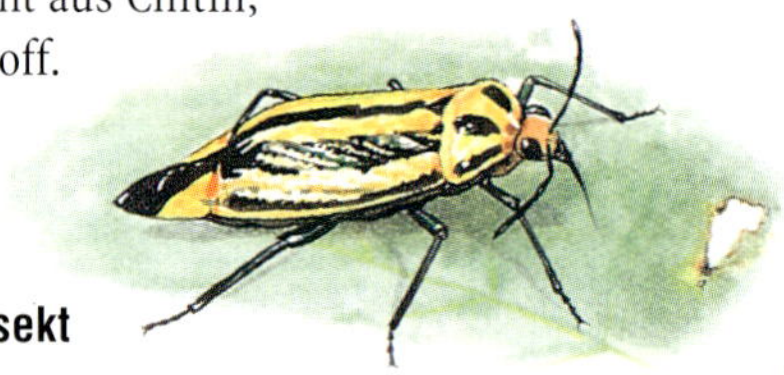

Insekt

Der Körperbau eines Insekts

Ein Insektenkörper besteht aus drei Teilen: dem Kopf, der Brust und dem Hinterleib. Am Kopf sitzen die Augen, ein Paar Fühler, mit denen sich die Insekten in ihrer Umgebung orientieren, und die Mundwerkzeuge, deren Form unterschiedlich sein kann und von der Nahrung der jeweiligen Art abhängt. Am Brustkorb befinden sich drei Paar Beine und meistens zwei Paar Flügel.

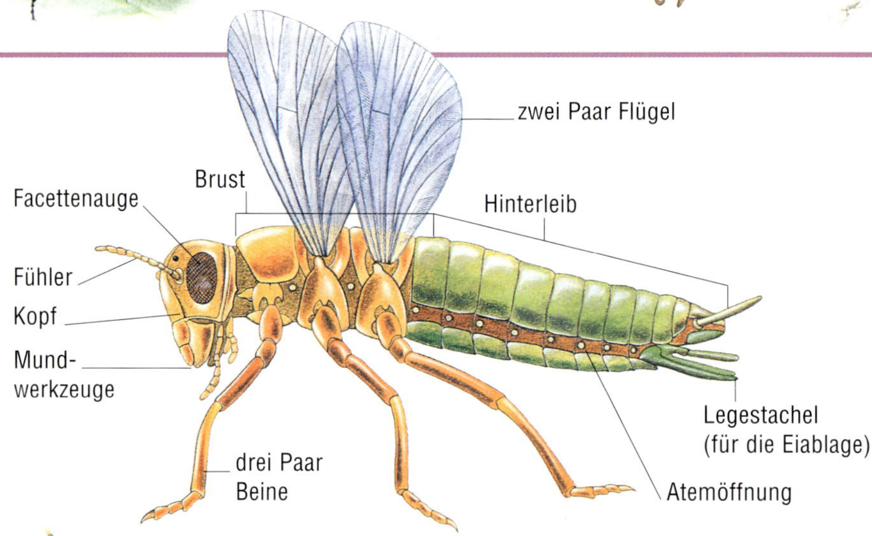

Verschiedene Mundwerkzeuge:

Stubenfliege

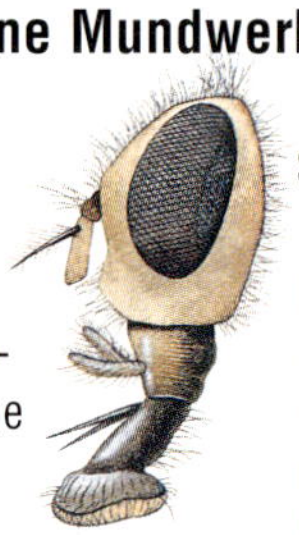

polsterartige Mundwerkzeuge, um flüssige Nahrung aufzunehmen

Schmetterling

langer Saugrüssel zur Aufnahme flüssiger Nahrung

Käfer

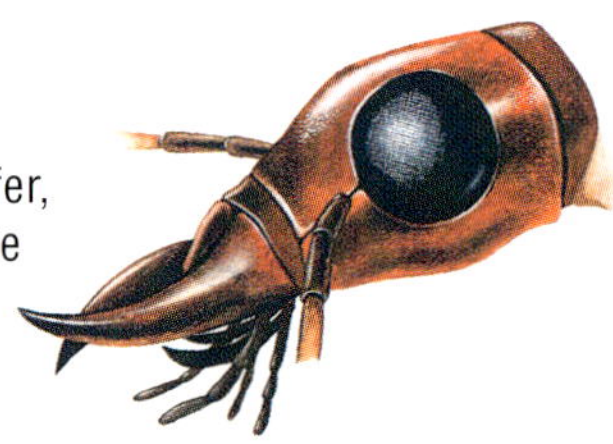

kräftige Kiefer, die die Beute zerteilen und durchbohren

Stechmücke

Nadelförmiger Stechrüssel, um flüssige Nahrung aufzusaugen

Der Körperbau einer Spinne

Der Spinnenkörper besteht aus nur zwei Teilen, denn Kopf und Brust sind miteinander verschmolzen. Der Vorderleib ist mit dem Hinterleib über eine schlanke Taille verbunden. Vorne am Kopf befinden sich die scheren- oder zangenartigen Kieferfühler. Dahinter sitzt der Mund. Spinnen haben vier Beinpaare. Jedes Bein ist in Glieder unterteilt und endet in zwei oder drei kammförmige Klauen.

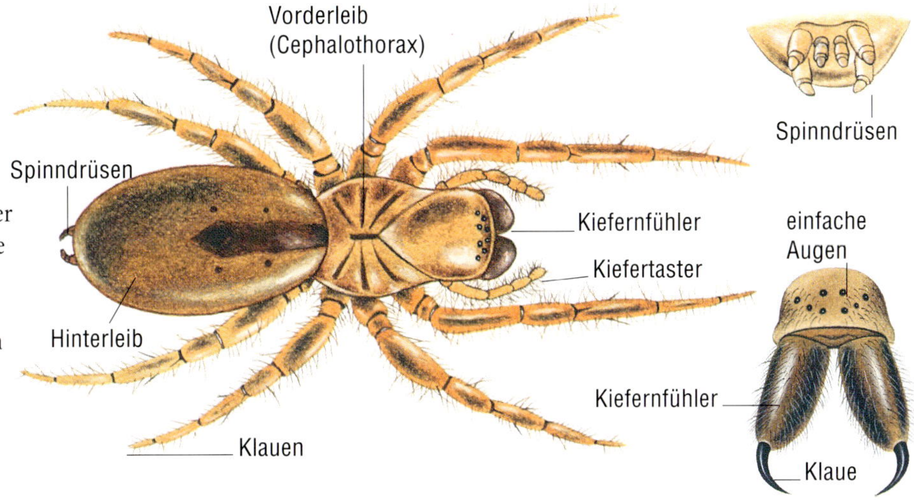

Andere Gruppen der Wirbellosen

Weichtiere

Die drei wichtigsten Klassen der Weichtiere sind die Schnecken, die Muscheln und die Kopffüßer wie Tintenfische und Kraken. Sie besitzen kein Skelett und ihre Gestalt ist weniger deutlich gegliedert als bei den meisten anderen Tieren.

Nautilus

Rippenquallen

Rippen- oder Kammquallen haben einen einfach gebauten, sackartigen Körper, der mit acht Reihen winziger Härchen besetzt ist. Diese Haare bewegen sich und schieben so die Quallen durch das Wasser.

Seestachelbeere

Stachelhäuter

Es gibt fünf Gruppen von Stachelhäutern: Haarsterne, Seesterne, Seewalzen, Seeigel und Schlangensterne. Die meisten bewegen sich auf kleinen »Stelzen«, den Saugfüßen, über den Meeresboden.

Seeigel

Medizinischer Blutegel

Ringelwürmer

Über 9000 Arten dieses Stamms leben im Wasser und an Land. Bei allen Vertretern ist der Körper in viele hintereinander liegende Ringe oder Segmente gegliedert.

Nesseltiere

Zu dieser Klasse gehören Hohltiere wie Seeanemonen, Quallen und Korallen. Die meisten besitzen einen schlauchförmigen Körper mit einem Mund, der von Fangarmen umgeben ist.

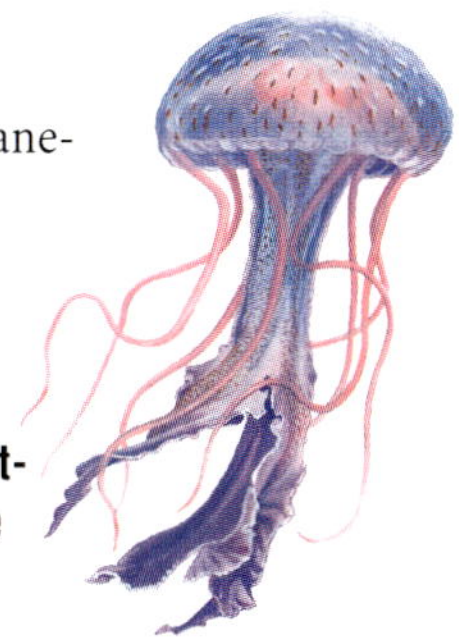

Leuchtqualle

Schalenschloss-Armfüßer

Etwa 260 lebende Arten hat diese Unterklasse und ist bereits rund 600 Millionen Jahre alt. Alle Schalenschloss-Armfüßer haben eine obere und eine untere Schale.

Schalenschloss-Armfüßer

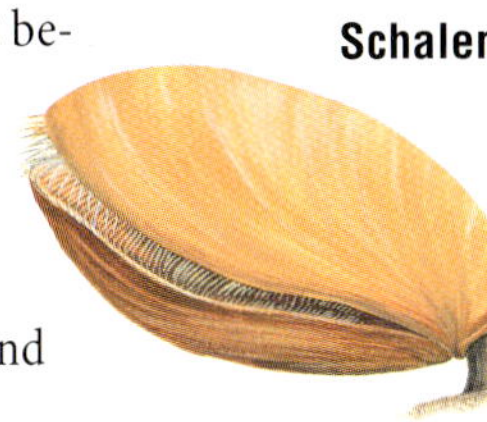

Schwämme

Schwämme sind die einfachsten mehrzelligen Tiere. Ihre Formen sind sehr unterschiedlich: winzige Becher, schlauchartige Röhren, hohe Kelche und rundliche Massen. Besondere Filterzellen in ihrem Körper sieben Nahrungsteilchen aus dem Wasser.

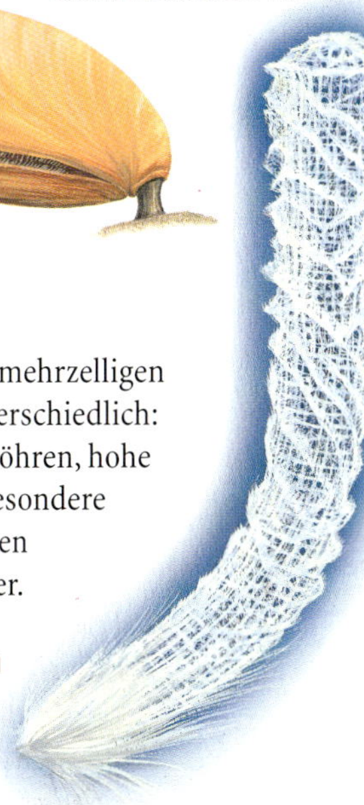

Glasschwamm

Schaben, Ohrwürmer, Schrecken und ihre Verwandten

Diese Tiere sind zwar nicht eng miteinander verwandt, haben aber dennoch einige Gemeinsamkeiten. Sie alle besitzen bewegliche Köpfe sowie kräftige Kiefer, um ihre Nahrung zu kauen. Die meisten haben große Hinterflügel. Zu ihnen zählen einige der ältesten Insektengruppen – Schaben beispielsweise gibt es auf der Erde seit etwa 350 Millionen Jahren. Die meisten dieser Tiere sind uns Menschen wohl bekannt und manche sind recht unerwünschte Gäste in den Häusern.

Schaben, Ohrwürmer und Borstenschwänze

Obwohl die meisten Schaben in der freien Natur leben – in jeder Art von Lebensraum, ob Berge oder Regenwald –, sind sie vor allem als unerwünschte Haustiere bekannt. Ohrwürmer gibt es in jedem Garten. Sie fressen zwar Obst, Gemüse und Blumen, aber auch die schädlichen Blattläuse. Ebenfalls in Wohnungen trifft man häufig die Silberfischchen an, flügellose Insekten, die zu den Borstenschwänzen gehören.

Silberfischchen

Die schnellen, lichtscheuen Silberfischchen huschen in dunklen, feuchten Winkeln herum. Die harmlosen Tierchen fressen Mehl, Zucker, aber auch Papier und Kleister. Ihr schlanker Körper ist von winzigen Schuppen bedeckt.

Silberfischchen

Lepisma saccharina
Familie: Lepismatidae
Größe: 0,8-1,9 cm

Ofenfischchen

Das Ofenfischchen gehört zu den Borstenschwänzen und ist nah mit dem Silberfischchen verwandt. Es lebt ebenfalls in Wohnungen an warmen Orten, etwa nahe an Öfen oder Boilern. Es kann schnell laufen und huscht herum, um Krümel und andere Nahrungsreste zu finden.

Ofenfischchen

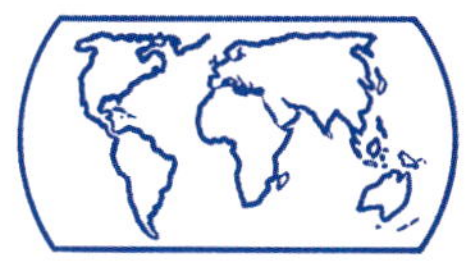

Thermobia domestica
Familie: Lepismatidae
Größe: 0,8-1,9 cm

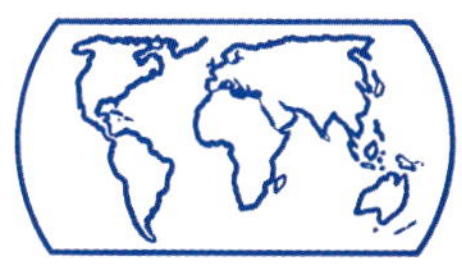

Forficula auricularia
Familie: Forficulidae
Größe: 0,9-2,5 cm

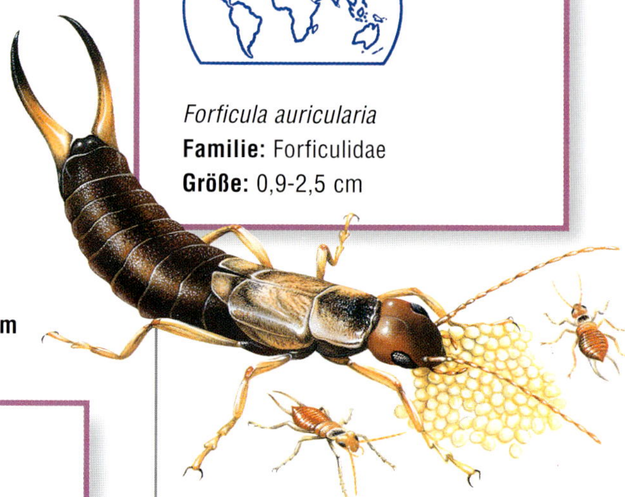

Feldohrwurm

Feldohrwurm

Er legt seine Eier in einen Bau und bleibt in der Nähe, um auf sie aufzupassen. Es ist für Insekten ungewöhnlich, dass sie Brutpflege betreiben, bis die Jungen alt genug sind, um für sich selbst zu sorgen.

Hausschabe

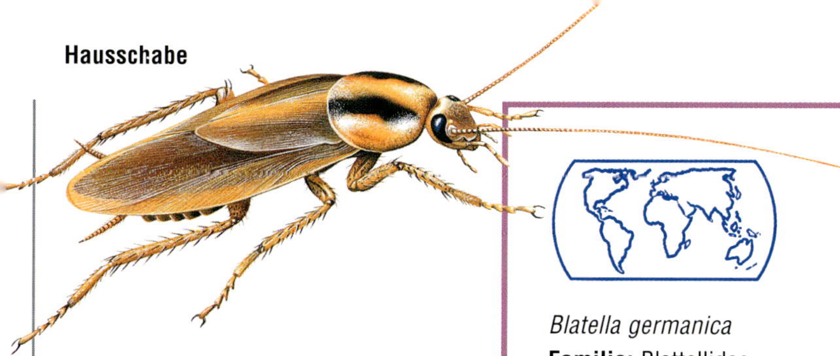

Blatella germanica
Familie: Blattellidae
Größe: 0,6-2,5 cm

Hausschabe

Die anspruchslosen Hausschaben sind auf der ganzen Welt verbreitet und sind meist in Häusern anzutreffen. Sie können schnell laufen. Durch ihren Körperbau sind sie bestens geeignet, um in Risse und unter Bodenbretter zu kriechen.

Sandohrwurm

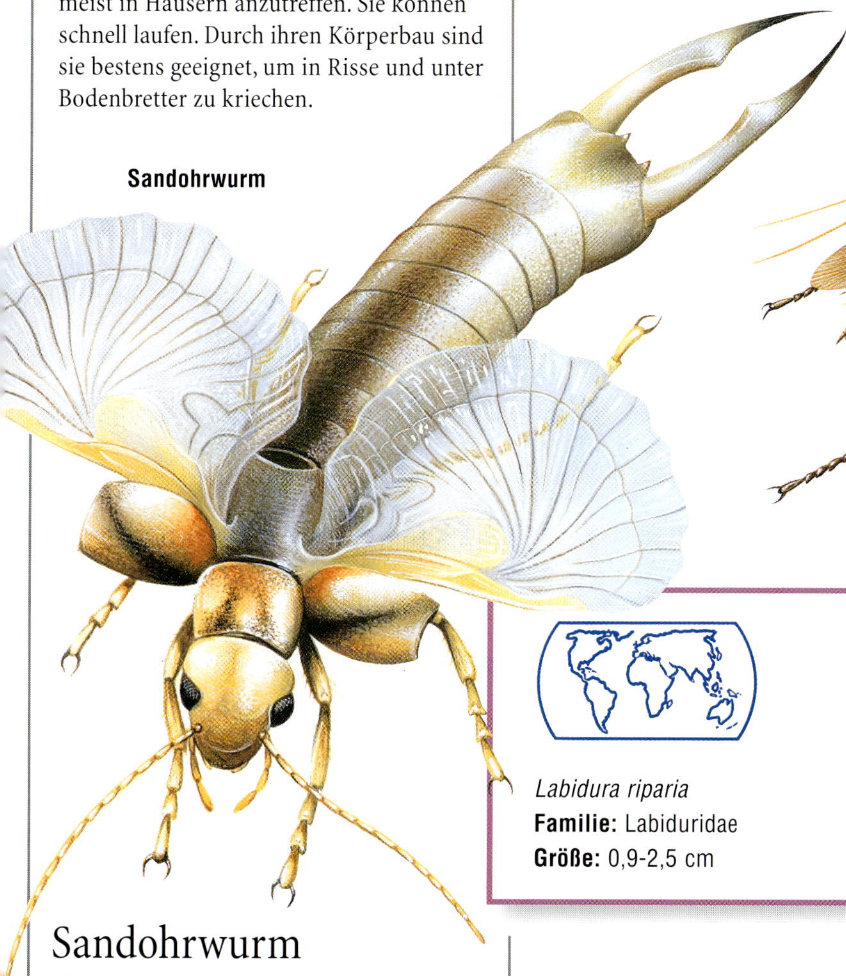

Labidura riparia
Familie: Labiduridae
Größe: 0,9-2,5 cm

Sandohrwurm

Diese Insekten heißen wegen ihrer dunklen Zeichnung auf dem Brustkorb auch gestreifte Ohrwürmer. Wie alle Ohrwürmer bleibt auch dieser Sandohrwurm tagsüber versteckt und kommt nachts heraus, um andere Insekten zu fangen, von denen er sich ernährt. Wird er angegriffen, kann er eine unangenehm riechende Flüssigkeit aus Drüsen am Hinterteil verspritzen. Er hat große, halbkreisförmige Hinterflügel, die er mehrmals falten muss, damit er sie unter die kleinen, ledrigen Vorderflügel verpacken kann. Der Sandohrwurm lebt allein an Küsten und Flussufern in selbstgegrabenen Gängen.

Amerikanische Großschabe

Diese in Gebäuden häufige Schabe versteckt sich tagsüber und frisst nachts nahezu alles, was sie finden kann. Die Weibchen legen zahlreiche Eikapseln, die sie an ihrem Körper tragen. Bevor die Jungen schlüpfen, legen sie diese an einem dunklen, sicheren Ort, meist in einer Grube, ab.

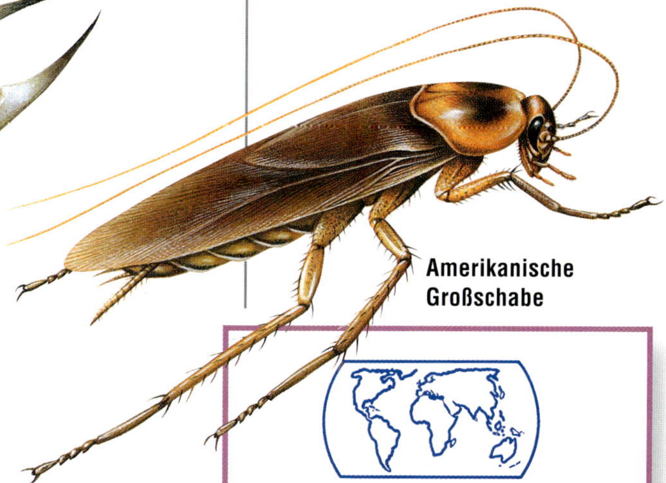

Amerikanische Großschabe

Periplaneta americana
Familie: Blattidae
Größe: 1,9-5 cm

Madagassische Fauchschabe

Diese große, flügellose Schabe gibt zischende Laute von sich, die durch die Atemlöcher entstehen, die sich an ihrem Hinterleib befinden. Damit kann sie ihre Feinde abschrecken. Ein ähnliches, weicheres Zischgeräusch machen die Männchen, wenn sie um Weibchen werben.

Madagassische Fauchschabe

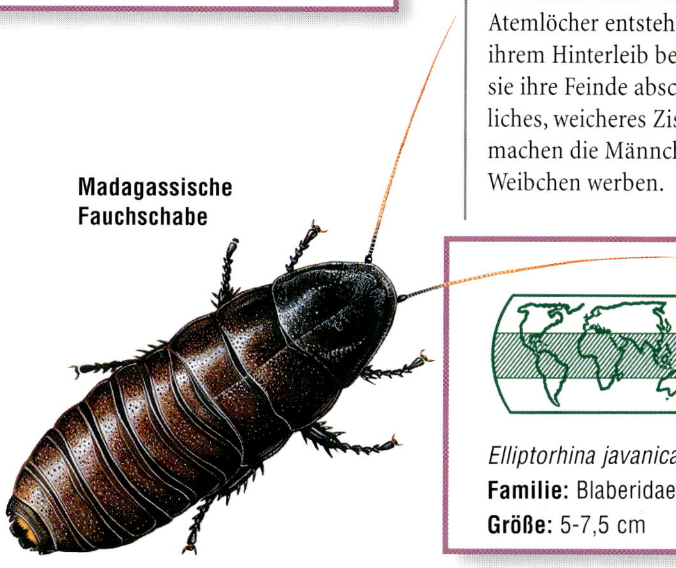

Elliptorhina javanica
Familie: Blaberidae
Größe: 5-7,5 cm

Heuschrecken, Grillen und Verwandte

Man hört sie öfter, als man sie zu Gesicht bekommt: Die Schrecken sind für ihre »Streichmusik« bekannt, die meistens von den Männchen stammt, die um die Weibchen werben. Diese Geräusche entstehen, wenn die Tiere bestimmte Bereiche ihrer Flügel oder ihrer Beine aneinander reiben. Es gibt zwei Unterordnungen der Schrecken: die Lang- und die Kurzfühlerschrecken. Grillen sind Langfühlerschrecken, Wanderheuschrecken gehören zu den Kurzfühlerschrecken. Stabheuschrecken und Wandelnde Blätter sind bekannt für ihre Fähigkeit, sich zu tarnen, indem sie wie Zweige oder Blätter aussehen.

Grünes Heupferd

Diese Langfühlerschrecken haben lange Fühler, wie der Familienname besagt. Sie ernähren sich von Pflanzen, fangen und fressen aber auch kleine Insekten. Viele haben eine grüne oder braune Farbe und sind in den Bäumen und Gebüschen, in denen sie leben, schwer auszumachen.

Grünes Heupferd

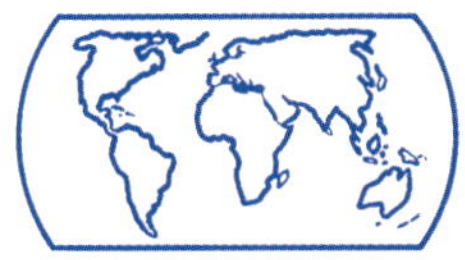

Tettigonia viridissima
Familie: Tettigoniidae
Größe: 1,2-7,5 cm

Europäische Wanderheuschrecke

Wanderheuschrecken gehören zu den größten Zerstörern unter den Insekten. Schwärme dieser Heuschrecken fallen in Felder ein und fressen so lange, bis kein Blatt mehr übrig ist. Ein Schwarm kann aus bis zu 50 Milliarden Tieren bestehen.

Locusta migratoria
Familie: Acrididae
Größe: 1,2-7,5 cm

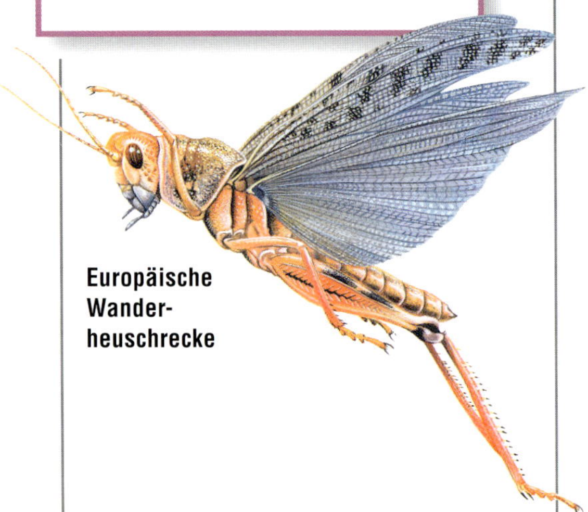

Europäische Wanderheuschrecke

Gebirgsschrecke

Gebirgsschrecken gehören zu den Kurzfühlerschrecken. Wie alle Heuschrecken haben sie kraftvolle Hinterbeine und können mehr als das 200fache ihrer eigenen Körperlänge weit springen.

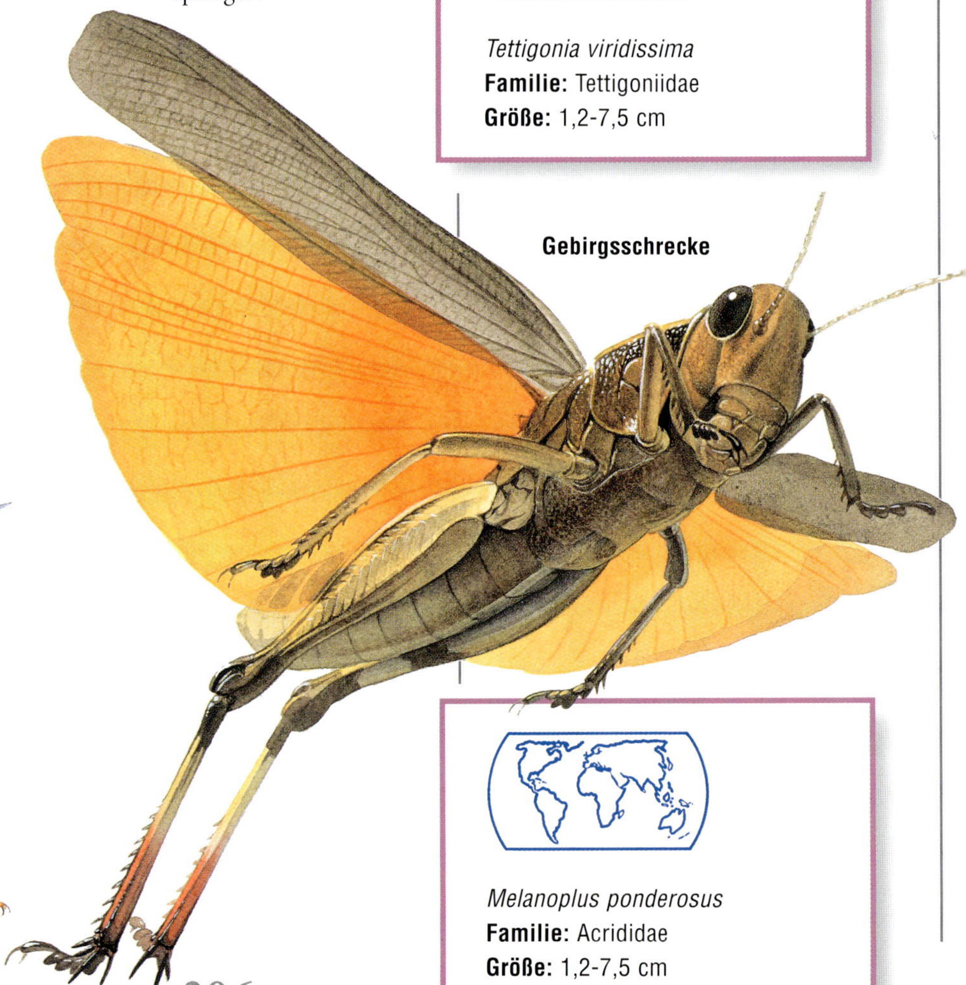

Gebirgsschrecke

Melanoplus ponderosus
Familie: Acrididae
Größe: 1,2-7,5 cm

Wandelndes Blatt

Wandelndes Blatt

Diese Insekten haben die Form der Blätter, auf denen sie leben, sogar die Äderung. Selbst ihre Eier ähneln den Samen dieser Pflanzen. Die Wandelnden Blätter leben im tropischen Asien und Australien.

Phyllium spec.
Familie: Phylliidae
Größe: 5-10 cm

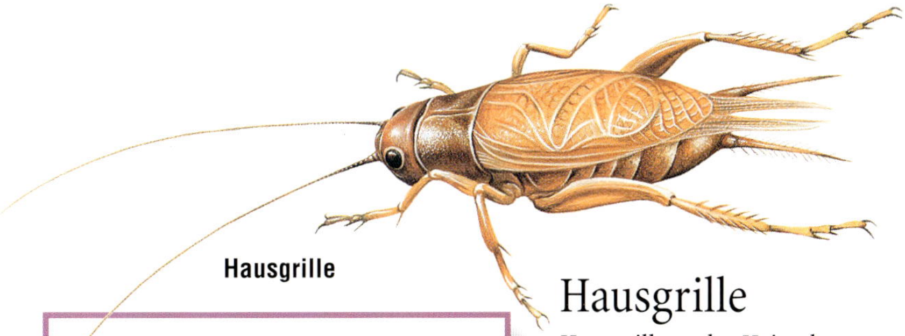

Hausgrille

Acheta domestica
Familie: Gryllidae
Größe: 0,9-2,5 cm

Hausgrille

Hausgrillen oder Heimchen »musizieren«, indem sie besonders gefurchte und verdickte Bereiche ihrer Vorderflügel gegeneinander reiben. Es entsteht dabei ein hoher Ton. Grillen sind meist grün, schwarz oder braun gefärbt und haben breite Körper sowie ausgeprägte Fühler am Ende des Hinterleibes. Heimchen bewohnen häufig beheizte Räume.

Maulwurfsgrille

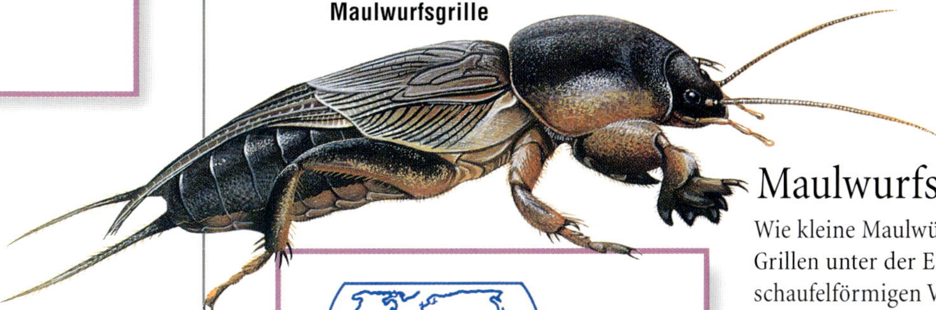

Maulwurfsgrille

Wie kleine Maulwürfe leben diese Grillen unter der Erde. Mit ihren schaufelförmigen Vorderbeinen graben sie sich ihren Weg. Ein Überzug aus feinen Haaren schützt den Körper vor der Erde. Pflanzenwurzeln sind ihre Hauptnahrung, daher zerstören sie häufig Getreidefelder und sogar Bäume. Sie fangen und fressen aber auch Würmer und Larven.

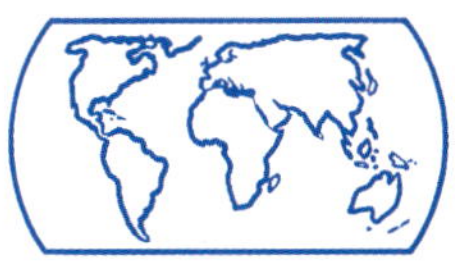

Gryllotalpa gryllotalpa
Familie: Gryllotalpidae
Größe: 2-6 cm

Sattelschrecke

Dieses Insekt hat Flügel, die wie Blätter aussehen, um sich zwischen den Pflanzen gut verbergen zu können. Das Weibchen hat einen messerartigen Legestachel. Damit befördert es seine Eier in feine Schlitze, die es in die Pflanzenstängel schneidet.

Sattelschrecke

Legestachel

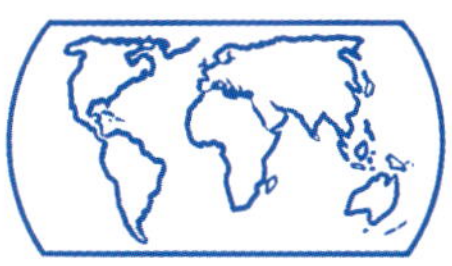

Pterophylla camellifolia
Familie: Tettigoniidae
Größe: 1,2-7,5 cm

Gemeine Stabheuschrecke

Durch ihren schlanken grünen oder braunen Körper ähnelt die Stabheuschrecke so sehr einem blattlosen Zweig, dass hungrige Vögel sie kaum entdecken können. Tagsüber klammert sie sich an eine Pflanze. Nur ihre langen, dünnen Beine bewegen sich etwas, als würden sie leicht im Wind wiegen. Nachts sucht die Stabheuschrecke nach Blättern.

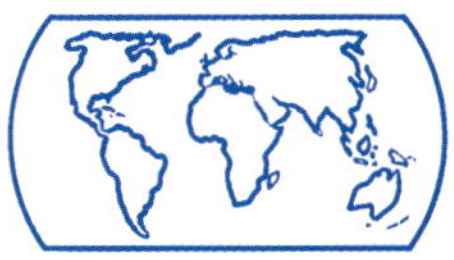

Carausius morosus
Familie: Phasmatidae
Größe: bis 30 cm

Gemeine Stabheuschrecke

Fangschrecken, Libellen und ihre Verwandten

Diese Insekten gehören zu den gefürchteten Räubern unter den Insekten. Fangschrecken besitzen lange Vorderbeine, die sie in Sekundenschnelle »ausfahren« können, um ihre Beute zu ergreifen. Noch flinkere Jäger sind die Libellen, die zu den schnellstfliegenden Insekten zählen. Sie fangen ihre Beute in der Luft oder holen sich kleine Tiere von Blättern. Florfliegen, Ameisenjungfern, Hafte und Kamelhalsfliegen sind Netzflügler. Sie besitzen zwei fein geäderte Flügelpaare, die sie wie ein Dach über ihrem Körper zusammenfalten können. Ihre Larven fressen Kleintiere, die sie mit ihrem kräftigen Kiefer fangen.

Angolanische Mantis

Diese Fangschrecke ist auf einem von Flechten überzogenen Ast kaum zu sehen. Sie bleibt reglos liegen, während sie nach Beute Ausschau hält, kann aber in Bruchteilen von Sekunden zuschlagen, wenn sie etwas entdeckt hat. Mantislarven sehen beim Schlüpfen wie verkleinerte Ausgaben ihrer Eltern aus und können von Anfang an selbstständig jagen.

Tarachodes spec.
Familie: Mantidae
Größe: 1-15 cm

Angolanische Mantis

Gottesanbeterin

Die kraftvollen Vorderbeine der Gottesanbeterin sind ihre Jagdwaffe. Sie sind mit scharfen Dornen besetzt, mit deren Hilfe das Insekt das Opfer festhält, während es frisst. Häufig sitzt die Gottesanbeterin mit erhobenen Vorderbeinen wie zum Gebet erstarrt und wartet auf Beute. Die größeren Weibchen greifen die Männchen oft während der Paarung an und töten sie auch.

Mantis religiosa
Familie: Mantidae
Größe: 1-15 cm

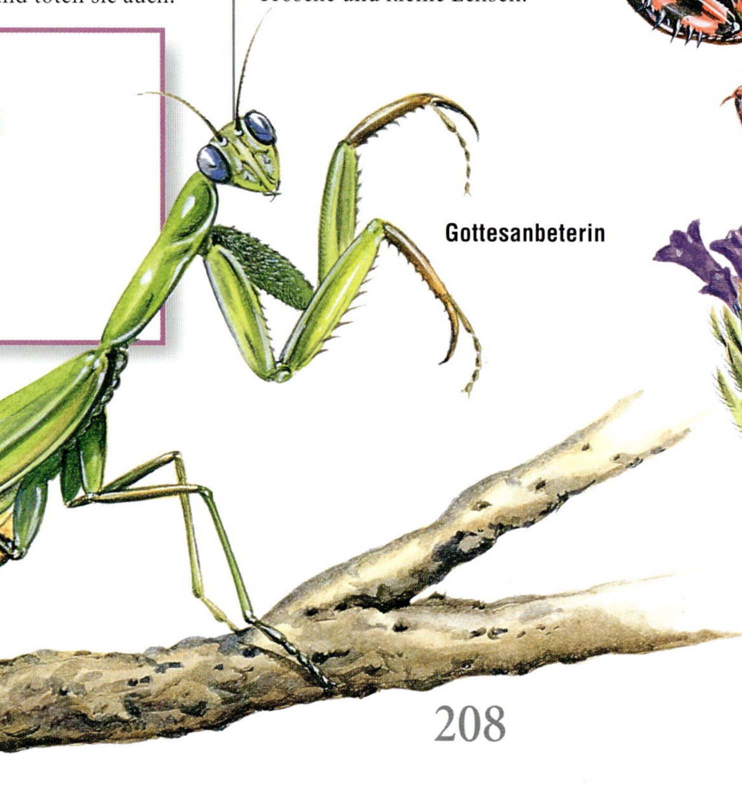

Gottesanbeterin

Blüten-Mantis

Einige Fangschrecken sind in ihren Farben den Blüten angepasst, auf denen sie sitzen. So bleiben sie sowohl vor ihren Opfern als auch vor ihren Feinden verborgen. Diese Mantisarten fangen überwiegend andere Insekten, aber gelegentlich fressen sie auch Frösche und kleine Echsen.

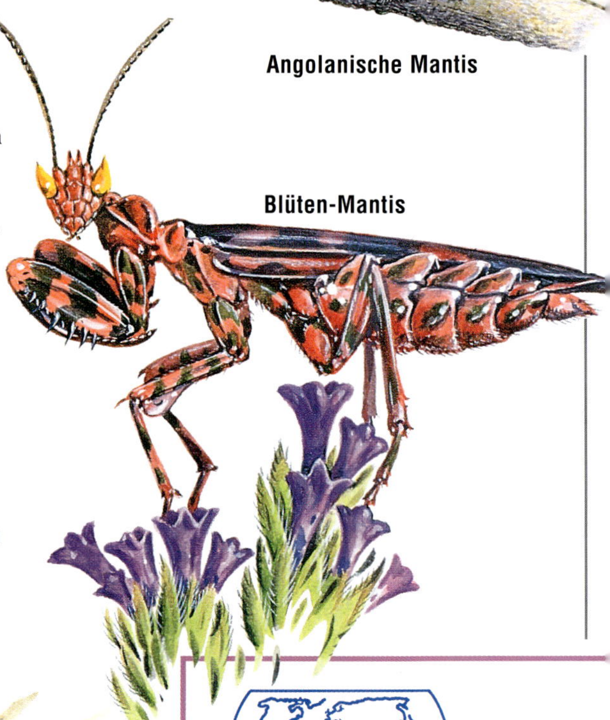

Blüten-Mantis

Harpagomantis discolor
Familie: Mantidae
Größe: 1-15 cm

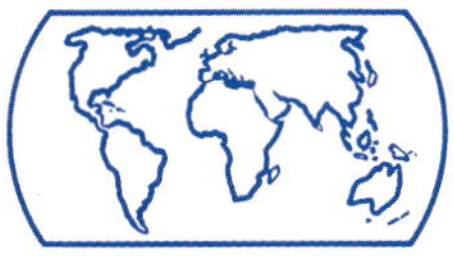

Perla spec.
Familie: Perlidae
Größe: 0,9-4 cm

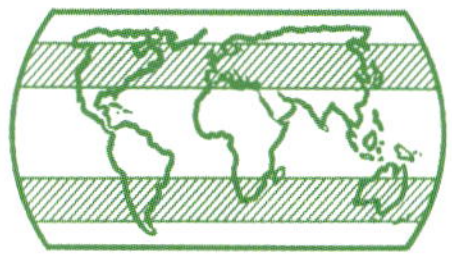

Raphidia notata
Familie: Raphidiidae
Größe: 0,6-2,5 cm

Kamelhalsfliege

Die Kamelhalsfliege trägt ihren Namen wegen ihres langen Halses, den sie hebt, wenn sie nach Beute Ausschau hält. Sowohl die ausgewachsenen Tiere als auch die Larven jagen Insekten, beispielsweise Blattläuse, Spinnen und Raupen.

Kamelhalsfliege

Steinfliege

Die Larven der Stein- oder Uferfliegen leben in Bächen. Wie alle Steinfliegen fressen sie dort überwiegend Pflanzen, einige jagen auch Insekten. Sie können Sauerstoff über ihre Körperoberfläche aufnehmen, aber sie haben auch Tracheenkiemen – normalerweise hinter dem ersten Beinpaar –, mit denen sie im Wasser atmen können. Die ausgewachsenen Uferfliegen können schlecht fliegen. Sie verbringen viel Zeit auf einem Stein gekauert, die Flügel über ihrem Körper zusammengefaltet. Sie leben nur zwei oder drei Wochen und nehmen in dieser Zeit keine Nahrung zu sich.

Steinfliege

Palpares libelluloides
Familie: Myrmeleontidae
Größe: 0,9-5 cm

Fanghaft

Diese Verwandte der Florfliege ähnelt einer kleinen Gottesanbeterin und fängt ihre Beute in ähnlicher Weise. Die Larven mancher Fanghaft-Arten bohren sich in die Nester von Wespen oder Bienen und fressen deren Larven. Andere ernähren sich von Spinneneiern.

Gemeine Florfliege

Libellen-Ameisenjungfer

Larve

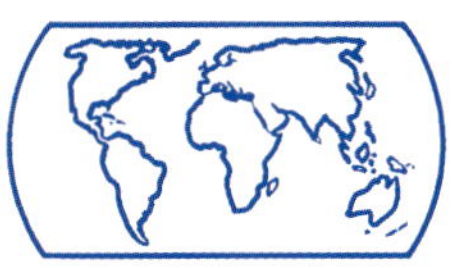

Mantispa spec.
Familie: Mantispidae
Größe: 0,3-2,5 cm

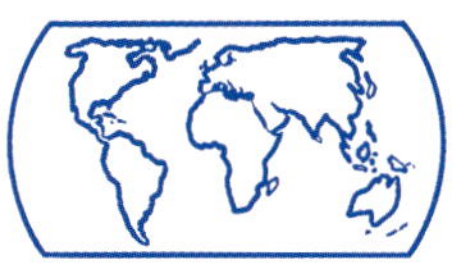

Chrysopa spec.
Familie: Chrysopidae
Größe: 0,9-1,9 cm

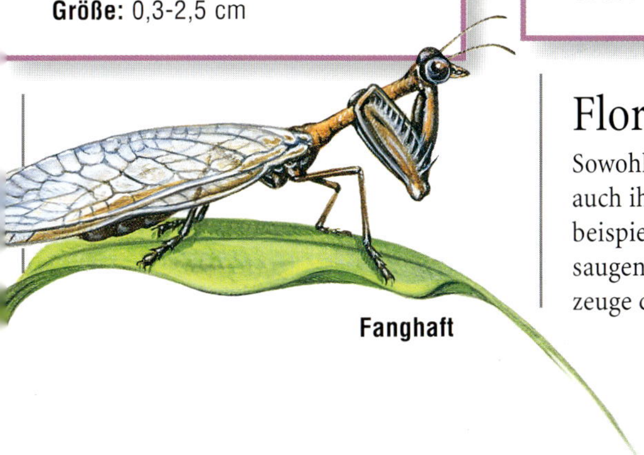

Fanghaft

Florfliege

Sowohl die erwachsenen Florfliegen als auch ihre Larven fressen kleine Insekten, beispielsweise Blattläuse. Die Larven saugen mithilfe bestimmter Mundwerkzeuge die Körperflüssigkeit aus ihrer Beute.

Libellen-Ameisenjungfer

Die ausgewachsenen Ameisenjungfern sehen aus wie Libellen, haben aber längere Fühler mit verdickten Enden. Die Larven werden »Ameisenlöwen« genannt, denn es sind räuberische Tierchen mit dornigen Kiefern. Die Larven graben ein Loch in den sandigen Boden. Wenn ein Insekt in die Nähe kommt, rutscht es in die Tiefe.

Quelljungfer

Quelljungfern sind große Libellen, die man häufig an Waldbächen sieht. Dort fliegen sie etwa 30 cm über der Wasseroberfläche. Sie sind meist bräunlich gefärbt und haben große Augen, die sich bei manchen Arten fast in der Mitte berühren. Die Larven sind vergleichsweise groß. Sie leben unter Wasser am Bachgrund, wo sie sich eingraben und schwer auffindbar sind. Dort fressen sie Insekten und Kaulquappen.

Quelljungfer

Cordulegaster spec.
Familie: Cordulegastridae
Größe: 6-9 cm

Lestes sponsa
Familie: Lestidae
Größe: 3-5 cm

Gemeine Binsenjungfer

Gemeine Binsenjungfer

Diese Insekten zählen zu den häufigsten Libellen Mitteleuropas. Sie lassen ihre Flügel halb ausgebreitet, wenn sie sich niederlassen. Sie leben an Tümpeln und Sümpfen und fangen dort Insekten, beispielsweise kleine Fliegen. Ihren Namen verdanken sie der Tatsache, dass sie ihre Eier an untergetauchten Binsenstängeln ablegen.

Keulenschwanz-Flussjungfer

Diese Libellen jagen anders als ihre Verwandten. Sie suchen einen geeigneten Platz und warten auf Beute. Wenn ein Opfer sich nähert, stürzen sie sich pfeilschnell darauf und kehren dann zu ihrem Platz zurück.

Keulenschwanz-Flussjungfer

Octogomphus spec.
Familie: Gomphidae
Größe: 5-8 cm

Coenagiron spec.
Familie: Coenagrionidae
Größe: 2-5 cm

Eintagsfliege

Ausgewachsene Eintagsfliegen leben nur einen Tag: gerade lang genug, um sich zu paaren und Eier abzulegen. Den Großteil ihres Lebens verbringen sie als Larven in Gewässern.

Nymphe

ausgewachsene Eintagsfliege

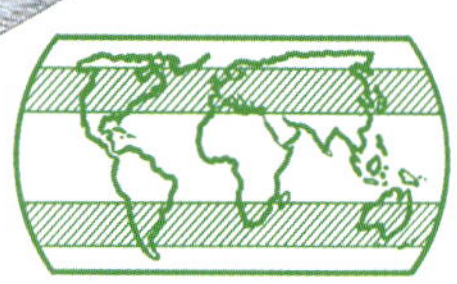

Baetis rhodani
Familie: Baetidae
Größe: etwa 1 cm

Azurjungfer

Die Männchen dieser schlanken Azurjungfern haben meist kräftigere Farben als die Weibchen. Ihre Larven leben wie bei allen Schlanklibellen vorzugsweise in stehenden Gewässern, wo sie zwischen den Wasserpflanzen überwintern. Sie leben räuberisch und fangen kleine Insekten. Azurjungfern sind bei uns häufig anzutreffen.

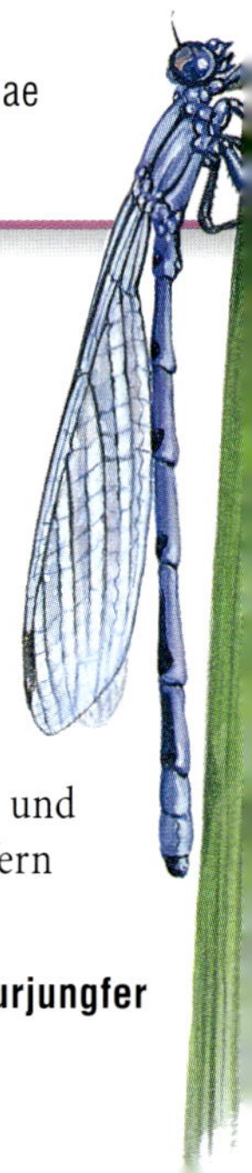

Azurjungfer

Libellula depressa
Familie: Libellulidae
Größe: 2-3,5 cm

Plattbauch

Plattbauch

Der Plattbauch ist eine Libellenart mit einem breiten, abgeflachten Körper, der kürzer ist als seine Flügel. Einige dieser Segellibellen haben eine Flügelspannweite von bis zu 10 cm. Die Plattbauchlibelle sieht man im Frühling an ruhigen oder langsam fließenden Gewässern fliegen, beispielsweise an Teichen oder Sümpfen.

Celithemis elisa
Familie: Libellulidae
Größe: 2-6 cm

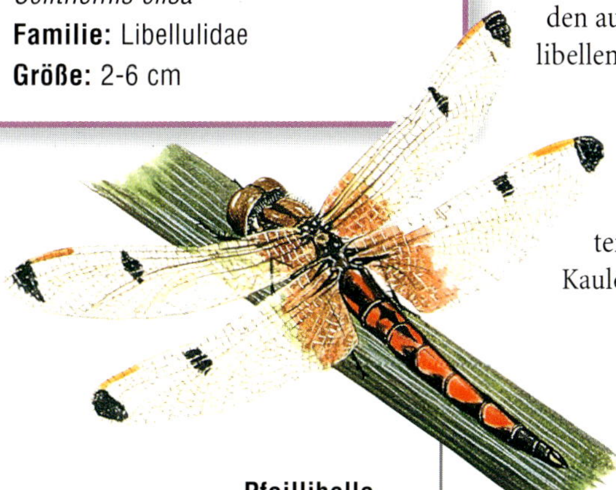

Pfeillibelle

Pfeillibelle

Diese Libelle verdankt ihren Namen ihrem pfeilschnellen Flug. Wie alle Libellen legen auch sie ihre Eier in Gewässer oder in Wassernähe. Die Larven sehen den ausgewachsenen Pfeillibellen überhaupt nicht ähnlich. Wie alle Libellenarten leben sie räuberisch im Wasser und fangen als Beute andere Insekten, deren Larven und sogar Kaulquappen.

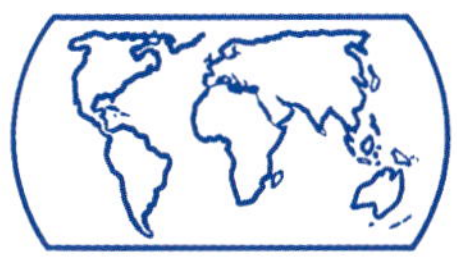

Panorpa spec.
Familie: Panorpidae
Größe: 1-2 cm

Skorpionsfliege

Dieses Insekt verdankt seinen Namen dem gebogenen Ende am Körper des Männchens, das wie der Stachel eines Skorpions aussieht. Die ausgewachsenen Tiere haben zwei Paar Flügel und lange, dünne Beine. Sie ernähren sich von Blütennektar und Früchten sowie Insekten.

Skorpionsfliege

Anax junius
Familie: Aeschnidae
Größe: 6-12 cm

Königs-libelle

Königslibellen zählen zu den größten und schnellsten Libellen. Bei der Jagd fliegen sie vorwärts und rückwärts, ihre Beine immer bereit, Beute zu ergreifen. Das Männchen hat ein abgegrenztes Revier, das es regelmäßig abfliegt und verteidigt. Die Weibchen dürfen in das Revier eindringen, aber andere männliche Königslibellen werden verjagt. Die Eiablage erfolgt in Wasser in schwimmende Pflanzenteile.

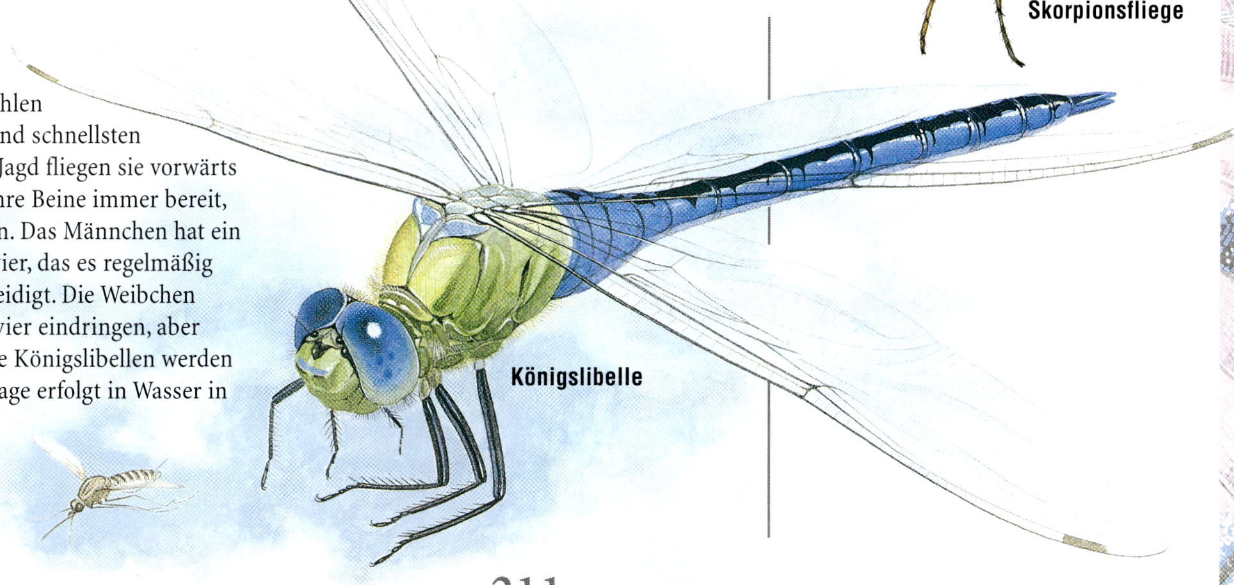

Königslibelle

Wanzen, Läuse, Flöhe und Käfer

Diese Tiere gehören zu den zahlenmäßig häufigsten Insekten. Die Käfer bilden die größte Insektengruppe. Etwa 40 Prozent aller bekannten Insektenarten sind Käfer. Ein Grund für ihren Erfolg ist, dass sie sich an fast jede Art von Nahrung anpassen können. Auch Wanzen nehmen sehr unterschiedliche Nahrung auf, angefangen von Pflanzensäften bis hin zu menschlichem Blut. Läuse und Flöhe leben als Parasiten, das heißt, sie ernähren sich von Blut, Haut, Federn oder Haaren anderer Tiere.

Wanzen, Läuse und Flöhe

Wanzen bilden zusammen mit den Pflanzensaugern die Überordnung der Schnabelkerfe. Es gibt Wasser- und Landwanzen. Typische Vertreter der Pflanzensauger sind die Blattläuse und die Zikaden. Alle Schnabelkerfe haben besondere stechend-saugende Mundwerkzeuge, um in die Nahrung einzustechen oder Säfte zu saugen. Läuse sind flügellos und leben auf Vögeln sowie Säugetieren. Es gibt zwei verschiedene Typen: saugende und beißende Läuse. Flöhe besitzen ebenfalls keine Flügel. Sie haben kraftvolle Beine, mit deren Hilfe sie auf die Wirtstiere hüpfen können.

Singzikade

Das schrille, fast unaufhörliche Zirpen der Männchen der Singzikade ist allen bekannt, vor allem in warmen Ländern. Das Geräusch entsteht durch eine Schallmembran oder -haut, die über besondere Muskeln zum Vibrieren gebracht wird. Weibliche Zikaden legen ihre Eier meist in einen Schlitz, den sie in den Zweig eines Baumes geschnitten haben. Die jungen Larven leben unterirdisch, fressen Pflanzenwurzeln und zerstören die Gewächse.

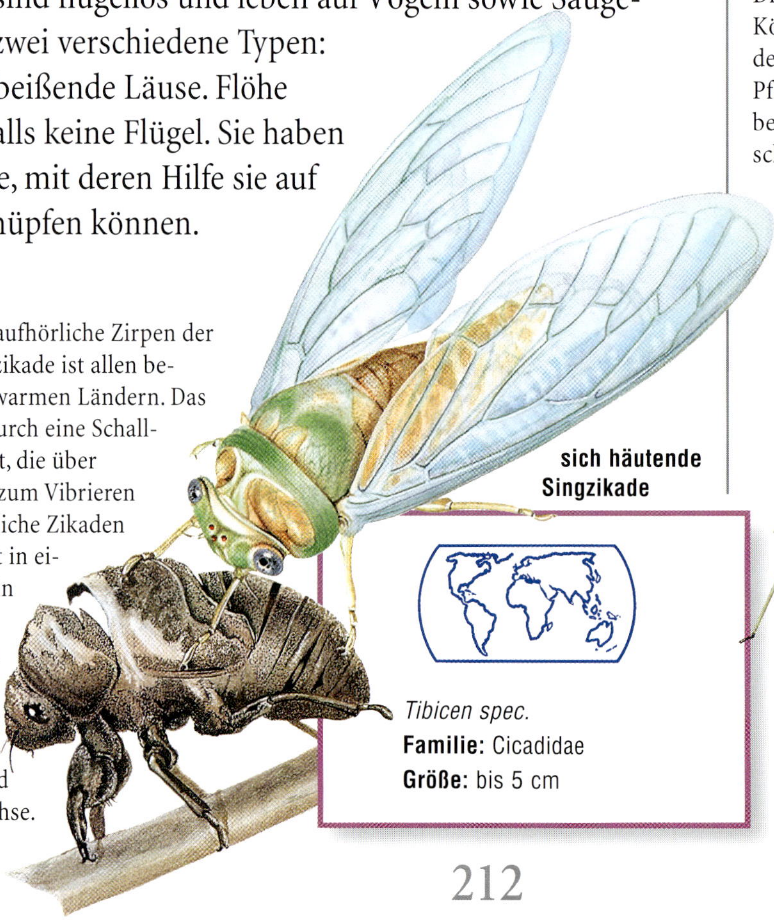

sich häutende Singzikade

Tibicen spec.
Familie: Cicadidae
Größe: bis 5 cm

Buckelzirpe

Viele dieser tropischen Zikaden haben merkwürdig geformte Auswüchse am Brustkorb, durch die sie den scharfen Dornen von Pflanzen ähneln. Es ist ein verlängertes Halsschild. Sie ernähren sich überwiegend vom Saft der Bäume und anderer Pflanzen.

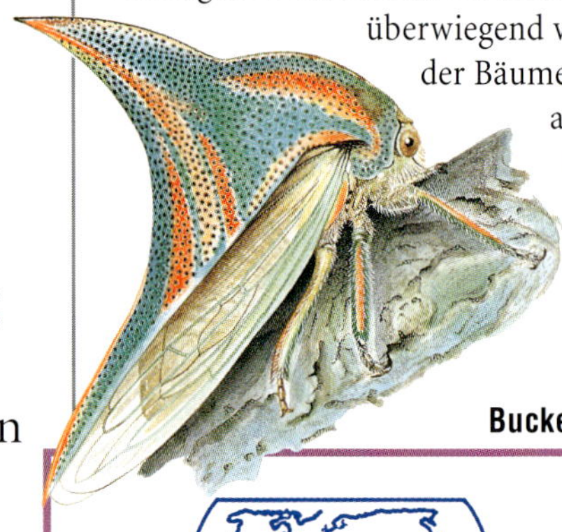

Buckelzirpe

Umbonia spinosa
Familie: Membracidae
Größe: 0,6-1,2 cm

Bohnenlaus

Die kleinen Blattläuse mit ihrem glatten Körper sind Gärtnern bestens bekannt, denn sie saugen den Saft der Blätter und Pflanzenstängel und können die Pflanzen beschädigen. Sie vermehren sich besonders schnell, aber sie werden auch von anderen Insekten – beispielsweise Marienkäfer und Schlupfwespen – gefressen.

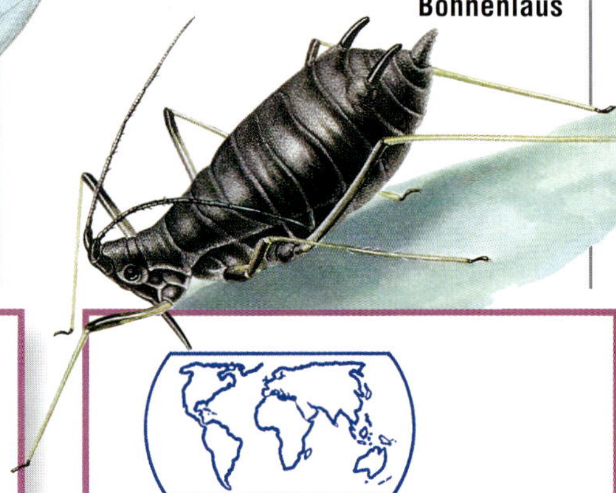

Bohnenlaus

Aphis fabae
Familie: Aphididae
Größe: bis 0,9 cm

Stinkwanze

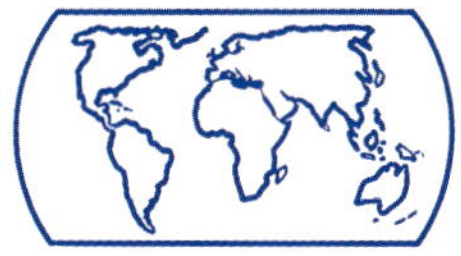

Acrosternum hilare
Familie: Pentatomidae
Größe: 0,6-2 cm

Stinkwanze

Stinkwanzen verdanken ihren Namen der faulig stinkenden Flüssigkeit, die sie auf jedes Lebewesen spritzen, das sie angreift. Die Flüssigkeit wird in Drüsen an der Unterseite des Körpers gebildet. Die Mundwerkzeuge der Stinkwanze befinden sich in ihrem schnabelartigen Maul. Sie benutzt sie, um damit die Oberflächen von Pflanzen oder Tieren anzustechen und so deren Saft beziehungsweise ihre Körperflüssigkeit zu saugen.

Kopflaus

Die Kopflaus gehört zu den saugenden Läusen. Sie lebt gerne zwischen den Kopfhaaren von Menschen und ernährt sich von Blut. Sie hält sich mit ihren kräftigen Klauen an den Haaren fest und klebt ihre Eier in die Haare des Wirtes. Die Unterart Kleiderlaus nistet sich in der Kleidung ein.

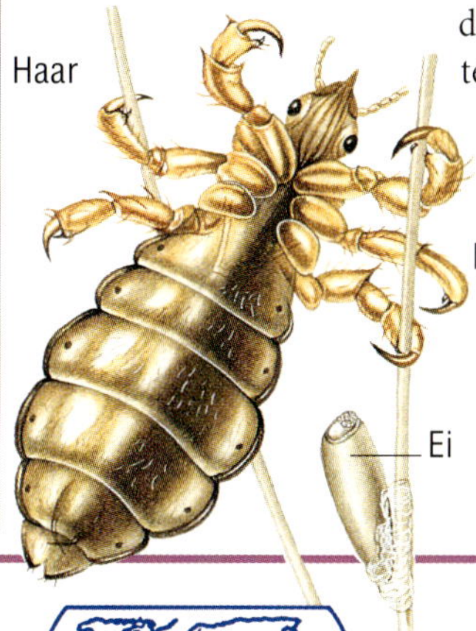

Kopflaus

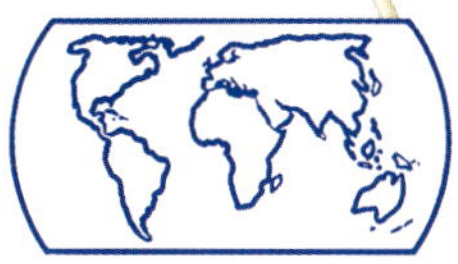

Pediculus humanus
Familie: Pediculidae
Größe: 0,1-0,3 cm

Bettwanze

Bettwanzen verstecken sich normalerweise tagsüber und kommen nachts heraus, um sich vom Blut der Vögel und Säugetiere zu ernähren. Sie leben aber nicht auf ihren Wirtstieren, sondern in ihrem Bau oder Nest. Dank ihrer abgeflachten Körper können sie sich leicht in Spalten verkriechen. Die ausgewachsenen Wanzen können wochenlang ohne Nahrung auskommen.

Bettwanze

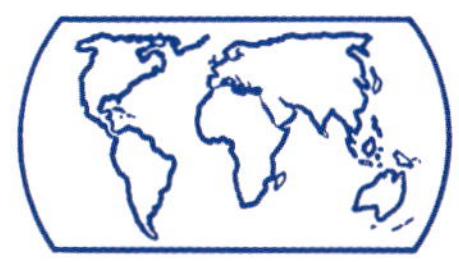

Cimex lectularius
Familie: Cimicidae
Größe: bis 0,6 cm

Blindwanze

Die Blindwanzen bilden die größte Gruppe innerhalb der Wanzen. Sie kommen in allen Lebensräumen vor. Die meisten fressen Blätter, Samen und Früchte, sodass einige eine ernsthafte Bedrohung für die Landwirtschaft darstellen, beispielsweise beim Kohlanbau. Andere Blindwanzen sind von Landwirten gerne gesehene Gäste, weil sie Insekten wie Blattläuse fressen, die wiederum die Ernte gefährden. Blindwanzen besitzen zarte, häufig bunt gefärbte Körper.

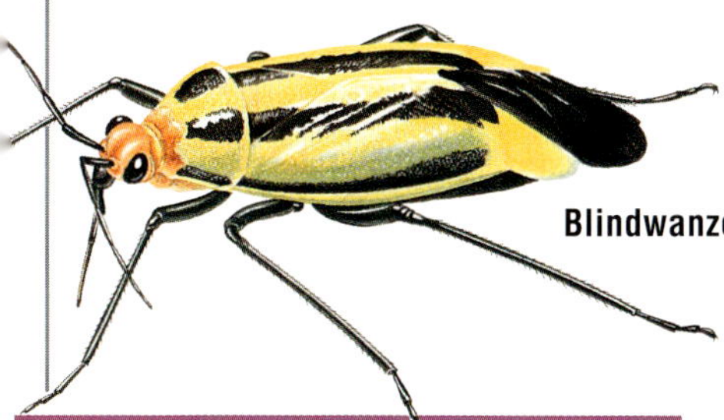

Blindwanze

Poecilocapsus lineatus
Familie: Miridae
Größe: 0,3-1,9 cm

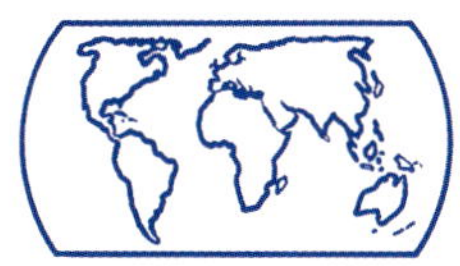

Philaenus spumarius
Familie: Cercopidae
Größe: 0,5-0,6 cm

Wiesenschaumzikade

Wie winzige Frösche hüpfen die Schaumzikaden auf Pflanzen herum, während sie fressen. Sie legen ihre Eier an Pflanzenstängel des Wiesenschaumkrauts (daher der Name!). Wenn die Larven schlüpfen, bedecken sie sich selbst mit einer Art Speichel oder Spucke. Sie stammt aus Drüsen an ihrem Hinterleib und verbindet sich mit Luft zu einer schaumigen Masse. Dieser Schaum verbirgt die Laven vor ihren Feinden, schützt sie aber auch gegen Austrocknung.

Wiesenschaum-zikade

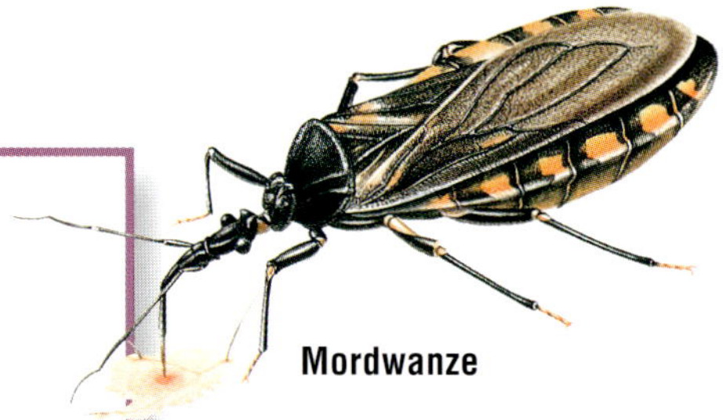

Triatoma sanguisuga
Familie: Reduviidae
Größe: 1,2-5 cm

Mordwanze

Die Mordwanze greift andere Insekten an und tötet sie, beispielsweise Raupen, Käfer und Bienen. Nachdem sich die Wanze ihre Beute geschnappt hat, spritzt sie ihr etwas Speichel ein, wodurch das Opfer gelähmt wird. Die Wanze saugt dann die Körpersäfte ihrer Beute aus. Einige südamerikanische Mordwanzen beißen auch große Säugetiere, einschließlich Menschen, um von deren Blut zu zehren. Diese Bisse können schmerzhaft sein und dabei werden häufig verschiedene Krankheiten übertragen.

Sandfloh

Wie andere Flöhe leben auch die Sandflöhe von menschlichem und tierischem Blut. Der weibliche Floh bohrt sich in die Haut des Opfers und löst ein Wachstum der Haut aus, sodass das Insekt schließlich dort einwächst. Das Weibchen legt währenddessen Eier. Sie werden von der Haut abgestoßen, und die Larven leben im Sand weiter.

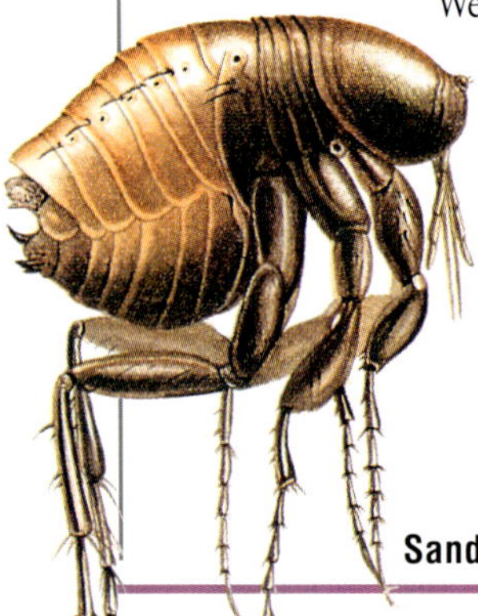

Tunga penetrans
Familie: Tungidae
Größe: 0,3-0,6 cm

Ctenocephalides felis
Familie: Pulicidae
Größe: bis 0,6 cm

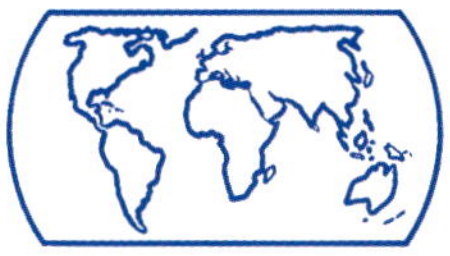

Amphigerontia contaminata
Familie: Psocidae
Größe: 0,1-0,6 cm

Rindenlaus

Rindenläuse gehören zur Ordnung der Staubläuse. Es gibt geflügelte und ungeflügelte Arten. Die meisten leben auf oder unter der Rinde von Bäumen und Sträuchern und ernähren sich von Flechten und Algen. Andere halten sich in Gebäuden auf und fressen Schimmel oder gelagerte Speisen. Zu den Staubläusen gehören auch die Bücherläuse, die Leim sowie winzige Tier- und Pflanzenreste fressen.

Katzenfloh

Wie die meisten Flöhe kann auch der Katzenfloh etwa 200-mal höher springen als er groß ist. Dadurch kann er auf Katzen hüpfen, um sich von ihrem Blut zu ernähren. Die winzigen Kämme auf dem Kopf des Flohs helfen ihm, sich in dem Fell seines Wirtes zu verankern. Je dichter das Fell der Katze, umso enger stehen auch die Zinken des Kammes. Der Floh benutzt auch seine hakenförmigen Krallen, um sich an der Haut seines Wirtes festzuhalten. Weibliche Flöhe legen ihre Eier im Nest oder der Schlafstätte ihrer Wirtstiere ab.

Federling

Federlinge sind Kieferläuse und haben beißende Mundteile, daher sind sie keine Blutsauger. Sie leben auf den verschiedensten Vögeln. Sie haben zwei Klauen an jedem Bein, mit denen sie sich an die Federn ihrer Wirte klammern. Sie beißen mit ihrem kräftigen Kiefer kleine Stückchen aus den Federn. Die Weibchen legen bis zu 100 Eier, die sie an den Federn ihres Wirtes mit einer klebrigen, selbst hergestellten Masse befestigen.

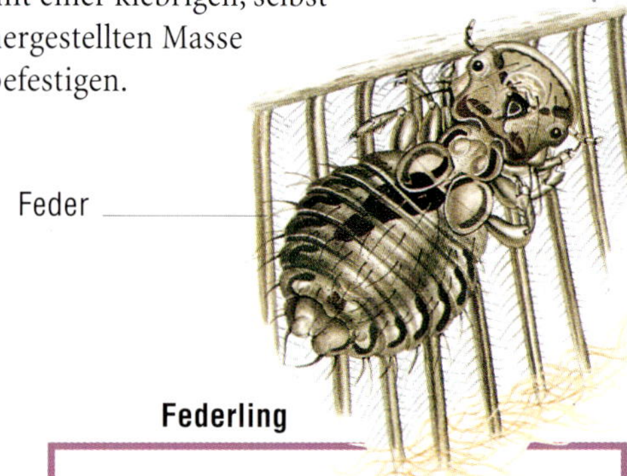

Philopterus spec.
Familie: Philopteridae
Größe: 0,1-0,2 cm

Käfer

Über 350 000 Käferarten sind heute bekannt. Und eine große Zahl von ihnen ist mit Sicherheit noch gar nicht entdeckt. Sie leben fast überall, ob im Polargebiet oder in Regenwäldern, und sie fressen fast jede Art von Nahrung mithilfe ihrer kräftigen kauenden Mundwerkzeuge. Der typische Käfer hat zwei Paar Flügel. Die Vorderflügel sind verdickt und hart. Diese Flügeldecken dienen als Schutz für die zarteren Hinterflügel. In Ruhestellung sind die hinteren Flügel sorgfältig zusammengefaltet unter den Vorderflügeln verpackt. Es gibt rund 8000 einheimische Käferarten.

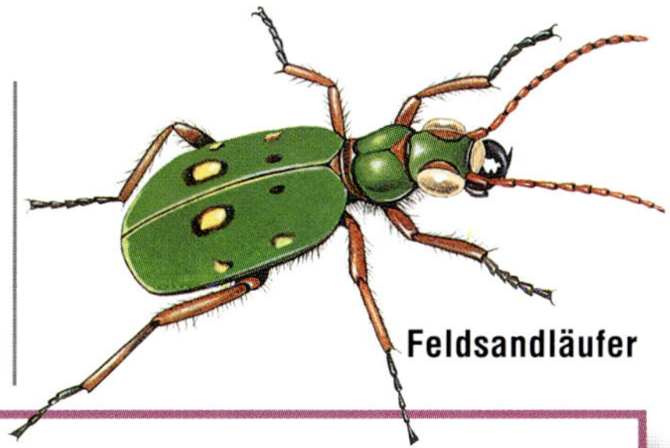

Feldsandläufer

Cicindela campestris
Familie: Cicindelidae
Größe: 1,2-1,5 cm

Feldsandläufer

Der bunte Feldsandläufer hat lange Beine und ist ein schneller Läufer. Dieses kleine Raubinsekt fängt mit seinen kräftigen Kiefern kleine Insekten. Das Käferweibchen legt seine Eier im Sand ab. Wenn die Larven schlüpfen, graben sie Tunnelbauten, in denen sie sich verstecken und auf vorbeikommende Beute warten.

Goliathkäfer

Goliathus druryi
Familie: Scarabaeidae
Größe: 2-13 cm

Goliathkäfer

Das größte und schwerste Insekt überhaupt ist der Goliathkäfer aus Afrika. Die Männchen entwickeln sich zu »Riesen«, während die Weibchen kleiner und weniger farbenfroh sind. Diese Käfer haben kräftige Vorderbeine und sie sind meisterhafte Kletterer. Sie krabbeln an den Bäumen hoch, um Saft und weiche Früchte zu finden. Sie fliegen mit geschlossenen Flügeldecken.

Philonthus spec.
Familie: Staphylinidae
Größe: bis 4 cm

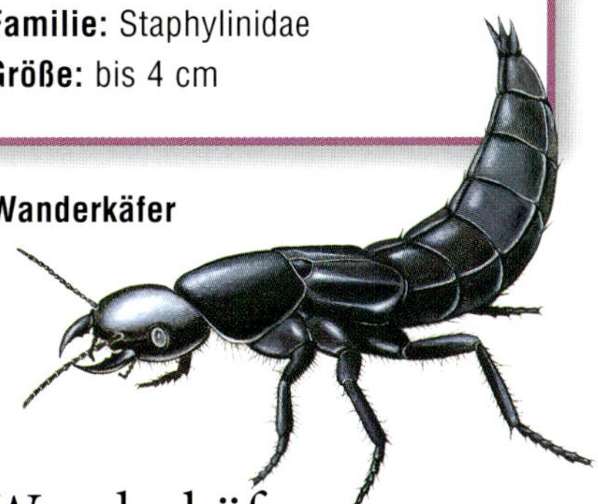

Wanderkäfer

Wanderkäfer

Dieser Käfer, auch Kurzflügelkäfer genannt, hat einen lang gestreckten Körper und kurze Flügeldecken, die nur einen kleinen Teil des Hinterleibs bedecken. Wenn er gestört wird, richtet der Wanderkäfer das Hinterende seines Körpers auf wie ein Skorpion. Sowohl die ausgewachsenen Käfer als auch die Larven fressen Insekten und andere kleine Tiere, beispielsweise Würmer.

Gewöhnlicher Taumelkäfer

Die glänzenden Taumelkäfer schwimmen auf der Oberfläche von Teichen und Bächen. Sie fressen Insekten, die ins Wasser gefallen sind. Ihre Augen sind zweigeteilt, sodass sie gleichzeitig über und unter der Wasseroberfläche sehen können. Die Larven des Taumelkäfers fressen Wasserinsekten, aber sie erbeuten auch andere Kleintiere, beispielsweise Schnecken.

Gyrinus natator
Familie: Gyrinidae
Größe: 0,3-1,5 cm

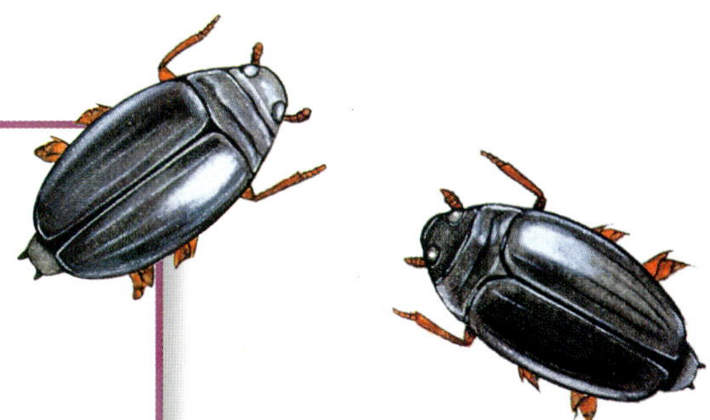

Gewöhnlicher Taumelkäfer

Hirschkäfer

Mit ihren großen Köpfen und kräftigen Oberkiefern sind die männlichen Hirschkäfer mit die eindrucksvollsten Insekten überhaupt. Doch trotz ihres Angst einflößenden Aussehens sind diese Käfer völlig harmlos. Sie ernähren sich überwiegend vom Saft der Bäume und anderen Flüssigkeiten. Es gibt etwa 1100 Hirschkäferarten, von denen einige bis zu 10 cm groß werden. Die meisten Hirschkäfer sind schwarz oder braun gefärbt. Sie leben in Wäldern und sind vor allem in tropischen Gegenden heimisch. In Deutschland stehen Hirschkäfer unter Naturschutz. Die Oberkiefer der Männchen sind wie das Geweih eines Hirsches verzweigt. Und wie die Hirsche fechten auch sie heftige Kämpfe um die Weibchen aus. Sie beißen kaum, sondern benutzen überwiegend ihr »Geweih«. Manchmal verletzen sie die Flügeldecken des Gegners. Der Käfer mit dem größten »Geweih« geht aus dem Kampf meistens als Sieger hervor.
Die weiblichen Hirschkäfer legen ihre Eier in Spalten von Baumstämmen oder abgestorbenen Baumstümpfen. Wenn die Larven schlüpfen, ernähren sie sich von den Säften des verrottenden Holzes.

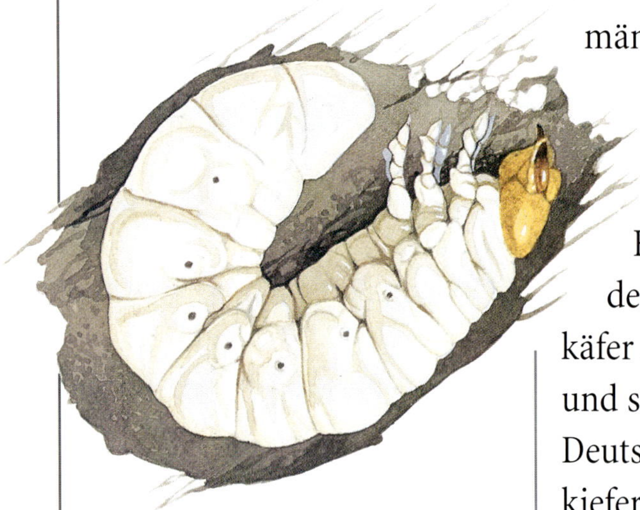

Larven und Puppen

Aus den Eiern der Hirschkäfer schlüpfen wurmartige, wie der Buchstabe »C« geformte Larven. Sie verbringen die meiste Zeit mit Fressen und wachsen daher schnell. Während die Larven größer werden, häuten sie sich mehrmals: Sie werfen ihre Haut ab, um Platz für ihren wachsenden Körper zu schaffen. Wenn die Larven ausgewachsen sind, verpuppen sie sich. Während dieses Puppenstadiums entwickeln sich die Larven zu ausgewachsenen Käfern. Sobald dieser Vorgang abgeschlossen ist, schlüpft ein geflügelter, fertiger Käfer aus der Puppe.

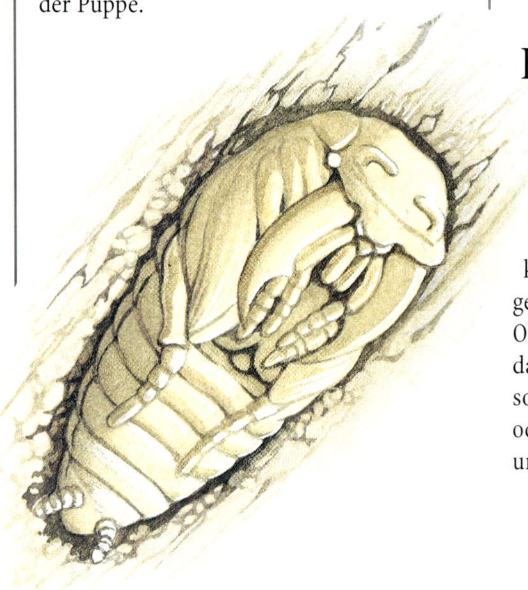

Hirschkäfer-Weibchen

Das Hirschkäferweibchen ist kleiner als das Männchen, das Kämpfe austrägt, und hat nicht so große Oberkiefer. Es kann aber dafür sehr viel kräftiger kneifen, wenn es geärgert wird. Die mächtigen Oberkiefer des Männchen sind nur auf das Kämpfen ausgerichtet, sodass sie zum Fressen oder Beißen völlig untauglich sind.

Mit ausgebreiteten Flügeln ist dieser herrliche **Hirschkäfer** bereit zum Abflug. Wenn der Käfer nicht fliegt, schützen die kräftigen Flügeldecken, die eigentlichen Vorderflügel, die viel empfindlicheren Hinterflügel. Sie liegen unter den Flügeldecken zusammengefaltet.

Der hilflose Verlierer

Wenn ein Hirschkäfer nach dem Kampf auf seinem Rücken landet, ist es für ihn sehr schwierig, sich wieder aufzurichten. Während er so daliegt, ist der Käfer für seine Fressfeinde, etwa Vögel, eine leichte Beute.

Kämpfende Rivalen

Die Käfer treffen meist auf einem Baumast aufeinander. Während des Kampfes versucht jedes Männchen das andere mit seinen Zangen zu umklammern. Die Kiefer haben genau die richtige Form, um den Vorderkörper des Hirschkäfers zu umfassen. Hat ein Kämpfer es geschafft, seinen Rivalen zu packen, hebt er ihn hoch und versucht, ihn vom Ast hinunterzuwerfen.

Gemeiner Gelbrand

Diese Schwimmkäfer leben in Tümpeln und Seen. Sie schwimmen, indem sie ihre paddelartigen Hinterbeine gleichzeitig wie Ruder bewegen. Sie können auch tauchen und dabei einige Zeit unter Wasser bleiben. Sie nutzen dann die Luft, die sich unter ihren Flügeldecken sammelt. Die ausgewachsenen Käfer und die Larven sind Jäger.

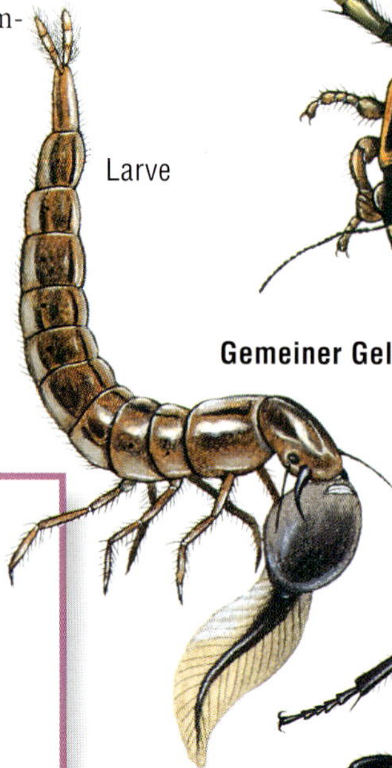

Dytiscus marginalis
Familie: Dytiscidae
Größe: 2,7-3,5 cm

Totengräber

Diese farbenfrohen Käfer und ihre Larven ernähren sich von toten Tieren, beispielsweise Mäusen und Vögeln. Einige Totengräber graben sich unter die toten Tierkörper, bis diese in den Boden sinken. Dann legen sie ihre Eier in das begrabene, verwesende Tier. Der Gang wird anschließend geschlossen. Ihre Jungen haben dann beim Schlüpfen gleich genug zu fressen. Jetzt öffnet das Weibchen den Krater, damit die Larven herauskriechen können.

Necrophorus vestigator
Familie: Silphidae
Größe: bis 4 cm

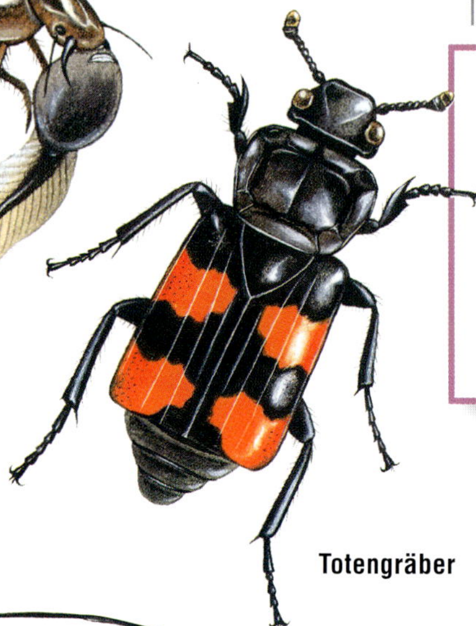

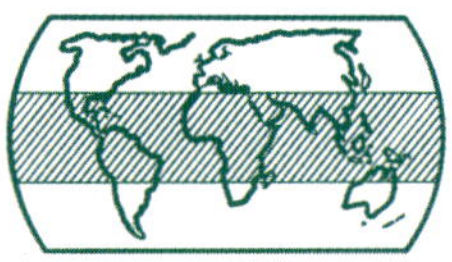

Buprestis octoguttata
Familie: Buprestidae
Größe: 2-6 cm

Achtfleckiger Prachtkäfer

Die Prachtkäfer verdanken ihren Namen den glänzend-metallischen Farben ihrer Flügeldecken. Etwa 15 000 Arten leben in Wäldern, meist in tropischen Gebieten. Die ausgewachsenen Käfer ernähren sich von Blütennektar und Blättern. Die Larven fressen Holz.

Monochamus sutor
Familie: Cerambycidae
Größe: bis 18 cm (einschließlich Fühler)

Langhornbock

Dieser Käfer hat besonders lange Fühler – bis zu dreimal so lang wie sein Körper. Während das Männchen aufpasst, legt das Weibchen seine Eier in Spalten von lebenden oder gefällten Bäumen. Sobald die Larven schlüpfen, bohren sie sich beim Fressen einen Tunnel in das Holz. Sie bevorzugen Fichte und leben zuerst unter der Rinde. Die Larven können große Schäden in Wäldern und damit für die Holzindustrie anrichten. Die Larven fressen auch Wurzeln. Die ausgewachsenen Käfer ernähren sich von Blütenpollen und Nektar.

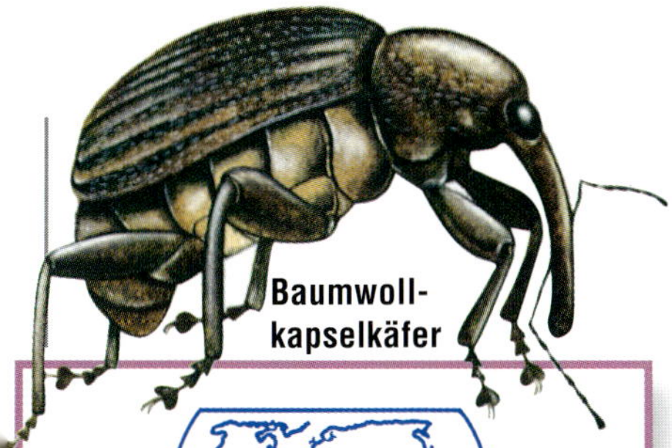

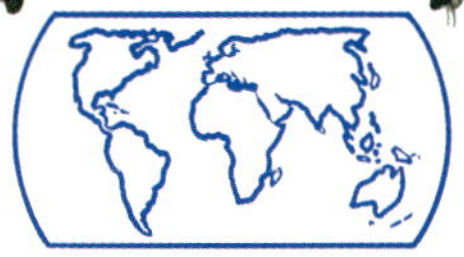

Anthonomus grandis
Familie: Curculionidae
Größe: 0,1-4 cm

Baumwollkapselkäfer

Dieses Insekt gehört zur Familie der Rüsselkäfer, deren Vertreter allesamt Pflanzenfresser sind und große Schäden in der Landwirtschaft anrichten können. Der Baumwollkapselkäfer bohrt seinen langen Rüssel in Samenkapseln und in die Knospen von Baumwollpflanzen. Das Weibchen legt auch seine Eier in Löchern ab, die es in die Samenkapseln bohrt.

Mehlkäfer

Diese Schwarzkäfer sind in trockenen Gegenden häufig anzutreffen. Dort lauern sie unter Steinen und kommen nachts zum Fressen hervor. Sie sind eigentlich Aasfresser, ernähren sich aber auch von moderndem Holz, Insektenlarven und gelagertem Getreide. Einige in der Wüste lebende Schwarzkäferarten haben lange Beine und huschen sehr schnell von einem Schattenfleck zum nächsten.

Tenebrio molitor
Familie: Tenebrionidae
Größe: 1,4-2,3 cm

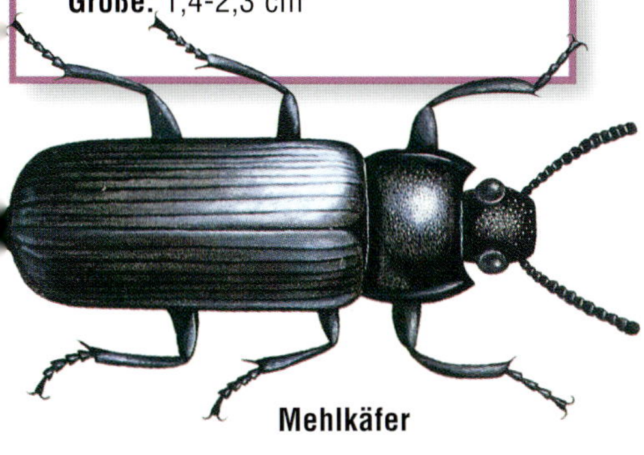

Neunpunkt-Marienkäfer

Durch ihren runden, glänzenden Körper sind die Marienkäfer besonders leicht zu erkennen. Käfer wie Larven fressen hauptsächlich Blattläuse, die sich von Pflanzensäften ernähren und zur Plage werden können. Ohne Marienkäfer wären diese Tiere ein noch viel größeres Problem für Landwirte und Gärtner. Die kräftigen Farben der Marienkäfer warnen ihre Feinde vor ihrem unangenehmen Geschmack. Marienkäfer halten Winterruhe. Zu den bei uns häufigsten Arten zählt der Siebenpunkt *(C. septempunctata)*.

Coccinella novemnotata
Familie: Coccinellidae
Größe: bis 0,9 cm

Großer Leuchtkäfer

Leuchtkäfer, besser als Glühwürmchen bekannt, können am Ende ihres Hinterleibs ein gelbgrünes Licht aussenden. Jede Leuchtkäferart leuchtet ihr Licht in einer besonderen An-aus-Abfolge, um Partner der eigenen Art anzulocken. Männliche Leuchtkäfer haben Flügel, aber die Weibchen sind oft flügellos und sehen wie Larven aus. Die Leuchtkäfer glühen normalerweise zur Abenddämmerung und können ihr Licht »ausschalten«, wenn sie es nicht benötigen.

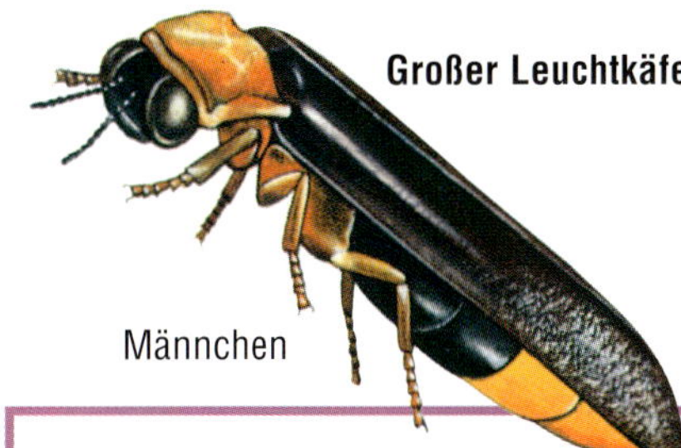

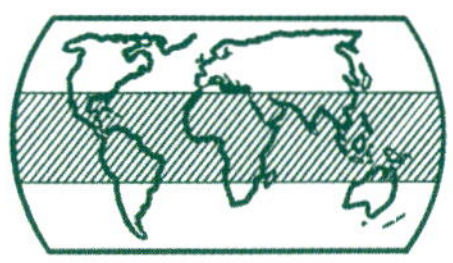

Lampyris noctiluca
Familie: Lampyridae
Größe: bis 2,5 cm

Schnellkäfer

Die Schnellkäfer verdanken ihren Namen der Fähigkeit, bis zu 30 cm hoch springen zu können. Sie machen ein klickerndes Geräusch, wenn sie in die Höhe schnellen und um sich wieder aufzurichten, wenn sie auf den Rücken gefallen sind. Die ausgewachsenen Schnellkäfer leben am Boden oder in morschem Holz.

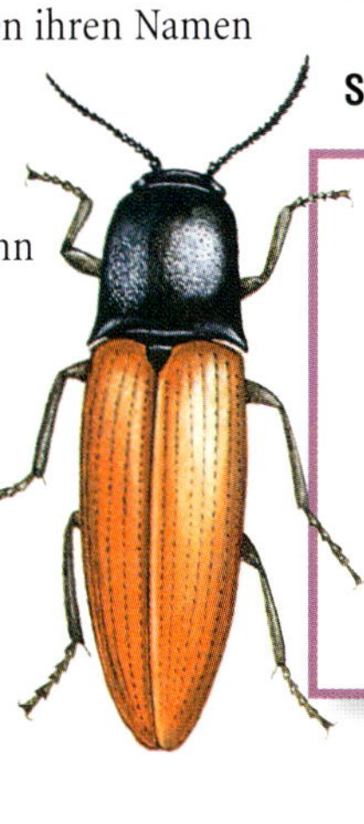

Ampedus cinnebarinus
Familie: Elateridae
Größe: bis 6 cm

Fliegen und Schmetterlinge

Hornissenraubfliege

Fliegen gelten häufig als eklig und sind als Krankheitsüberträger verpönt, aber sie sind durchaus nützlich. Wie Bienen bestäuben sie beim Fressen verschiedene Pflanzen. Außerdem stellen sie eine wichtige Nahrungsquelle für andere Tiere dar, zum Beispiel für Vögel. Viele Arten fressen Aas und helfen bei der Vernichtung von faulenden Abfällen, Dung und verwesenden Tierleichen. Schmetterlinge sind eindeutig die hübscheren Insekten. Sie bestäuben ebenfalls Pflanzen, wenn sie von Blüte zu Blüte flattern, um Nektar zu naschen.

Asilus crabroniformis
Familie: Asilidae
Größe: 1,6-3 cm

Hornissenraubfliege

Diese schnelle Raubfliege jagt und fängt andere Insekten in der Luft oder stürzt sich am Boden auf sie. Die Hornissenraubfliege ist ein Lauerjäger. Sie hat kräftige, borstenbesetzte Beine, mit denen sie ihr Opfer ergreift. Wenn sie die Beute gepackt hat, saugt die Raubfliege mithilfe ihres Stechrüssels deren Körperflüssigkeit aus. Die Larven leben in der Erde oder in verrottendem Holz und ernähren sich von den Larven anderer Insekten.

Fliegen

Zweiflügler bilden eine der größeren Insektenordnungen mit über 90 000 bekannten Arten und lassen sich in zwei große Gruppen unterteilen: Fliegen und Mücken. Sie sind fast überall anzutreffen. Eines der wenigen an Land lebenden Tiere der Antarktis ist zum Beispiel eine Mückenart. Das charakteristische Merkmal der Fliegen und Mücken ist das einzige Flügelpaar. Die Hinterflügel sind zu kleinen knopfartigen Schwingkölbchen verkümmert, die den Tieren helfen, ihren Flug auszubalancieren. Fliegen und Mücken nehmen flüssige Nahrung auf. Viele fressen den Nektar und den Saft von Pflanzen oder lecken die Flüssigkeit von verrottenden Pflanzen auf. Andere, wie einige Mücken, saugen das Blut von Säugern.

Zuckmücke

Diese winzigen, zarten Insekten fliegen meist nachts in großen Schwärmen. Man sieht sie häufig an Teichen und Bächen. Die Zuckmücken stechen nicht, aber es gibt Arten, die andere Tiere, auch Menschen stechen – etwa die winzigen Kriebelmücken, die in Gewässernähe lebenden Stechmücken und die tropischen Anopheles-Mücken, die Malaria übertragen.

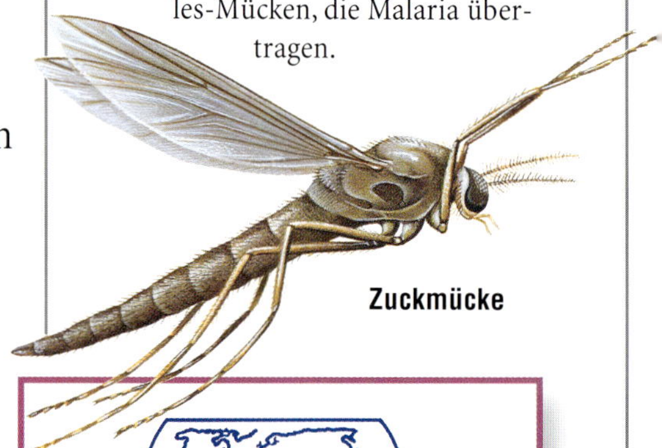

Zuckmücke

Chironomus annularius
Familie: Chironomidae
Größe: 0,1-0,9 cm

Rinderbremse

Diese Fliegen haben besonders große schimmernde Augen. Die Männchen fressen Pollen und Nektar, aber die weiblichen Rinderbremsen saugen das Blut von Säugetieren, auch von Menschen. Ihre Stiche können recht schmerzhaft sein. Zudem können diese Fliegen Krankheiten übertragen, beispielsweise den gefährlichen Milzbranderreger.

Tabanus spec.
Familie: Tabanidae
Größe: 0,6-2,5 cm

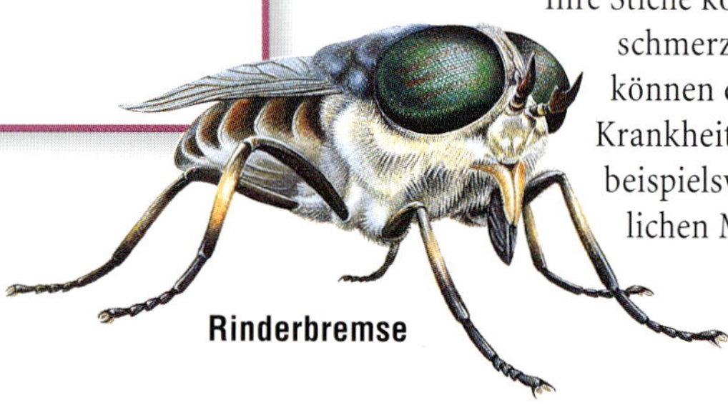

Rinderbremse

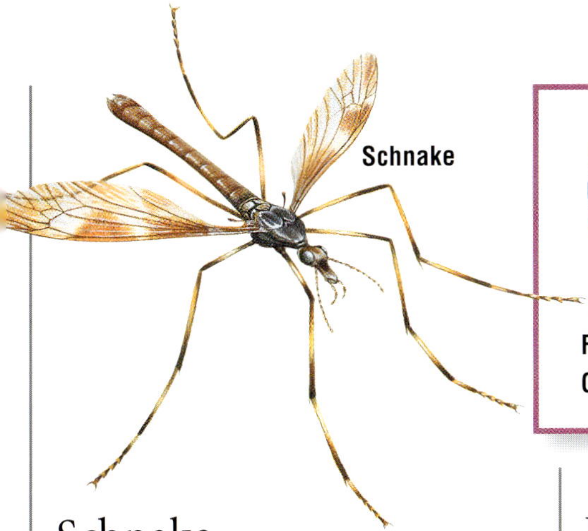

Schnake

Tipula spec.
Familie: Tipulidae
Größe: 0,6-6 cm

Calliphora vomitoria
Familie: Calliphoridae
Größe: 0,6-1,5 cm

Schnake

Mit ihren langen, dünnen Beinen sehen die Schnaken wie größere Mücken aus, aber sie stechen nicht und saugen auch kein Blut. Die größten unter ihnen haben eine Flügelspannweite von bis zu 7 cm. Die meisten ausgewachsenen Tiere leben nur wenige Tage und nehmen in dieser Zeit vermutlich gar keine Nahrung zu sich. Die Larven ernähren sich vor allem von Pflanzenwurzeln und verrottenden Pflanzen, aber einige jagen auch kleine Tiere.

Zwiebelfliege

Diese auch Narzissenfliegen genannten Insekten sieht man häufig an Blüten, denn sie ernähren sich von Pollen und Nektar. Sie zählen zu den Schwebfliegen und sind meisterhafte Flieger. Sie können problemlos auf der Stelle und sogar rückwärts fliegen. Viele Arten sind recht bunt und sehen Bienen oder Wespen ähnlich. Sie können jedoch nicht stechen. Die Larven einiger Schwebfliegenarten jagen Insekten, beispielsweise Blattläuse. Andere nehmen Pflanzensäfte zu sich oder leben in den Nestern von Bienen oder Wespen, wo sie sich von deren Larven ernähren.

Merodon spec.
Familie: Syrphidae
Größe: 0,6-3 cm

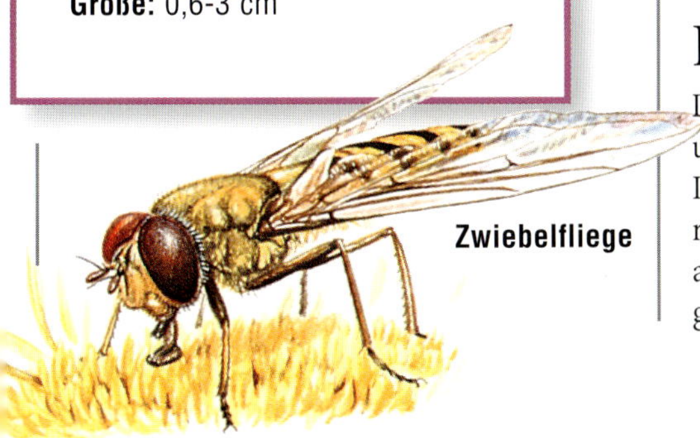

Zwiebelfliege

Blaue Schmeißfliege

Diese Schmeißfliegen sind metallisch blau, aber es gibt auch Arten, die grün schimmern. Dic ausgcwachsenen Tiere ernähren sich von Pollen und Nektar sowie Flüssigkeiten aus verrottenden Pflanzen oder Tierkadavern. Viele legen ihre Eier in Aas ab, also in die Körper toter Tiere, oder in Dung. So finden ihre Larven, die Maden, nach dem Schlüpfen reichlich Nahrung vor.

Blaue Schmeißfliege

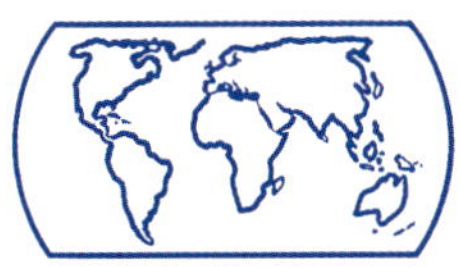

Rhagoletis spec.
Familie: Trypetidae
Größe: 0,3-0,9 cm

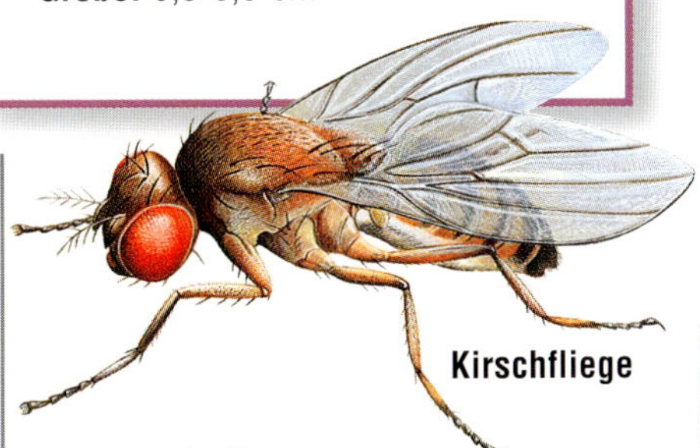

Kirschfliege

Kirschfliege

Diese kleinen Fruchtfliegen sind an Blüten und überreifen Früchten häufig zu sehen. Ihre Larven ernähren sich von Pflanzenresten. Einige sind ernsthafte Plagen, die an Obstbäumen und anderen Pflanzen große Schäden anrichten können.

Stubenfliege

Stubenfliegen findet man fast überall auf der Welt. Sie saugen an verschiedenen Nahrungsmitteln, aber auch an Mist und anderen verwesenden Lebewesen sowie an frischem Obst und anderen Pflanzen. Diese Insekten sind nicht ganz ungefährlich, weil sie Krankheiten übertragen können.

Stubenfliege

Musca domestica
Familie: Muscidae
Größe: 0,3-1,2 cm

Schmetterlinge

Überall dort auf der Erde, wo Pflanzen wachsen, leben auch Schmetterlinge, eine Ordnung mit rund 150 000 Arten und damit die zweitgrößte unter den Insekten. Schmetterlinge durchlaufen verschiedene Lebensstadien; diese Entwicklung bezeichnet man als Metamorphose: Die Schmetterlingslarven heißen Raupen. Diese verbringen einen Großteil ihres Lebens damit, an den verschiedensten Pflanzenteilen zu fressen. Sie wachsen schnell. Wenn sie die volle Größe erreicht haben, verwandeln sich die Raupen in Puppen. Während des Puppenstadiums entsteht aus der flügellosen Raupe ein geflügelter ausgewachsener Schmetterling.

Kleidermotte

Die Raupen der Kleidermotte fressen Haare und Federn in den Nestern von Tieren sowie die ausgetrockneten Überreste toter Säugetiere und Vögel. Nur wenige Tiere – abgesehen von einigen Käfern und Larven – können diese schwierige Nahrung verdauen. Weil unsere Kleidung häufig aus Tierwolle gefertigt ist, kommen die Raupen oft in die Wohnungen, um sich von der Kleidung zu ernähren und entsprechende Löcher in Pullover und Socken zu hinterlassen. Die ausgewachsenen Motten sind klein und bräunlich gefärbt. Sie haben schmale Vorderflügel, die sorgfältig auf dem Rücken zusammengefaltet werden, wenn sie sich niederlassen. Sie nehmen keine Nahrung auf.

Tineola biseliella
Familie: Tineidae
Größe: SPW 0,6-2 cm

Stachelbeerspanner

Spanner haben einen schlanken Körper und zarte, zerbrechlich wirkende Flügel. Ihre Raupen haben winzige Füße am Bauch und bewegen sich eigenartig fort: Sie strecken den Vorderkörper weit vor, halten sich mit den Füßchen fest und ziehen den Körper in hohem Bogen nach. Die Raupen dieser Art können vor allem an Stachel- und Johannisbeeren große Schäden anrichten.

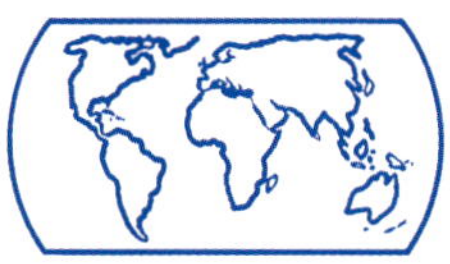

Abraxas grossulariata
Familie: Geometridae
Größe: SPW 1,2-4 cm

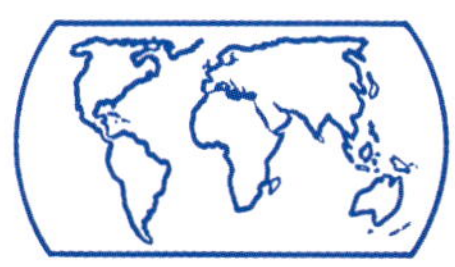

Macroglossum stellatarum
Familie: Sphingidae
Größe: SPW 3-15 cm

Taubenschwänzchen

Viele der kleinen Schuppen auf den Flügeln dieses Schwärmers fallen beim ersten Flug ab, sodass große schuppenfreie Flächen übrig bleiben. Das Taubenschwänzchen ernährt sich von Blütennektar, den es mit seinem langen Rüssel aus den tiefen Blütenkelchen herausholt. Es schwirrt bei der Nahrungssuche mit einem ähnlichen Geräusch wie die Flügel der Kolibris.

Atlasspinner

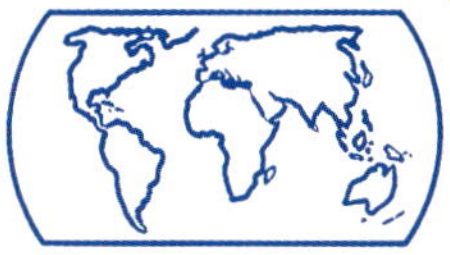

Attacus edwardsi
Familie: Saturniidae
Größe: SPW bis 25 cm

Atlasspinner

Diese farbenfrohen Schmetterlinge zählen zu den größten der Welt. Die meisten haben durchsichtige schuppenfreie Flecken auf ihren breiten Flügeln und besitzen federartige Antennen. Mit diesen Antennen empfangen die männlichen Nachtpfauenaugen (oder Augenspinner) die Geruchssignale der Weibchen, die einen Partner suchen. Die ausgewachsenen Atlasspinner haben verkümmerte Mundwerkzeuge und können während ihres kurzen Lebens keine Nahrung aufnehmen.

Baumwolleule

Dieser Schmetterling gehört zu einer der größten Schmetterlingsfamilien, den Eulenfaltern. Die meisten dieser Falter fliegen nachts und sind blass gefärbt. Die gelblichen Raupen fressen Baumwollsamenkapseln und können die Pflanzen und damit ganze Ernten schädigen.

Baumwolleule

Alabama argillacea
Familie: Noctuidae
Größe: SPW 3-4 cm

Phryganea grandis
Familie: Phryganeidae
Größe: SPW 1-3 cm

Larve

Große Wassermotte

Bärenspinner

Bärenspinner haben einen breiten, haarigen Körper und grob gemusterte Flügel. Die farbigen Flecken auf den Flügeln dieser Motten und auf den Raupen warnen Vögel und Säugetiere vor ihrem unangenehmen Geschmack. Die behaarten Raupen fressen Pflanzen, die für Wirbeltiere giftig sind, und lagern das Gift zu ihrem eigenen Schutz im Körper ein.

Apantesis ornata
Familie: Arctiidae
Größe: SPW 2-7 cm

Bärenspinner

Große Wassermotte

Diese Köcherfliegen sehen wie Motten aus, aber sie gehören nicht zu den Schmetterlingen, sondern bilden eine eigene Ordnung. Ihr Körper und die Flügel sind behaart. Ihre Mundwerkzeuge sind kurz, um Nahrung aufzulecken. Die raupenähnlichen Larven leben meist im Wasser. Sie wohnen und verpuppen sich in selbst gebauten Köchern (Name!) aus Blättern, Steinen oder Zweigen.

Actias luna
Familie: Saturniidae
Größe: SPW 7,5-10,8 cm

Mondspinner

Dieser prächtige Falter hat bis zu 11 cm lange Hinterflügel mit langen Schwanzanhängen. Er lebt in Wäldern und ist unverwechselbar. Seine Raupen ernähren sich von den Blättern von Bäumen, beispielsweise Walnuss und Birke. Die Raupen verpuppen sich in einem schützenden Kokon am Boden.

Mondspinner

Schwärmer

Von allen Schmetterlingen können die zu den Nachtfaltern zählenden Schwärmer am besten fliegen. Ihre Flügel können so schnell schlagen, dass sein schwirrendes Geräusch entsteht. Die Nahrungsaufnahme erfolgt in einem »Rüttelflug«, wenn die Schwärmer in der Luft stillstehen, während sie mit ihren langen Rüsseln an einer Blume saugen. Wie die meisten Schmetterlinge ernähren sich die ausgewachsenen Schwärmer vor allem von Blütennektar. Ihr Rüssel ist innen ähnlich hohl wie ein Trinkhalm. Er wird unter dem Kopf zusammengerollt, wenn er nicht gebraucht wird. Schwärmer haben die längsten Rüssel aller Schmetterlinge und können Nektar vom Grund langer, schlauchförmiger Kelchblüten trinken. Viele einheimische Pflanzen wie Jasmin, Fuchsie, Geißblatt und zahlreiche Orchideen sind auf die Bestäubung durch Schwärmer angewiesen, weil andere Insekten ihre Staubgefäße gar nicht erreichen können. Es gibt etwa 1200 Schwärmerarten, von denen manche Flügelspannweiten von bis zu 15 cm haben. Die meisten besitzen einen breiten, kräftigen Körper. Die dicken Raupen haben am Hinterende Horngebilde.

Hummelschwärmer

Ein Hummelschwärmer taucht seinen langen Rüssel tief in eine Blüte hinein. Mit seinem breit gestreiften Körper und den großen hellen, schuppenfreien glasartig durchschimmernden Flecken auf den Flügeln sieht dieser Schwärmer einer Biene erstaunlich ähnlich. Er schwebt tagsüber über die Wiesen von Blüte zu Blüte, nie jedoch nachts.

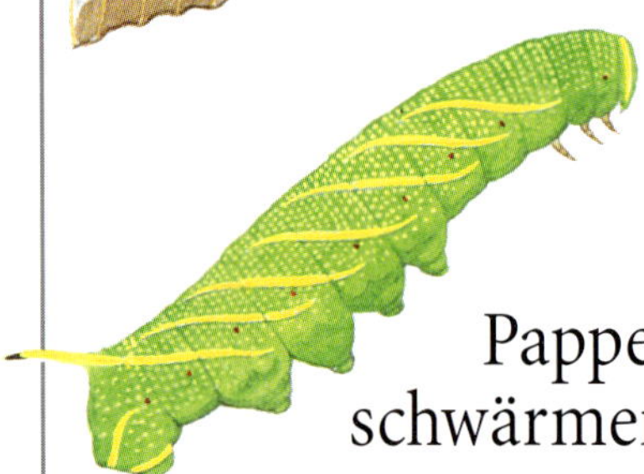

Pappelschwärmer

Die Farbe und die unregelmäßige Gestalt erleichtern es diesem Schwärmer, sich auf der Rinde von Bäumen zu verbergen, auf der er sich tagsüber niederlässt. Seine Raupen fressen die Blätter von Pappeln und Weiden.

Vom Ei zur Puppe

Sobald die Raupe aus dem Ei geschlüpft ist, beginnt sie zu fressen. Sie verschlingt die Pflanzenteile mit ihren kräftigen kauenden Mundwerkzeugen. Sie wächst schnell und häutet sich mehrmals während des Wachstums. Wenn die Raupe ausgewachsen ist, verpuppt sie sich. Der Hummelschwärmer spinnt sich am Boden eine Kammer aus einer Art Seidenfaden – den Kokon.

Raupe

Puppe im Kokon

Oleanderschwärmer

Der Oleanderschwärmer zählt zu den am schönsten gemusterten Nachtfaltern überhaupt. Seine olivgrünen Raupen fressen die Blätter von Oleanderpflanzen, aber auch von Immergrün und Weinreben. Sie wachsen bis zu einer Länge von 15 cm. Sie besitzen zwei große, blaue Augenflecken auf dem Rücken, damit die Fressfeinde glauben, die Raupen seien viel größer als in Wirklichkeit.

Dieser **Ligusterschwärmer** hat sich auf einer Blüte niedergelassen, um mithilfe seiner langen Zungenröhre Nektar zu naschen. Seine Raupen fressen die Blätter von Liguster, Flieder und Esche.

Linienschwärmer

Der Linienschwärmer mit den rosaweißen Längsbändern auf den Vorderflügeln besucht nachts Blüten, um dort Nektar zu saugen. Wie bei den meisten Nachtfaltern sind seine Fühler sehr geruchs- und tastempfindlich. Er kann schon den geringsten Dufthauch wahrnehmen, mit dessen Hilfe er die Blüten im Dunkeln findet.

Fluminense-Schwalbenschwanz

Fluminense-Schwalbenschwanz

Dieser wunderschöne Schmetterling gehört zu den am stärksten gefährdeten Insekten Brasiliens. Die Trockenlegung seiner sumpfigen, gras- und strauchreichen Heimat, um Häuser und Fabriken zu bauen und Bananenplantagen anzulegen, hat einen Großteil seines Lebensraumes zerstört. Selbst die wenigen Gebiete, in denen er noch vorkommt, sind bedroht. Umweltschützer hoffen, noch einige Exemplare dieser Schmetterlinge einfangen zu können, um sie an sicheren Orten neu anzusiedeln.

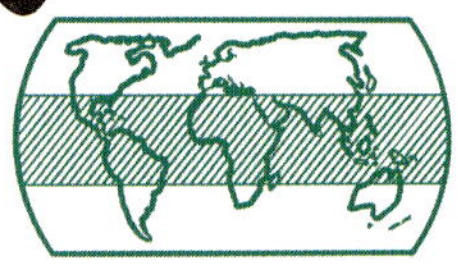

Parides ascanius
Familie: Papilionidae
Größe: SPW 5-28 cm

Morphofalter

Morphofalter leben in den Regenwäldern Mittel- und Südamerikas vor allem in Brasilien. Die Männchen sind leuchtend metallisch blau. Der faszinierende Glanz ihrer Flügel entsteht durch die Anordnung der Schuppen in Reihen, die das Licht entsprechend spiegeln. Die Weibchen sind viel schlichter gefärbt. Wie alle Flecken- oder Edelfalter laufen die Morphofalter nur auf vier Beinen. Das vorderste Beinpaar ist zu klein, um beim Laufen behilflich zu sein. Die Raupen sind häufig behaart.

Morphofalter

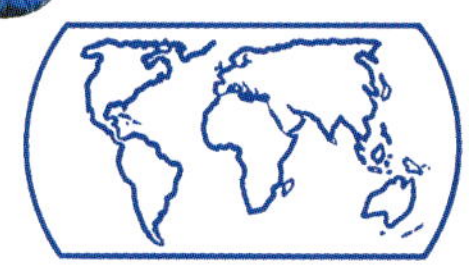

Morpho spec.
Familie: Nymphalidae
Größe: SPW 2-15 cm

Schwalbenschwanz

Die groß gemusterten Schwalbenschwänze verdanken ihren Namen den Schwanzanhängen an ihren Hinterflügeln. Vermutlich lenken sie Feinde von der empfindlichen Kopfregion ab. Die Schwalbenschwänze ernähren sich von Blütennektar. Die Raupen fressen die Blätter von Esche und Lorbeer. Die europäische Art *(P. machaon)* bevorzugt Wilde Möhre und Kümmel.

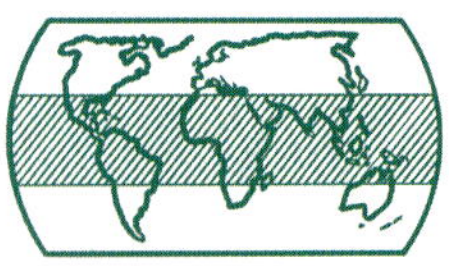

Papilio cresphontes
Familie: Papilionidae
Größe: SPW 10-14 cm

Schwalbenschwanz

Cairn-Vogelfalter

Dieser wunderschöne Schmetterling lebt wie alle Vogelfalterarten nur in Südostasien und Nordaustralien. Die Weibchen sind größer als die Männchen, aber die Männchen haben leuchtendere Farben. Vogelfalter sind die größten Schmetterlinge der Welt und sie sind bei Sammlern heiß begehrt – daher sind viele Vogelfalterarten mittlerweile selten geworden. Die ausgewachsenen Schmetterlinge ernähren sich von Blütennektar, aber die Raupen, die lange, fleischige Stacheln tragen, fressen die Blätter von Pflanzen, die für die meisten Tiere giftig sind.

Cairn-Vogelfalter

Männchen

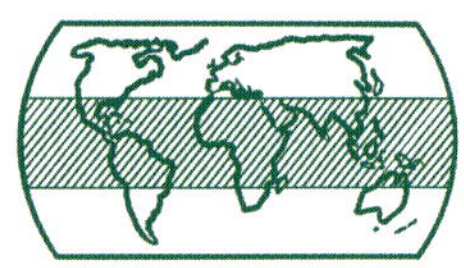

Ornithoptera priamus
Familie: Papilionidae
Größe: SPW 5-28 cm

Raupe

Kleiner Feuerfalter

Lycaena phlaeas
Familie: Lycaenidae
Größe: SPW 2-3 cm

Kleiner Feuerfalter

Diese sehr häufigen kleinen Schmetterlinge besitzen kräftig gefärbte, meist glänzende Flügel. Wenn sie sich irgendwo niederlassen oder an Blüten fressen, halten sie ihre Flügel über dem Rücken zusammengelegt. Die dicken Raupen ähneln Nacktschnecken. Sie fressen die Blätter von Pflanzen wie Ampfer und Knöterich.

Kleiner Kohlweißling

Der Kohlweißling ist wie die anderen Vertreter seiner Familie ein sehr häufiger Schmetterling. Im Gegensatz zu vielen anderen Faltern haben Kohlweißlinge gut entwickelte Vorderbeine, die sie zum Laufen benutzen. Kohlweißlinge ernähren sich von Blütennektar. Ihre Raupen fressen Kohl und anderes Blattgemüse und können großen Schaden anrichten.

Kleiner Kohlweißling

Raupe

Danaus plexippus
Familie: Nymphalidae
Größe: SPW 2-11 cm

Monarch

Jeden Herbst fliegen Millionen von Monarchfaltern von Kanada nach Mexiko – eine Entfernung von etwa 3200 km. Im folgenden Frühjahr irgendwo auf dem Weg nach Norden legen die Weibchen ihre Eier. Sobald die jungen Schmetterlinge geschlüpft sind, folgen sie den alten nach. Einige Exemplare, die sich verirrt haben, wurden auch schon in Südwesteuropa gefunden.

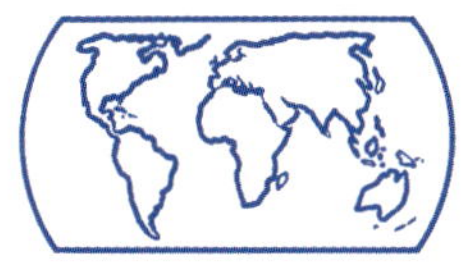

Pieris rapae
Familie: Pieridae
Größe: SPW 4-5 cm

Monarch

Königin-Alexandra-Vogelfalter

Das Weibchen dieser riesigen Vogelfalter ist der größte Schmetterling der Welt und kann eine Flügelspannweite von bis zu 28 cm haben. Er ist sehr begehrt und wird daher von den Bewohnern der Südseeinseln an Sammler verkauft. Vielleicht wird eines Tages ein Teil der Waldflächen, in denen diese Schmetterlinge vorkommen, in Schutzgebiete umgewandelt werden, damit die Bevölkerung vom Tourismus leben kann und keine Schmetterlinge jagen muss.

Königin-Alexandra-Vogelfalter

Männchen

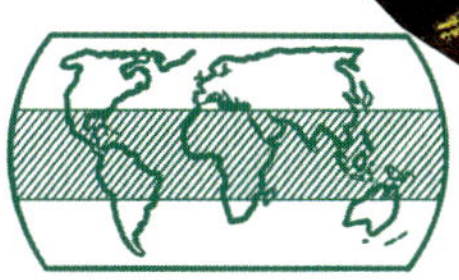

Ornithoptera alexandrae
Familie: Papilionidae
Größe: SPW 5-28 cm

Bienen, Wespen, Ameisen, Termiten

Gemeine Blattschneider-biene

Bienen, Wespen und Ameisen gehören zu einer großen Ordnung der Insekten, den Hautflüglern. Zwar unterscheiden sie sich im Aussehen zum Teil sehr stark, aber sie haben fast alle eine deutliche »Taille« vor dem Hinterleib. Sie besitzen leckend-saugende Mundwerkzeuge am Kopf, um Flüssigkeiten wie Blütennektar aufsaugen zu können. Die geflügelten Arten unter den Hautflüglern besitzen immer zwei Paar Flügel, aber viele Arbeiterinnen der Ameisen haben keine Flügel. Ameisen sowie einige Bienen- und Wespenarten leben in Gemeinschaften oder Staaten innerhalb aufwendiger Nestbauten. Termiten bilden eine eigene Ordnung und sind nicht mit den Ameisen und Bienen verwandt, aber sie leben ebenfalls in großen Staaten.

Megachile centuncularis
Familie: Megachilidae
Größe: 0,9-2 cm

Blattschneiderbiene

Diese Bienen verdanken ihren Namen der Eigenart, kreisrunde Stückchen mit ihren Kiefern aus Blättern und Blüten herauszuschneiden. Sie kleiden damit ihre Nester aus. Nektar- und Pollenvorräte verstauen sie in diesen Zellen, in die sie jeweils ein Ei ablegen. Sie sammeln den Pollen mit den Haaren an der Unterseite des Unterleibes.

Bienen

Es gibt etwa 22 000 Bienenarten. Sie haben zwei Paar Flügel und ihr Körper ist mit winzigen Härchen bedeckt. Einige Arten, zum Beispiel die Blattschneiderbienen, leben allein und bauen jeweils ein eigenes Nest für ihre Jungen. Andere wie die Honigbienen und die Hummeln wohnen in großen Staaten, die sich aus Tausenden von Tieren zusammensetzen. Nur diese Bienenarten stellen Honig her.

Erdhummel

Hummeln sind große, behaarte Insekten, meist schwarz gefärbt mit einigen gelben Streifen oder Flecken. Im Frühling suchen die Königinnen nach einem Nistplatz – sie überleben als Einzige unter den Hummeln den Winter. Jede Königin sammelt Pollen und Nektar und knetet daraus einen Nahrungsvorrat. Später legt sie darauf die Eier. Wenn die Larven schlüpfen, finden sie genug Nahrung vor. Aus den Larven entwickeln sich Arbeiterinnen. Erst im Herbst schlüpfen auch Männchen aus den Eiern, die sich mit der Königin paaren, damit sie im nächsten Jahr wieder Eier legen kann.

Erdhummel

Bombus terrestris
Familie: Apidae
Größe: 2,4-2,8 cm

Seidenbiene

Colletes fulgidus
Familie: Colletidae
Größe: 0,3-2 cm

Seidenbiene

Seidenbienen nisten am Boden in Bauten mit vielfach verzweigten Tunneln. Sie kleiden die Tunnel mit einer Ausscheidung aus Drüsen vom Hinterleib aus, die zu einer klaren, wasserfesten Schicht aushärtet. In den Tunneln bauen die Seidenbienen auch die Brutzellen für die Larven.

Andrena spec.
Familie: Andrenidae
Größe: 0,3-2 cm

Sandbiene

Sandbiene

Sand- oder Erdbienen nisten in langen verzweigten Tunneln, die sie in der Erde graben. Die Zellen in den Tunneln sind mit Nektar und Pollen gefüllt. In jede Zelle legen die Sandbienen ein Ei. Jede Biene gräbt ihr eigenes Nest, aber häufig leben viele Sandbienen eng beieinander.

Goldbiene

Die meisten Goldbienen leben in den Tropen. Sie sind sehr farbig. Die Männchen werden von den Orchideenblüten wegen ihres Nektars angelockt. Sie bestäuben die Blüten und sammeln deren Duftstoffe ein, die vermutlich bei der Paarungszeremonie eine Rolle spielen.

Goldbiene

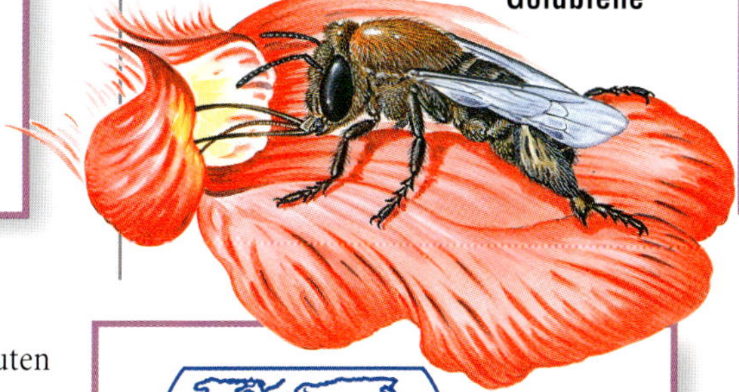

Euglossa spec.
Familie: Apidae
Größe: 0,3-2,5 cm

Stachellose Biene

Trigona spec.
Familie: Apidae
Größe: 0,3-2,5 cm

Stachellose Biene

Wie der Name vermuten lässt, können diese Honigbienen nicht stechen. Aber sie haben kräftige Kiefer, mit denen sie jeden Eindringling beißen. Sie leben in Staaten und bauen ihre Nester unterirdisch in einem Baumstumpf oder sogar in einem Teil eines Termitenstaates.

Holzbiene

Xylocopa spec.
Familie: Apidae
Größe: 0,3-2,5 cm

Holzbiene

Das Weibchen der bei uns seltenen Holzbiene beißt ein tunnelartiges Nest in Holz. Die Wände bestehen aus eingespeicheltem Sägemehl. Sie legt mehrere getrennte Zellen im Tunnel an, füllt sie mit Pollen- und Nektarvorräten und legt ein Ei in jeder Brutzelle ab. Sie bleibt in der Nähe und bewacht das Nest, um es vor Feinden zu schützen.

Wespenbiene

Diese Bienen sehen Wespen sehr ähnlich. Sie legen ihre Eier in die Nester anderer Bienen, die bereits die Speisekammern für ihre eigenen Eier gefüllt haben. Aus den Eiern der Wespenbienen schlüpfen die Larven zuerst – und sie fressen dann alles auf, was eigentlich für die Larven ihrer Wirte gedacht war.

Wespenbiene

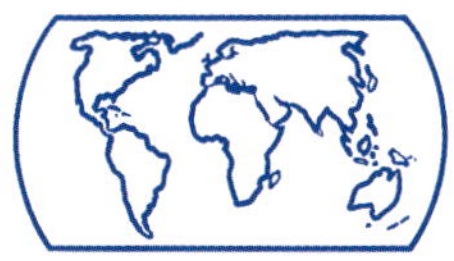

Nomada edwardsi
Familie: Andrenidae
Größe: 0,9-1,2 cm

Wespen

Wespen sind nützlicher als man denkt. Sie füttern ihre Jungen mit anderen Insekten wie verschiedenen Raupen und Blattläusen, die an Blumen, Gemüse und Obst im Garten große Schäden anrichten können. Ohne Wespen gäbe es sehr viel mehr Schädlinge dieser Art. Die ausgewachsenen Wespen ernähren sich vor allem von Nektar und dem Saft reifer Früchte. Viele Wespenarten, beispielsweise die Weg- und die Grabwespen, sind Einzelgänger und bauen jeweils eigene Nester für ihre Eier. Andere, etwa die Hornissen und die Gemeinen Wespen, leben in großen Staaten und errichten ein gemeinsames Nest. Die Wespengemeinschaften lagern keine Nahrung ein wie die Honigbienen. Bis auf die Königin sterben alle Wespen im Winter.

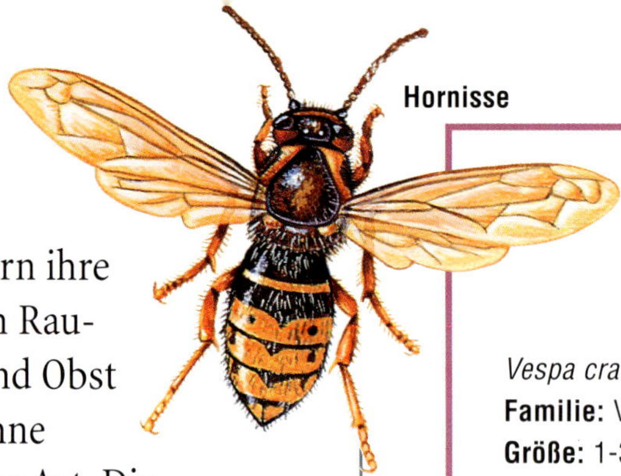

Vespa crabro
Familie: Vespidae
Größe: 1-3 cm

Hornisse

Hornissen ernähren sich von Insekten und Nektar. Sie bilden Staaten aus bis zu 5000 Einzeltieren! Das Nest bauen sie aus einem papierartigen Material, das sie aus zerkauten Pflanzen herstellen. Das Nest befindet sich meist in einem Baum oder an einem alten Gebäude, denn als Bauunterlage bevorzugen sie faulendes Eichenholz. Die Larven fressen Insekten, die die Eltern ihnen bringen.

Dasymutilla magnifica
Familie: Mutillidae
Größe: 0,6-2,5 cm

Ameisenwespe

Ameisenwespen sind Stechwespen mit einer dicken Haarschicht am Körper. Die männlichen Ameisenwespen besitzen Flügel, die Weibchen nicht – und sie sehen daher ein bisschen wie Ameisen aus. Die Weibchen suchen nach Nestern anderer Bienen oder Wespen und legen ihre Eier auf deren Larven. Wenn die Larven der Ameisenwespe schlüpfen, fressen sie ihren Wirt auf.

Gallwespe

Diese winzigen Wespen legen ihre Eier auf eine bestimmte Pflanzenart. Die Wirtspflanze bildet daraufhin einen Auswuchs um das Ei, die Galle. Es ist noch ungeklärt, wie und warum es zur Gallenbildung kommt. Wenn die Larve schlüpft, ernährt sie sich von dem pflanzlichen Gallgewebe.

Andricus kollari
Familie: Cynipoidae
Größe: 0,1-0,9 cm

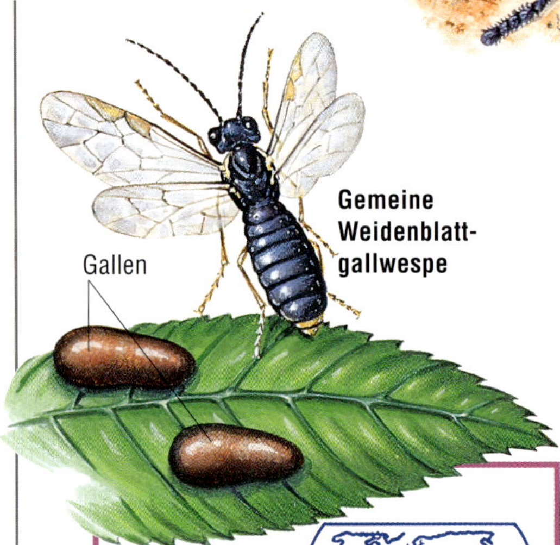

Pontania proxima
Familie: Tenthredinidae
Größe: 0,3-2 cm

Weidenblattgallwespe

Die Blattwespen sind mit den Wespen verwandt, haben aber keine »Wespentaille« zwischen Brust und Hinterleib. Die weiblichen Weidenblattgallwespen legen ihre Eier auf Weidenblätter. Kleine rundliche Kapseln, rote Gallen, bilden sich auf dem Blatt, sobald die Eier gelegt sind. Wenn die Larven schlüpfen, fressen sie den Inhalt dieser Gallen auf.

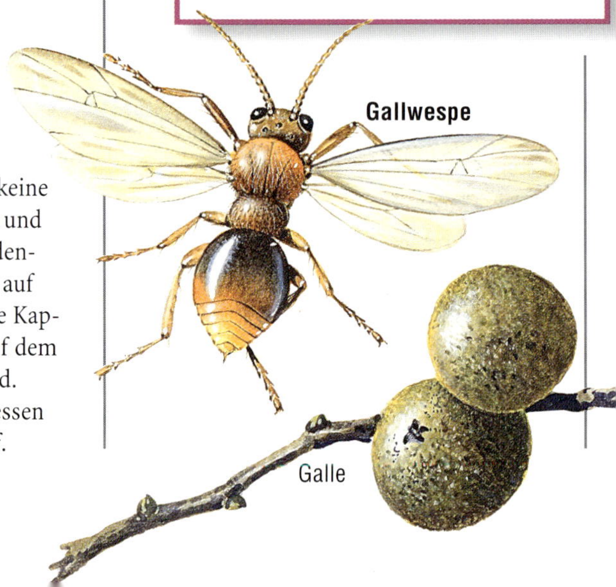

Feldwespen am Nest

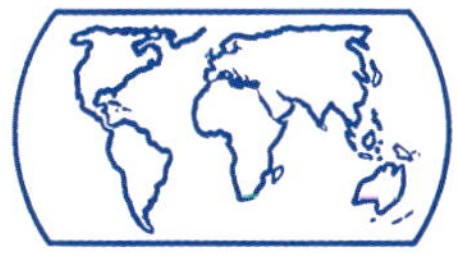

Polistes spec.
Familie: Vespidae
Größe: 1-3 cm

Feldwespe

Die Faltenwespenart baut ihr Nest aus einem papierartigen Material, das sie ähnlich wie Pappmaschee aus gekautem Holz gemischt mit ihrem Speichel herstellt. Das Weibchen legt seine Eier in daraus gebauten Brutzellen ab. Mehrere weibliche Tiere helfen ihm, die Larven mit anderen Insekten zu füttern. Etwa 20 Wespen leben gemeinsam in einem Nest.

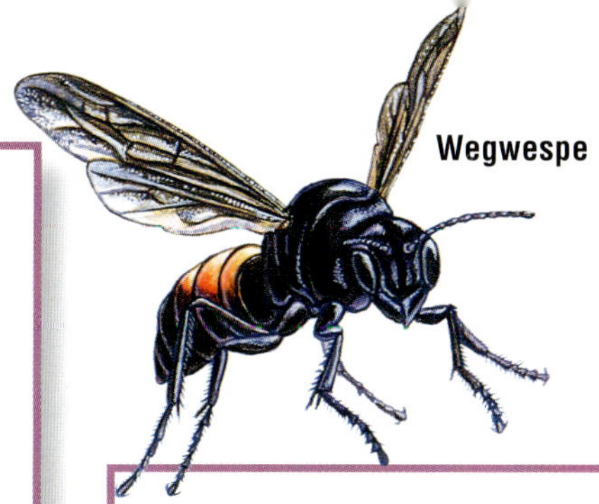

Wegwespe

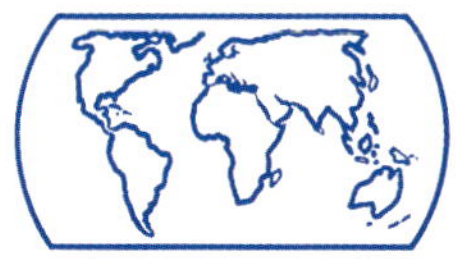

Anoplius spec.
Familie: Pompilidae
Größe: 0,9-5 cm

Wegwespe

Wegwespen ernähren sich von süßen Pflanzensäften, aber das Weibchen fängt Spinnen, um damit den Nachwuchs zu füttern. Sie lähmt die Spinne mit ihrem Stich, legt sie dann in eine Brutzelle und verschließt die Zelle oben mit Schlamm. Wenn die Wespenlarven schlüpfen, fressen sie die tote Spinne.

Holzschlupfwespe

Holzschlupfwespe

Das Weibchen der Holzschlupfwespe kann Holz anbohren (Name!), um seine Eier in der Nähe von Larven anderer Insekten abzulegen, beispielsweise von Holzwespen. Es hat einen besonders langen Eilegestachel. Wenn die Larven der Schlupfwespen aus den Eiern schlüpfen, fressen sie die Wirtslarven. Mit den Holzwespen wird daher auch die Schlupfwespe in Europa immer seltener.

Megarhyssa spec.
Familie: Ichneumonidae
Größe: 0,3-5 cm

Spinnentöter

Diese Grabwespen sind Einzelgänger. Sie ernähren sich von anderen Insekten und von Blütennektar. Das Weibchen des Spinnentöters baut ein Nest aus feuchtem Lehm. In jede Brutzelle legt es ein Ei und einige durch Stiche gelähmte Insekten, vor allem Spinnen, damit sein Nachwuchs beim Schlüpfen etwas zum Fressen vorfindet.

Vespula vulgaris
Familie: Vespidae
Größe: 1-3 cm

Gemeine Wespe

Diese Wespen ernähren sich von Nektar und anderen süßen Nahrungsmitteln, beispielsweise reifen Früchten. Sie fangen auch andere Insekten, um ihren Nachwuchs damit zu füttern. Sie bauen frei hängende Nester. Wespen sind wegen ihrer Stiche berüchtigt. Der spitze Stachel sitzt am Ende ihres Körpers und ist mit einem Giftbeutel verbunden. Die Wespe benutzt ihren Stachel, um Beute zu töten und sich gegen Feinde zu verteidigen – auch gegen Menschen.

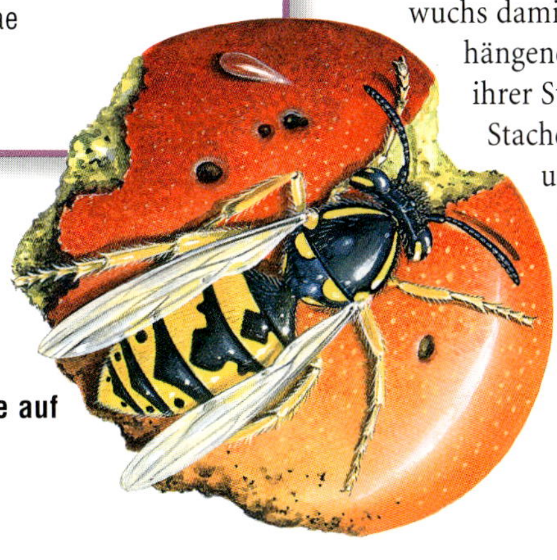

Gemeine Wespe auf einem Apfel

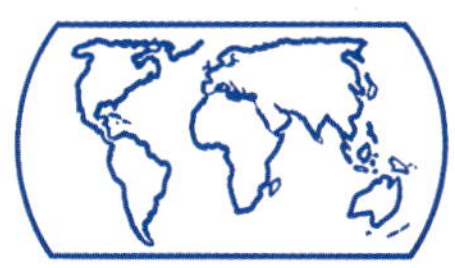

Sceliphron caementarium
Familie: Sphecidae
Größe: 0,9-5 cm

Spinnentöter

Honigbienen

Von allen Bienenarten sind die Honigbienen sicherlich die bekanntesten. Sie bestäuben unzählige Nahrungspflanzen und stellen jedes Jahr Unmengen von wertvollem Honig und Wachs her. Viele Bienenarten sind Einzelgänger, aber die Honigbienen leben in riesigen Staaten mit mehreren Tausend Einzeltieren. Sie haben eine vielschichtige Sozialstruktur. Jeder Staat besitzt eine Königin. Die Königin ist größer als die anderen Bienen und nur sie legt Eier. Die meisten Mitglieder des Staates sind Arbeiterinnen. Sie kümmern sich um den Nachwuchs, bauen das Nest, halten es instand und sammeln Nahrung. Männchen werden im Bienenstaat nur zu einem bestimmten Zeitpunkt im Jahr geboren. Sie arbeiten nicht, denn ihre einzige Aufgabe ist es, sich mit neuen Königinnen zu paaren. Das Nest bauen die Bienen in einem hohlen Baum oder in einem Bienenstock, den der Imker zur Verfügung stellt. Es besteht aus mehreren Schichten sechswinkliger Zellen – den Waben. Die Zellen enthalten die Eier und den Nachwuchs sowie Nahrungsvorräte an Pollen und Honig. Die wilde Honigbiene gilt in Deutschland mittlerweile als ausgestorben.

Arbeiterinnen

Die Arbeiterinnen der Honigbienen leben nur etwa sechs Wochen. In der ersten Woche ihres Erwachsenenlebens kümmern sie sich um die Eier und die Larven ihres Staates. Dann helfen sie beim Bau der Zellen und halten das Nest in Ordnung. Zum Schluss werden sie Nahrungssammlerinnen und bringen den Nektar und Pollen ins Nest.

Die Königsgemächer

Besondere Kammern für die zukünftigen Königinnen – die Weiselzellen – hängen an der Seite der Wabe. Die Larven in den königlichen Kammern werden mit der Königinnenspeise (»Gelée royale«) gefüttert, eine besonders eiweißreiche Nahrung, die die Arbeiterinnen herstellen. Die Larven der Arbeiterinnen erhalten nur in den ersten Tagen das Gelée royale, später lediglich Pollen und Nektar.

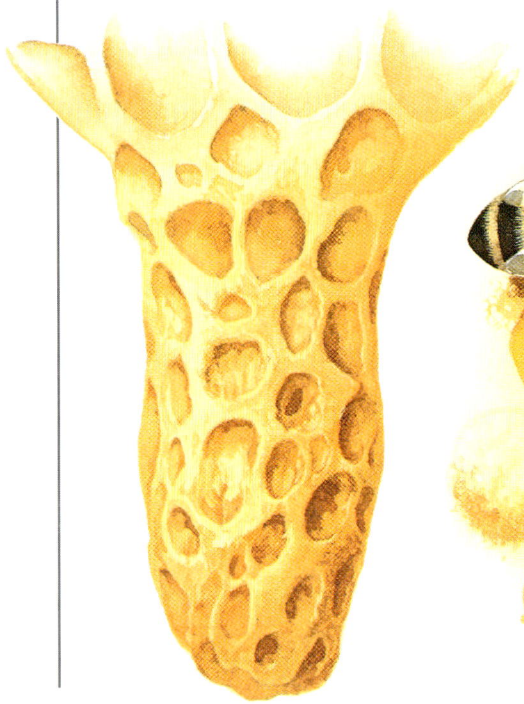

Fleißige Bienen

Arbeiterinnen haben immer mehr als genug zu tun in ihrem Nest. Wenn eine Biene vom Futtersammeln voll beladen mit Pollen und Nektar zurückkehrt, kommen die anderen Bienen herbei, um die Nahrungvorräte einzusammeln. Die Arbeiterinnen bauen auch die einzelnen Zellen im Nest. Sie stellen dazu Wachs in Drüsen an der Unterseite ihres Hinterleibes her. Die Bienen ziehen kleine Wachsflocken heraus und kneten sie mit ihren Mundwerkzeugen, bis das Wachs weich genug ist, um die Waben zu bauen.

Für die Arbeit gerüstet

Alle »Werkzeuge«, die eine Arbeiterin benötigt, befinden sich an ihrem eigenen Körper. Jedes Vorderbein ist mit langen Haaren ausgestattet, mit denen sie den Pollen vom Körper streifen kann. Eine besondere Kerbe dient der Reinigung der Fühler. Am mittleren Beinpaar befinden sich Haarfransen, mit denen sie den Pollen von den Vorderbeinen entfernen kann. Mit einem kleinen Haken kann sie das Wachs aus den Drüsen am Hinterleib herausholen. An jedem Hinterbein sitzen die »Höschen«. Sie sind dicht mit besonderen Haaren bedeckt, mit denen der Pollen transportiert werden kann.

Eine **Arbeiterin** ist gerade von der Futtersuche, dem »Trachtflug«, zurückgekehrt. Ihre »Höschen« an den Beinen sind voll mit goldgelben Pollen. Die anderen Arbeiterinnen versammeln sich um sie und helfen ihr, den Pollen zu entladen und in die Wabenzellen zu bringen.

Ameisen und Termiten

Ameisen leben in riesigen, gut organisierten Staaten, die aus Tausenden von Einzeltieren bestehen. Die meisten Ameisenarten bauen ein Nest mit untereinander verbundenen Tunnelröhren in morschem Holz oder unter der Erde. Jedem Staat gehört mindestens eine Ameisen-Königin an, die alle Eier legt. Die Arbeiterinnen sind ebenfalls weiblich, aber sie können keine Eier legen. Sie verrichten alle Arbeiten, die im Staat anfallen, sammeln Nahrung und kümmern sich um die Eier und den Nachwuchs. Termiten sind nicht mit den Ameisen verwandt, aber auch sie bauen große Nester mit Kammern für Eier, Larven und Nahrungsvorräte.

Diebsameise

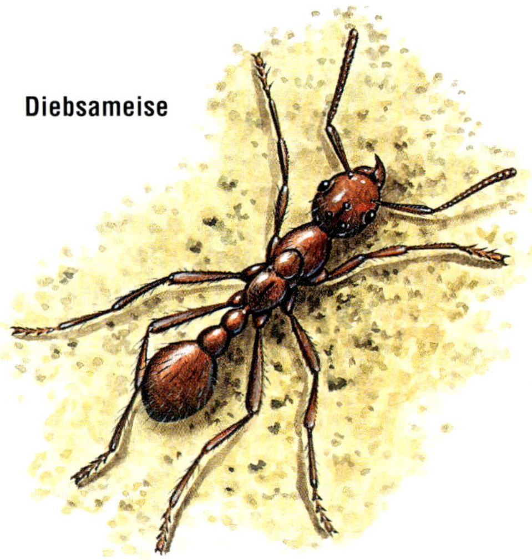

Diebsameise

Die Diebsameise gehört zu den Knotenameisen. Sie kann kräftig beißen und stechen – was auch für Menschen äußerst schmerzhaft ist. Sie jagt andere Insekten, die sie mit ihrem Stich tötet, aber sie frisst auch Samen, Früchte und Blüten. Diese Ameisen bauen ihre Nester unterirdisch oder unter Baumstämmen sowie Steinen und haben einen Stachel.

Solenopsis germinata
Familie: Formicidae
Größe: 0,1-2,5 cm

Treiberameise

Die Treiber- oder Wanderameisen bauen keine dauerhaften Nester. Sie marschieren bei der Beutesuche kilometerweit und überwältigen Insekten oder andere Kleintiere, die ihnen dabei in den Weg kommen. In bestimmten Abständen unterbrechen sie ihren Marsch, um Eier zu legen. Sie bleiben an einem Ort, bis die Jungen fertig entwickelt sind. Die Arbeiterinnen haken ihre Körper ineinander, um so ein vorübergehendes Nest zu bilden und die Königin sowie den Nachwuchs zu schützen.

Eciton burchelli
Familie: Formicidae
Größe: 0,1-2,5 cm

Treiberameise

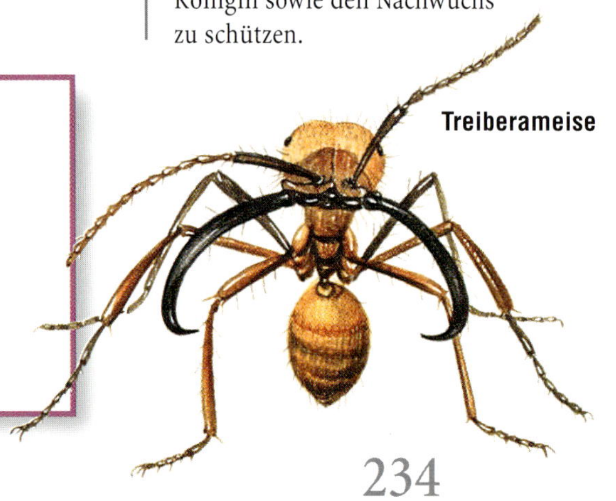

Formica spec.
Familie: Formicidae
Größe: 0,1-2,5 cm

Rote Waldameise

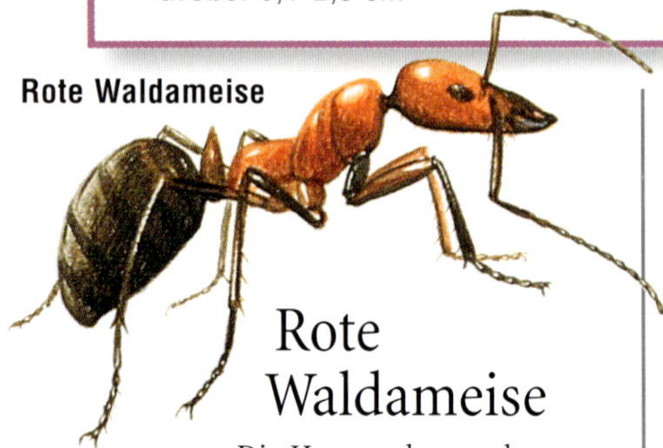

Rote Waldameise

Die Hauptnahrung der Roten Waldameise ist der »Honigtau« der Blattläuse. Dabei handelt es sich um eine süße Flüssigkeit, die diese Schädlinge nach dem Verzehr von Pflanzensaft ausscheiden. Die Ameisen streichen über den Körper der Blattläuse, um sie zur Ausscheidung des süßen Saftes anzuregen. Sie fressen auch Blütennektar.

Pogonomyrmex
Familie: Formicidae
Größe: 0,1-2,5 cm

Ernteameise

Ernteameise

Diese Ameisen verdanken ihren Namen ihrer Eigenschaft, sich von Samen und Getreidekörnern zu ernähren. Wenn die Ameisen einen reichhaltigen Vorrat solcher Samen in der Nähe ihres Nestes finden, hinterlassen sie eine Geruchsspur, um ihren Mitbewohnern den Weg zur Nahrung zu weisen. In den Zeiten des Überflusses sammeln die Ameisen mehr Samen, als sie fressen können, und lagern sie in eigens dafür angelegten Getreidelagern im Nest.

Rossameise

Rossameise

Ganze Kolonien der Rossameisen bauen ihre Nester in Holzhäuser oder -pfähle oder in verrottende Baumstümpfe. Sie können großen Schaden anrichten. Wie bei allen Ameisen legt die Königin alle Eier für den gesamten Staat. Sobald sie sie gelegt hat, nehmen die Arbeiterinnen die Eier und bringen sie zu bestimmten Brutkammern, in denen sie umsorgt werden. Auch die Rossameise sammelt »Honigtau«.

Camponotus
Familie: Formicidae
Größe: 0,1-2,5 cm

Blattschneiderameise

Diese Ameisen stellen ihre eigene Nahrung her: Sie schneiden mit ihren kräftigen scherenartigen Kiefern Blattstückchen aus und bringen sie in ihre unterirdischen Bauten. Dort werden die Blätter zerkaut, mit Körpersaft vermischt und zu einer Art Komposthaufen gestapelt. Darauf wächst ein bestimmter Pilz, von dem sich die Ameisen ernähren.

Atta spec.
Familie: Formicidae
Größe: 0,1-2,5 cm

Blattschneiderameise

Nasentermite

Zu den meisten Termitenstaaten gehören eigene »Soldaten«, die den Staat gegen Feinde verteidigen – beispielsweise gegen Ameisen, die das Nest angreifen wollen. Die Soldaten dieser Termitenart (»Nasensoldaten«) haben lange Schnauzen, aus denen sie eine klebrige, unangenehm riechende Flüssigkeit auf ihre Feinde sprühen können.

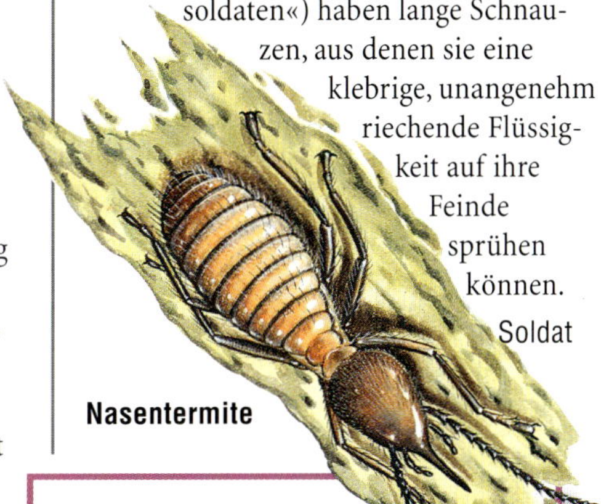

Soldat

Nasentermite

Hospitalitermes spec.
Familie: Termitidae
Größe: bis 6 cm

Trockenholztermite

Diese Termiten greifen das Holz von Gebäuden, Möbeln und Lagerholz an. Besondere mikroskopisch kleine Lebewesen in ihrem Darm helfen ihnen, die harten Holzfasern zu verdauen. Die Soldaten der Trockenholztermite haben größere Köpfe und Kiefer als die anderen Termiten, mit denen sie die engen Holzgänge wie ein Pfropf verschließen. Ihre Aufgabe ist es, den Staat gegen Feinde zu verteidigen.

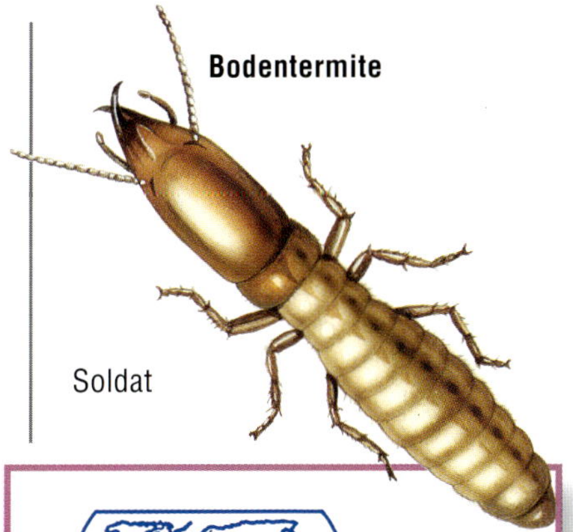

Bodentermite

Soldat

Reticulitermes hesperus
Familie: Rhinotermitidae
Größe: 0,6-0,9 cm

Bodentermite

Diese Termiten leben in unterirdischen Nestern, wie schon der Name vermuten lässt. Sie sind in warmen, waldreichen Gegenden zu Hause und fressen Holz von verrottenden Bäumen und Wurzeln. Die Bodentermiten kommen nur in den USA vor.

Cryptotermes spec.
Familie: Kalotermitidae
Größe: bis zu 3 cm

Trockenholztermite

Soldat

Spinnen und Skorpione

Zu den Spinnentieren (Arachnida) zählen neben den Echten Spinnen auch Weberknechte, Skorpione und Milben. Sie werden häufig für Insekten gehalten, aber die Spinnentiere bilden eine eigene Klasse innerhalb der Gliederfüßer. Es ist eine sehr alte Tiergruppe, die bereits vor mindestens 400 Millionen Jahren erstmals das Land besiedelte. Heute gehören zu den Spinnentieren viele Tiere unterschiedlicher Gestalt. Sie besitzen jedoch alle vier Beinpaare und keine Flügel oder Fühler. Die meisten leben an Land und jagen andere kleine Lebewesen.

Spinnen

Die meisten Spinnen sind vollkommen harmlos. Nur einige wenige, beispielsweise die Trichtervogelspinne, haben einen giftigen Biss, der für Menschen gefährlich werden kann. Eigentlich sind die Spinnen für den Menschen nützlich, weil sie die Zahl der teilweise schädlichen Insekten in Grenzen halten: Sie sind allesamt Räuber und ernähren sich überwiegend von kleinen Insekten. Einige der größeren Arten wie die Vogelspinne fangen gelegentlich auch kleine Säugetiere und Vögel. Alle Spinnen können mithilfe besonderer Drüsen am Ende ihres Körpers eine Art »Seide« herstellen, aber nicht alle weben Netze. Die Spinnen verwenden die Spinnseide auch, um ihre Bauten auszukleiden. Einige stellen daraus gewebte Fallen her, die sie zwischen ihren Beinen halten und in denen sie Beute fangen. Junge Spinnen benutzen lange Seidenfäden wie einen Fallschirm, um sich mit dem Wind weg in ein neues Revier treiben zu lassen.

Harlekinspringspinne

Diese auch Zebra- oder Mauerhüpfspinne genannte Art hat im Gegensatz zu den meisten Spinnen besonders gute Augen, mit deren Hilfe sie ihre Beute findet. Sobald die Spinne etwas entdeckt hat, springt sie ihr Opfer an. Vor dem Sprung befestigt sie einen Seidenfaden am Boden als Sicherungsseil, an dem sie jederzeit zu ihrem Versteck zurückkehren kann.

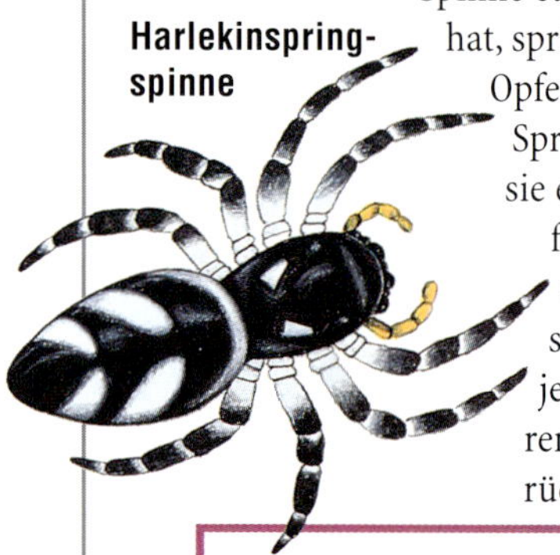

Harlekinspringspinne

Salticus scenicus
Familie: Salticidae
Größe: 0,3-1,5 cm

Schwarze Witwe

Die weibliche Schwarze Witwe hat kammartige Borsten an ihren Hinterbeinen. Damit wirft sie Seidenfäden über ihre Beute, wenn sie sich in ihrem Netz verfangen hat. Sie hat einen giftigen Biss. Ihre Giftigkeit ist jedoch umstritten. Das Gift führt zu starken Schmerzen und Atembeschwerden – Folgen, die selten zum Tode führen (bei etwa 4% der Gebissenen).

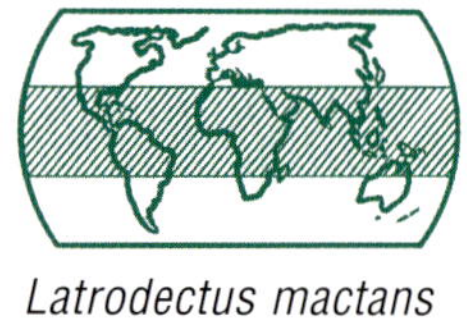

Latrodectus mactans
Familie: Theridiidae
Größe: bis 1,2 cm

Schwarze Witwe

Wolfsspinne

Wie ihre Namensgeber, die Wölfe, sind die Wolfsspinnen schnelle Räuber und schleichen sich an ihre Beute an, um sie in einem Überraschungsangriff zu schnappen. Wolfsspinnen haben gute Augen, mit deren Hilfe sie ihre Beute ausfindig machen.

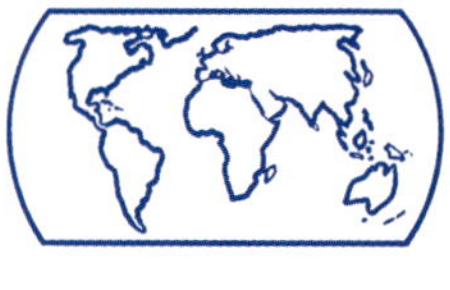

Lycosa spec.
Familie: Lycosidae
Größe: 0,3-4 cm

Wolfsspinne

Nemesia caementaria
Familie: Ctenicidae
Größe: 0,9-5 cm

Falltürspinne

Falltürspinne

Der Bau der Falltürspinne ist oben mit einem Deckel verschlossen. Die Spinne wartet in ihrem Bau, bis sie über ihrem Kopf die Bewegung von Beute spürt. Sie erscheint augenblicklich vor ihrer Tür, greift sich ihr Opfer und trägt es in ihren Bau hinunter.

Veränderliche Krabbenspinne

Diese Spinnen laufen wie Krebse seitwärts. Sie bauen keine Netze, aber die kleineren Männchen wickeln manchmal vor der Paarung die Weibchen mit ihrer Seide ein. Einige Krabbenspinnen sind dunkelbraun oder schwarz. Doch die Arten, die vorwiegend auf Blüten Beute jagen, sind meist passend zu den Blütenblättern gefärbt.

Veränderliche Krabbenspinne

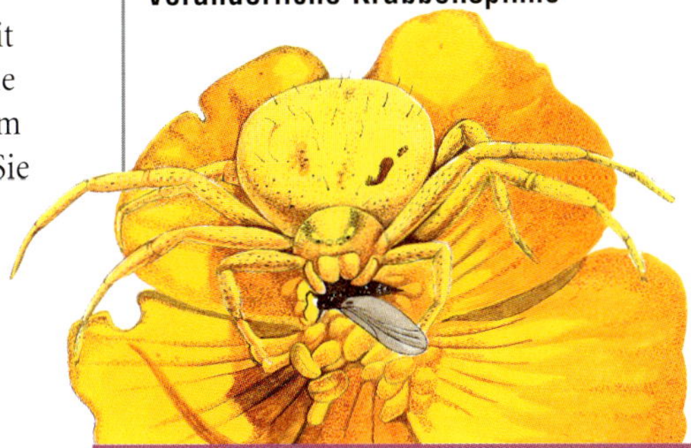

Misumena vatia
Familie: Thomisidae
Größe: 0,1-0,9 cm

Jagdspinne

Dank ihrer tristen und fleckigen Färbung kann sich diese Spinne auf flechtenbedeckter Baumrinde gut verstecken. Büschel winziger Haare verwischen ihre Umrisse, sodass nicht einmal ein deutlicher Schatten ihre Gegenwart verrät. Wenn die Spinne einen Feind in ihrer Nähe vermutet, drückt sie sich noch dichter an die Baumrinde und ist vom Gegner überhaupt nicht mehr zu sehen.

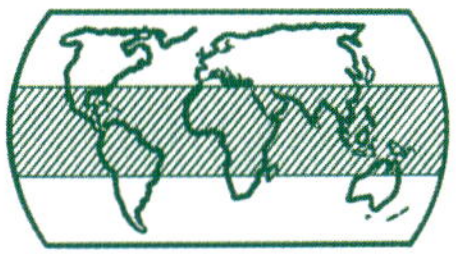

Pandercetes spec.
Familie: Sparassidae
Größe: 0,9-3 cm

Jagdspinne

Rotknie-Vogelspinne

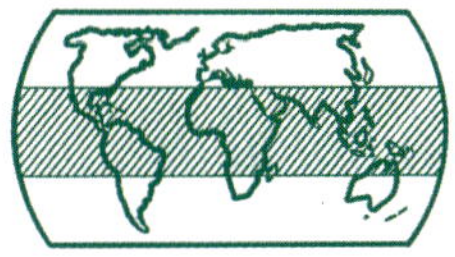

Brachypelma smithii
Familie: Theraphosidae
Größe: bis 9 cm

Rotknie-Vogelspinne

Vogelspinnen oder Taranteln gehören zu den größten Spinnen überhaupt. Ihre Beine können bis zu 20 cm lang sein. Sie verstecken sich meist tagsüber und kommen nachts hervor, um Insekten und kleine Tiere zu jagen, die sie mit ihrem giftigen Biss töten. Weil Vogelspinnen für Menschen ungefährlich sind, werden sie häufig als Haustiere gehalten. Die Menschen in ihrer Heimat sammeln diese Spinnen in so großer Zahl, um sie im Ausland zu verkaufen, dass sie in der Wildnis möglicherweise bald selten anzutreffen sein werden.

Leimschleuderspinne

Diese ungewöhnliche räuberisch lebende Spinne nähert sich ihrem Opfer und spuckt zwei Reihen einer klebrigen Flüssigkeit aus, die sie in Drüsen in Mundnähe bildet. Sie fallen kreuz und quer über die Beute und fesseln sie regelrecht. Die Spinne tötet dann ihr Opfer mit einem Biss.

Scytodes spec.
Familie: Scytodidae
Größe: 0,9 cm

Leimschleuderspinne

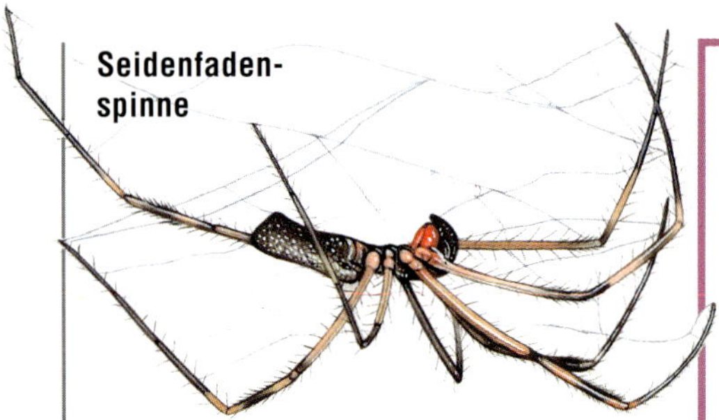

Seidenfaden-spinne

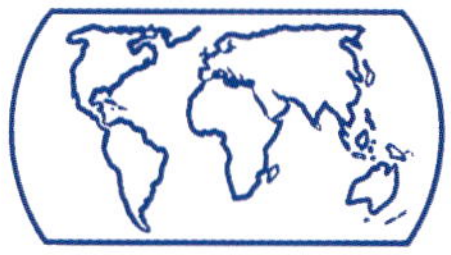

Nephila claviceps
Familie: Araneidae
Größe: 0,1-3 cm

Seidenfadenspinne

Das Weibchen der Seidenfadenspinne ist acht- bis neunmal größer als das Männchen und kann das Hundertfache wiegen. Die geringe Größe des Männchens ist tatsächlich ein Vorteil, wenn es sich dem Weibchen nähert, um sich mit ihm zu paaren. Wie andere winzige Insekten, die im Netz des Weibchens landen, ist auch das Männchen zu klein, um einen Angriff wert zu sein – und wird daher in Ruhe gelassen.

Winkelspinne

Die Winkelspinne hat lange Beine, die mit kräftigen Borsten besetzt sind. Sie baut ihr großes, flaches Netz in jeder ruhigen Ecke des Hauses, der Garage oder des Schuppens. Sie hockt unterhalb des Netzes und wartet auf Beute, die sich in den klebrigen Fäden des Netzes verfängt. Dann greift die Spinne sich das Opfer und frisst es auf.

Winkelspinne

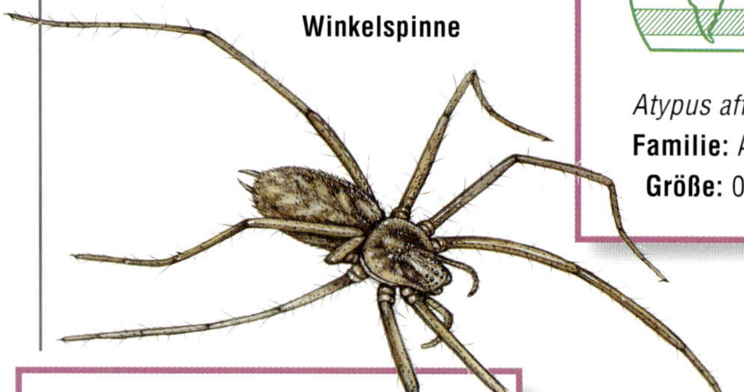

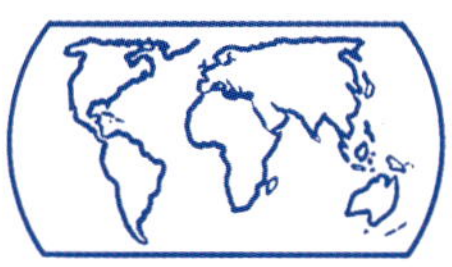

Tegenaria gigantea
Familie: Agelenidae
Größe: 0,1-2 cm

Tapezierspinne

Diese Spinne webt unter der Erde eine seidene Röhre zu einem schräg nach unten führenden Bau. Der obere Teil dieser Röhre ragt über die Erde und ist mit Blättern getarnt. Wenn ein Insekt auf der Röhre landet, greift die Spinne durch die Wand der Röhre mit ihren scharfen Klauen zu und zieht es nach innen.

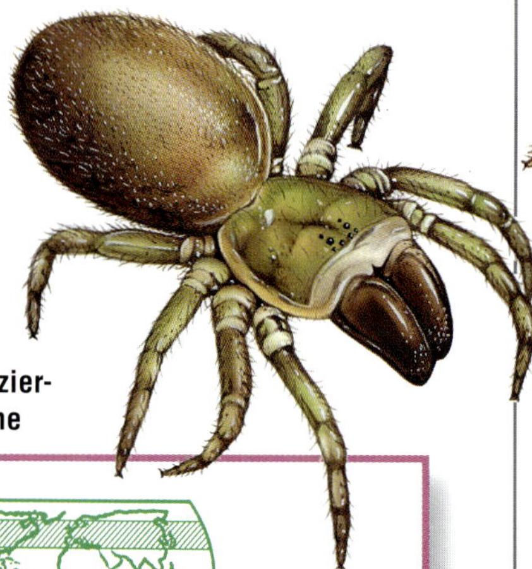

Tapezier-spinne

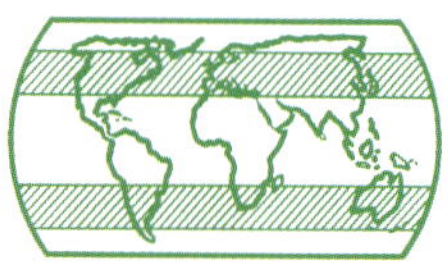

Atypus affinis
Familie: Atypidae
Größe: 0,9-3 cm

Trichtervogelspinne

Diese Spinne baut ein trichterförmiges Netz, das in einen unterirdischen Bau führt. Wenn ein Tier auf dem Netz landet oder darauf tritt, spürt die Spinne die Schwingungen. Sie schießt heraus, um ihr Opfer zu töten. Diese Vogelspinnen jagen Frösche und Echsen sowie Insekten. Ihr Biss ist äußerst giftig.

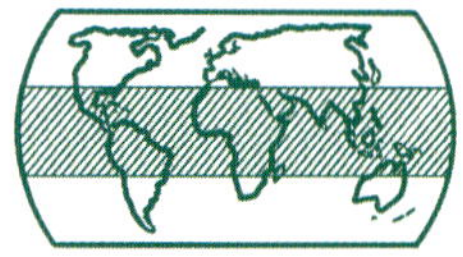

Arame spec.
Familie: Dipluridae
Größe: etwa 3 cm

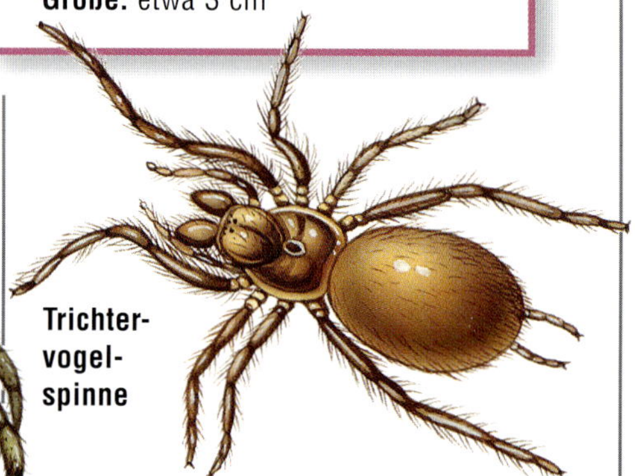

Trichter-vogel-spinne

Sechsauge

Diese Spinnen haben nur sechs Augen, während die meisten Spinnenarten acht Augen besitzen. Sie verbringen den Tag unter Steinen verborgen und kommen nachts heraus, um Asseln zu jagen. Die Asseln haben zwar ein kräftiges Außenskelett, aber diese Spinne kann deren Panzer mit ihren großen, scharfen Klauen knacken.

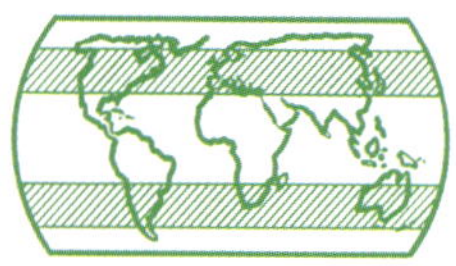

Dysdera crocata
Familie: Dysderidae
Größe: 2 cm

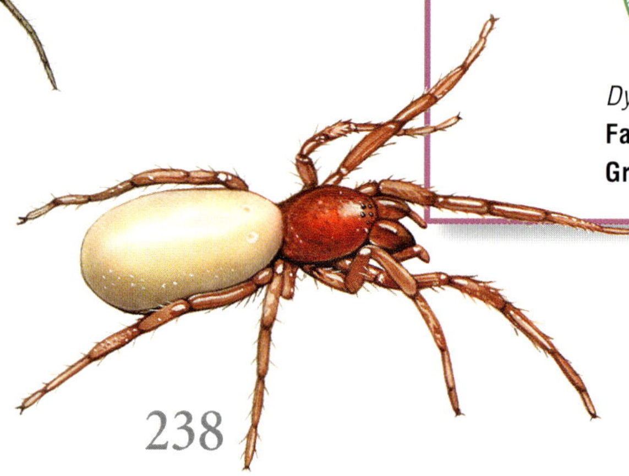

Sechsauge

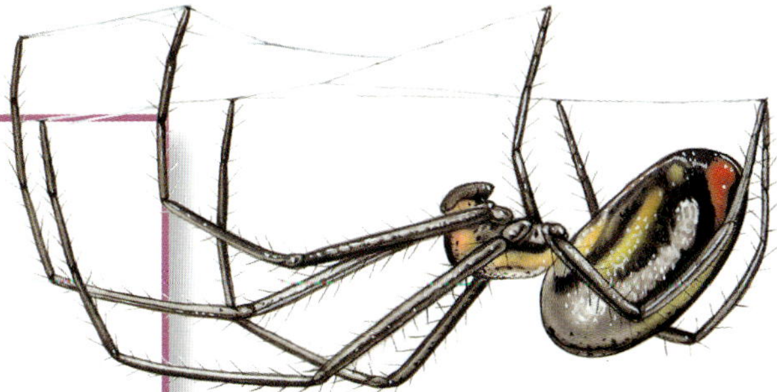

Celaenia spec.
Familie: Araneidae
Größe: 0,1-3 cm

Gartenspinne

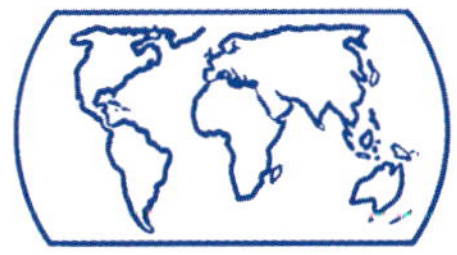

Pisaura mirabilis
Familie: Pisauridae
Größe: 0,6-2,5 cm

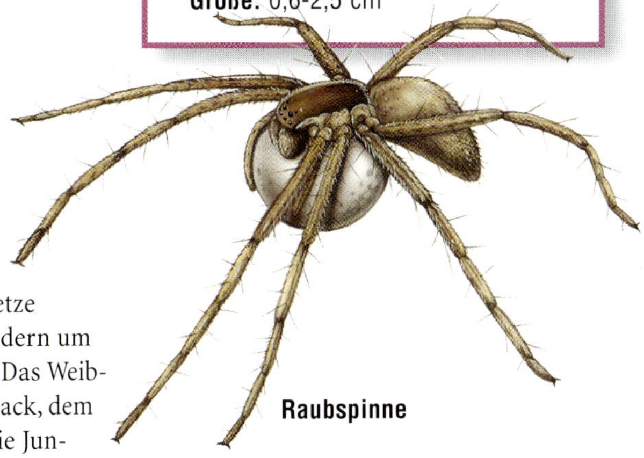

Raubspinne

Gartenspinne

Obwohl die Gartenspinne zu den Radnetzspinnen gehört, knüpft sie dennoch kein Netz. Sie sitzt nur einfach auf dem Zweig eines Baumes und greift sich mit ihren kräftigen Vorderbeinen jede Motte, die in ihre Nähe kommt. Sie verbreitet möglicherweise einen Duft, der die Motten anlockt.

Raubspinne

Diese Spinnen knüpfen ihre Netze nicht, um Beute zu fangen, sondern um ihren Nachwuchs zu schützen. Das Weibchen trägt ihre Eier in einem Sack, dem Eikokon, mit sich umher, bis die Jungen fast bereit sind zum Schlüpfen. Dann spinnt es ein Netz über die Eier, um sie beim Schlüpfen zu schützen. Sie steht währenddessen Wache.

Wasserspinne

Die Wasserspinne ist die einzige Spinne, die ihr gesamtes Leben im Wasser verbringt. Sie baut ein besonderes Unterwasserhaus, in dem sie Luft atmen kann. Zuerst spinnt sie eine Art glockenförmiges Nest aus Seidenfäden, die an Wasserpflanzen befestigt sind. Dann holt sie von der Wasseroberfläche Luft und sammelt diese Luftbläschen in der Glocke. Schließlich hockt sie in der »Taucherglocke« und wartet auf näher kommende Beute. Sie stürzt sich darauf und schleppt ihr Opfer zurück in die Glocke, um es dort zu fressen.

Luchsspinne

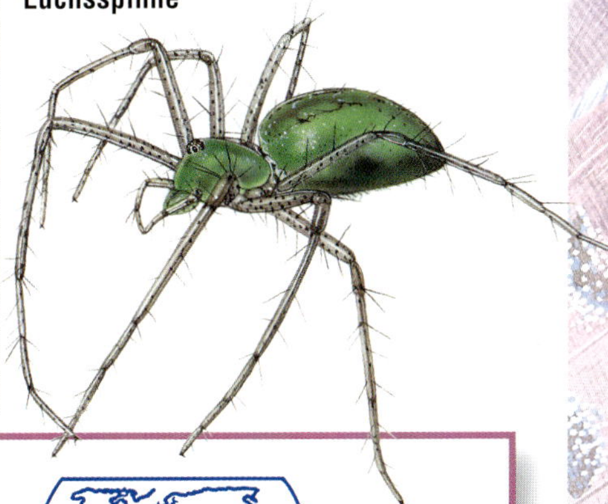

Argyroneta aquatica
Familie: Agelenidae
Größe: 0,1-2 cm

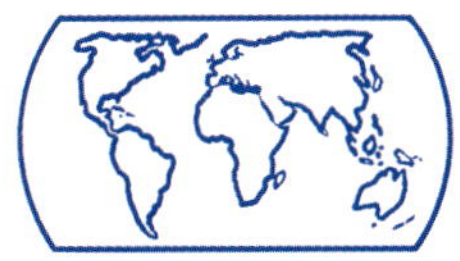

Peucetia viridans
Familie: Oxyopidae
Größe: 0,3-1,5 cm

Wasserspinne

Luchsspinne

Die Luchsspinne ist ein schneller und guter Jäger. Sie webt keine Netze, sondern jagt ihre Beute auf den Pflanzen und springt dabei von Blatt zu Blatt. Sie hat gute Augen, mit deren Hilfe sie ihre Beute findet. Dank ihrer grünen Farbe bleibt sie verborgen, wenn sie auf den Blättern hockt. Die Spinnenweibchen weben um die Eier einen seidenen Kokon, den sie an Pflanzen befestigen.

Netze für viele Zwecke

Nur wenige Tiere bauen Fallen, um ihre Beute zu fangen. Zu den bekanntesten Fallenstellern gehören die Radnetz- oder Kreuzspinnen, deren radförmige Netze in unseren Häusern oder Gärtern häufig zu sehen sind. Es gibt mehr als 2500 verschiedene Radnetzspinnen, die überall auf der Welt leben. Spinnen bauen ihre Netze aus mindestens zwei Sorten Seide, die aus Drüsen, die sich am Körperende befinden, stammen. Die Seide ist flüssig, wenn sie aus den kleinen Kanälchen oder Spinndrüsen am Ende des Hinterleibes herauskommt. Die eine Seidenart erhärtet zu einem besonders festen, nicht klebrigen Faden; die andere Sorte ist klebrig und wird für die Mitte des Netzes verwendet. Wenn das Netz fertig ist, wartet die Spinne in dessen Mitte oder versteckt sich in der Nähe, mit dem Netz über einen Signalfaden verbunden. Dadurch spürt die Spinne jede Bewegung oder Störung im Netz. Sobald die Beute sich in den klebrigen Spinnfäden verfangen hat, läuft die Spinne herbei, beißt das Opfer und wickelt es in Seidenfäden ein, um ein Entkommen zu verhindern.

Großaugenspinne

Diese Spinne trägt ihr Netz zur Beute. Sie knüpft in einem Rahmen aus trockener Seide sehr klebrige Fäden. Daraus entsteht ein kleines, aber kräftiges Netz. Wenn die Falle gebaut ist, hängt sich die Spinne an seidenen Fäden von einem Zweig herab und hält das Netz zwischen ihren Vorderbeinen. Sobald ein Insekt in die Nähe kommt, spannt die Spinne das Netz weit auf, bis das Insekt hineinfliegt und sich darin verfängt. Der Fang wird dann im Netz verpackt und zum Fressen mitgenommen.

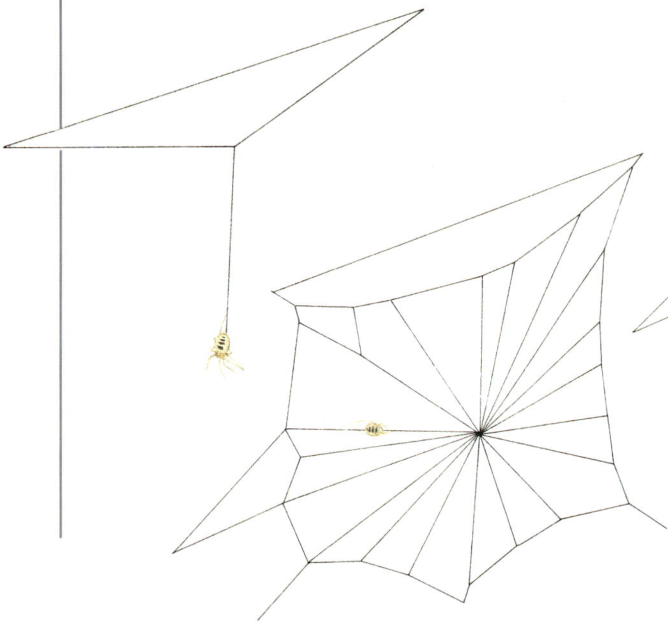

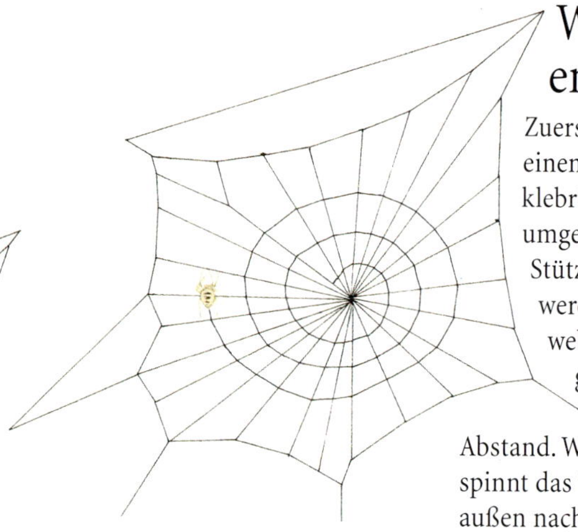

Wie ein Netz entsteht

Zuerst knüpft die Radnetzspinne einen Rahmen aus kräftigen nicht klebrigen Fäden, der fest mit den umgebenden Pflanzen oder anderen Stützen verbunden ist. Als Nächstes werden die Speichen eingefügt. Dann webt die Spinne eine nur vorübergehend benötigte Spirale in vergleichsweise großem Abstand. Wenn alles richtig befestigt ist, spinnt das Tier die klebrige Spirale von außen nach innen, in der sich die Beute verfangen soll. Dabei wird die vorläufige Spirale wieder entfernt. Das Ganze dauert eine knappe Stunde. Manchmal bauen Spinnen jede Nacht ein neues Netz.

Baldachinspinne

Einen ganz anderen Fallentyp webt diese Spinne. Sie knüpft ein flaches, tuchartiges Netz, das bis zu 30 cm Durchmesser haben kann. Sie wartet unterhalb ihres Werkes auf Beute. Über dem Netz befindliche Fäden halten es fest. Wenn ein Beutetier gegen diesc »Stolperfäden« stößt, fällt es auf das Netz. Die Spinne ergreift dann ihr Opfer von unten.

Diese **Kreuzspinne** hat einen Schmetterling in ihrem Netz gefangen. Sie wickelt das Opfer mit Seidenfäden ein, damit es nicht entkommen kann. Dann wird sie die Beute zu ihrem Versteck in der Nähe des Netzes bringen, um es dort in aller Ruhe zu verspeisen.

In Wartestellung

Diese Gartenkreuzspinne lauert darauf, dass ein Insekt in ihre Falle tappt und sich in den klebrigen Fäden verfängt. Die Spinne besitzt besondere Klauen an jedem Fuß, mit deren Hilfe sie sich an den trockenen Fäden des Netzes festhalten und den klebrigen aus dem Weg gehen kann. Wenn die Spinne doch einmal den klebrigen Teil berührt, schützt ein besonderer öliger Überzug an ihren Beinen sie davor, sich selbst im eigenen Netz zu verfangen.

Skorpione und andere Spinnentiere

Über 1500 verschiedene Skorpionarten leben in allen warmen Gebieten der Welt, in Wüsten und in Regenwäldern. Sie töten ihre Beute mit einem giftigen Stachel am Ende ihres Körpers und verteidigen sich auch damit. Einige Skorpionarten besitzen ein Gift, das stark genug ist, um Menschen zu töten. Aber die meisten Stiche sind nicht schlimmer als der einer Wespe oder Biene. Zu den Spinnentieren zählen auch die winzigen Milben und Zecken. Milben fressen die Eier der Blattläuse und jagen andere kleine Insekten. Zecken ernähren sich vom Blut der Vögel, Säugetiere und Reptilien.

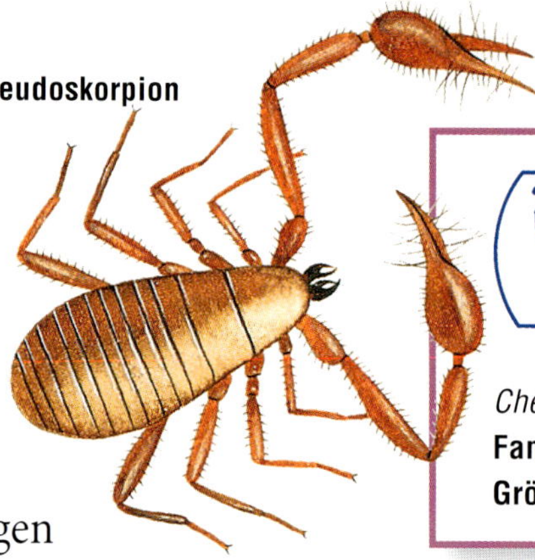

Pseudoskorpion

Chelifer spec.
Familie: Chernetidae
Größe: bis 0,6 cm

Pseudoskorpion

Dieser winzige, am Boden lebende Afterskorpion, ein Verwandter der Skorpione, besitzt Giftdrüsen in seinen Kiefertastern, die er zum Angriff auf Beutetiere benutzt. Er hat keinen Stachel. Diese Skorpione besitzen Seidendrüsen und spinnen Kokons, in denen sie überwintern.

Centruroides-Skorpion

Dieser Skorpion versteckt sich tagsüber unter Steinen am Boden und kommt nachts hervor, um Insekten und Spinnen mit seinen kräftigen Scheren zu fangen. Das Weibchen trägt seine neugeborenen Jungen einige Wochen auf dem Rücken umher, bis sie groß genug sind, um sich selbst zu versorgen.

Centruroides spec.
Familie: Buthidae
Größe: 5-7 cm

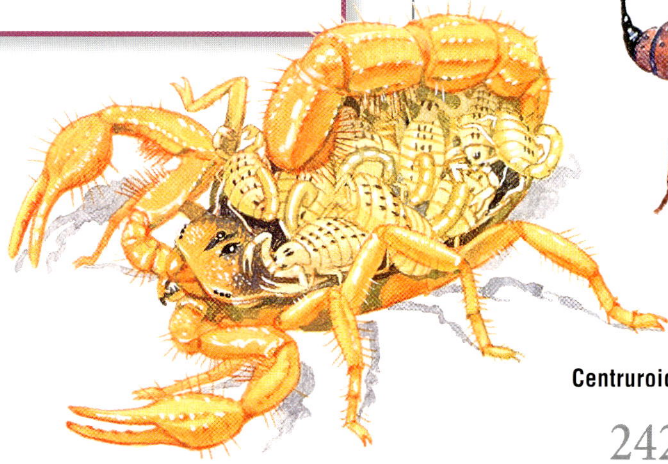

Centruroides-Skorpion

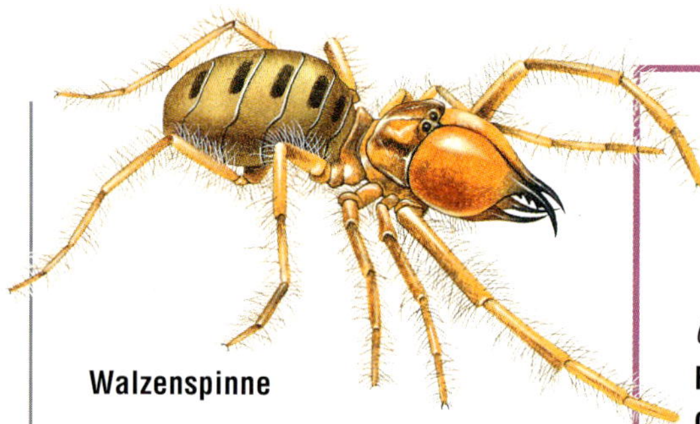

Walzenspinne

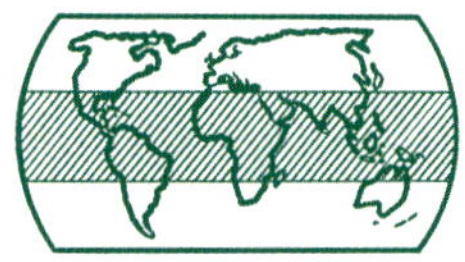

Galeodes spec.
Familie: Eremobatidae
Größe: 1,5-4,5 cm

Walzenspinne

Walzenspinnen sind mit den Skorpionen verwandt. Sie sind in Wüstengebieten häufig anzutreffen. Diese schnellen Raubtiere kommen nachts hervor, um Insekten und sogar kleine Echsen zu fangen. Sie benutzen ihre Vorderbeine als Fühler und ihre großen beinartigen Kiefertaster, um Beute zu fangen. Die Bestimmung der Walzenspinnen ist schwierig, da diese Tiere zum Teil nicht so gut untersucht wurden.

Geißelskorpion

Der Geißelskorpion ist kein echter Skorpion, sondern gehört zu den Skorpionspinnen. Er hat einen langen, dünnen Schwanz und keinen Stachel. Er besitzt vier Beinpaare, benutzt aber das vorderste Paar als Fühler. Der Geißelskorpion kann eine saure, essigähnliche Flüssigkeit, die in den Drüsen am Schwanzende gebildet wird, versprühen, wenn er vom Feind angegriffen wird.

Geißelskorpion

Thelyphonus spec.
Familie: Thelyphonidae
Größe: bis 15 cm (mit Schwanz)

Samtmilbe

Trombidium spec.
Familie: Trombiculidae
Größe: bis 0,5 cm

Samtmilbe

Diese Milbe verdankt ihren Namen der dicken, weichen Behaarung, die ihren rundlichen Körper bedeckt. Die ausgewachsenen Samtmilben leben frei und fressen überwiegend Insekteneier. Sie legen ihre Eier auf den Boden. Wenn die Larven schlüpfen, leben sie als Parasiten auf Insekten und Spinnen und ernähren sich von deren Körperflüssigkeiten.

Dermatophagoides spec.
Familie: Pyroglyphidae
Größe: 0,2-0,5 mm

Hausstaubmilbe

Diese Milben kommen in allen Häusern der Welt vor. Sie fressen die Hautschüppchen, die sich im Hausstaub sammeln. Die Ausscheidungen der Milben enthalten Stoffe, die bei empfindlichen Personen allergische Reaktionen (Niesen, Hautausschläge) oder Asthma (Atemschwierigkeiten) auslösen können.

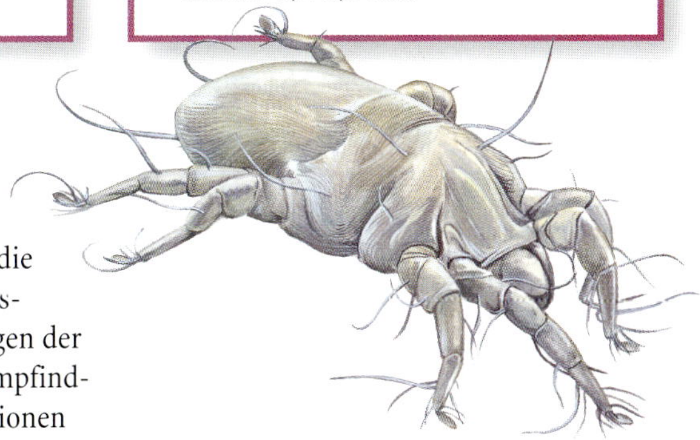

Hausstaubmilbe

Dickschwanzskorpion

Der Skorpion findet seine Beute überwiegend mithilfe seines Tastsinns. Seine feinen Haare an Körper, Beinen und Klauen, die mit Nerven verbunden sind, helfen ihm, Bewegungen zu spüren. Er greift seine Beute mit den riesigen Klauen und schleudert dann seinen Stachel über seinen Körper nach vorne. So spritzt er seinem Opfer Gift ein und lähmt oder tötet es, bevor er es verspeist.

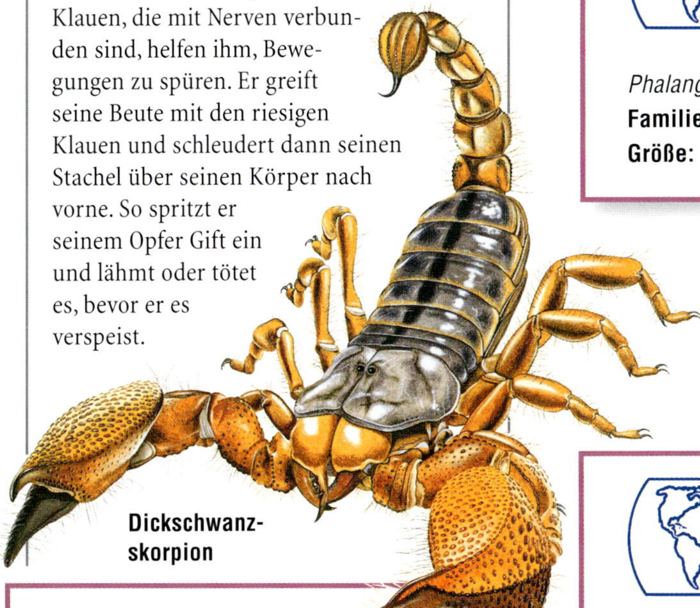

Dickschwanzskorpion

Buthus occitanus
Familie: Buthidae
Größe: 5-7 cm

Phalangium opilio
Familie: Phalangiidae
Größe: 0,3-2 cm

Weberknecht

Weberknecht

Dieser langbeinige Verwandte der Spinnen hat einen rundlichen Körper, aber nicht die typische schlanke Taille der Spinnen. Seine Beine sind sehr lang und dünn, doch das zweite Beinpaar ist am längsten. Meist sind Weberknechte nachts unterwegs und fangen Insekten. Das Weibchen versenkt seine Eier mithilfe einer langen Legeröhre in den Boden. Dort bleiben sie den Winter über, bis die Jungen im Frühjahr schlüpfen.

Ixodes spec.
Familie: Ixodidae
Größe: 0,1-0,3 cm

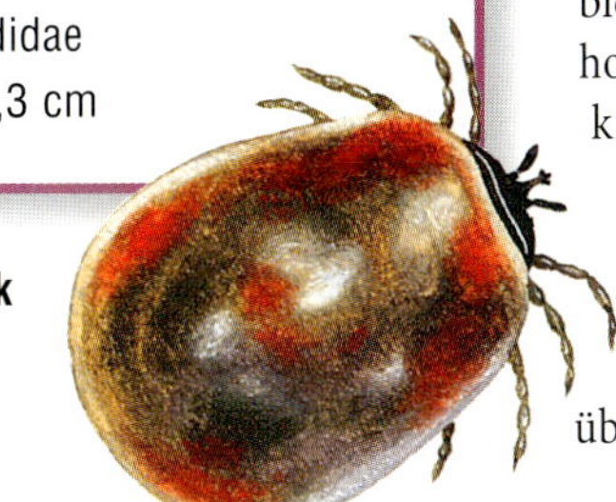

Holzbock

Holzbock

Zecken sind Blutsauger – sie ernähren sich von dem Blut der Vögel, Säugetiere und Reptilien. Sie bleiben einige Tage auf ihrem Wirt hocken, in dessen Haut sie ihre kräftigen Mundwerkzeuge gebohrt haben, und saugen dessen Blut. Einige Arten können Krankheiten wie Hirnhautentzündung oder Borreliose übertragen.

Schnecken und andere wirbellose Landtiere

Es gibt außer Insekten und Spinnen noch viele andere wirbellose Tiere, die ihr Leben an Land verbringen. So sind zwar die meisten Weichtiere überwiegend Meeresbewohner, doch es gibt eine Reihe an Land lebender Schneckenarten. Asseln sind mit den Krebstieren verwandt, also den im Meer vorkommenden Krabben, Hummern und Krebsen. Die an Land lebenden Würmer sind mit den ebenfalls in Segmente gegliederten Meereswürmern verwandt, doch sie verbringen ihr Leben im Erdboden der Felder, Wälder und Gärten. Alle diese Tiere sind weltweit verbreitet. Hundert- und Tausendfüßer zählen wie die Insekten und Spinnen zu den Gliederfüßern. Diese sehr erfolgreichen Tiere leben überall zwischen Regenwald und Tundra. Sie könnten leicht mit Insekten verwechselt werden, aber sie besitzen viel mehr Beine und ihnen fehlen die Flügel. Ihre Körper trocknen in der Sonne leicht aus, daher kommen diese Tiere meistens nur nachts hervor.

Große Wegschnecke

Wegschnecken tragen kein Gehäuse, sondern besitzen nur eine innere, aus Kalkstückchen bestehende Schale. Wie alle an Land lebenden Weichtiere bilden sie Schleim, der den Schneckenkörper vor dem Austrocknen schützt. Außerdem können die Schnecken sich nur auf diesem Schleim vorwärts bewegen. Sie hinterlassen Schleimspuren, wohin sie auch kriechen. Sie orientieren sich auch an diesen Spuren, um ihren Weg zurück zu finden. Schnecken fressen überwiegend frische und verrottende Pflanzenteile und Tiere, die sie mithilfe ihrer Fühler finden.

Arion ater
Größe: 15 cm
Verbreitung: Europa und Nordamerika

Schwarze Wegschnecke

Gemeiner Regenwurm

Regenwürmer sind weltweit häufig anzutreffen. Sie verbringen den größten Teil ihres Lebens unter der Erde und kommen nur nachts oder bei nassem Wetter heraus. Abgestorbene Blätter und andere Pflanzenteile sind ihre Hauptnahrung. Aber sie fressen auch Erde: Sie verdauen die essbaren Bestandteile und scheiden den Rest aus.

Lumbricus terrestris
Größe: bis 30 cm
Verbreitung: weltweit

Gemeiner Regenwurm

Rollassel

Die Asseln gehören zu den Krebstieren, haben sich aber an das Leben an Land angepasst. Ihr Körper besteht aus 13 gegliederten Körperringen (Segmenten) und sie besitzen sieben Beinpaare. Asseln verstecken sich tagsüber in feuchten, dunklen Ecken. Nachts kommen sie hervor und fressen verrottende Pflanzen und winzige tote Tiere.

Armadillidium vulgare
Größe: bis 1,7 cm
Verbreitung: weltweit

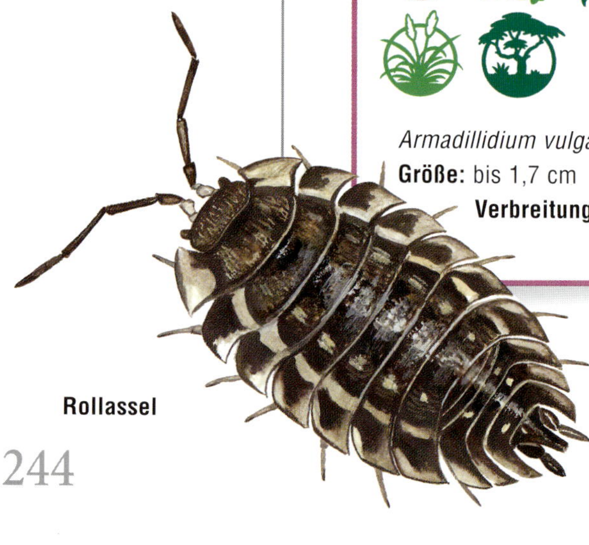

Rollassel

Getupfter Schnurfüßer

Julus terrestris
Größe: bis 9 cm
Verbreitung: Europa

Getupfter Schnurfüßer

Diese und alle anderen Tausendfüßer haben trotz ihres Namens keine tausend Beine – aber immerhin meistens einige Hundert. Die recht langsamen Tiere sind Pflanzenfresser. Sie leben unter Steinen oder Baumrinde oder auch in verrottenden Pflanzen verborgen. Ihr Panzer ist durch Kalkeinlagerungen zusätzlich verstärkt, deshalb können Schnurfüßer das Vierzehntausendfache (!) ihres Körpergewichts tragen.

Brauner Steinläufer

Brauner Steinläufer

Dieser Hundertfüßer kann sich auf seinen 15 Beinpaaren rasch vorwärts bewegen. Er jagt Insekten, Spinnen und andere kleine Tiere. Er greift sich seine Beute mit den scharfen Krallen, mit denen er seinem Opfer ein starkes Gift einspritzen und es damit lähmen kann.

Lithobius forficatus
Größe: 3 cm
Verbreitung: Europa

Bandfüßer

Diese Tausendfüßer haben ein hartes äußeres Skelett. Sie leben in Wäldern, wo sie Blätter und andere verrottende Pflanzenteile, die sie am Erdboden finden, fressen. Sie besitzen Giftdrüsen, und einige Arten können sogar Gift spritzen, um sich gegen Feinde zu verteidigen.

Bandfüßer

Polydesmus spec.
Größe: bis 13 cm
Verbreitung: weltweit

Gesprenkelte Weinbergschnecke

Verschiedene Landschneckenarten leben über die ganze Erde verteilt. Sie alle haben einen glatten, schleimigen Körper. Außer den Nacktschnecken tragen sie alle ein festes Gehäuse. Die meisten Schnecken verbringen den Tag in ihrem Haus und kommen nachts hervor, um Nahrung zu finden, etwa Blattpflanzen. Sie bewegen sich kriechend mithilfe ihres fleischigen »Fußes« auf einer vom Körper ausgeschiedenen Schleimspur vorwärts.

Gesprenkelte Weinbergschnecke

Helix aspersa
Größe: 9 cm (ohne Gehäuse)
Verbreitung: Europa

Wirbellose Meerestiere

Außer den Tausenden von Fischarten leben in den Meeren auch unzählige wirbellose Tiere, darunter Muscheln, Krebse und Quallen. Mindestens 160 000 wirbellose Tierarten sind heute bekannt. Sie bewohnen alle Lebensbereiche der Ozeane, von den Oberflächenwassern bis in die Tiefsee. Am dichtesten sind die Gewässer nahe der Oberfläche besiedelt. Bis zu einer Tiefe von 100 m ist der Lichteinfall groß, sodass sich Pflanzen und winzige Algen reichhaltig vermehren können. Diese teilweise mikroskopisch kleinen Pflanzen werden von winzigen Tieren der Oberflächengewässer gefressen, die selbst die Nahrungsgrundlage für größere Meerestiere darstellen.

Schwämme, Quallen und ihre Verwandten

Schwämme haben derartig einfach gebaute Körper, dass sie eher Pflanzen als Tieren ähneln. Während die Larven umherschwimmen, sitzen die ausgewachsenen Tiere am Meeresgrund fest. Seeanemonen, -dahlien und -rosen sehen ebenfalls sehr pflanzenähnlich aus. Sie gehören ebenso wie Korallen und Quallen zum Stamm der Nesseltiere. Die meisten Nesseltiere haben einen einfach gebauten, schlauchförmigen Hohlkörper sowie Fangarme, die mit Nesselkapseln besetzt sind. Rippenquallen bilden eine eigene Klasse. Sie sind klein und durchsichtig und treiben an der Oberfläche. Schalenschloss-Armfüßer gehören zur Klasse der Armfüßer, die sich mit einem Stiel am Untergrund verankern können.

Nördlicher Armfüßer

Diese Tiere gehören zu den Schalenschloss-Armfüßern, die bereits seit über 550 Millionen Jahren die Erde besiedeln. Sie haben zwei Schalen und einen kurzen, durch ein Loch in der Schale austretenden Stiel, auf dem sie sich fortbewegen können. Werden die Schalen geöffnet, kommen gefaltete Fangarme (Tentakeln) zum Vorschein, die mit winzigen Haaren besetzt sind. Diese Haare strudeln Wasser über die Tentakeln, die winzige Nahrungpartikel herausfiltern.

Terebratulina septentrionalis
Größe: 3 cm
Verbreitung: Atlantik

Nördlicher Armfüßer

Lappenrippenqualle

Diese Rippenquallen bewegen sich mithilfe von winzigen Haaren, die in Reihen an ihrem sackförmigen, seitlich zusammengedrückten Körper sitzen. Diese auch Wimpernplättchen genannten Haare schlagen im Rhythmus und treiben so die Rippenqualle im Wasser voran. Sie ernährt sich von Garnelen und anderen kleinen Tieren.

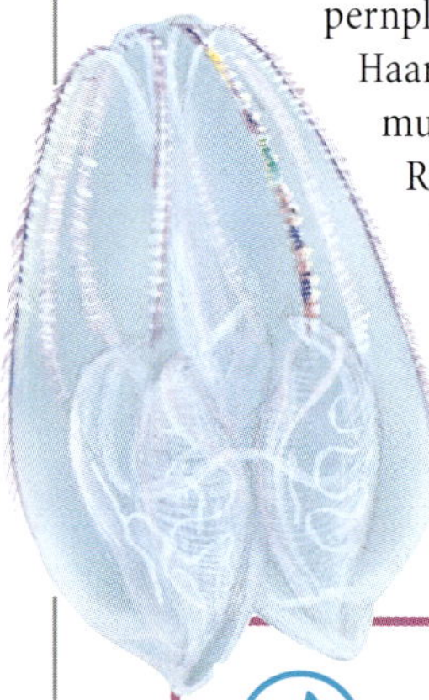

Lappenrippenqualle

Bolinopsis infundibulum
Größe: 15 cm
Verbreitung: Atlantik und Arktisches Meer

Schwamm

Schwämme gehören zu den Tieren mit dem einfachsten Körperbau. Sie ernähren sich, indem sie Wasser in besondere Kammern in ihrem Körper aufnehmen. Winzige Nahrungsteilchen fangen sich dort und werden verdaut. Mit dem Wasser nehmen die Schwämme Sauerstoff auf. Dabei wird das bei der Atmung frei werdende Kohlendioxid ausgespült.

Schwamm

Callyspongia spec.
Größe: bis 50 cm
Verbreitung: Karibik

Portugiesische Galeere

Portugiesische Galeere

Die Portugiesische Galeere – auch Seeblase genannt – gehört zu den Staatsquallen, die aus Hunderten einzelner Tiere (oder Polypen) bestehen. Sie leben unter einer segelartigen, luftgefüllten Kammer, die an der Wasseroberfläche treibt. Die verschiedenen Polypenarten erfüllen innerhalb der Kolonie bestimmte Aufgaben, zum Beispiel mithilfe der giftigen Fangfäden Beute zu fangen.

Physalia physalis
Größe: Luftkammer 30 cm, Tentakeln 18 cm
Verbreitung: warme Bereiche von Atlantik, Pazifik und Indischem Ozean

Hirnkoralle

Maeandrina spec.
Größe: Kolonie bis zu 2 m breit
Verbreitung: tropische Bereiche von Pazifik, Karibik und Indischem Ozean

Hirnkoralle

Mäander- oder Hirnkorallen sind die häufigsten Korallen in Wassertiefen von 6-12 m. Sie leben in kuppelförmigen Kolonien von winzigen anemonenähnlichen Tieren, den Polypen. Jeder dieser Polypen hat ein festes Skelett und sie sind miteinander verschmolzen. Daraus entsteht der feste Untergrund der Kolonie.

Leuchtende Seefeder

Leuchtende Seefeder

Die farnartige Seefeder ist nicht ein einziges Tier, sondern setzt sich aus einzelnen Polypen zusammen. Ein großer, stammförmiger Polyp steht am Meeresgrund und trägt die gesamte Gruppe. An den Seitenarmen sitzen viele kleine Einzelpolypen, die für die Nahrung zuständig sind. Wenn die Seefeder berührt wird, glüht sie bläulich-grün auf.

Pennatula phosphorea
Größe: bis 38 cm
Verbreitung: Nordatlantik

Seedahlie

Diese Seedahlie oder -anemone sieht zwar wie eine Blume aus, ist aber tatsächlich ein Tier und gehört zur Klasse der Blumentiere. Sie fängt andere Tiere, um sie zu fressen. An einem Körperende sitzt eine Saugscheibe, mit der sie sich an einem Felsen festhält. Am anderen Ende befindet sich der Mund, der von Fangarmen (Tentakeln) umgeben ist.

Seedahlie

Tealia spec.
Größe: bis 25 cm (Höhe)
Verbreitung: Küstengewässer von Atlantik und Pazifik

Leuchtqualle

Wie die meisten Quallen besitzt auch die Leuchtqualle viele Nesselzellen auf ihren langen Fangarmen. Diese Zellen schützen sie vor ihren Feinden und sind beim Fang von Kleinstlebewesen (Plankton) hilfreich. Die Leuchtqualle strahlt nachts ein glänzendes Licht aus, wenn sie gereizt wird.

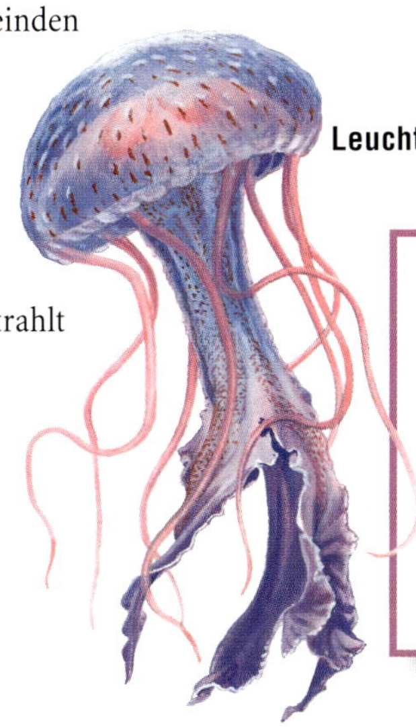

Leuchtqualle

Pelagia noctiluca
Größe: Schirmdurchmesser bis 8 cm, Tentakeln 90 cm lang
Verbreitung: Atlantik, Pazifik und Indischer Ozean

Krebstiere

Die Klasse der Krebstiere umfasst etwa 35 000 Arten, darunter zum Beispiel Krebse, Hummer und Garnelen. Asseln leben an Land, während einige Krebse und andere Arten Süßwassertiere sind, doch die meisten Krebstiere kommen in den Meeren vor. Sie besitzen in der Regel eine feste äußere Schale, die den weichen Körper im Inneren schützt. Der Kopf besteht aus sechs Gliedern, an denen sich zwei Paar Antennen und mehrere verschiedene Oberkieferpaare befinden. Der restliche Körper ist häufig in Vorder- und Hinterleib gegliedert und trägt Spaltfüße, die zur Fortbewegung dienen.

Entenmuschel

Entenmuscheln setzen sich mit ihrem Stiel an allem fest, was auf der offenen See treibt, etwa Hölzern, Bojen und Schiffen. Der Körper der Entenmuschel ist von einem Panzer umgeben, der aus fünf Kalkplatten besteht. Diese sind nach oben offen, sodass die Entenmuschel ihre sechs Federarmpaare herausschieben kann, um winzige Nahrungsteilchen aus dem Wasser zu fischen.

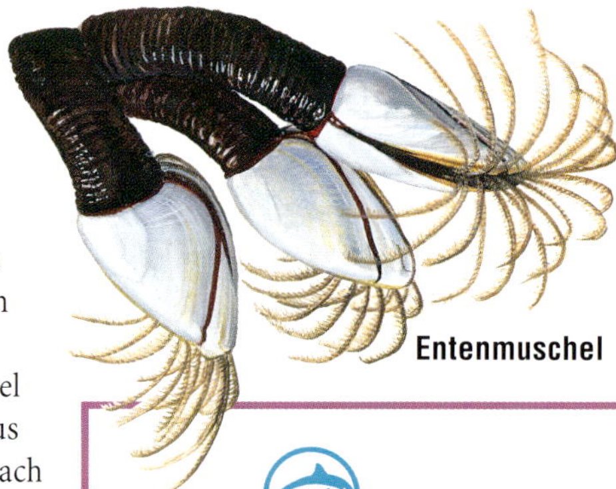

Entenmuschel

Lepas anatifera
Größe: bis 30 cm (mit Stiel)
Verbreitung: Atlantik und Pazifik

Homarus americanus
Größe: 30 cm
Verbreitung: Küsten des Nordatlantiks

Hummer

Amerikanischer Hummer

Dieser Hummer, in seiner Heimat »lobster« genannt, ähnelt seinem Verwandten aus der Nordsee, dem Europäischen Hummer *(H. gammarus)*. Tagsüber verbirgt sich dieser große Krebs in Felsspalten, aber nachts kommt er heraus, um zu jagen. Er besitzt mächtige Scheren, mit denen er seine Beute – Weichtiere und Krebse – zerteilt. Im Sommer legt das Weibchen bis zu 30 000 Eier, die sie am Körper trägt. Aus den Eiern schlüpfen garnelenähnliche Larven, die sich am Meeresboden zu ausgewachsenen Hummern entwickeln.

Tiefseegarnele

Die Fühler der Tiefseegarnele sind länger als ihr Körper. Sie streckt ihre Fühler im Wasser aus, um in der dunklen Tiefsee Nahrung zu finden. Sie frisst alle toten und verwesenden Lebewesen, die ihr in den Weg kommen. Garnelen sind schmackhafte Meerestiere.

Tiefseegarnele

Pasiphaea spec.
Größe: 10 cm
Verbreitung: Atlantik

Antarktische Riesenassel

Dieser im Meer lebende Verwandte der an Land lebenden Asseln kommt in der Antarktis vor. Die Riesenassel frisst dort jede Art Nahrung, die sie findet. Sie sucht auch am Meeresboden nach sterbenden oder toten Tieren. Diese Riesenasseln der Antarktis sind größer als ihre Verwandten in anderen Meeren.

Antarktische Riesenassel

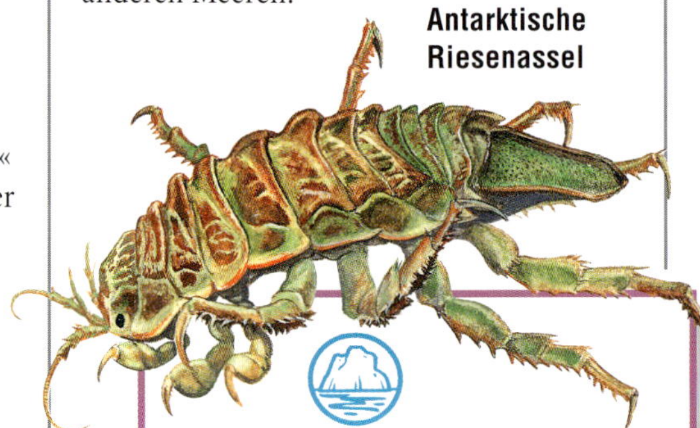

Glyptonotus antarcticus
Größe: 12 cm
Verbreitung: Antarktisches Meer

Einsiedlerkrebs

Anders als die übrigen Krebstiere besitzt der Einsiedlerkrebs keine eigene harte Schale. Er schützt seinen weichen Körper, indem er in den verlassenen Schalen anderer Tiere lebt, beispielsweise in Schneckenhäusern. Der Krebs hat lange Scheren an seinem ersten Beinpaar, mit denen er seine Beute greifen kann.

Einsiedlerkrebs

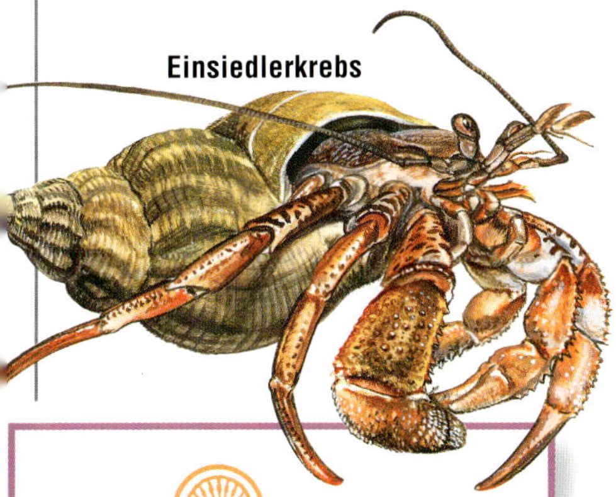

Pagurus bernhardus
Größe: bis 10 cm
Verbreitung: nordatlantische Küste

Montague-Garnele

Garnelen haben viel dünnere Schalen als Krebse oder Hummer. Die Beine am Hinterleib benutzen sie zum Schwimmen, einige der Beine am Vorderleib zum Laufen und andere als Mundwerkzeuge.

Pandalus montagui
Größe: bis 13 cm
Verbreitung: Nordatlantikküste

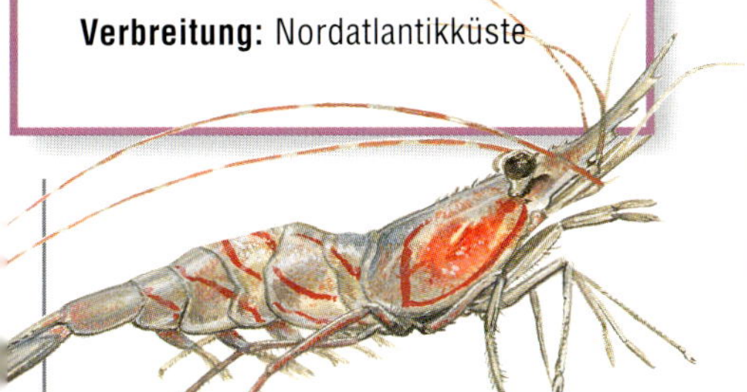

Montague-Garnele

Leuchtkrebs

Leuchtkrebs

Die garnelenähnlichen Leuchtkrebse, der so genannte Krill, fressen winzige Pflanzenteile und Tiere, die sie aus dem Wasser sieben. Sie selbst bilden wiederum die Hauptnahrung vieler Fische, Pinguine und sogar Wale. Ein Blauwal kann bis zu vier Millionen Leuchtkrebse an einem Tag verschlingen. Leuchtkrebse sind äußerst häufig und kommen manchmal in so großer Zahl vor, dass das Meer rot aussieht.

Euphausia superba
Größe: bis 5 cm
Verbreitung: Meere der Südhalbkugel

Meeresflohkrebs

Meeresflohkrebs

Dieser kleine Krebs lebt im seichten Uferwasser unter Steinen oder zwischen Seegras und frisst winzige Pflanzen- und Tierteile. An seinem Hinterteil sitzen drei Paar Sprungbeine, die ihn zu großen Sprüngen befähigen. Das Flohkrebsweibchen trägt die Jungen während ihrer Entwicklungsphase in einer Tasche an der Unterseite seines Körpers.

Gammarus locusta
Größe: bis 3 cm
Verbreitung: Atlantik- und Pazifikküsten

Taschenkrebs

Cancer spec.
Größe: 30 cm breit
Verbreitung: Nordatlantikküste

Taschenkrebs

Die meisten Krebse haben eine kräftige Schale, die ihren Körper schützt, sowie fünf Beinpaare. Das erste Paar besteht aus kräftigen Scheren, mit denen sie die Schale der Beutetiere aufbrechen können, beispielsweise von Muscheln. Die anderen Beine sind kürzer. Die Taschenkrebse leben zwischen Felsen am flachen Ufer.

Weichtiere

Es gibt mindestens 100 000 verschiedene lebende Weichtierarten. Der Stamm der Weichtiere (Mollusken) wird in drei große Gruppen aufgeteilt: Schnecken, Muscheln und Kopffüßer. Einige Schnecken leben an Land und andere in Süßgewässern, die auch den Lebensraum für manche Muschelarten bilden. Aber Weichtiere sind vor allem im Meer verbreitet. Bei den meisten Mollusken ist der Körper in drei Bereiche aufgeteilt: den Kopf mit Mund und Sinnesorganen, den Körper mit Eingeweiden und Mantel samt Schale und den Fuß für die Fortbewegung. Die meisten, aber keineswegs alle Weichtiere besitzen eine harte Schale, die ihren weichen Körper vor Gefahren oder vor Austrocknung schützt.

Isländische Kammmuschel

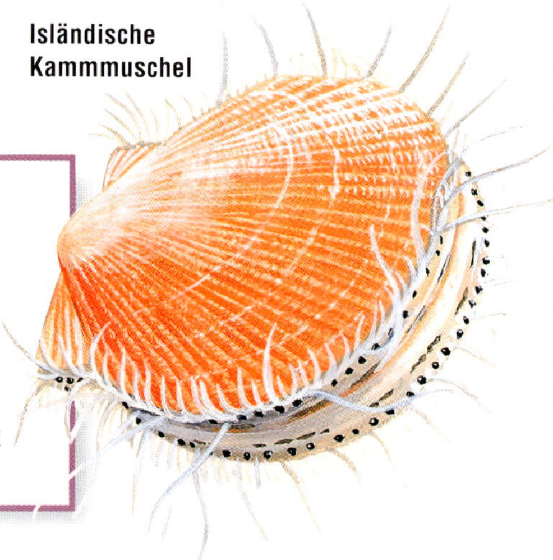

Chlamys islandicus
Größe: 10 cm
Verbreitung: Atlantik und Pazifik

Hirschschnecke

Die Hirschschnecke ist eine Porzellanschnecke mit einer wunderschön schimmernden Schale. Im Gegensatz zu den meisten Schnecken kann die Hirschschnecke ihren »Mantel« – eine Hautfalte am Rücken, aus der unter anderem die Schale entsteht – so vergrößern, dass er die Schale von außen zudeckt. So kann sich die Hirschschnecke gut verbergen. Ihre Schalenöffnung ist mit 35 Zähnen besetzt.

Isländische Kammmuschel

Diese Kammmuschel hat einen weichen Körper, der von zwei Schalen geschützt wird. Man kann eine Reihe gut entwickelter Augen erkennen, wenn man die Schalen vorsichtig öffnet. Die Kammmuschel bewegt sich, indem sie ihre Schalen zusammenklappt und damit Wasser ausströmen lässt, das sie vorantreibt.

Hirschschnecke

Cypraea cervus
Größe: bis 13 cm
Verbreitung: Atlantik und Karibik

Venusmuschel

Die Venusmuschel wohnt meistens in einem Bau tief im sandigen oder schlammigen Meeresboden. Sie gräbt diesen Bau mit ihrem Fuß, einem fleischigen Teil ihres Körpers. Zwei lange Röhren ragen aus ihrer Schale. Wasser und Nahrung – winzige Lebewesen – saugt sie durch eine dieser Öffnungen ein. Das Wasser spült sie durch die andere Röhre wieder nach außen.

Venusmuschel

Saxidomus nuttalli
Größe: 15 cm
Verbreitung: nördlicher Pazifik

Auster

Austern gehören zu den Muscheln. Sie haben einen weichen Körper, der von zwei Schalen geschützt wird. Diese werden von zwei kräftigen Muskeln zusammengehalten. Austern fressen winzige Teilchen aus Pflanzen und Tieren, die sie aus dem Wasser filtern. Sie saugen das Wasser durch die leicht geöffnete Schale ein. Jede Art Nahrung verfängt sich in den klebrigen Härchen auf den Kiemen der Austern.

Ostrea spec.
Größe: bis 10 cm
Verbreitung: Atlantik- und Pazifikküste

Auster

Gemeiner Krake

Octopus vulgaris
Größe: bis 100 cm
Verbreitung: Atlantikküste und Mittelmeer

Gemeiner Krake

Der Krake hat einen sackförmigen Körper mit acht langen Fangarmen, die jeweils von zwei Reihen kleiner Saugfüße besetzt sind. Er schiebt sich mithilfe seiner kräftigen Arme durch das Wasser. Diese Fortbewegung kann er darüber hinaus beschleunigen, indem er aus seinem Körper schwallweise Wasser ausstößt. Der Krake verbringt viel Zeit in Spalten oder unter Felsen versteckt. Dabei hält er nach Beute Ausschau, etwa Garnelen, Muscheln und Krebsen. Er kann seine Beute mit den Tentakeln festhalten und sie auch mit einem giftigen Biss lähmen oder töten.

Helmschnecke

Busycon contrarium
Größe: 40 cm
Verbreitung: Ostatlantik

Helmschnecke

Diese große Helmschnecke hat ein besonders hübsch gewundenes Gehäuse mit braunem Muster. Sie lebt in seichtem Wasser am sandigen oder schlammigen Meeresboden und frisst überwiegend andere Weichtiere, beispielsweise Muscheln, die sie aus dem Schlamm gräbt.

Meeresnacktschnecke

Chromodoris elisabethiana
Größe: 15 cm
Verbreitung: Pazifikküste

Meeresnacktschnecke

Die Meeresnacktschnecken sind Nacktkiemer, die zu den Schnecken gehören, doch sie haben kein Gehäuse und sehen häufig recht bunt aus. Sie haben keine Mantelhöhle. Diese Art besitzt ein Paar hornartiger Fortsätze und federartige Kiemenbüschel auf dem Rücken. Sie ernährt sich hauptsächlich von Schwämmen.

Veilchenschnecke

Diese kleine Schnecke kann nicht schwimmen, aber sie treibt an der Wasseroberfläche des Meeres und hält sich an einem Floß aus Schaumblasen fest. Diese Blasen entstehen, wenn die Schnecke ihren Schleim ausscheidet, der dann im Wasser erhärtet. Diese Schneckenart bringt lebende Junge zur Welt.

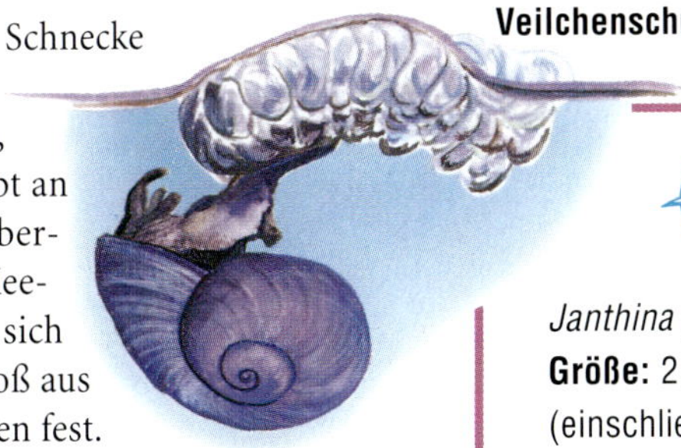
Veilchenschnecke

Janthina janthina
Größe: 2,5 cm (einschließlich Tentakeln)
Verbreitung: Atlantik, Pazifik und Indischer Ozean

Nordamerikanischer Kalmar

Der Nordamerikanische Kalmar hat einen langen, stromlinienförmigen Körper, vier Armpaare und ein Paar lange Fangarme (Tentakeln). Saugscheiben an den Armen und den Tentakelenden erleichtern es ihm, Beute zu ergreifen – vor allem Fische und Krebse. Der gute Schwimmer bewegt sich mithilfe eines »Düsenantriebs«: Er schießt Wasser aus seinem Körper, um sich so rückwärts durch das Meer zu schieben.

Loligo pealei
Größe: bis 76 cm (mit Tentakeln)
Verbreitung: Atlantik und Mittelmeer

Nordamerikanischer Kalmar

Raue Strandschnecke

Es gibt verschiedene Strandschneckenarten, die sich an unterschiedliche Küstenbereiche angepasst haben. Die Raue Strandschnecke lebt auf Steinen und Felsen, die sich ganz nah an der Meeresküste befinden.

Käferschnecke

Im Gegensatz zu den meisten Weichtieren besitzt die Käferschnecke ein Gehäuse, das aus acht Gliedern besteht. Sie werden von Muskeln zusammengehalten. Bei Gefahr kann sich die Käferschnecke wie eine Assel zusammenrollen.

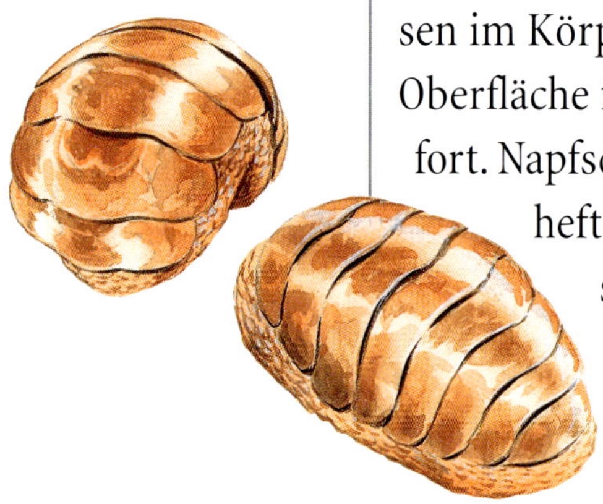

Felsenbewohner

Die meisten Meerestiere schwimmen oder treiben frei im Wasser, aber einige leben fest verankert an einem Felsen oder einer anderen Unterlage. Dadurch können ihnen die Wellen wenig anhaben, die zweimal täglich über sie branden, wenn die Flut kommt. Seepocken gehören zu dieser Art von Tieren – sie zählen zu den häufigsten Küstenbewohnern. Riesige Kolonien bedecken Felsen und anderen Küstenuntergrund; sie setzen sich sogar auf Muscheln und anderen Tieren fest. Seepocken beginnen ihr Leben als frei schwimmende Larven. Sie verbringen einen Monat oder länger im Küstenwasser schwebend und ernähren sich von Kleinstlebewesen (Plankton). Während der letzten Entwicklungsphase setzen sich die Seepocken irgendwo fest. Mithilfe einer zementartigen Masse, die sie in ihren Drüsen im Körper herstellen, haften sie sich an einer beliebigen Oberfläche fest. Von diesem Ort bewegen sie sich nicht mehr fort. Napfschnecken, Strandschnecken und Käferschnecke heften sich alle mit einem Saugfuß am Felsen fest. Dieser Saugfuß ist so kräftig, dass die Tiere kaum noch zu entfernen sind. Aber sie bewegen sich auch selbstständig vom Fleck, um Algen abzuweiden.

Gemeine Napfschnecke

Wenn die Napfschnecke sich bei der Nahrungssuche über die Felsen bewegt, hinterläßt sie eine klebrige Schleimspur. So findet die Napfschnecke nach ihrem Futterausflug zu ihrem angestammten Platz zurück, weil sie sich immer am gleichen Ort aufhält.

Seepocke

Seepocken sind Kleinkrebse, die zu den Rankenfüßern gehören. Wenn sie bei Flut mit Wasser bedeckt ist, öffnet die Seepocke oben ihre Schale und streckt ihre federigen Arme aus, um Kleinstlebewesen (Plankton) zu sammeln. Bei Ebbe hält die Seepocke diese Öffnung fest verschlossen.

Miesmuschel

Die Mies- oder Pfahlmuschel hält sich an Felsen mithilfe von Fäden (Byssus) fest, die sie aus einer klebrigen Flüssigkeit aus einer Drüse in ihrem Körper herstellt. Die Flüssigkeit erhärtet und hält so die Muschel fest an ihrem Platz. Die Schale besteht aus zwei Hälften. Sie sind meistens fest verschlossen, können aber leicht geöffnet werden, um winzige Nahrungsteilchen aus dem Wasser zu filtern. An den europäischen Küsten kommen die Miesmuscheln auf ausgedehnten Bänken vor.

Blaugebänderte Napfschnecke

Nicht alle Napfschnecken halten sich an Felsen fest. Die Blaugebänderte Napfschnecke klammert sich an Seegras, das auf Felsen oder am Meeresgrund nahe der Küste wächst. Sie weidet das Seegras ab, aber auch kleine Pflanzen, die dort wachsen, beispielsweise Algen, nimmt sie gerne zu sich.

Eine bunte **Kreiselschnecke** verankert sich an Felsen nahe der Meeresküste, umgeben von Seeanemonen und anderen Lebewesen. Sie frisst winzige Pflanzen (Algen), die auf den Felsen wachsen. Wegen ihrer Buntheit und des Perlmutterglanzes im Innern sind die Kreiselschnecken beliebte Sammlerstücke.

Würmer und Stachelhäuter

Es gibt etwa 11 500 Arten Gliederwürmer oder Ringelwürmer. Zu ihnen zählen die an Land lebenden Regenwürmer ebenso wie einige Süßwasserwürmer, beispielsweise die Blutegel. Aber die meisten Ringelwürmer leben im Meer. Wie ihr Name sagt, ist ihr Körper in einzelne Ringe gegliedert. Alle Stachelhäuter leben im Meer. Man unterscheidet fünf Klassen: die Haarsterne und Seelilien, die Seesterne, die Schlangensterne, die Seeigel und die Seewalzen (oder Seegurken). Bei den meisten ist der Körper in fünf gleichartige Bereiche geteilt (»fünfstrahliger Bauplan«). In der Körpermitte sitzt auf der einen Seite der Mund, auf der anderen der After. Die meisten Stachelhäuter bewegen sich auf winzigen Saugfüßchen, an deren Ende eine Saugscheibe sitzt.

Seemaus

Obwohl sie nicht so aussieht, gehört die Seemaus zu den Gliederwürmern. Ihre Oberseite ist mit unzähligen grau-braunen Borsten besetzt, sodass es aussieht, als habe sie ein Fell. Diesen Borsten verdankt sie ihren Namen. Sie verbringt viel Zeit im Schlamm oder im Sand im flachen Wasser und ist in den europäischen Meeren weit verbreitet.

Seemaus

Aphrodita aculeata
Größe: 18 cm
Verbreitung: Atlantik- und Mittelmeerküsten

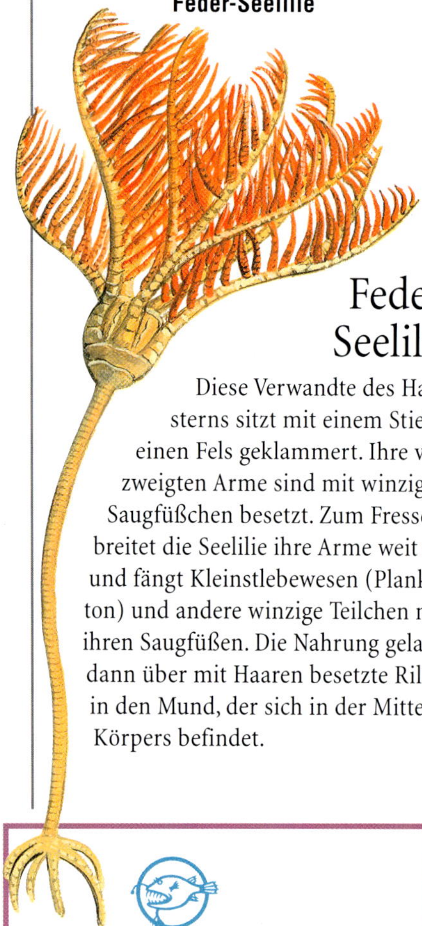

Feder-Seelilie

Feder-Seelilie

Diese Verwandte des Haarsterns sitzt mit einem Stiel an einen Fels geklammert. Ihre verzweigten Arme sind mit winzigen Saugfüßchen besetzt. Zum Fressen breitet die Seelilie ihre Arme weit aus und fängt Kleinstlebewesen (Plankton) und andere winzige Teilchen mit ihren Saugfüßen. Die Nahrung gelangt dann über mit Haaren besetzte Rillen in den Mund, der sich in der Mitte des Körpers befindet.

Ptilocrinus pinnatus
Größe: bis 60 cm
Verbreitung: Atlantik

Diademseeigel

Scharfe Stacheln schützen den rundlichen Körper dieses Seeigels vor Feinden. Der Mund des Stachelhäuters sitzt an der Körperunterseite und besitzt fünf im Kreis angeordnete Zähne zum Zerkauen der Nahrung. Tagsüber verstecken sich diese Seeigel in den Riffen, aber nachts kommen sie heraus, um Algen zu fressen.

Diadema antillarum
Größe: Körper 10 cm breit, Stacheln 10-40 cm lang
Verbreitung: Atlantik und Karibik

Diademseeigel

Zerbrechlicher Schlangenstern

Dieser Schlangenstern hat einen scheibenförmigen Körper und fünf dünne, lange Arme, die in zunehmender Meerestiefe zerbrechlicher werden. Der Mund sitzt auf der Unterseite der Rumpfscheibe.

Schlangenstern

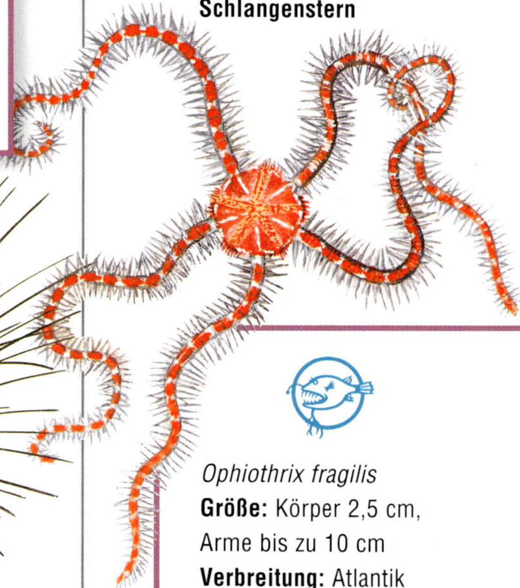

Ophiothrix fragilis
Größe: Körper 2,5 cm, Arme bis zu 10 cm
Verbreitung: Atlantik

Federwurm

Der Körper dieses besonderen Wurmes bleibt meist in einer beweglichen Röhre verborgen, der fest an einem Riff oder am Seeboden sitzt. Diese Röhre besteht aus feinem Sand, der von einer klebrigen Substanz des Wurmes zusammengehalten wird. Der Wurm fängt seine Nahrung mithilfe seiner Kiemenbüschel.

Federwurm

Sabellastarte magnifica
Größe: 12,5 cm
Verbreitung: Atlantik und Karibik

Sanddollar

Der Sanddollar ist ein Seeigel. Er hat einen abgeflachten, scheibenförmigen Körper und eine mit kurzen Stacheln bedeckte Schale. Auf seiner Unterseite sitzen Reihen winziger Saugfüßchen, mit deren Hilfe dieser Stachelhäuter winzige Nahrungspartikel aus dem Wasser saugt.

Sanddollar

Echinarachnius parma
Größe: 8 cm
Verbreitung: Nordatlantik- und Pazifikküsten

Holothuria forskali
Größe: bis 25 cm
Verbreitung: Nordatlantik

Schwarze Seegurke

Schwarze Seegurke

Seegurken oder Seewalzen sind mit den Seesternen verwandt, haben aber einen langen, einfacher gebauten Körper. An einem Ende sitzt der After, am anderen der Mund, der mit Nahrung sammelnden Fangarmen (Tentakeln) besetzt ist. Reihen winziger Füße laufen über den gesamten Körper. Wenn die Seegurke gestört wird, stößt sie klebrige weiße Fäden aus ihrem After aus. Dadurch werden Feinde verwirrt.

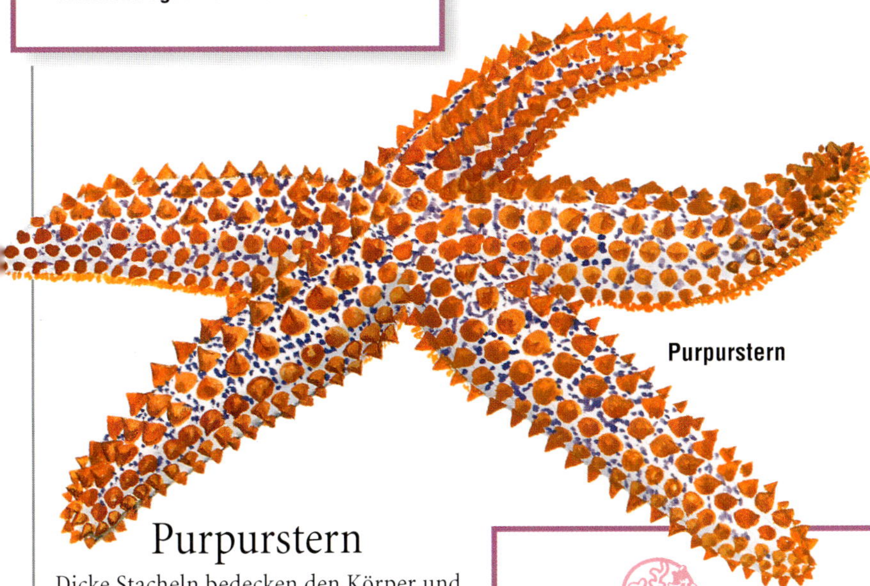

Purpurstern

Purpurstern

Dicke Stacheln bedecken den Körper und die Arme dieses Seesterns. Zwei Reihen kleiner, schlauchähnlicher Saugfüßchen sitzen auf der Unterseite der Arme. Die Saugfüßchen arbeiten zusammen, indem sie sich in einer abgestimmten Reihenfolge zusammenziehen und ausdehnen. So kann sich der Seestern auf seinen Beutestreifzügen voranbewegen.

Echinaster sentus
Größe: 12 cm
Verbreitung: Amerikanischer Atlantik und Karibik

Federringelwurm

Dieser Ringelwurm lebt unter Felsen zwischen Seegras, sowohl an der Küste als auch in tieferem Wasser. Der Federringelwurm hat vier Paar Fangarme an seinem Kopf sowie unzählige winzige blattartige »Paddel« an jeder Seite seines langen Körpers. Er ernährt sich vor allem von anderen Würmern.

Phyllodoce spec.
Größe: bis 45 cm
Verbreitung: Atlantik- und Pazifikküste

Federringelwurm

Warum bauen manche Tiere Nester?

Zwar kommen manche Tiere ohne ein Nest oder irgendein Zuhause aus, aber viele bauen ein »Haus«, um dort Schutz zu suchen und ihre Jungen sicher aufzuziehen. Dieses Obdach kann besonders aufwendig gebaut sein, wie etwa die Nester der Vögel, oder einfach nur ein natürliches Loch oder ein geschützter Platz sein. Sie können in Bäumen oder im Boden entstehen oder sogar unterirdische Bauten sein. Vögel nutzen ihre Nester immer zum Brüten. Sie legen ihre Eier in das Nest, brüten sie dort aus und ziehen ihre Jungen auf. Meist wird das Nest verlassen, sobald die Jungen alt genug sind, um alleine zu leben. Einige Säugetiere wie Biber verbringen viel Zeit in ihren Schutzbauten. Diese bestehen häufig aus mehreren Räumen, etwa einer Kinderstube und einer Speisekammer. Insekten wie Bienen, Ameisen und Termiten bauen sehr aufwendige Nester.

Das Nest der **Beutelmeise** hängt am Ende eines dünnen Zweiges, sodass Raubtiere es kaum erreichen können. Das Nest ist aus Pflanzenfasern gewoben und hat einen Eingang von oben.

Biber stauen mit Zweigen und Schlamm Bäche auf, bis ein Stausee entsteht. So sichern sie ihre Nahrungsvorräte für den Winter. Aus Zweigen errichten sie dann einen Bau neben dem Staudamm.

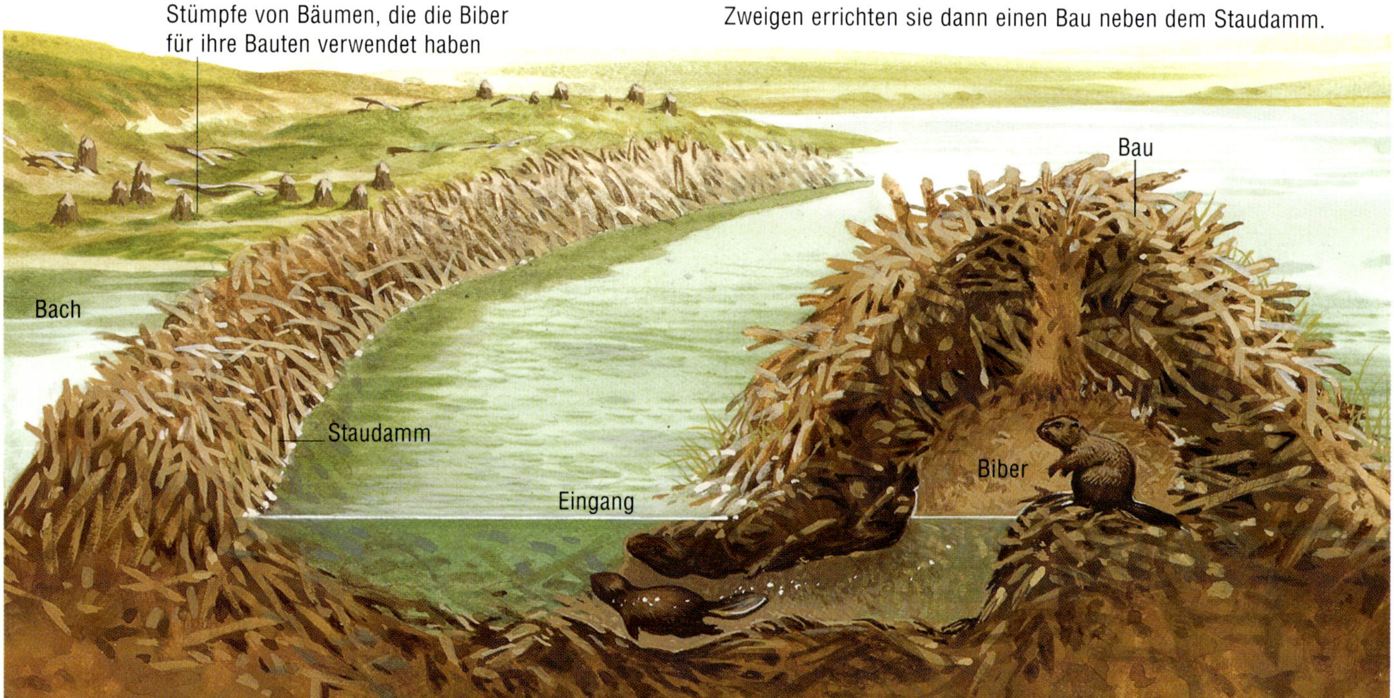

Das **Zwergmausweibchen** baut ein Nest zum Schutz für seine Jungen. Es sucht einige kräftige Getreidehalme und windet als Erstes die Blätter eines Halms um einen anderen, bis eine Stellfläche etwa einen halben Meter über dem Boden entstanden ist. Dann nimmt es Stücke von Gräsern oder Blättern und webt aus ihnen ein ballonförmiges Nest, das etwa 10 cm breit und hoch ist.

Dieser große Hügel wird von ameisenähnlichen Tieren gebaut, den **Termiten**. Der Hügel besteht aus Erde, gemischt mit den Ausscheidungen der Termiten. Innen befindet sich ein aufwendiges Nest. Ein Netz aus Kammern und Tunneln enthält getrennte Bereiche für die Lagerung von Nahrungsmitteln sowie für die Eier und die Larven. Kamine im Hügel lassen Luft hinein und hinaus und erhalten so eine angenehme Temperatur im Nest.

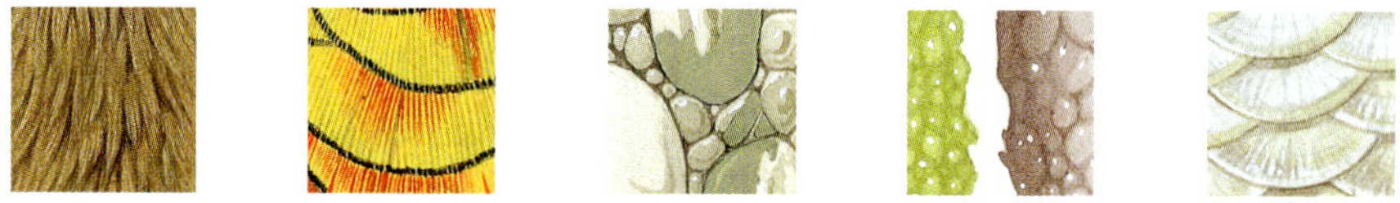

Register

A

B

C

M

N

O

P

Q

R

S

T

U

V

W

Abkürzungen

cm	Zentimeter
m	Meter
km	Kilometer
km^2	Quadratkilometer
kg	Kilogramm
KRL	Kopfrumpflänge
SL	Schwanzlänge
SPW	Flügelspannweite

Bildnachweise

Fotografien

o. = oben; u. = unten; l. = links; r. = rechts

S. 6, 7: Norbert Rosing/Oxford Scientific Films; S. 20: Haroldo Palo Jr./NHPA; S. 31: Frank Schneidermeyer/Oxford Scientific Films; S. 41: Rick Price/Oxford Scientific Films; S. 49: Martyn Colbeck/Oxford Scientific Films; S. 66 o.: Alastair Shay/Oxford Scientific Films; S. 66 u.: Eyal Bartov/Oxford Scientific Films; S. 66, 67: Stan Osolinski/Oxford Scientific Films; S 87: Colin Monteath/Oxford Scientific Films; S. 95: Lon E. Lauber/Oxford Scientific Films; S. 101: Michael Fogden/Oxford Scientific Films; S. 109: Hans Reinhard/Oxford Scientific Films; S. 114 l.: Jeff Lepore/Oxford Scientific Films; S 114 r.: Alastair Shay/Oxford Scientific Films; S. 115: Jorge Sierra/Oxford Scientific Films; S. 116, 117: Zig Leszczynski/Oxford Scientific Films; S. 123: David Cayless/Oxford Scientific Films; S. 133: David Haring/Oxford Scientific Films; S. 138, 139: Zig Leszczynski/Oxford Scientific Films; S. 151: John Netherton/Oxford Scientific Films; S. 154: Alastair Shay/Oxford Scientific Films; S. 154, 155: Michael Fogden/Oxford Scientific Films; S. 155: Marty Cordano/Oxford Scientific Films; S. 156, 157: David B. Fleetham/Oxford Scientific Films; S. 163: Gary Bell/Planet Earth Pictures; S. 181: Richard Herrmann/Oxford Scientific Films; S. 198: Anthony Bannister/Oxford Scientific Films; S. 198, 199: Andrew Plumptre/Oxford Scientific Films; S. 199 o.: David B. Fleetham/Oxford Scientific Films; S. 199 u.: Steve Turner/Oxford Scientific Films; S. 200, 201: P. K. Sharpe/Oxford Scientific Films; S. 217: Stephen Dalton/NHPA; S. 225: Bob Fredrick/Oxford Scientific Films; S. 233: David Thompson/Oxford Scientific Films; S. 241: Oxford Scientific Films; S. 253: Paul Kay/Oxford Scientific Films; S. 256: Roland Mayr/Oxford Scientific Films; S. 257 o.: Roger Hosking/NHPA; S. 257 u.: Stan Osolinski/Oxford Scientific Films

Illustrationen

Säugetiere: Graham Allen, John Francis, Elizabeth Gray, Bernard Robinson, Eric Robson, Simon Turvey, Dick Twinney, Michael Woods

Vögel: Keith Brewer, Hilary Burn, Malcolm Ellis, Steve Kirk, Colin Newman, Denys Ovenden, Peter D. Scott, Ken Wood, Michael Woods

Reptilien und Amphibien: John Francis, Elizabeth Gray, Steve Kirk, Alan Male, Colin Newman, Eric Robson, Peter D. Scott

Fische: Robin Boutell, John Francis, Elizabeth Gray, Elizabeth Kay, Colin Newman, Guy Smith, Michael Woods

Wirbellose Tiere: Robin Boutell, Joanne Cowne, Sandra Doyle, Bridget James, Steve Kirk, Adrian Lascom, Alan Male, Colin Newman, Steve Roberts, Bernard Robinson, Roger Stewart, Colin Woolf

Lebensraum-Symbolik: Roy Flooks

Seitliche Kapitelstreifen: Michael Woods

Karte: Eugene Fleury

Umschlaggestaltung: Andy Smith